"十二五"职业教育国

经全国职业教育教材审定委员会审定

果树生产技术（北方本）

GUOSHU SHENGCHAN JISHU

BEIFANGBEN

第二版

高梅 潘自舒 主编

化学工业出版社

·北京·

《果树生产技术》（北方本）（第二版）采用项目任务式体例，全书共分5个模块，第一模块为果树生产基础知识，设计2个项目，2个任务；第二模块为果树生产基本技术，设计繁育嫁接苗、繁育自根苗、建立果园、土肥水管理、整形修剪、花果管理6个项目，15个任务；第三模块为北方主要果树生产技术，设计了苹果、梨、桃、葡萄的生产技术4个项目，19个任务；第四模块为特色果树生产技术，设计了李、杏、樱桃、山楂、柿、草莓、石榴、猕猴桃、核桃、扁桃的生产技术10个项目，32个任务；第五模块为设施果树生产技术，设计了设施果园建造、设施果树的栽植、调控设施环境及设施葡萄、樱桃、桃、李、杏、草莓的生产技术8个项目，9个任务。每一任务都采取任务提出、任务分析、任务实施、理论认知的形式编写，并设有"知识链接"拓展学生知识面。本教材内容比较全面，北方果树主要树种基本上都已涉及，各院校在教学过程中可根据当地实际情况和教学要求，酌情选择内容。

本教材主要供北方职业院校的园艺相关专业使用，也可作为农民果树栽培管理技术培训教材。

图书在版编目（CIP）数据

果树生产技术：北方本/高梅，潘自舒主编. —2版. —北京：化学工业出版社，2019.1（2024.6重印）
"十二五"职业教育国家规划教材
ISBN 978-7-122-33493-0

Ⅰ.①果… Ⅱ.①高…②潘… Ⅲ.①果树园艺-职业教育-教材 Ⅳ.①S66

中国版本图书馆 CIP 数据核字（2018）第 294543 号

责任编辑：李植峰　迟　蕾　　　　　　　　文字编辑：姚凤娟
责任校对：王素芹　　　　　　　　　　　　装帧设计：史利平

出版发行：化学工业出版社（北京市东城区青年湖南街 13 号　邮政编码 100011）
印　　装：涿州市般润文化传播有限公司
787mm×1092mm　1/16　印张 23　字数 568 千字　2024 年 6 月北京第 2 版第 3 次印刷

购书咨询：010-64518888　　　　　　　　售后服务：010-64518899
网　　址：http://www.cip.com.cn
凡购买本书，如有缺损质量问题，本社销售中心负责调换。

定　　价：59.80 元

《果树生产技术》（北方本）（第二版）编写人员

主　　编　高　梅　潘自舒

副 主 编　武景和

参编人员（按姓名汉语拼音排列）

高　梅（济宁市高级职业学校）

潘自舒（商丘职业技术学院）

尚雯丽（濮阳职业技术学院）

王　闯（聊城职业技术学院）

武景和（辽宁职业学院）

余慧琳（商丘职业技术学院）

张　爽（黑龙江农业职业技术学院）

张　琰（信阳农林学院）

张耀芳（长治职业技术学院）

周兴本（辽宁生态工程职业学院）

前言

　　《果树生产技术》(北方本)(第二版)是根据高职高专园艺专业教学改革要求和高素质技术技能型人才培养要求，在第一版的基础上修订编写的，并入选"十二五"职业教育国家规划教材，主要供北方职业技术院校的园艺专业使用，也可作为农民果树栽培管理技术培训教材。

　　该教材编写坚持理论教学"必需、够用、为度"的原则，突出教材的适用性、应用性，突出实践教学，力求阐明果树生产中的基本理论和基本生产技术，紧密联系生产实际，从而体现高等职业教育的教学体系和特点。 教材编写采用项目—任务式体例，全书共分5个模块，第一模块为果树生产基础知识，设计了2个项目，2个任务；第二模块为果树生产基本技术，设计了繁育嫁接苗、繁育自根苗、建立果园、土肥水管理、整形修剪、花果管理6个项目，15个任务；第三模块为北方主要果树生产技术，设计了苹果、梨、桃、葡萄的生产技术4个项目，19个任务；第四模块为特色果树生产技术，设计了李、杏、樱桃、山楂、柿、草莓、石榴、猕猴桃、核桃、扁桃的生产技术10个项目，32个任务；第五模块为设施果树生产技术，设计了设施果园建造、设施果树的栽植、调控设施环境条件及设施葡萄、樱桃、桃、李、杏、草莓的生产技术8个项目，9个任务。 每一任务都采取任务提出、任务分析、任务实施、理论认知的形式编写，并设有"知识链接"拓展学生知识面。 本教材内容比较全面，北方果树主要树种基本上都已涉及，各院校在教学过程中可根据当地实际情况和教学要求，酌情选择教学内容。 教材修订过程中还建设了丰富的立体化数字资源，可从 www.cipedu.com.cn 上免费下载使用。

　　教材修订过程中参考了有关教材和其他文献，编写过程中还得到编者所在院校的大力支持，谨在此一并表示衷心感谢。

　　由于编者水平有限，疏漏之处在所难免，恳请读者提出宝贵意见。

编者

2021 年 1 月

目录

◎ **果树生产概述** 1

　一、果树生产的意义 1

　二、果树生产的特点 2

　三、果树生产存在的问题 2

　四、果树的发展方向 3

◎ **模块一　果树生产基础知识** 4

　项目一　果树树体基本结构与枝芽类型观察 4

　　任务　观察果树树体基本结构与枝芽类型 4

　　复习思考题 8

　项目二　果树树木物候期调查 9

　　任务　调查果树的物候期 9

　　复习思考题 17

◎ **模块二　果树生产基本技术** 18

　项目一　繁育嫁接苗 18

　　任务 2.1.1　砧木苗的培育 18

　　任务 2.1.2　嫁接苗的培育 24

　　复习思考题 32

　项目二　繁育自根苗 33

　　任务　葡萄的硬枝扦插 33

　　复习思考题 39

　项目三　建立果园 40

　　任务 2.3.1　果园规划设计 40

　　任务 2.3.2　果树栽植 44

　　复习思考题 50

　项目四　土肥水管理 52

　　任务 2.4.1　果园深翻 52

　　【知识链接】北方果园主要土壤的改良 55

　　任务 2.4.2　果园施肥 56

　　任务 2.4.3　果园灌溉 61

　　【知识链接】灌水量 64

复习思考题 ……………………………………………………… 64

项目五　整形修剪 ………………………………………………… 65
　　任务 2.5.1　修剪基本技能训练 ……………………………… 65
　　任务 2.5.2　修剪技术综合运用 ……………………………… 70
　　复习思考题 ……………………………………………………… 75

项目六　花果管理 ………………………………………………… 76
　　任务 2.6.1　疏花疏果 ………………………………………… 76
　　任务 2.6.2　果实品质评价 …………………………………… 79
　　【知识链接】如何挑选果袋 …………………………………… 84
　　任务 2.6.3　果实的商品化处理 ……………………………… 85
　　【知识链接】涂蜡 ……………………………………………… 88
　　任务 2.6.4　果树人工授粉 …………………………………… 89
　　任务 2.6.5　植物生长调节剂的应用 ………………………… 93
　　复习思考题 ……………………………………………………… 96

模块三　北方主要果树生产技术　　97

项目一　苹果的生产技术 ………………………………………… 97
　　任务 3.1.1　识别苹果的品种 ………………………………… 97
　　【知识链接】适宜发展的苹果优良品种 ……………………… 102
　　任务 3.1.2　观察苹果生长结果习性 ………………………… 102
　　【知识链接】我国主要的苹果产区 …………………………… 104
　　任务 3.1.3　苹果的施肥 ……………………………………… 105
　　【知识链接】穴贮肥水 ………………………………………… 107
　　任务 3.1.4　苹果的整形修剪 ………………………………… 108
　　【知识链接】其他丰产树形 …………………………………… 111
　　任务 3.1.5　苹果的花果管理 ………………………………… 111
　　任务 3.1.6　苹果的病虫害防治 ……………………………… 114
　　任务 3.1.7　苹果的周年生产 ………………………………… 116
　　【知识链接】优质苹果生产配套技术规程 …………………… 117
　　复习思考题 ……………………………………………………… 120

项目二　梨树的生产技术 ………………………………………… 121
　　任务 3.2.1　识别梨树的品种 ………………………………… 121
　　【知识链接】石细胞 …………………………………………… 129
　　任务 3.2.2　梨树的生产管理 ………………………………… 129
　　任务 3.2.3　梨树的病虫害防治 ……………………………… 141
　　任务 3.2.4　梨树的周年生产 ………………………………… 143
　　复习思考题 ……………………………………………………… 145

项目三　桃树的生产技术 ………………………………………… 146
　　任务 3.3.1　识别桃树的主要品种 …………………………… 146
　　【知识链接】桃树品种的分类 ………………………………… 153
　　任务 3.3.2　桃树的生产管理 ………………………………… 153

【知识链接】长梢修剪 ……………………………………………… 160
任务 3.3.3　桃树的病虫害防治 ……………………………… 161
任务 3.3.4　桃树的周年生产 ………………………………… 166
复习思考题 …………………………………………………… 168
项目四　葡萄的生产技术 …………………………………………… 169
任务 3.4.1　识别葡萄的品种 ………………………………… 169
【知识链接】葡萄品种的生产类型 ………………………………… 179
任务 3.4.2　葡萄枝蔓的管理 ………………………………… 179
任务 3.4.3　葡萄的病虫害防治 ……………………………… 185
任务 3.4.4　葡萄的周年生产 ………………………………… 190
复习思考题 …………………………………………………… 195

◎ 模块四　特色果树生产技术　196

项目一　李子的生产技术 …………………………………………… 196
任务 4.1.1　李子优良品种调查和选择 ……………………… 196
任务 4.1.2　观察李子生长结果习性 ………………………… 198
任务 4.1.3　李子的苗木生产 ………………………………… 201
任务 4.1.4　李子的生产管理 ………………………………… 202
复习思考题 …………………………………………………… 205
项目二　杏树的生产技术 …………………………………………… 206
任务 4.2.1　杏树优良品种调查和选择 ……………………… 206
任务 4.2.2　观察杏树生长结果习性 ………………………… 208
任务 4.2.3　杏树花期防霜害 ………………………………… 210
复习思考题 …………………………………………………… 212
项目三　樱桃的生产技术 …………………………………………… 213
任务 4.3.1　识别樱桃的品种 ………………………………… 213
任务 4.3.2　樱桃的生产管理 ………………………………… 220
复习思考题 …………………………………………………… 230
项目四　山楂的生产技术 …………………………………………… 231
任务 4.4.1　山楂优良品种识别和选择 ……………………… 231
【知识链接】山楂产区分布 ………………………………………… 233
任务 4.4.2　观察山楂的生长结果习性 ……………………… 233
任务 4.4.3　山楂的生产管理 ………………………………… 236
【知识链接】山楂的采收 …………………………………………… 240
任务 4.4.4　山楂的病虫害防治 ……………………………… 240
复习思考题 …………………………………………………… 242
项目五　柿树的生产技术 …………………………………………… 243
任务 4.5.1　识别柿树的品种 ………………………………… 243
任务 4.5.2　柿树的生产管理 ………………………………… 247
任务 4.5.3　柿树的病虫害防治 ……………………………… 251
复习思考题 …………………………………………………… 253

项目六　草莓的生产技术 ·· 254

　　任务 4.6.1　识别草莓的品种 ·· 254

　　【知识链接】匍匐茎的控制生长 ··· 259

　　任务 4.6.2　草莓的生产管理 ·· 260

　　复习思考题 ·· 266

项目七　石榴的生产技术 ·· 267

　　任务 4.7.1　识别石榴的品种 ·· 267

　　任务 4.7.2　石榴的生产管理 ·· 271

　　复习思考题 ·· 275

项目八　猕猴桃的生产技术 ·· 276

　　任务 4.8.1　猕猴桃优良品种识别和选择 ····························· 276

　　【知识链接】猕猴桃资源 ··· 277

　　任务 4.8.2　观察猕猴桃生长结果习性 ································· 278

　　任务 4.8.3　猕猴桃的生产管理 ··· 280

　　任务 4.8.4　猕猴桃的病虫害防治 ·· 284

　　复习思考题 ·· 287

项目九　核桃的生产技术 ·· 288

　　任务 4.9.1　核桃优良品种调查和选择 ································· 288

　　任务 4.9.2　观察核桃的生长结果习性 ································· 291

　　任务 4.9.3　核桃苗木生产 ··· 295

　　【知识链接】了解核桃树高接换优技术 ······························· 297

　　任务 4.9.4　核桃建园 ··· 298

　　任务 4.9.5　核桃的生产管理 ·· 301

　　任务 4.9.6　核桃的病虫害防治 ··· 303

　　复习思考题 ·· 306

项目十　扁桃的生产技术 ·· 307

　　任务 4.10.1　扁桃品种调查与生物学特性观察 ····················· 307

　　任务 4.10.2　扁桃的生产管理 ·· 310

　　复习思考题 ·· 314

◎ 模块五　设施果树生产技术　315

项目一　设施果园建造技术 ·· 315

　　任务　设施果园的建造 ··· 315

　　【知识链接】日光温室前屋面采光角 ··································· 321

　　复习思考题 ·· 322

项目二　设施果树的栽植技术 ··· 323

　　任务　设施果树的栽植 ··· 323

　　复习思考题 ·· 325

项目三　调控设施环境条件 ·· 326

　　任务　设施环境的调控 ··· 326

　　复习思考题 ·· 329

项目四　设施葡萄的生产技术 ·· 330

　　任务 5.4.1　设施葡萄的修剪 ····································· 330

　　任务 5.4.2　设施葡萄的人工促眠 ······························ 333

　　复习思考题 ··· 336

项目五　设施樱桃的生产技术 ·· 337

　　任务　设施樱桃的修剪控冠和控眠 ······························ 337

　　复习思考题 ··· 340

项目六　设施桃的生产技术 ·· 341

　　任务　设施桃的修剪 ·· 341

　　复习思考题 ··· 345

项目七　设施李、杏的生产技术 ·· 346

　　任务　设施杏的修剪 ·· 346

　　复习思考题 ··· 349

项目八　设施草莓的生产技术 ·· 350

　　任务　设施草莓的栽植 ·· 350

　　复习思考题 ··· 353

○ 参考文献　　354

果树生产概述

一、果树生产的意义

1. 果树及果树栽培的概念

果树为多年生植物，是能提供可供食用的果实、种子及其砧木的总称。果树栽培是果树生产中的主要环节，包括苗木的培育、果园的建立及管理直至果实采收的整个过程。果树产业则是指果树生产及服务于果树生产的相关行业的统称，包括果树栽培、育种、生产技术研究、果品的贮藏加工、运输销售及技术服务等环节。要搞好果树生产，提高经济效益和社会效益，不仅要在果树栽培这个重要环节中考虑自然规律和经济原则，还要了解消费市场的信息以及相关的分级、包装、贮藏加工、运输、销售等诸多环节，只有从生产到消费的整个过程相互衔接，果树生产才能得到很好的发展。

果树栽培的任务是生产高产、优质、成本低和效益高的果品，以满足国内外消费者的各种需求。随着社会的进步和人民生活水平的提高，果树生产的状况发生了很大变化，由单纯追求产量向优质丰产迈进，由偏重果品经济效益向生产绿色无公害果品发展。

2. 果树生产的作用

果树是一种高产值、多用途的园艺植物，是农业生产中的重要组成部分，具有较高的经济效益、生态效益和社会效益。

（1）果品含有丰富的营养物质（表 0-1）　果品中既含有多种维生素和无机盐，又含有糖类、蛋白质、脂肪、有机酸、芳香物质等，是人体所需营养和生长发育必需的物质。据营养学家研究，每人每年需要 70～80kg 果品，才能满足人体正常需要。

（2）果品的医疗功能　核桃、荔枝、龙眼等是良好的滋补品；梨膏、柿霜常入药；杏仁、桃仁、橘络等是重要的中药材；番石榴对治疗糖尿病和降低胆固醇有一定的辅助功能。

（3）果树的生态环境效益　果树普遍适应性强，既能在平原、河流两岸，又能在沙荒、丘陵等地选栽。种植果树不仅能增加经济收入，而且可以防止水土流失、增加绿色覆盖面积、调节气候，从而绿化、美化、净化环境。

（4）果树是食品工业和化学工业的重要组成原料　果品除鲜食外，果实还可加工成果脯、果汁、蜜饯、果酱、罐头、果酒、果醋等。有些果实的硬壳可制活性炭，有些果树的叶片、树皮、果皮可提炼染料或鞣料，橘皮、橘花可提炼香精油。许多果树的木材是国防工业、建筑工业和雕刻工艺的优良材料。

表 0-1　各种鲜果每 100g 可食部分的营养成分含量

（摘自中国疾病预防控制中心营养与健康所《中国食物成分表》标准版，2018 年）

果品名称	水分/g	蛋白质/g	脂肪/g	碳水化合物/g	钙/mg	磷/mg	铁/mg	胡萝卜素/mg	硫胺素/mg	核黄素/mg	尼克酸/mg	维生素C/mg
苹果	86.1	0.4	0.2	13.7	4.0	7.0	0.3	0.05	0.02	0.02	0.2	3.0
梨	85.9	0.3	0.1	13.1	7.0	14.0	0.4	0.02	0.03	0.03	0.2	5.0
葡萄	88.5	0.4	0.3	10.3	9.0	13.0	0.4	0.04	0.03	0.02	0.25	4.06
桃	88.9	0.6	0.1	10.1	6.0	11.0	0.3	0.02	0.01	0.02	0.30	10.0
杏	89.4	0.9	0.1	9.1	14.0	15.0	0.6	0.45	0.02	0.03	0.6	4.0
李	90.0	0.7	0.2	8.7	8.0	11.0	0.6	0.15	0.03	0.02	0.40	5.0
樱桃	88.0	1.1	0.2	10.2	11.0	27.0	0.4	0.21	0.02	0.02	0.60	10.0
枣（鲜）	67.4	1.1	0.3	30.5	22.0	23.0	1.2	0.24	0.06	0.09	0.90	243
柿	80.6	0.4	0.1	18.5	9.0	23.0	0.2	0.12	0.02	0.02	0.30	30
石榴	79.2	1.3	0.2	18.5	6.0	70.0	0.2	—	0.05	0.03	—	8.0
无花果	81.3	1.5	0.1	16.0	67.0	18.0	0.1	0.03	0.03	0.02	0.10	2.0
草莓	91.3	1.0	0.2	7.1	18.0	27.0	1.8	0.03	0.02	0.03	0.30	47.0
核桃（干）	5.2	14.9	58.8	19.1	56.0	294	2.7	0.03	0.15	0.14	0.90	1.0
栗	52.0	4.2	0.7	42.2	17.0	89.0	1.1	0.19	0.14	0.17	0.80	24.0

（5）果树的经济效益　果树是农业的重要组成部分，随着农村产业结构的调整和农产品市场的放开，特别是在丘陵、山地、沙荒地等处，因地制宜发展果树生产，能给农民带来可观的效益。果树生产在我国出口创汇方面具有重要地位，相对廉价的劳动力和丰富的果树资源，使其在国际市场具有很强的竞争力，是农产品出口创汇的重要来源。

二、果树生产的特点

果树是一种经济作物，与其他的经济作物相比具有以下特点。

（1）果树主要是多年生木本植物　果树不仅具有春花秋实的年周期变化，还要受到相对复杂的生命规律的支配，对环境条件和栽培技术的反应有时效性和持续性的累积效应。果树长期在固定地方生长，加大了土肥水管理和病虫害防治的难度。

（2）在年周期中同时存在营养生长和生殖生长　果树不仅需要制造同化营养物质满足当年的萌芽、开花、结果，还要同时进行花芽分化和贮备营养，为第二年的正常生长奠定良好的基础。果树营养生长和生殖生长的这种多重性，就需要在生产中调节供需关系和缓冲供需之间的矛盾，避免引起各种生命活动的生理失调。

（3）果树生产技术性高，果实商品性强　目前我国的果品主要以鲜食为主，直接关系到消费者的健康，因而生产时至少应达到国家无公害果品生产要求，这就要求生产的各个环节必须严格执行标准，再加之果树种类、品种丰富以及不同的商品需求，只有采取精细的管理技术，才能满足消费者的多种需求，从而实现果品的最大商品价值。

三、果树生产存在的问题

随着果树生产规模的不断扩大，人民生活水平的逐渐提高，果品市场已由卖方市场转向买方市场，尽管我国果品人均占有量只及世界人均占有量的一半多，但已经出现了卖果难、跌价、滞销的现象，这种情况出现的原因主要如下。

（1）盲目发展，树种、品种比例不当　前些年，一些地方不顾市场需求和本地实际情况，大量引进发展，使得水果中的大树种、晚熟品种面积过大，早熟品种不足，加工专用品种缺乏，造成季节性和区域性过剩，加之树种优劣不齐，以致有些地方砍树改种其他作物。

（2）果品质量差，效益低　由于栽培管理粗放、缺乏优良品种和普遍早采，使得果实外观和内在品质差，我国优质果品仅占水果总产量的30%，而这30%的优质果品中仅有5%的果品属于高档绿色果品。因此，在国际市场上，我国果品价格往往只及美国、澳大利亚、日本等发达国家进口果品价格的1/5～1/3。

（3）绿色果品产量少，出口受限制　由于我国果品质量参差不齐，特别是部分产品有害物质残留量超标，达不到进口国家的要求，果品出口受到一定限制。

（4）产后商品化处理水平低　我国的果品99%是以初级产品投入市场，分级、清洗、打蜡、包装环节比较。目前果品贮藏量仅为产量的15.2%，与先进国家冷藏果达80%左右相差甚远。我国果品加工能力约为果品生产量的5%，而美国可达45%，日本达25%。

四、果树的发展方向

根据我国的果树现状和生产中存在的问题，面对国内外果品市场的前景，我们必须大力发展科技，依靠科技发展我国的果品产业。

（1）以市场经济为导向，使果树生产适应国内外市场的变化。逐步实现果树生产和科技成果产业化，成立技术密集型的果树企业，提高果农文化素质和科技能力。使果树产业由传统农业向商品化、专业化、现代化方向转变。

（2）要转变大部分果园广种薄收、高投入低产出的现状，加强对现有低产园的改造，提高单产和品质。应用现有果树生态区划的研究成果，因地制宜，发挥优势，适当集中，发展名优品种，建立优质果树商品基地；改进栽培技术，实现以矮化密植为中心的现代集约化栽培，充分利用国外先进技术，并与国内已取得的成果组装配套，形成规范化、系列化、实用化的生产规模。

（3）使用化学调控技术，加强采后研究，采用气调等先进的贮藏技术，与包装、运输等组配成完善的果品流通链，实现优质鲜果周年供应。

（4）应用生物工程技术，建立无病毒良种苗木组培的繁育和推广体系，实现果树无病毒良种化栽培。借助生物工程技术，将特殊性状的基因进行遗传转化或重组，选育自然界未存在的优质、多抗、高产新品种。

模块一 果树生产基础知识

项目一 果树树体基本结构与枝芽类型观察

知识目标

了解树体基本结构，掌握各结构的特点及作用。

技能目标

能识别当地主要果树树种的枝芽类型，能绘制果树地上部结构图。

任务 ▶▶ 观察果树树体基本结构与枝芽类型

任务提出

通过对北方落叶果树的观察，掌握描述果树树体组成的各部分术语。

任务分析

北方果树树种、品种丰富，形态各异，如何准确描述其形态特征是果树树种、品种识别的关键。

任务实施

【材料与工具准备】

当地果树树种的结果树，枝、芽实物或标本。

【实施过程】

1. 形态观察：认真观察各种果树基本结构及其枝、芽类型。
2. 形态描述：区分并用术语对各种果树形态进行准确描述。

3. 记录与绘制简图：绘制果树地上部结构图，并标明各部分的名称。

【注意事项】

1. 形态观察应分别安排在休眠期、花期、新梢生长期和落叶前期。

2. 根据当地实际情况选择主要果树树种进行观察，其他树种可结合修剪进行观察。

理论认知

果树种类繁多，不仅形态结构差异较大，树体组成差别也较大。但果树都是种子植物，其树体都是由根、茎、叶、花、果实组成。果树树体分地上部和地下部。地上部包括树干和树冠；地下部为根系。地上部和地下部的交接处为根颈。乔木果树树体结构如图 1-1-1。

一、地上部

果树的地上部由树干和树冠组成。

（1）树干　树干是指树体的中轴，分为主干和中心干。主干是指地面到第一分枝之间的部分，中心干是指第一分枝到树顶之间的部分。有些树体有主干，但没有中心干。

（2）树冠　主干以上由茎反复分枝构成的骨架，由骨干枝、枝组和叶幕组成。

① 骨干枝：树冠内比较粗大，起骨干作用的永久性枝。由于骨干枝的组成、数量和配布的不同，从而形成不同树形结构，这种结构又影响果树受光量

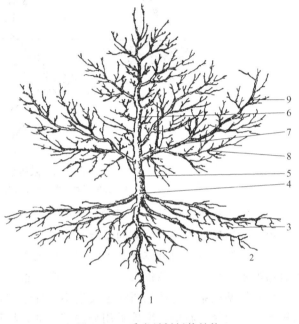

图 1-1-1　乔木果树树体结构

（引自《果树栽培》李道德）

1—主根；2—侧根；3—须根；4—根颈；5—主干；
6—中心干；7—主枝；8—侧枝；9—枝组

和光合效率，是决定果树能否获得优质高产的关键。骨干枝是由中心干、主枝和侧枝三级构成。着生在中心干上的永久性骨干枝称为主枝，着生在主枝上的永久性骨干枝称为侧枝。中心干和各级骨干枝先端的一年生枝叫作延长枝。

辅养枝是临时性的枝。在幼树时为了提早结果，利用其上的叶片制造养分，加速幼树生长发育，促使快速整形，成形后根据与骨干枝的发育空间大小，逐步缩减或改造利用。

② 枝组：也叫结果枝组，是着生在各级骨干枝上、有两次以上分枝的小枝群，它是构成树冠、叶幕和结果的基本单位。枝组按其体积大小分为大型、中型和小型枝组；按其着生部位不同分为水平、斜生和下垂枝组。

枝组和骨干枝是可以互相转化的，加强枝组营养，减少其结果或不结果，就能成为骨干枝；骨干枝通过增加结果量或压缩修剪，也能改造成为枝组。

③ 叶幕：叶片在树冠内的集中分布区。生产上常以叶面积指数（总叶面积/单位土地面积）来表示果树叶面积。一般果树的叶面积指数以 3.5～4 比较合适，低于 3 时是低的标志，但过高则表明叶幕过厚，树冠内光照不良，导致产量下降。

二、根系

1. 根系的来源

根系按其来源分为实生根系、茎源根系和根蘖根系（图 1-1-2）。

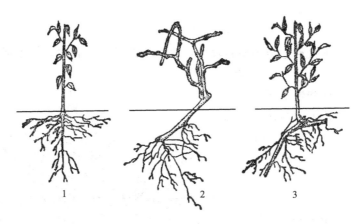

图 1-1-2　果树根系类型
1—实生根系；2—茎源根系；3—根蘖根系

（1）实生根系　由种子胚根发育形成的根系。特点是主根发达，生活力强，入土较深，对外界环境适应能力强，个体间差异较大。

（2）茎源根系　由母体茎上不定根形成的根系。如葡萄、无花果、石榴等采用扦插、压条繁殖的果树会形成茎源根系。特点是没有主根，生活力弱，入土较浅，个体间差异较小。

（3）根蘖根系　有的果树根上发生不定芽形成根蘖苗，与母体分离形成独立个体所具有的根系。如山楂、石榴、枣等采用分株繁殖的果树形成的根系。其特点与茎源根系相似。

2. 根系的结构

种子的胚根向下垂直生长形成主根。主根分生出侧根，称为一级根，依次再分生出各级侧根，构成全部根系。主根和各级侧根构成根系的骨架，称为骨干根。骨干根粗而长，色泽深，寿命长，主要起固定、输导和贮藏作用。主根和各级侧根上产生的细根，统称为须根。须根细而短，大多在营养期末死亡，未死亡的就发育成骨干根，起输导、合成和吸收的作用。

初生根依形态、构造和功能分为生长根和吸收根。生长根是初生结构，白色，生长较快，能分生新的生长根和吸收根，具有分生和吸收的功能。吸收根也是初生结构，白色，具有吸收水分、矿质元素和合成（有机物和部分激素类物质）的作用。吸收根数量多，生理活性强，在根系生长旺季，能占根系总量的 90% 以上。生长根和吸收根的先端密生根毛，能从土壤中吸收水分和营养物质。

三、芽

芽是叶、枝、花等的原始体，是果树度过不良环境的临时性器官。芽与种子有相似的特性，具有遗传性，在一定条件下也可以发生变异。

（1）依芽的性质分为叶芽和花芽　芽内只具有雏梢和叶原基，萌发后形成新梢的叫叶芽。花芽又分为纯花芽和混合花芽，纯花芽只具有花原基，萌发后只开花结果，不抽枝长叶，如核果类果树的花芽；混合花芽内具有雏梢、叶原基和花原基，萌发后在新梢上开花，如仁果类、枣、柿等。顶芽是花芽的称为顶花芽，侧芽是花芽的称为腋花芽。

（2）依芽的位置分为顶芽和侧芽　着生在枝条顶端的芽为顶芽。但柿、杏和板栗等枝梢的顶芽常自行枯死（自剪现象），以侧芽代替顶芽位置，这种顶芽称伪顶芽或假顶芽。着生在枝条叶腋间的芽为侧芽，也称腋芽。

（3）依芽在叶腋间的位置和形态分为主芽和副芽　位于叶腋中央而又最充实的芽为主芽；位于主芽上方或两侧的芽为副芽。副芽的大小、形状和数量因树种而异。核果类果树，副芽在主芽的两侧；仁果类果树，副芽隐藏在主芽基部的芽鳞内，呈休眠状态。但核桃树的副芽在主芽的下方。

（4）依同一节上芽的数量分为单芽和复芽　在一个节位上只着生一个明显芽的称单芽，如仁果类。在同一节上着生两个或两个以上明显芽的称为复芽，如核果类。

（5）依芽的生理特点分为早熟性芽、晚熟性芽和潜伏芽　当年形成当年萌发的芽为早熟性芽；当年形成必须等到第二年才能萌发的芽为晚熟性芽；当年形成后在第二年甚至连续数年不萌发的芽为潜伏芽。

四、枝

（1）依枝条的年龄分生长枝、结果枝和结果母枝。枝条上仅着生叶芽，萌发后只生枝叶不开花结果称为生长枝。生长枝根据生长状况又可分为普通生长枝（生长中等，组织充实）、徒长枝（生长特别旺盛，长而粗，节间长，不充实）和纤弱枝（生长极弱，叶小枝细）。枝条上着生纯花芽或直接结果的为结果枝。依其年龄分为两类：花芽着生在一年生枝上而果实着生在两年生枝上的为两年生结果枝，如核果类果树；花和果实着生在当年抽生的新梢上的，为一年生结果枝，如板栗、核桃和柿等。结果母枝是指枝条上着生混合芽，混合芽萌发后抽生结果枝而开花结果，如苹果、梨、葡萄、山楂等。

（2）依枝条的年龄分为新梢、一年生枝和多年生枝。当年抽生的枝条，在当年落叶之前称为新梢。按其抽生的季节不同，有春梢、夏梢、秋梢和冬梢。落叶果树春梢明显，夏、秋梢的情况表现各异。落叶后的新梢称为一年生枝；一年生枝在春季萌芽后称为两年生枝；两年以上的枝条称为多年生枝。

（3）依枝条抽生的位置分为直立枝、斜生枝、下垂枝和水平枝。生产上常利用枝条的枝势调节树体的生长势（图1-1-3）。

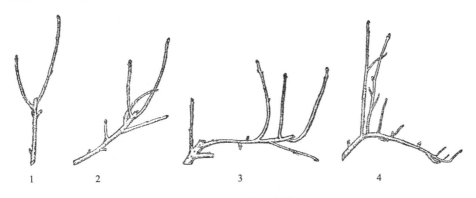

图 1-1-3　果树的枝势

1—直立枝；2—斜生枝；3—水平枝；4—下垂枝

复习思考题

1. 总结果树枝芽的重要特性，探讨它们在果树生产上的作用。
2. 试述果树根系的类型及其各自特点。

项目二 果树树木物候期调查

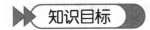 **知识目标**

了解果树生长发育规律。

技能目标

掌握果树物候期调查方法。

任务 ▶▶ 调查果树的物候期

任务提出

选定当地主栽果树树种，按树种生长发育特性定期调查其物候期变化。

任务分析

通过调查物候期，学会果树物候期的观测方法，了解果树的季节变化，为果树栽植、管理等提供生物学依据。

任务实施

【材料与工具准备】

放大镜、卡尺、皮尺、解剖镜、标签、记录用具。

【实施过程】

1. 选定调查目标：选择当地有代表性的果树树种，每种 3～5 株的结果树，做好标记。

2. 制订调查时间及表格：随着物候期演变，按照物候期观察项目和标准进行观察，记入记载表（表 1-2-1）。

3. 调查内容

（1）根系的生长周期

（2）树液开始流动期

（3）萌芽期（萌发、花芽膨大期、叶芽膨大期、花芽开绽期、叶芽开绽期）

（4）展叶期

（5）开花期（初花期、盛花期、落花期）

（6）果实发育期（坐果期、生理落果期、果实着色期、果实成熟期）

（7）新梢生长期（新梢加速生长期、新梢停止生长、二次生长开始、二次生长结束）

（8）花芽分化期（开始：健壮枝条有少量开始花芽分化；盛期：健壮枝条约有 1/4 开始花芽分化）

（9）落叶期　落叶始期（全树 5％的叶片脱落）

落叶盛期（全树 25% 的叶片脱落）

落叶终期（全树 95% 的叶片脱落）

表 1-2-1　苹果物候期记载表

品种	花芽萌发			开花			叶芽			新梢生长				花芽分化					叶片						落花落果				果实发育					落叶			
																			短枝		中枝		长枝														
	膨大	开绽	分离	初花	盛华	终花	膨大	开绽	展叶	开始	旺盛	停止	二次生长	开始	萼片	花萼	雄蕊	雌蕊	初展	盛展	初展	盛展	初展	盛展	落花	落幼果	生理落果	采前落果	幼果膨大	缓长	速长	着色	成熟	变色	始落	盛落	结束

【注意事项】

1. 物候期的观察时间应根据物候期的进程速度确定，萌芽至开花期一般每隔 2～3d 观察一次，生长季节的其他时间，可 5～7d 或更长一段时间观察一次。

2. 物候期记载表可根据树种实际情况制订，本表只是针对苹果设计的。

理论认知 👆

一、果树的生命周期

果树是多年生植物，一生要经过生长、结果、衰老、更新和死亡的过程，这个过程称为果树的生命周期，或称为年龄周期。

栽培果树因繁殖方法不同分为实生树和营养繁殖树，二者具有不同的年龄时期。实生树是由种子繁殖长成的树，具有完整的发育史，必须经过童期。营养繁殖果树，是采用扦插、压条、嫁接、分株和组织培养等培育的，其繁殖材料和接穗取自成年阶段的优良母树，本身已经度过了幼年阶段，只要条件适合，随时可以开花结果，因而没有童期。

生产上为了管理方便，根据生长和结果的明显变化，将乔木果树的一生分为幼树期、初果期、盛果期和衰老期四个时期。

（1）幼树期　果树从种子萌发（或苗木定植）到第一次结果。其特点是：树体生长旺盛，枝条多趋向直立生长，年生长周期长，生长量大，往往具有两次或多次生长，节间较长，组织不充实，越冬性差。主要栽培措施：促进生长，尽快扩大叶幕面积；选择各级骨干枝，建立良好树体结构；促控结合，促进早结果；加强树体保护。此期葡萄、桃 1～2 年，杏、李、樱桃 2～3 年，苹果、梨 3～4 年。

（2）初果期　果树从初次结果到大量结果前。其特点是：前期营养生长仍占优势，树冠和根系继续扩大，随着结果量的增加，中短枝比例增加，长枝的比例减少，产量和品质都逐年提高。主要栽培措施：继续完成树冠骨架建造，逐步清理辅养枝，增加花芽比例，促进尽早转入盛果期。

（3）盛果期　从大量结果到产量开始下降为止。其特点是：骨干枝离心生长基本停止，树冠、产量和果实品质均达到生命周期中的最高峰，花芽大量形成，中、短果枝比例加大，管理不当极易出现大小年现象。主要栽培措施：合理修剪，注意更新结果枝和骨干枝，保持原有树冠的生长结果能力，抑制衰老过程，尽量延长盛果期的时间。

（4）衰老期　从产量明显下降到主枝开始枯死。其特点是：骨干枝末端逐渐枯死，向心生长逐步加强，产量和品质明显下降。主要栽培措施：栽培上应适时更新复壮。当经济效益降到一定程度后应砍伐重新建园。

二、果树的年生长周期

果树一年中随外界环境条件的变化出现一系列生理与形态的变化并呈现一定的生长发育规律性，这种随气候而变化的生命活动过程称为年生长周期。在年周期中，果树随季节性气候变化而发生的外部形态规律性变化的时期为生物气候学时期，简称物候期。落叶果树一年中分为两个明显的阶段，即生长期（从春季萌芽到秋季落叶）和休眠期（落叶后到第二年春季萌芽）。

三、果树的年生长发育

（一）根系的生长发育

1. 分布特点

根系在土壤中的分布与生长方式，可分为水平根和垂直根。与地面近于平行生长的根系称为水平根，与地面近于垂直生长的根系为垂直根。根系在土壤中的分布与树种、砧木、土壤、栽培管理技术等有关。水平根的分布范围一般为树冠的 1～3 倍，尤以树冠外缘附近较为集中。土壤肥沃、土质黏重时分布较近，瘠薄山地或沙地水平根分布较远。垂直根的分布深度一般小于树高。浅根性果树如桃、杏、李、樱桃、无花果等根系分布较浅；深根性果树如苹果、银杏、核桃、柿等根系分布较深；乔化砧的果树比矮化砧的果树分布深而广。

2. 一年中根系生长动态

果树根系在年周期中没有自然休眠现象，只要条件适宜，全年均可生长。在一年中根的生长动态除受环境条件（土壤温度、水分、通气性）的影响外，还受树体本身（果树种类、砧穗组合、当年生长状况、产量）的相互制约及其他因素的影响。

各种果树根系在年周期中发生新根高潮的次数，因树种、树龄及环境条件而不同。多数落叶果树的幼树为三次生长高峰。河北农大对楸子砧的金冠苹果根系观察结果表明，根系在一年内有三次生长高峰：第一次是从 3 月上旬至 4 月中旬达高峰，随着开花和新梢迅速生长，根的生长转入低谷；第二次从新梢接近停止生长到花芽分化和果实迅速生长之前，一般在 6 月底至 7 月初，这次持续时间长、长势强，也是全年发根数量最多的时期，随后由于果实加速生长和花芽大量形成而转入低潮。第三次在 9 月上旬至 11 月下旬，随着叶片养分的回流积累，出现又一次高峰，以后随土温下降而进入低潮，到 12 月下旬停止生长进入被迫休眠。

（二）芽的生长发育

芽是叶、枝、花的原始体，是临时性器官。落叶果树芽的形成过程，一般要经过芽原基出现期、鳞片分化期和雏梢分化期。

1. 芽原基出现期

芽原基是果树萌芽前后在芽内雏梢或新梢叶腋间产生的由细胞团组成的生长点，是芽的雏形。绝大多数树种的芽原基出现与萌芽同步，随着叶芽的萌发，由基部往上各叶腋间发生新一代芽的原基。

2. 鳞片分化期

芽原基出现后，生长点由外向内分化鳞片原基，并逐渐发育成固定的鳞片。叶片增大期大致就是该节位叶芽的鳞片分化期。

3. 雏梢分化期

雏梢分化期大致分为冬前雏梢分化、冬季休眠和冬后雏梢分化三个阶段。冬前雏梢分化是秋季落叶前后开始进行，落叶后随着气温的下降，雏梢停止分化，进入冬季休眠。越冬雏梢通过休眠后，有的芽进一步形态发育，增加芽内节数；有的不再增加雏梢节数或顶端转为顶芽。根据芽内分化的多少，萌发后会形成不同长度的新梢。叶芽萌动后，有些新梢的先端生长点仍能继续分化新的叶原基，增加节数，直到新梢停止生长，才开始顶芽的分化，这属于芽外分化。

4. 萌芽

萌芽是落叶果树地上部由休眠转入生长的标志。此期从芽膨大至花蕾伸出或幼叶分离。不同树种萌芽物候期的标准不同，以叶芽为例，仁果类果树萌芽分为两个时期：芽膨大期，芽开始膨大，鳞片开始松开，颜色变淡；芽开绽期，鳞片松开，芽先端幼叶露出。核果类果树则以延长枝上部的叶芽、鳞片开裂为标准，叶苞出现时为萌芽期。

不同果树在不同环境条件下，每年萌发的次数不同，有一次萌发和多次萌发之分。原产温带的落叶果树一般多为一次萌发，原产热带和亚热带的果树则呈周期性的多次萌发。但都以由休眠期或相对休眠过渡到营养生长期的萌芽最为整齐。

萌芽是果树遗传特性和环境条件共同作用的结果。萌芽迟早与温度有密切关系，各种果树萌芽都要求一定的积温，落叶果树一般在日平均气温 5℃ 以上，土温达 7～8℃，经 10～15d 即可萌发。此外，空气湿度大、树体贮藏养分充足、土壤条件良好都有利于萌芽。

（三）叶的生长发育

1. 叶的发育

从叶原基出现，经过叶片、叶柄和托叶的分化，直到叶片展开，叶片停止增大为止，是叶的整个发育过程。新梢不同部位的叶，开始形成的时间和生长发育的长短均不相同。新梢基部的叶，其叶原基是在叶萌发前在芽内分化形成的，称为芽内分化。而有些叶片的叶原基分化是萌发后在芽外进行的，称为芽外分化。单叶面积的大小，一般取决于叶片生长期以及迅速生长期的长短。树种、品种、枝类不同，以及叶片在新梢上着生位置的不同，叶片的生长期也不同。如梨需 16～28d，苹果 20～30d，葡萄 15～30d。从长梢看，中下部叶片生长期较长，而下部较短，短梢除基部小叶发育时间较短外，其余叶片都是 20～30d。

2. 叶幕的形成

叶幕是指叶片在树冠内的集中分布区。它是一个与树冠形态相一致的叶片群体。落叶果树的叶幕，在春季萌芽后，随着新梢的伸长、叶片不断增加而形成，在年周期中呈现明显的季节变化。一般树势强、幼年树、以抽生长枝为主的树种、品种，叶幕形成时间较长，叶片出现高峰较晚；树势弱、成年树、以抽生短枝为主的，其叶幕形成时间短，叶片出现高峰较早。叶面积建造的速度，在很大程度上，依赖树体养分的贮存水平。树体贮藏养分不足，影响叶面积的前期生长，后期肥水供应差，则导致叶片早衰，影响营养物质的生产和积累。

叶幕的厚薄是衡量果树叶面积多少的一种方法，但生产上比较精确说明单位叶面积数的常以叶面积指数（单位面积上栽植果树的株数总叶面积与土地面积的比值）表示。一般果树叶面积指数以 3～4.5 比较合适，耐阴树种可以稍高。多数落叶果树当叶片获得光照强度减弱至 30% 以下时，成为寄生叶。目前生产上采用合理的树形和适宜的修剪，增加树冠有效光区，提高光能利用。

总之，落叶果树理想的叶幕是最好在较短时间内迅速建成最大叶面积，结构合理而相互遮阴少，并保持较长时间的稳定。

（四）枝的生长发育

枝的生长包括加长生长和加粗生长。一年中加长生长和加粗生长所达到的长度和粗度称为生长量；在一定时间内加长和加粗生长的快慢称为生长势。

1. 加长生长

新梢的加长生长是从叶芽萌发后露出芽外的幼叶彼此分离后开始，至新梢顶芽形成为止。加长生长是通过新梢顶端分生组织的细胞分裂、伸长实现的。细胞分裂只发生在顶端，伸长则延续到几个节间。随着细胞分裂、伸长的同时，进一步分化成表皮、皮层、初生韧皮部和木质部、中柱鞘和髓等各种组织。

新梢的生长分为三个阶段。

① 新梢开始生长期：是指从萌芽到迅速生长阶段。此期外界气温低，根系吸收差，生长只能依靠去年的贮藏养分。此期生长特点：生长缓慢、节间短、叶片较小。如苹果、梨生长期持续 9～14d。

② 新梢迅速生长期：是指从迅速生长到生长缓慢下来。此期随着气温的升高，根系吸收能力逐渐加强，前期依靠去年的贮藏养分，后期则靠当年长成的叶片提供养分。此期生长特点：生长加快，节间较长，叶片较大，芽体大而饱满。

③ 新梢缓慢生长期：是指从生长缓慢直至停止生长。此期节间由长变短，叶片由大变小，形成顶芽。

新梢加长生长受多种因素的影响。首先是不同树种间差异较大。生长旺盛的树种如葡萄、桃等普遍发生 2 次或 3 次；核桃、板栗、枣、柿等加长生长期短，一般不发生二次枝，生长主要集中在前期，通常在 6 月份便停止生长。梨、苹果等一般只延伸 1～2 次，生长旺盛的苹果中间有一段时间停止生长，在同一枝条上有春梢和秋梢之分。其次，同一树种也会因品种、负载量、管理条件等影响有所变化。

2. 加粗生长

新梢的加粗生长是形成层细胞分裂、分化和增大的结果。加粗生长比加长生长开始晚，结束也晚。形成层活动是由加长生长形成幼叶产生的生长素和叶片制造的养分共同作用的结果。在每次新梢加长生长高峰之后，都出现加粗生长高峰。一般在同一株树，越靠近新梢顶端的枝条加粗生长越早，依次向枝条基部发展，所以级次越低的骨干枝，加粗高峰越晚。一年中加粗生长最明显的是在 8～9 月份，如多年生枝干加粗开始生长期比新梢加长生长晚 1个月，其停止也比加长生长晚 2～3 个月。

（五）花果的生长发育

1. 花芽分化

由叶芽的生理和组织状态转化为花芽的生理和组织状态称为花芽分化。生长点内部由叶芽的生理状态转向花芽的生理状态的过程称为花芽生理分化。从花原基最初形成至各器官形成完成叫形态分化。

（1）花芽分化时期　大多数落叶果树，一年只进行一次花芽分化，如苹果集中在 6～7月份，梨为 6～8 月份，桃为 7～8 月份，葡萄为 5 月份。但有些树种，由于本身的生物学特性、环境条件变化以及栽培技术的影响，一年内也能进行多次分化。如葡萄经摘心后，只要条件适宜，可连续分化，多次结果。

（2）花芽分化过程 芽经过初期的发育后，进入了质变期，开始了生理分化，接着进行形态分化，随后在雌蕊和雄蕊的发育中，形成了性细胞。

① 生理分化：生理分化过程是叶芽向花芽转化的关键时期，称为花芽分化临界期。处于此期的芽在生理生化方面，必须具有一定的核酸、内源激素、营养物质和酶系统的活性；在形态上必须完成芽鳞片的分化，雏梢发育到一定的节数，花原基才开始发生。这一阶段，生长点原生质处于不稳定状态，对内外因素有高度的敏感性，易于改变代谢方向。

生理分化期的长短因树种而异，生理分化开始的时间也因树种而异。

② 形态分化：花芽的形态分化是叶芽经过生理分化后在产生花原基的基础上，花器各部分分化形成的过程。形态分化的过程是按一定顺序依次进行的，花器的分化是自外向内，自下而上。仁果类果树（以苹果为例）形态分化过程可分为 7 个时期，依次为叶芽期（未分化期）→花序分化期（分化初期）→花蕾分化期→萼片分化期→花瓣分化期→雄蕊分化期→雌蕊分化期。其他果树花芽分化过程与苹果大同小异，差异在于花器官结构组成。如桃树花芽形态分化就无花序分化期，而有苞片分化期。

叶芽期：生长点光滑。生长点内的原分生组织细胞具有体积小、形状相似和排列整齐紧密的特点。

花序分化初期（花序原基形成期）：生长点变宽，突起，呈半球形，两侧出现尖细的突起，此突起为叶或苞片原基。

花蕾分化期：肥大高起的生长点呈不圆滑状，中央为中心花花蕾原基，周围有突起为侧花花蕾原基。

萼片分化期：花原基顶部中心向下凹陷，四周向上长出突起，即萼片原始体。

花瓣分化期：花萼原基伸长，内侧基部产生新的突起，即为花瓣原始体。

雄蕊分化期：花萼进一步伸长，在花瓣原始体内侧产生新的突起（多排列为上下两层），即为雄蕊原基。

雌蕊分化期：在花原始体中心底部发生突起（通常 5 个），即雌蕊原基。

花芽一旦开始形态分化，芽的性质是不能逆转的，不能转化为叶芽。但是在形成的过程中如遇条件恶化，将造成正在分化的花器官部分的败育，形成不完全花。

（3）花芽分化条件

① 营养物质：花芽分化需要光合产物、矿质盐类、蛋白质、核酸、能量物质以及转化物质等。营养物质的种类、比例关系、物质代谢方向都会影响花芽分化。

② 枝芽状态：芽内生长点必须处于生理活跃状态，但生长点细胞必须处在缓慢分裂状态，即处于"长而不伸、停而不眠"的状态。

③ 内源激素平衡：果树花芽分化是在多种激素的相互作用下发生的，需要激素的启动和促进。花芽分化取决于抑花激素和促花激素这两类激素的平衡。促花激素主要指成叶中产生的脱落酸和根尖产生的细胞分裂素；抑花激素主要指产生于种子、幼叶的赤霉素和产生于茎尖的生长素。

④ 环境条件：光不仅影响营养物质的合成和积累，也影响内源激素的产生与平衡，是花芽分化必不可少的因素。在强光下，特别是在紫外光照下，赤霉素和生长素被分解或活性受抑制，减缓了新梢的生长，促进了花芽分化；温度主要是通过影响光合作用、呼吸作用和

物质的转化及运输等过程，从而间接影响花芽的分化。落叶果树一般都是在相对高的温度下进行花芽分化，但温度长期过高或过低都不利于花芽分化。花芽分化临界期前，适当干旱，可抑制新梢生长，有利光合产物的积累和花芽分化。

2. 开花

开花是指花蕾的花瓣松裂至花瓣脱落为止。生产上以单株为单位将开花期分为 4 个时期：初花期，全树有 5％的花开始开放；盛花期，25％～75％的花开放；终花期，全部花已开放，并有部分花瓣开始脱落；谢花期，大量落花至落花完毕。

果树开花的早晚因树种、品种及气候条件而异。桃、杏等核果类果树开花最早，其次是苹果、梨等仁果类果树，最后是葡萄、枣、柿等果树。同一树上不同结果枝开花先后也有差别，短果枝先开，长果枝和腋花芽后开。在平原，纬度向北推进 110km，果树开花期平均延迟 4～6d，在山地、海拔每升高 100m，开花期延迟 3～4d。果树开花持续的时间因树种而异。苹果、梨、桃等果树花期较短；枣、板栗、柿等花期长。一般来讲，树体贮藏养分充足，开花整齐而单花持续时间长，坐果率高；冷凉湿润则花期延长。

多数果树一年只开一次花，但在遭受病虫害以及夏季干旱而秋季高温多雨时，常会引起二次萌发，二次开花结果，严重影响第二年的产量。少数具有早熟性芽的果树，如葡萄等，一年可开花一次以上。生产上利用这个特性二次结果，提高经济效益。

3. 授粉受精

果树花粉粒发育成熟传到雌蕊柱头上的过程叫授粉。花粉粒落在柱头上，花粉粒萌发与胚囊中卵细胞结合形成合子的过程叫受精。绝大多数果树必须经过授粉受精后才能形成果实。

（1）自花授粉结实　同一品种内的授粉叫自花授粉，在自花授粉中能获得商品生产要求的产量为自花结实。落叶果树中有的能自花结实，如大多数桃和杏的品种、具有完全花的葡萄品种、部分李、樱桃品种。但自花结实的品种，异花授粉后往往产量更高。自花授粉后不能获得商品生产要求的产量为自花不实，如大部分苹果、梨的品种，几乎全部甜樱桃品种以及桃、杏的部分品种，需要异花授粉才能提高结实率。

（2）异花授粉结实　异花授粉指果树不同品种间的授粉，这些果树有的是雌雄异熟，如核桃、长山核桃花粉散发过早或过晚，不能适时授粉；有的是雌雄异株，如银杏、山葡萄；有的是自交不亲和，如欧洲李、甜樱桃和扁桃，其花粉能有效使其他品种受精结实，却不能使同品种受精结实；还有的是雌雄蕊不等长，如李、杏某些品种。只有通过异花授粉后获得商品生产要求的产量为异花结实。

（3）单性结实　指未经受精而形成果实的现象，通常没有种子。单性结实分为自发性单性结实和刺激性单性结实。自发性单性结实不须任何刺激就能单性结实，如柿、山楂；刺激性单性结实则要有花粉或其他刺激才能单性结实，如洋梨的雪凯尔用黄魁苹果的花粉刺激就可产生无籽果实。

4. 果实发育

（1）坐果　经过授粉受精后，子房或子房及其附属部分生长发育形成果实，称为坐果。坐果的多少常用坐果率表示，即开花数与坐果数的百分比。有花朵坐果率和花序坐果率两种形式。

（2）果实发育过程　果实发育所需时间的长短，因树种、品种不同。草莓只需 20 多天，樱桃大约需 40d，杏、枣、石榴等需 50～100d，山楂、猕猴桃、柿等需 100～200d。同一树种不同品种间差异也较大，如苹果，早熟品种需 60 多天，晚熟品种则要 180 多天。同一品种由于地理位置，栽培条件等的不同也有差异。

从开花以后，将果实的体积、直径或鲜重在不同时期的积累值画成曲线，叫果实生长曲线。果实生长曲线有 S 形和双 S 形。苹果、梨、草莓、坚果类的板栗、核桃都属于 S 形，大部分核果类果实及葡萄、无花果、猕猴桃、枣、柿等属于双 S 形。果实发育分为 3 个时期。

① 细胞分裂期：从受精到胚乳停止增殖。此期细胞迅速分裂，使果肉和胚乳迅速增加。主要是细胞数目的增加，从花原基发育开始一直持续到花后 3～4 周。

② 胚发育期：从胚乳停止增殖到种子硬化。苹果细胞停止分裂后进行细胞分化和膨大，胚迅速发育并吸收胚乳，对核果类果树此期是硬核期，内果皮木质化，胚迅速发育。同一树种不同品种成熟期就是由这个阶段的长短决定的。

③ 果实迅速生长期：从果实细胞体积迅速增大到本品种固有大小。由于细胞体积和细胞间隙的增大，使果实体积迅速增长，逐渐进入成熟期。此时，果实内的大量营养物质，在酶和乙烯的作用下分解和转化，呈现出该品种固有的风味。

（3）落花落果　从花蕾出现到果实成熟出现的花、果脱落现象。落花是指未经授粉受精的子房脱落，而不是花瓣自然脱落。落果是指授粉受精后，一部分幼果因营养不良、授粉受精不充分或其他原因而脱落。

仁果类和核果类的落花落果现象，一般出现 3 次。第一次是落花，在盛花后即有部分花开始脱落直至谢花，脱落的原因主要是没有授粉受精或花器发育不良。第二次是在谢花后 2 周左右，子房已膨大，仍有幼果脱落，原因主要由授粉受精不充分和贮藏养分不足造成。第三次是在开花后 6 周，这次落果主要在 6 月份发生，习惯上常称六月落果。引起落果的原因主要是枝叶生长和果实的营养竞争，此次落果对树体营养损失较大。还有一次是采前落果，即在采收前 1 个月果实大量脱落。苹果中的元帅、乔纳金、红星等都存在这种现象，主要是种子中胚产生生长素的能力逐渐降低，同时果实成熟产生的乙烯使其过早形成了离层，导致脱落。

除了内部因素外，外界条件如干旱、水涝、风害、霜害、病虫害、低温及其他因素都能造成落花落果，在生产上应根据落花落果发生的原因，采取相应的措施来解决。

（六）落叶和休眠

1. 落叶

落叶是果树进入休眠的标志。落叶前在叶内发生一系列的生理生化变化。叶绿素分解，叶黄素显现而使叶片变黄，花青素的出现使叶片转为红色。叶柄基部形成离层而脱落。温带果树一般在日平均气温降到 15℃以下，日照短于 12h 开始落叶。

果树落叶的早晚，因树种、树龄、树势和枝条类型等而不同。桃树在 15℃以下落叶，梨树在 13℃以下落叶，苹果在 9℃以下开始落叶；幼树比成年树落叶迟；壮树比弱树落叶迟；在同一株树上，长枝比短枝落叶迟，树冠外围和上部比内膛和下部落叶迟。干旱、水涝和病虫害都能引起果树落叶，生长后期高温和潮湿又会延迟落叶。过早落叶和延迟落叶对越冬和第二年的生长、结果都不利。

2. 休眠

休眠指果树落叶后至翌年萌芽前的一段时期。果树在休眠期中生命活动并没有停止，树体内部仍进行着各种生理活动，如呼吸、蒸腾、根的吸收和合成、芽的进一步分化等，但这些活动比生长期微弱，仅能维持最基本的生命活动。果树休眠是果树在系统发育过程中为了适应不良的环境条件形成的一种特性，如低温、高温和干旱等。

落叶果树的休眠期分为两个阶段，即自然休眠和被迫休眠。自然休眠是由器官的特性决定的，它要求一定的低温条件才能顺利通过，此时即使给予适宜的环境条件，仍不能正常生长。果树自然休眠取决于树种、品种特性、树龄以及树体各器官类型。不同果树休眠期长短，与其原产地有关。原产温带温暖地区的扁桃自然休眠期最短，11月中旬即结束；桃、杏较长，在12月中下旬到1月中旬；苹果更长些，要到1月下旬；核桃和板栗最长，到2月中下旬才能解除休眠。不同树龄的果树进入休眠期的早晚不同。幼年树进入休眠期晚于成年树，而且解除休眠也迟。不同器官和组织进入休眠期的早晚也不一致。一般小枝、细弱枝、早形成的芽比主干、主枝休眠早，根茎进入休眠最晚，但解除休眠最早，故易受冻害。同一枝条皮层和木质部进入休眠期较早，形成层最迟。被迫休眠是指果树已通过自然休眠期，只是由于环境条件（低温、干旱等）暂时抑制了萌芽生长。一旦条件适宜，可随时解除休眠进行生长。

复习思考题

1. 简析果树花芽分化的条件与促花技术措施的内在联系。
2. 如何提高果树的坐果率？
3. 影响根系生长的因素有哪些？怎样进行调节？

模块二 果树生产基本技术

项目一 繁育嫁接苗

▶▶ 知识目标

了解育苗的基本类型、苗圃的选择和规划、嫁接育苗的相关概念和技术原理。

▶▶ 技能目标

掌握嫁接育苗的生产流程，熟练掌握果树芽接和枝接技术。

任务 2.1.1 ▶▶ 砧木苗的培育

任务提出

以苹果砧木西府海棠作为种子，完成砧木苗的培育任务。

任务分析

苹果砧木品种众多，各有其特点，应根据当地的气候和土壤条件选择合适的品种，确保适地适树。

任务实施

【材料与工具准备】

1. 材料：西府海棠种子、染色剂（5%红墨水，0.1%靛蓝胭脂红）、干净河沙。
2. 工具：天平、镊子、解剖刀、培养皿、量筒、烧杯、水桶、挖土工具等。

【实施过程】

1. 种子质量检验：为了准确地计算播种量，在层积或播种前对种子生活力进行鉴定。

会用外部性状鉴定法、染色法和发芽试验法。

2. 种子的层积处理：选择地势高燥，排水良好，背风背阴的地方挖沟。河沙的用量为种子的 5～10 倍；河沙的湿度，以手握成团不滴水，松手能散开为宜。

3. 播前处理：经沙藏处理后，如温度过低致种子发芽较少，可进行催芽处理。在播种前将种子移至温度较高的地方促其发芽，大量种子一般用火炕催芽。

4. 土壤准备：土壤消毒主要用 50％的多菌灵或 70％甲基硫菌灵，每亩（1 亩＝667m²）地表撒施 5～6kg，翻入土壤，防治病害；每亩用 50％辛硫磷乳油 300mL 拌土 25～30kg，撒施于地表，然后耕翻入土，防治虫害。耕翻整平土地后每亩施入 2500～4000kg 腐熟有机肥，同时混入过磷酸钙 25kg 和草木灰 25kg，最后作畦。

5. 播种：春播在初春土壤解冻后进行，种子在土壤中停留时间短，省去管理用工，减少了鸟、兽、病虫等危害。秋播在秋末初冬地表尚未结冻之前进行，一般为 10 月中旬至 11 月中旬，翌春发芽早而整齐，幼苗健壮，抗病性强。但冬季寒冷、地下害虫、鸟兽危害多的地方不宜采用。

6. 播后管理：一般在幼苗 2～3 片真叶时，开始第一次间苗；第一次间苗后 2～3 周，便可进行第二次间苗。北方落叶果树在播种前应灌足底水，至出苗前尽量不再灌水，苗圃追肥要分 2～3 次进行。5～6 月份可施用氮肥，每次每亩施尿素 5～10kg，7 月上、中旬，应施用复合肥，每次每亩 8～10kg。

理论认知 👆

一、种子的采集

种子是良种壮苗的基础，种子质量的好坏，直接影响播种后的发芽率和苗的长势。要获得品种纯正、无病虫害并充分成熟的种子，要做到以下几点：一是选择优良母本树，优良的采种母本树应是品种纯正、对当地环境条件适应性强、生长健壮、无病虫害的树。二是适时采收，采种用的果实应是充分成熟的，因种子的成熟度是决定种子生活力和发芽率的关键。生产实践中，主要是根据果实和种子成熟时所表现出的固有特征判断；如果实由绿色变为该树种、品种的固有色泽；果肉由硬变软；种皮色泽变深而富有光泽；种仁饱满。三是合理的取种，从果实中取种要根据果实的特点确定。凡果实有果肉但无利用价值的，如杜梨、山定子、秋子梨、山桃等，可采取堆沤的方法，即将采收后的果实放入缸内或堆积于背阴处，使果肉软化。堆积厚度 25～35cm，保持堆温 25～30℃，期间要经常翻动，切忌发酵过度，温度过高（超过 30℃），影响种子发芽率。果肉软化后取种，用清水冲洗干净，然后铺在背阴通风处晾干，不要在阳光下曝晒。板栗、樱桃等种子，一般在干燥后发芽力降低，取种后应立即砂藏或播种。凡果实有果肉且有利用价值的，如山楂，必须防止加工过程中的高温（45℃以上）、强酸、强碱和机械损伤，否则，将影响种子的发芽率。

二、种子的调制和贮藏

大多数果树的种子从果实中取出后，需适当干燥，方可贮藏。通常将种子薄摊于阴凉通风处晾干，不能曝晒。如限于场所或阴雨天气，应及时人工晒干，但温度不能超过 35℃，并且要逐步升温，使种子均匀干燥。种子晾干后需精选分级，剔除杂质、破粒、病虫粒、秕粒和畸形粒等，使种子纯净度达到 95％以上。然后根据种子大小、饱满程度以及重量大小进行分级。

经过分级后的种子，需妥善贮藏。贮藏方法因种子不同而异，苹果、桃、柿、枣、山楂、杏、李、猕猴桃等砧木种子，用麻袋、布袋、筐或箱等装好存放在通风、干燥、阴冷的室内、库内、囤内等，亦可将清洁种子装入有孔塑料袋内存放。板栗、银杏、甜樱桃和大多数常绿果树的种子，在采收后必须湿藏或立即播种，才能保持种子的生活力。湿藏时，种子与含水量为 50％ 的洁净河沙混合后，堆放室内或装入箱、罐内；在贮藏期间要控制好种子含水量、温度和通气状况。绝大多数种子的空气湿度要求在 50％～80％，气温 0～8℃，特别是在温、湿度高的条件下，更要注意通气。此外，还要注意防虫、防鼠、防霉烂。

三、播种前的准备

1. 种子生活力的鉴定

为了准确地计划播种量，防止种子因贮藏过程不当降低发芽率，应在层积或播种前对种子生活力进行鉴定。

（1）外部性状鉴定法　一般生活力强的种子，种粒饱满，种皮有光泽，剥皮后胚和子叶呈乳白色，不透明并具弹性，用手指按压不破碎，无霉烂味；而凡种子缺乏弹性，受压易碎，无光泽，子叶变黄或透明者都是陈旧和丧失生活力的种子。

（2）染色法　先将种子浸水 1～2d，待种皮柔软后剥去种皮进行染色，染色后漂洗，检查染色情况，然后统计有生活力种子的百分数。若用非活性染料（如靛蓝、胭脂红、红蓝墨水等）进行染色，则凡是染上颜色的，都是坏种子；若用活性染料（如四氮唑等）染色，则凡是能染上色的都是好种子。

（3）发芽试验法　供试种子必须是无需休眠或已经休眠的。在铺好滤纸、脱脂棉或清洁河沙的发芽皿或磁盘上，加清水以手压衬垫物不出水为宜，取适量种子，种子要排列均匀，互不接触，保持 20～25℃ 温度。桃、杏种子应砸开种壳，用种仁作发芽试验；核桃则只需沿种壳缝合线轻轻砸开一条裂缝即可。发芽试验中，要适时给以水分，切忌干燥、泡水和在太阳光下曝晒。凡能长出正常幼根、幼芽的均为好种子；无发芽能力或虽发芽，但幼根、幼芽不正常均为不发芽的种子。

2. 种子的层积处理

休眠是指有生活力的种子置于适宜的温度、湿度和通气条件下也不能发芽的现象。休眠的种子，在一定条件的作用下内部发生一系列的生理变化，从而进入能够萌发状态的过程，称为后熟。将落叶果树的种子与基质相间放置或按一定比例混合，经过一定时间的低温、湿润处理，完成后熟，解除休眠的过程称为层积处理。

（1）挖层积沟　一般选择地势高燥、排水良好、背风背阴的地方挖沟。沟深 60～80cm，宽 50～100cm，长度随种子多少而定。

（2）层积准备　将种子洗净，除去瘪子和杂子。洁净的河沙用量，小粒种子为种子量的5 倍，大粒种子为种子量的 10 倍。河沙的湿度，以手握成团不滴水、松手能散开为宜。

（3）层积操作　层积时底部先铺放 5cm 的湿沙，坑中央每隔一定距离插一把草把，以便通气。然后一层种子一层沙，交替填放；仁果类的小粒种子，如海棠、杜梨等适宜混合贮藏（种子与沙子混合拌均匀），堆到距离地面 10cm 为止。上面再铺 10cm 厚的湿沙，最后覆土，成屋脊形。层积沟的四周要挖排水沟，以防积水。如种子量少，可将种子与湿沙混合，装入木箱或花盆内，放在背阴处。

（4）层积时间 各地春播需层积的种子，开始层积的时间，应根据果树种子完成后熟需要的时间（d）和当地春季适宜播种的时间来决定。各种北方果树层积的时间参见表 2-1-1。

表 2-1-1 主要砧木果树种子采收时期、层积时间和播种量

名 称	采收时期（月份）	层积时间/d	1kg 种子粒数/枚	播种量/（kg/hm²）
山定子	9～10	30～90	150000～220000	15～22.5
楸子	9～10	40～50	40000～60000	15～22.5
西府海棠	9 月下旬	40～60	约 60000	25～30
沙果	7～8	60～80	约 44800	15～34.5
新疆野苹果	9～10	40～60	35000～45000	35～45
杜梨	9～10	60～80	28000～70000	15～37.5
豆梨	9～10	10～30	80000～90000	7.5～22.5
山桃	7～8	80～100	400～600	450～750
毛桃	7～8	80～100	200～400	450～750
杏	6～7	80～100	300～400	400～600
山杏	6～7	80～100	800～1400	225～450
李	6～8	60～100	—	200～400
毛樱桃	6	—	8000～14000	112.5～150
甜樱桃	6～7	150～180	10000～16000	112.5～150
中国樱桃	4～5	90～150	—	100～130
山楂	8～11	200～300	13000～18000	112.5～225
枣	9	60～90	2000～2600	112.5～150
酸枣	9	60～90	4000～5600	60～300
君迁子	11	约 30	3400～8000	75～150
野生板栗	9～10	100～150	120～300	1500～2250
核桃	9	60～80	70～100	1500～2250
核桃楸	9		100～160	2250～2625
山葡萄	8	90～120	26000～30000	22.5～37.5
猕猴桃	9	60～90	100 万～160 万	—
草莓	4～5		200 万	—

3. 种子播前处理

有些种子如海棠、山定子等，如果气温较低，沙藏后种子出芽少，可在播前进行催芽处理；大量种子，一般用火炕催芽。在火炕上铺一层 2～3cm 厚的湿沙或湿锯末，其上铺一块湿布，将种子均匀摊在湿布上，厚度为 4cm 左右。种子上再盖一层湿布，上覆一层锯末以保湿。炕温稳定在 25～28℃，经 1～2d，小粒种子即可发芽，大粒种子的时间略长些。待种子幼根刚突破种皮，略为露白时，即可播种。

4. 消毒处理

播种前对种子和土壤进行消毒处理，可以减轻病虫害和杂草的危害。种子消毒是用 0.1% 的高锰酸钾或氯化铜溶液浸泡 10min，也可用 0.3% 硼酸或硫酸铜液浸泡 20min。但对催过芽的种子，胚根已经突破种皮不能采用高锰酸钾处理。土壤消毒主要用 50% 的多菌灵或 70% 甲基硫菌灵，每亩地表撒播 5～6kg，翻入土壤，防治病害；每亩用 50% 辛硫磷乳油 300mL 拌土 25～30kg，撒施于地表，然后耕翻入土，防治地下害虫。为防止苗木黄化病的发生，在缺铁地区，可每亩施入硫酸亚铁 10～15kg。

5. 整地

播种前将育苗地整的细致平坦，上暄下实。首先耕翻整平土地，耕翻深度 25～30cm 为宜，除去影响种子发芽的杂草、残根、石块等障碍物。为使种子创造良好条件，整地时可深一些，播种时可浅一些。结合耕翻土地每亩施入 2500～4000kg 腐熟有机肥，同时混入过磷酸钙 25kg 和草木灰 25kg，土壤经过耕翻平整即可作畦，一般山定子、海棠、杜梨等小粒种子，通常用平畦育苗。畦宽 1～1.2m，畦长 5～10m，埂宽 30cm，做畦时要留出步道和灌水沟。低洼地可采用高畦育苗，以利排水和提高地温。同时，高畦不易板结，便于幼苗出土和起苗。大粒怕涝种子，还可以做高垄育苗。高畦的畦面高出地面 15～20cm 为宜；高垄下底宽 60～70cm，垄面宽 30～40cm，垄高 15～20cm 为宜。

四、播种

1. 播种时期

有春播和秋播两种。春播在初春土壤解冻后进行，一般为 3 月中旬至 4 月中旬，是生产上常用的播种季节。其优点是种子在土壤中停留时间短，省去管理用工，减少了鸟、兽、病虫等危害。秋播在秋末初冬地表尚未结冻之前进行，一般为 10 月中旬至 11 月中旬。秋播可以省去层积和催芽处理的过程，但必须充分浸种。其优点是翌春发芽早而整齐，幼苗健壮，抗病性强。但冬季风大、严寒、干旱地区、土壤黏重地块和地下害虫、鸟兽危害多的地方不宜秋播。从树种来看，山桃、李、杏、核桃等种子壳厚，秋播较为适宜，但板栗种子怕冻不能秋播。

2. 播种量

单位面积的用种量。通常用每亩用种量（kg）或每公顷用种量（kg）表示。播种量与种子的大小、纯度和发芽率直接相关，也与移栽迟早有关系。确定播种量应参考当地气候条件、播种法、株行距等，由计划育苗数量、每 1kg 种子的粒数及种子的质量计算出，计算公式如下：

$$播种量（kg/亩）= \frac{每亩计划出苗数}{每\ 1kg\ 种子粒数 \times 种子发芽率 \times 种子纯度}$$

考虑到当地的不良气候条件、鸟兽危害及其他各种原因所造成的缺苗损失等。生产中的实际播种量，都要略高于计算值。

3. 播种方式

播种方式有直播和床播两种。直播是直接播种于苗圃地，播后不进行移栽，或就地供作砧木进行嫁接，直至培养成苗后出圃。这种方式可用机械化，简单省工。床播是先将种子稠密地播在苗床上，出苗后再移到大田里进行培养。这种方式播种量大，便于集中管理，经移栽后苗木侧根发达，须根多，种子质量好，但移苗比较费工。

播种的方法有撒播、条播和点播三种。撒播适用于小粒种子，有省工、出苗产量高的优点。但在种源缺乏、圃地不足的情况下，为了充分利用土地，提高单位面积产苗量，小粒种子亦可在直播时采用撒播法。但出苗后会给追肥浇水、中耕锄草、嫁接抹芽等一系列管理工作带来很大的困难，生产上很少应用。条播是在施足底肥、灌足底水、整平耙细的畦面上按一定的距离开沟，沟内坐水，把种子均匀地撒在沟内的播种方法。播种后要立即覆土、镇压，并因材加覆盖物保湿，大田直播应用较多。点播是按一定的株行距将种子播于育苗地的方法，多用于大粒种子如桃、杏、核桃、板栗等的直播。为了节省种子，管理方便，大粒种子床播也有用点播法的。但在点播核桃种子时要将种尖侧放，缝合线与地面保持垂直，而板栗种子要平放，利于种胚萌发出土。点播法具有苗木分布均匀、生长快、苗木质量好，但单位面积产苗量少的特点。

播种覆土厚度应根据种子大小、苗圃地的土壤及气候等条件来决定。一般覆土厚度为种子大小的 1～3 倍。大粒种子适当深播，小粒种子应浅播；黏重土壤覆土要薄一些，沙质土壤土要厚一些；秋播覆土要厚一些，春播要薄一些；播后床面有地膜覆盖要薄一些，气候干燥、水源不足的地方覆土要厚一些；土壤黏重容易板结的地块，可用沙、土、腐熟马粪混合物覆盖。春季干旱，蒸发量大的地区，畦面上应加覆保湿材料。生产上不同果树播种深度大致为猕猴桃、草莓等，播后不覆土，只需稍加镇压或筛以微薄细沙土，不见种子即可；山定子覆土 1cm 以内；海棠果、葡萄、杜梨、君迁子等在 1.5～2.5cm；枣、樱桃、银杏等 4cm 左右；山桃、毛桃、杏等 4～5cm；核桃、板栗等 5～6cm。

五、播后管理

1. 间苗与定苗

间苗是把多余的苗拔除，使幼苗分布均匀、整齐，保证在良好的通透和光照条件下生长健壮。一般在幼苗长出 2～3 片真叶时，开始第一次间苗，适当拔除过密幼苗，留优去劣。第一次间苗后 2～3 周，便可进行第二次间苗。此时苗木生长趋于稳定，可结合间苗按最后留苗量定苗。第二次间出的幼苗可以移栽。移栽前 2～3d 灌水一次，以利挖苗。定苗后或移栽苗移植后也应立即灌水一次，将因间苗而造成的孔隙淤满，以保护幼苗根系。定苗时的保留株数可稍大于产苗量。

2. 浇水

干旱少雨地区能否及时浇水，往往是育苗成败的关键。一般说来，北方落叶果树在播种前应灌足底水，至出苗前尽量不再灌水，以防土壤板结，影响种子发芽出土。幼苗初期，以渗灌、滴灌和喷灌比较好，无条件的可用喷雾器喷水，出真叶前，切忌漫灌，但要求稳定的湿度。旺盛生长期需水量大，秋季营养物质积累期，需水量小。一般苗木生长期需浇水 5～8 次。生长后期控水以免苗木徒长。但越冬前要灌足封冻水。

3. 中耕除草

中耕可以疏松土壤，减少土壤水分蒸发，起到抗旱保墒作用。中耕结合除草，多在浇水或降雨后进行，一般 4～6 次，杂草多的地方，应锄 7～8 次。可人工除草，也可机械除草，还可使用除草剂进行化学除草。

4. 追肥

苗圃追肥要分 2～3 次进行。5～6 月份可施用氮肥，每次亩施尿素 5～10kg，7 月上中旬，应施用复合肥，每次亩施 8～10kg。另外，大雨后土壤中的氮素大量流失，若能立即追施速效氮肥，肥效比较明显。

5. 病虫害防治

苗圃病虫害较多，防治工作要防重于治，治早、治小、治了。地下害虫主要有地老虎、蝼蛄、金针虫、蛴螬等，可以采取综合防治的方法。除播种前对种子和土壤消毒外，当幼苗出土后，按每亩用 50% 辛硫磷乳油 250mL 加水 500～700kg 灌根。病害主要有立枯病、猝倒病、根腐病等，幼苗出土后，拔出病苗，同时喷 70% 甲基硫菌灵可湿性粉剂 800～1000

倍液或 75％百菌清可湿性粉剂 500 倍液。

任务 2.1.2 ▶▶ 嫁接苗的培育

任务提出

以富士苹果作为接穗，完成嫁接苗的培育任务。

任务分析

影响嫁接成活的因素很多，除嫁接亲和力以外还要重视砧本和接穗质量、极性、嫁接技术、环境条件，确保嫁接成活。

任务实施

【材料与工具准备】

1. 材料：盛果期的富士苹果树、西府海棠的砧木苗，塑料薄膜条。
2. 工具：修枝剪，芽接刀，切接刀，磨石，水桶等。

【实施过程】

1. 接穗的采集与处理：确定品种后，根据嫁接时间在合适的时间按要求采集符合条件的接穗。冬季接穗一定要注意保湿、保温，夏季则要避免高温、曝晒。
2. 嫁接：芽接有"T"形芽接和嵌芽接。
3. 接后管理。

理论认知

一、嫁接繁殖的生物学基础

1. 嫁接成活过程

嫁接成活主要靠砧木与接穗接合部受伤形成层的再生力和附近薄壁细胞的分裂能力。

当接穗嫁接到砧木上后，在两者的削面首先形成隔离层，它是由死细胞的残留物形成的褐色薄膜覆盖在伤口上。之后由于愈伤激素的作用，刺激伤口周围的细胞分裂和生长，形成层和薄壁细胞也旺盛分裂，致褐色薄膜破裂，形成愈伤组织，充满砧穗间的空隙。愈伤组织分化出新的形成层，与砧穗原来的形成层相连接，并产生新的维管束组织，沟通砧穗双方木质部的导管和韧皮部的筛管，水分和养分得以交流，两者愈合成为一个新植株。

2. 影响嫁接成活的因素

（1）嫁接亲和力　它是决定嫁接成活的关键因素。亲和力指砧木和接穗嫁接后在内部组织结构、生理和遗传特性方面差异程度的大小。差异越大，亲和力越弱，嫁接的成活率越低。因此，亲和力与植物亲缘关系的远近有关。一般规律是亲缘关系越近，亲和力越强。

（2）砧木和接穗的质量　砧木和接穗嫁接后，由于在形成愈伤组织的过程中需要一定的营养物质，所以凡是贮藏营养物质多的接穗和砧木，嫁接后比较容易成活。苗木生产中除要求砧木达到一定粗度外，接穗应选择生长充实的中间部分的芽或枝段。

（3）极性　砧木和接穗都有形态上的上下端，在嫁接时，一定要顺应这种特性，即接穗的形态下端与砧木的形态上端对接，接穗能正常生长。

（4）环境条件　嫁接成败与气温、土温、湿度、光照、空气有很大关系。形成愈伤组织的适宜温度一般是 20～25℃，相对湿度 95％以上；愈伤组织的形成是通过细胞的分裂和生长完成的，这一过程需要一定的氧气；强光直射会抑制愈伤组织的形成，黑暗则会促进接面愈合。因此，嫁接后用塑料薄膜包扎，有保湿、保温、避光的多重功效。

（5）嫁接技术　嫁接技术既影响嫁接速度，更会决定嫁接的成败。因此，接穗和砧木的削面要光滑平整，操作速度快，形成层要对齐，绑扎要严密，即"平、快、齐、紧"。

有些果树因自身的原因，常在伤口处会产生特殊物质影响成活。如葡萄和核桃等在春季会出现伤流；桃、杏、樱桃等嫁接时接口会流胶；核桃和柿树则含有较多单宁。这些在生产上都需要采取技术措施提高成活率。

3. 砧木和接穗相互影响

（1）砧木对接穗的影响

① 对生长的影响：不同砧木对接穗的生长量、树冠大小、分枝角度等都会产生不同影响。有些砧木能使嫁接苗生长旺盛高大，称为乔化砧。如山定子、八棱海棠是苹果的乔化砧；有些砧木使嫁接苗生长矮小，称为矮化砧。如崂山奈子、M 系砧木是苹果的矮化砧。

② 对结果的影响：砧木对嫁接树进入结果期的早晚、成熟期的迟早、果实色泽、质量优劣、贮藏性以及结果枝的类型都有一定影响。接在矮化砧上的果树树姿开张，干性弱，枝条粗短，以中短枝居多，也要比乔化砧上的结果早，色泽好，成熟早。

③ 对抗逆性的影响：果树所用砧木绝大多数都是野生、半野生的树种，因而具有较为广泛的适应性和较强的抗逆性，如抗寒、抗旱、抗涝、抗病虫以及耐盐碱等特性，利用砧木的不同特性可以做到适地适树，扩大果树的栽培区域，提高果树的产量和品质。

（2）接穗对砧木的影响　接穗对砧木根系的形态和结构以及根系的生长高峰能产生影响，如杜梨嫁接鸭梨后，其根系分布浅，且易发生根蘖。嫁接早熟品种的根系出现两次生长高峰，嫁接晚熟品种的则有 3 次。

（3）中间砧对砧木和接穗的影响　在砧木和接穗之间，增加一段矮化砧、乔化砧的茎段，称为中间砧，它对上部（接穗）和下部（基砧）都有一定影响。矮化中间砧能使嫁接的果树树冠矮小，提早结果。但矮化砧的效果和中间砧的长度呈正相关，在一定范围内中间砧越长，矮化效果越明显，一般长度在 15～20cm 以上。中间砧对根系的影响主要是左右根系的大小，但不影响根系的形态特征。

砧木和接穗虽然能发生多方面的相互影响，但多属于生理的作用，一般不会造成遗传基础的变异，二者分离后，影响就会消失。

二、砧木的选择

砧木区域化的原则是就地取材，结合外地引种。在选择砧木时应考虑下列条件：①与接穗有良好的亲和力；②对接穗的生长结果影响良好；③对当地的环境适应能力强；④种苗来源广，便于大量繁殖；⑤对病虫害抵抗力强；⑥具有特殊需要的特性，如矮化、抗寒、抗旱等。

三、接穗的选择

接穗一般应从母本园或品种园母株上采取。母株应是品种纯正、丰产、稳产、品质优良，生长健壮，无检疫对象和病虫害的成年植株。选取树冠外围中上部生长充实、芽体饱满的当年生或一年生发育枝作接穗。

春季嫁接用的接穗，最好结合冬季修剪采集，最迟要在萌芽前 1～2 周采取。一般多采用一年生枝条，也可用二年生枝条，个别树种还可采用 1～4 年生枝条作接穗。采后剪去枝条上下两端芽眼不饱满的枝段，按品种每 50～100 支捆成一捆，并加品种标签，存于地窖内的湿沙中或室内堆沙埋藏，贮藏与种子层积处理相似。在贮藏过程中，应注意保湿、保温以及防止受冻，春季回暖后检查萌发情况，注意控制萌发。如刚萌动可转移至冷凉处，以延长嫁接时间。近年来多采用蜡封接穗进行贮存及嫁接，可显著提高嫁接成活率。

夏季嫁接，多采用当年生新梢，也可用贮藏的一年生或多年生枝条。秋季嫁接选用当年生长充实的春梢作接穗。夏秋季嫁接用的接穗，最好随采随用，以免降低成活率。采下的接穗应立即剪去叶片（仅留下叶柄）及生长不充实的梢端，以减少水分蒸发。每 50～100 支捆成一束，挂上标签，注明品种及采集日期。如暂时不用，可将接穗下端插在水中（水深5cm），放在阴凉的地方保存，每天换水一次，并注意喷水，保存 7d 左右。也可将接穗装入筐内吊在较深的井内水面上，注意不要沾水。或竖放在地窖内，用湿沙埋半截，这样可以保持 20d 左右。远运的接穗，要用竹筐、有孔的木箱或塑料薄膜及浸湿的、通气良好的保湿材料包装。在运输中，要避免高温和曝晒，快装快运，以防腐烂。运到目的地后，要立即开包，将接穗用湿沙埋于阴凉处。外地调运接穗，还必须进行检疫，以防检疫性病虫害随接穗引入。

四、嫁接

（一）嫁接方法的分类

1. 按嫁接时期

有生长季嫁接和休眠期嫁接。一般芽接多在生长期进行，而枝接多在休眠期进行。

2. 按嫁接部位

有高接、平接和腹接。利用树冠的骨架，在树冠部位改接其他品种的方法叫高接；在主干近地面处嫁接叫平接；腹接则是指在砧木主干侧面中部和下部或大枝上侧切口而暂不剪砧的枝接或芽接。

3. 按嫁接场所

有地接和掘接。在圃地上直接进行的嫁接叫地接；将长成的砧木掘起在室内或其他场所进行的嫁接叫掘接。

4. 按嫁接材料

有芽接、枝接、根接、靠接和桥接。用一个芽作接穗的叫芽接；用具有一个或几个芽的一段枝条作接穗的叫枝接；以根段为砧木的嫁接叫根接；嫁接时接穗和砧木均不剪断，在双方的对应部位削成合适的削面接合，成活后再从接合处接穗的下部和砧木的上部剪离叫靠接；采用枝或根的一段两端同时接在树体上叫桥接。

目前生产中应用最广泛的嫁接方法是芽接和枝接。

（二）芽接

其优点是利用接穗经济，接合部位牢固，成活率高，操作方法简便，嫁接时间长，未成活的便于补接，适宜大量繁殖苗木，而且传染根癌病的概率较低。

1. 芽接时间

在我国北方春、夏、秋三季均可进行，但一般以形成层细胞分裂最旺盛，砧、穗皮层容易剥离，砧木达到要求的粗度（苗干基部直径达0.6cm），接芽发育充实时进行。

2. 芽接方法

由于接芽削取方法和砧木接口形成不同，芽接又分为"T"字形芽接、"嵌芽"接（带木质部芽接）、"工"字形芽接、方块芽接、套接等多种方法。

（1）"T"字形芽接 这是果树育苗上应用最广的一种嫁接方法，适用果树种类最多。多用于一年生小砧木苗，在砧木和接穗离皮时进行。

① 削取芽片：一手拿接穗，另一只手拿芽接刀。先在芽上0.5～1cm处深切一刀，深达木质部，宽度为接穗粗度的1/2，再在芽下1～1.5cm处削入木质部纵切至芽上切口。用手捏住接芽一掰即可取下芽片（图2-1-1）。

② 切割砧木：在砧木距地面5～6cm处，选一光滑部位用芽接刀切开1cm长的横口，然后在横口中央向下切1.5cm长的竖口，成"T"字形，深度达木质部。

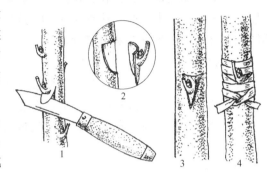

图2-1-1 "T"字形芽接

（引自马骏等主编《果树栽培》）

1—削接穗芽片；2—取下的芽片；

3—在切好的砧木上插入芽片；4—绑扎

③ 插芽片：用刀尖轻轻剥开砧木的皮层，将削好的芽片插入砧木的接口内，按住叶柄紧贴木质部向下推进，直至芽片上端与砧木横肉切口紧密相接。

④ 捆绑：用塑料条捆扎。注意露出叶柄，伤口要包扎严密紧固。

（2）"工"字形芽接 又称双开门芽接。此法比较费工，但芽片与砧木接触面积大，嫁接板栗、核桃和柿树，成活率较高。

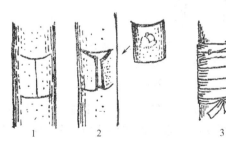

图2-1-2 "工"字形芽接法

（引自刑卫兵等主编《果树育苗》）

1—削接芽；2—削砧木，嵌入接芽；3—捆绑

① 削取芽片：先用芽接刀或特制双片刀将芽子的上下各切一刀，间隔1.5～2cm，然后在芽的左右两侧各竖切一刀，深度达木质部，取下一方块形芽片（图2-1-2）。

② 切取砧木：在砧木距离地面8～10cm处，选一光滑部位，按接芽的长短上下各切一刀，深度达木质部，然后在两横切口之间竖切一刀呈"工"字形。

③ 插芽片：用刀尖将砧木切口皮层向两边轻轻挑开，迅速将芽片贴入，用砧木的皮层把芽片盖好。

④ 捆绑：用塑料条由下而上绑紧即可。

（3）嵌芽接 对于枝条具有棱角或沟纹的板栗、枣树以及皮层较薄的杏树，或其他果树（如苹果、梨、桃、杏、柿子、山楂）在砧木和接穗均不离皮时可采用带木质部嫁接（图2-1-3）。

① 削取接芽：先在接穗芽的上方0.8～1cm处向下斜削入木质部，长约2cm，然后在芽下方1cm处，斜切呈30°到第一切口底部，取下带木质盾状芽片。

② 切取砧木：砧木的削法与接穗相同，但切口比芽片稍长。

③ 插芽片：将芽片嵌入砧木切口，对齐形成层。最好芽片上端露出一线砧木皮层。

④ 捆绑：用塑料条由下至上压茬绑到接口上方，绑缚严实即可。

（三）枝接

优点是成活后接苗生长快，健壮整齐。但用接穗量大，砧木要求较粗，嫁接时间受一定限制。

1. 枝接时间

枝接的时期通常可分为春、秋两季。春季一般2～4月份进行，以砧木的树液开始流动而接穗尚未萌发时为最好。秋季在9～11月份都可进行。但现在多是在落叶后，将砧木和接穗同贮于窖内，于冬季在室内进行嫁接，愈合后第2年春季栽植。

2. 枝接方法

枝接适用于较粗的砧木，常用的枝接方法有插皮接、劈接、切接、舌接和腹接等。

（1）插皮接　是枝接法中应用最广泛且效率高的一种方法。多用于砧木较粗，皮层较厚的树种，此法必须在砧木芽萌动、离皮的情况下使用（图2-1-4）。

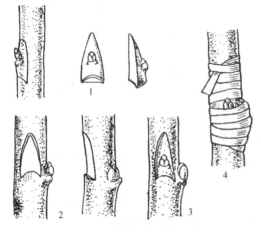

图 2-1-3　嵌芽接

1—削接芽；2—削砧木；3—嵌入接芽；4—绑扎

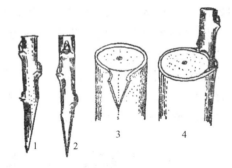

图 2-1-4　插皮接

1—接穗削面侧视；2—接穗削面正视；

3—劈砧木；4—插接穗

① 削接穗：剪取有2～4个饱满芽的一段接穗，上端剪平，在下端芽的下部背面削3cm长的平滑长削面，并在削面两侧轻轻削两刀，以削一丝皮层，露出形成层为宜，然后在长削面对面削一个长0.3～0.5cm的切面，形成一楔形。

② 削砧木：在砧木所需要的高度选一光滑无疤的部位，削平剪口，在砧木断面光滑的一侧将皮层自上而下竖切一刀，深达木质部，长约2cm。

③ 插接穗：将树皮向切口两边轻轻挑起，接穗的长削面向内，紧贴着木质部插入。插时长削面在砧木外露出0.5～1cm。一般一个砧木上插1～2个接穗，砧木粗的，也可插3～4个。接穗发芽成枝后，先留一个好的，多的剪掉。

④ 捆绑：用塑料薄膜绑紧包严。

（2）劈接　常用于较粗大的砧木或高接换种。适用于多种果树，但木质部纹理不顺的砧木嫁接效果不好（图2-1-5）。

① 削接穗：接穗长度留 2～4 个芽，下端削成两面等长的平滑斜面，削面长 3～5cm，插入砧木的外侧应稍厚于内侧，削面要求光滑平整。

② 劈砧木：将砧木在嫁接处剪（锯）断，修平断面。用劈刀在断面中央（较粗的砧木可以从断面 1/3 处直劈下去）垂直劈开深 3cm 左右。

③ 插接穗：将削好的接穗，稍厚的一边朝外插入劈口中，使形成层互相对齐，削面上端露出切面 0.3～0.5cm。

④ 捆绑：用塑料薄膜条缠紧，要将劈缝和截口全部包严。

（3）切接　与劈接相近，但适用于较细的砧木（图 2-1-6）。

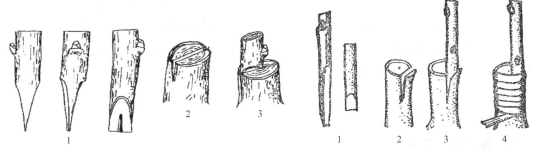

图 2-1-5　劈接
1—削接穗；2—劈砧木；3—接合状

图 2-1-6　切接
1—削接穗；2—切砧木；3—插入接穗；4—绑缚

① 削接穗：接穗通常 5～8cm，具有 2～3 个芽。在接穗下端先削一个 3cm 长的削面（削掉 1/3 以上的木质部），在其对面削一个 1cm 长的短削面。

② 劈砧木：将砧木在要嫁接的部位剪断，削平断面，选平整光滑的一侧，稍带木质部垂直切下，长约 3cm，切口宽度与接穗直径相等。

③ 插接穗：把接穗大削面朝里，插入砧木切口，使两者的形成层对齐，如不能两边都对齐，要保证一边对齐。

④ 捆绑：用塑料薄膜条缠紧，要将切缝和截面全部包严。

（4）舌接　通常用于葡萄和其他嫁接方法较难成活的树种上。要求砧木与接穗的粗度大致相同（图 2-1-7）。

① 削接穗：先在接穗下芽背面削一个长 3cm 的斜面，再在削面自下而上 1/3 处，顺着接穗往上纵切一刀，长约 1cm，呈舌状。

② 劈砧木：先将砧木在要嫁接的部位剪断，砧木的切取与接穗相同，砧木上也是一个 3cm 长的削面，只不过是顺着砧干往下劈，长约 1cm。

③ 插接穗：把接穗劈口插入砧木的劈口中，使接穗和砧木的舌状部位交叉嵌合，使两边的形成层对齐。

④ 捆绑：用塑料薄膜缠紧。

（5）腹接　腹接有斜切腹接和皮下腹接，其操作过程大体相同。以斜切腹接为例介绍一下。这种方法适用于较细的砧木，操作也比较简便（图 2-1-8）。

① 削接穗：接穗留 2～3 个芽，在接穗下芽背面下端削一长 3～4cm 的削面，再在其背后削一长 2cm 的短削面。

② 劈砧木：在砧木嫁接部位，用枝剪或切接刀斜向下切开，一般深达砧木直径的 1/3 左右。

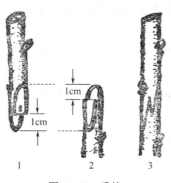

图 2-1-7　舌接

1—接穗；2—砧木；3—接合状

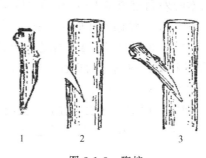

图 2-1-8　腹接

1—削接穗；2—劈砧木；3—插接穗

③ 插接穗：轻轻推开切口，将接穗长削面朝里、短削面朝外，迅速插入砧木切口，使接穗两个削面与砧木两个切面的形成层都对齐。

④ 捆绑：用塑料薄膜绑紧。

其他还有靠接和根接等。

五、嫁接苗的管理

1. 检查成活

（1）芽接苗的检查　芽接一般在接后 10～15d 检查成活。凡接牙新鲜，叶柄一触即落者为成活。如果芽片萎缩，颜色发黑，触而不落的是没有成活，对没成活的苗，应及时进行补接。

（2）枝接苗的检查　枝接一般在 1 个月左右检查成活情况，如果接穗新鲜，伤口愈合良好，芽已萌动，表明已成活。

2. 解绑

不论是芽接还是枝接都应及时解绑。解除过早会使结合不牢随后劈裂，解除过晚则会影响砧木加粗，影响生长发育。生长季芽接，可在检查成活的同时解除绑缚物，秋季芽接的可推迟到第二年春季解绑；枝接应在新梢萌发并进入旺盛生长后，先松绑后解绑。

3. 剪砧

夏末和秋季芽接的应在第二年春天发芽前进行。春季芽接的要随即剪砧。剪砧时刀刃应该在接芽一侧，从接芽以上 0.5cm 处下剪，向接芽背面微下斜剪断成马蹄形，这样有利于剪口愈合和接芽萌发生长，有些多风地方，可采用二次剪砧。芽接苗在第二年萌发后，砧木在接芽上 30cm 处剪断，待接芽萌发生长到一定粗度时再齐接合处剪去。剪砧时期不宜过早，以免剪口风干和受冻；也不能太晚，否则浪费养分，影响接芽生长。

4. 除萌和抹芽

剪砧后，砧木基部容易萌发大量萌蘖，应及时除去，并且要多次进行。枝接成活后，抽生的新梢一般留一个，其他抹去；也可全部保留，按不同用途分别处理、培养。

5. 肥水管理

春季剪砧后应及时追肥、灌水。一般每亩追施尿素 10kg 左右。结合施肥进行春灌，并锄地松土提高地温，促进根系发育。5 月中下旬苗木旺长期，每亩追施尿素 10kg 或复合肥 10～15kg，施肥后灌水。结合喷药每次加 0.3％的尿素，进行根外追肥，促其旺盛生长。7

月份以后应控制肥、水，防止贪青徒长，降低苗木质量。可在叶面喷施 0.5％的磷酸二氢钾 3～4 次，以促进苗木充实健壮。

6.病虫害防治

嫁接成活出苗后，对白粉病、蚜虫、立枯病、卷叶蛾、顶梢叶蛾、毛虫、猝倒等病害，要及时防治。

六、苗木出圃

1.苗木出圃前的准备

苗木出圃是果树育苗最后一个生产环节。苗木质量、栽植成活率与出圃前的各项工作有直接的关系。出圃前的准备工作有以下几个方面。

（1）对苗木的种类、品种和各级苗木的数量和质量进行抽样调查。

（2）根据调查的结果和供苗任务，制订出圃计划和操作规程。出圃计划包括出圃苗木的种类、品种、数量和质量，掘苗和运送日期，工作进程安排，劳力组织，工具准备和苗木贮藏等。出圃操作规程包括掘苗技术要求、分级标准、苗木修剪、假植方法、消毒方法和包装的质量要求等。

（3）与用苗单位及运输单位保持联系，保证及时装运、转运，缩短运输过程，从而确保苗木质量。

2.苗木的掘取

（1）掘苗时间 各种苗木的起苗先后顺序，可根据栽植、苗木停止生长的早晚和调运等具体要求而定。依栽植时期，分为秋季和春季。秋季可于落叶后至土壤结冻前进行，春季于土壤解冻后至苗木发芽前起苗。一般柿、核桃、桃等苗木生长停止较早，可先起苗；苹果、葡萄等苗木停止生长较晚，可推迟起苗。急需栽植或远途调运的可先起苗，就地栽植或明春栽植的可后起苗。土壤干燥宜在起苗前 2～3d 灌水，这样起苗省工省力，而且不易伤根。

（2）掘苗方法 掘苗分带土和不带土两种方法。落叶果树休眠期掘取不带土影响不大。生长季掘苗，需带叶栽植，最好是带土挖苗。若远运带土挖取不便，挖苗时应尽量减少须根损伤，并蘸泥浆护根。起苗时，应先在苗行的外侧开一条沟，然后按次序顺行起苗。起苗深度一般是 25～30cm。起苗应避免在大风、干燥、霜冻和雨天进行，以防影响栽植成活率。

3.分级和修剪

起苗后，立即移至背阴无风的地方，按照苗木出圃规格进行选苗分级。由于各地的气候条件不同，对苗木的出圃规格要求不同，但一般应具备的条件是根系发达，具有较完整的主侧根和较多的须根，枝条健壮，发育充实达到一定的高度和粗度，在整形带内具有足够的饱满芽，接口愈合良好，无严重的病虫害和机械损伤。不符合出圃要求的，坚决不能出圃。

修剪结合苗木分级时进行，主要是剪掉带病虫的、受伤的枝梢、不充实的秋梢和带有病虫，过长或畸形的根系，主根一般留 20cm 短截。剪口要平滑，以利早期愈合。为便于包装、运输，亦可对过长、过多的枝梢进行适当修剪，但剪除部分不宜过多，以免影响苗木质量和栽植成活率。

4.检疫与消毒

（1）苗木检疫 植物检疫是防止病虫害传播的一项有效措施。因此，苗木出圃时要严格检验。目前列入检疫对象的病虫害有：苹果黑星病、苹果绵蚜、梨圆周介壳虫、核桃枯萎病、枣疯病、葡萄根瘤蚜、美国白蛾等。发现带有上述检疫对象的苗木，不论是调运中，还是已经栽植都应立即集中烧毁。其他病虫害也应严加控制。育苗单位和苗木调运人员必须严格遵守植物检疫条例，做到疫区不送出、新区不引入。苗木出圃后，需经过国家检疫机关或接收委托的专业人员严格检验并签发证明，才能调运。

（2）苗木消毒　带有一般性病虫害的苗木也应进行消毒，以控制其传播。

苗木消毒杀菌，常用 3～5°Bé 石灰硫黄合剂喷洒或浸苗 10～20min，然后用清水冲洗根部；杀虫可以采用氰酸气熏蒸法，在密闭的房间里，每 1000m³ 容积用氰酸钾 300g、硫酸 450g、水 900mL，熏蒸 1h。熏蒸时先关好门窗，将硫酸倒入水中，然后再将氰酸钾放入，1h 后将门窗打开，待氰酸气散发完毕后，方能进入室内取苗。苗木量少时，可用熏蒸箱熏蒸。氰酸气有剧毒，使用时要切实注意人身安全。已知带有某种害虫时，亦可选用相应的杀虫剂。

5. 苗木的包装和贮藏

苗木在调运过程中，要进行妥善的包装，以防止苗木在运输过程中干枯、腐烂、受冻和受伤。包装可按品种和苗木的大小，分别以 20 株、50 株或 100 株一捆，挂好标牌，注明产地、树种、品种、数量和等级。如短距离运输，时间不超过 1d 可直接装车，但车底和侧面需垫以湿草或苔藓等，苗木放置时要根对根，并与湿草分层堆积，上覆湿润材料。远距离运输时，苗木必须妥善包装，苗木包装材料，可以就地取材，一般以廉价、轻质、坚韧保湿者为宜，如草袋、蒲包等。为保持根系湿润，防止干枯，包装内还应该用湿润的苔藓、木屑、稻壳、碎稻草等材料作填充物。冬季调运苗木，还要做防寒保温的工作。

消毒后，就近秋植的，可随即定植于果园；来年春季就近栽植的，要尽快假植贮藏；外地苗，要及时包装调运。

苗木假植应选择背风、向阳、平坦，排水良好，土质疏松的地块挖沟，沟宽 1m，沟深和沟长分别视苗高、气象条件和苗量确定，假植时，沟底铺 10cm 湿沙或湿润细土，苗木向南倾斜置于沟中，分层排列（摆一层苗，埋一层土），苗木间填入疏松湿土，使土壤与根系密接，最后覆土厚度可过苗高的 1/2～2/3，并高出地面 15～20cm，北部寒冷地区覆土宜厚，严冬还可盖草。冬季多雨雪的地区，应在沟四周挖排水沟以利排水。沟内温度保持在 0～7℃，湿度保持在 10%～20% 为宜。翌年早春应及时检查，土壤干燥时要适当浇水。利用菜窖贮藏苗木时，根部覆盖沙土即可。

苗木分级对定植后果园整齐度有很大影响，必须严格按国家标准 GB 9847—2003《苹果苗木》进行分级。

复习思考题

1. 种子为什么要进行沙藏处理？如何进行种子沙藏处理？
2. 影响果树嫁接成活的因素有哪些？如何提高果树嫁接的成活率？
3. 怎样才能提高播种质量，保证苗木优质的技术措施有哪些？
4. 果树苗木在出圃、调运和贮藏过程中应注意哪些问题？

项目二　繁育自根苗

▶▶ **知识目标**

熟悉生产中促进生根的常用方法，了解自根苗的繁殖原理，掌握扦插苗、压条苗和分株苗的培育方法。

▶▶ **技能目标**

能熟练掌握扦插育苗的技术。

任务 ▶▶ 葡萄的硬枝扦插

任务提出

以葡萄作为扦插材料，完成扦插苗的培育任务。

任务分析

果树种类不同，形成不定根和不定芽的能力也不一样，葡萄枝插容易生根，生产上常选择扦插繁殖苗木，确保苗木成活。

任务实施

【材料与工具准备】

1. 材料：充分成熟的一年生葡萄条、植物生长素（萘乙酸、吲哚乙酸、ABT生根粉）、塑料薄膜、生根基质（苔藓、锯末、园土）等。

2. 工具：修枝剪、水桶、整地工具等。

【实施过程】

1. 插条采集与贮藏：休眠期，在品种纯正、生长健壮、结果良好的壮年母树上，采发育充实、芽体饱满、无病虫害的一年生枝。插条分门别类剪成50～100cm，50～100条一捆，用沟藏或窖藏的方法保存。

2. 插条处理：冬藏后的枝条用清水浸泡1d后，剪成20cm左右，保留1～4个芽的枝条。上端剪口在芽上0.5～1cm，剪成平口，下端应在芽下0.5～1cm处斜剪，呈马耳形。

3. 催根处理：将插条基部浸于5000mg/kg吲哚乙酸（或5000mg/kg萘乙酸）的溶液中2～3s，或于50～100mg/kg吲哚乙酸或萘乙酸中浸12～24h。

4. 扦插：按照技术要求先施基肥，整地作畦，铺设塑料薄膜，再按设定的株距将插条破膜斜插，与地面持平，然后覆土2cm左右，覆盖顶芽。

5. 插后管理：主要安排好施肥和灌水的时间，做好抹芽摘心和病虫害防治。

理论认知 👆

一、自根苗的繁殖原理

自根苗的繁殖主要是利用植物器官的再生能力发根或生芽而成为一个独立的植株。因而自根苗培育的关键在于能否发生不定根和不定芽。插穗或根插条剪切后，不定根主要是由根原基在形成层和髓射线的交叉点以及形成层内侧分生组织分化而来。节部的根原基多，最易发根，是不定根形成的主要部位。不定芽是由薄壁细胞分化而来，中柱鞘和形成层，也会形成不定芽。果树的根、茎、叶上都可能发生不定芽，但大多数发生在根上，一般幼根上的不定芽是在中柱鞘靠近维管形成层的位置产生的，老根上的不定芽则是从木栓形成层或髓射线增生的类似愈合组织里产生的，许多果树的根未脱离母体即形成不定芽，特别是根受伤后，主要在伤口面或断面的伤口处的愈伤组织里形成。

不定根和不定芽的发生均有极性现象。一般枝或根总在其形态顶端抽生新梢，下端发根。因此，在扦插时要特别注意不要倒插。

二、影响发根的因素

1. 内部因素

（1）果树的种类和品种　树种、品种不同，生根难易不同，如葡萄、石榴、无花果等扦插生根容易，而苹果、桃则较难，同树种中欧洲葡萄和美洲葡萄比山葡萄发根率高。

（2）树龄、枝龄和枝条部位　同种树幼树比老树容易发根，同一树龄的一年生枝比多年生枝容易生根，同一枝条中部比顶部和基部易发根。

（3）枝条营养状况　凡枝条充实，营养丰富的枝易于生根；枝条的节、芽、分枝处养分较多，故在这些部位剪截扦插较易生根。

（4）植物内源激素　由于内源激素如生长素、细胞分裂素、赤霉素对发根都有促进作用。因此，凡含植物内源激素较多的树种，都较易生根。

2. 外界因素

（1）温度　温度包括气温和扦插基质温度。生根最适宜的气温 21～25℃，扦插基质的温度应与气温相同，但北方的春季，气温的回升快于土温，所以保证插条成活的关键是提高土壤温度，使插条先生根后发芽。

（2）湿度　土壤湿度和空气湿度均影响扦插成活，一般以土壤最大持水量的 60% 为宜。空气湿度大则能减少插条水分的蒸发，有利于成活。目前生产中常用的遮阴、塑料薄膜覆盖等办法，都是为了保持空气湿度。

（3）光　嫩枝带叶扦插，光不仅有利制造营养供给生根需要，而且还能抑制新梢生长，避免生长过旺消耗营养，但应避免强光直射。因此，在生产上常搭棚遮阴，既能获得一定的光量，又能避免强光照射。

（4）扦插基质　扦插插条的土壤或其他材料，要求能为插条生根提供必需的水分、养分和氧，并能保持适宜的温度。一般选择结构疏松、通气良好、保水性强的沙质壤土。现在生产上也常用珍珠岩、泥炭、蛭石等作扦插基质。

三、促进生根的方法

1. 机械处理

（1）环剥 在取插条 15～20d 之前对准备用作扦插的枝条基部剥去宽 0.3～0.5cm 的一圈树皮，在其环剥伤口长出愈伤组织而又未完全愈合时，即可将枝条剪下进行扦插。

（2）纵伤 在枝条生根部位刻划 5～6 道纵伤口，深达木质部，以见到绿皮为度。

（3）剥去表皮 对木栓组织较发达的枝条或较难发根的果树树种和品种，在扦插之前将表皮木栓层剥去，利于对水分的吸收和发根。

2. 加温处理

我国北方早春气温往往偏低，枝条扦插后生根困难。可用增温催根法解决生根难的问题。常用的增温催根方式有温床、火炕和电热加温。

（1）温床 用马粪酿热造成高温条件，促进生根，同时利用早春气温控制发芽。温床设置在背阴避风处，深约 80cm，大小根据插条数量而定，但也不宜太小。温床挖好后底部铺 30cm 厚的马粪，浇水 3～5d 后可达 30～40℃，待温度下降到 30℃ 并趋向稳定，在马粪上铺厚约 5cm 的土，然后将准备好的插条直立排列在土中，插条间填塞沙或土。为遮阴避雨，可搭荫棚（图 2-2-1）。

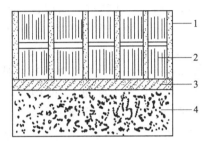

图 2-2-1 温床剖面结构
1—沙；2—插条；3—土；4—马粪

（2）电热加温 在温室或温床内，地面先铺干锯末或细沙大约 10cm，再铺塑料布。然后铺一层 5cm 厚的土，再在其上铺设电热线并连接控温仪，最后在电热线上铺 3～5cm 厚的湿沙，将插条下端弄整齐，捆成小捆直立埋入铺垫基质中，捆间用湿沙或锯末填充，插条基部温度控制在 20～25℃，气温控制在 8～10℃。

（3）火炕加温 华北一带葡萄产区常利用家庭火炕进行催根处理。即先在火炕上铺 5cm 厚的锯木屑，再将插条竖立插入木屑中，插条中间用木屑塞满，使顶端芽眼露在外面，然后把锯木屑充分喷湿。下部发根处的温度保持在 22～28℃，经大约 20d 时间，大部分插条即可生根或产生愈伤组织。

3. 植物生长调节剂处理

由于植物激素能加强枝的呼吸作用，提高各种酶的活性，促进细胞分裂，因而在扦插前对插条处理后，使得生根率、生根数、根的长度和粗度有显著改善，是生产上常用的技术措施。常用的植物生长调节剂有 2,4-D、萘乙酸（NAA）、吲哚乙酸（IAA）、吲哚丁酸（IBA）、ABT 生根粉，常用处理方法有液剂浸渍和粉剂使用。

（1）液剂浸渍 硬枝扦插用浓度为 5～100mg/kg，嫩枝扦插用浓度为 5～25mg/kg，插条基部浸渍 12～24h。也可用 50% 的酒精作溶剂，将生长调节剂配成高浓度溶液速浸，比较方便迅速，特别对不易生根的树种，有较好作用。

（2）粉剂使用 一般用滑石粉作填充剂，稀释浓度为 500～1000mg/kg，混合 2～3h 便可使用。先将插条基部用清水浸湿，然后蘸粉即可扦插。

4. 化学药剂处理

一些化学药剂有促进细胞呼吸，形成愈伤组织，增强细胞分裂，从而促进生根的效果。

一般用 0.1%～0.5% 的高锰酸钾、硼酸等溶液浸渍插条基部数小时至一昼夜。另外利用蔗糖、维生素 B_{12} 等溶液浸渍插条基部也可以促进生根。

四、自根苗的繁殖

1. 扦插繁殖

取果树的芽、枝条或根，进行扦插，使其生根，萌芽抽枝，长成为新的植株的方法。常用的扦插繁殖方法主要有硬枝扦插、嫩枝扦插和根插三种。

（1）硬枝扦插　利用完全木质化的枝条在休眠期进行扦插，称为硬枝扦插。

硬枝扦插所用枝条多在休眠期采集，也可结合冬季修剪采取。选取品种纯正、生长健壮、连年丰产稳产、没有检疫性病虫害的壮年母树，采发育充实、芽体饱满、无病虫害的一年生枝，作为扦插所用枝条。采集到的枝条按照树种、品种剪成 50～100cm 长，每 50 或100 根一捆，标明树种、品种、采集日期、采集地点。

贮藏插条可用沟藏或窖藏。沟藏的深度 80～100cm，宽约 80cm，长度依插条的数量而定。先在沟底铺一层 5cm 厚湿沙（沙的湿度以手握成团不滴水，手松自然散开为原则），然后插条横向与湿沙分层相间摆放，插条间都要用湿沙填满。为防止埋藏后霉烂，每隔一定距离插一草把，最上层铺 10cm 湿沙，最后覆土 30cm（寒冷地区适当加厚）。数量少时也可在室内埋沙贮藏，通常将插条半截插埋于湿沙中，要特别注意室内的通气状况和湿度。为避免贮藏期间发病，贮藏前先用 5% 的硫酸亚铁溶液或 5°Bé 的石硫合剂浸泡 3～5min。

硬枝扦插多在春季进行。扦插时以 15～20cm 土层温度达 10℃ 以上时为宜，冬藏后的枝条用清水浸泡 1d 后，剪成 20cm 左右，保留 1～4 个芽的枝条。上端剪口在芽上 0.5～1cm，剪成平口，下端剪口应在芽下 0.5～1cm 处，呈马耳形。剪口要平滑，以利愈合。

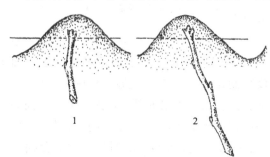

图 2-2-2　硬枝扦插

1—短枝条直插；2—长枝条斜插

扦插有直插和斜插两种方式，生根容易，插穗较短、土壤疏松的可直插；生根困难，插穗较长、土壤黏重的可斜插（图 2-2-2）。

扦插苗床，要求土质疏松、肥沃、排灌方便。扦插前根据情况做高畦或平畦，用地膜覆盖垄背，垄沟内留有灌水下渗的通道，用木棍按株距 15cm 打孔破膜，把插条插入沟内，顶部侧芽向上，填土压实，上芽外露。但如在干旱、大风、寒冷地区插条应全部埋入土中，然后灌足水，再薄覆一层细土。芽萌发时扒开覆土。

（2）嫩枝扦插　利用当年生尚未木质化或半木质化的新梢在生长期进行扦插。猕猴桃、石榴、山楂等用此法扦插的效果都较好。

① 扦插时间：在生长期进行。太早，枝条幼嫩难以成活；太晚，枝条成熟度差，难以越冬。因此，一般在 5 月底至 6 月底。

② 插条采集和处理：于早晨或阴天选取生长充实的枝条，剪成 20～25cm 长的枝段，上剪口于芽上 1cm 处平剪，下剪口斜剪或平剪。上部保留 2 片叶（大叶型可剪去 1/2 叶片），其余去掉叶片，留下叶柄。剪好后将枝条置入清水中浸泡 1～2h，让其充分吸水。插条下端

放入 500mg/kg 吲哚丁酸（IBA）浸 1～2min 或用 500mg/kg 的萘乙酸（NAA）浸 3min。

③ 扦插：将插条按一定的株行距同向直插土中，枝条入土 2/3，上端露出 1/3，插后立即浇透水（图 2-2-3）。

④ 插后管理：扦插后，幼嫩枝条最怕阳光直晒，必须在畦以上 50～70cm 处搭荫棚遮盖。生根发芽前注意湿度的控制，经常喷水或浇水，勿使叶片萎蔫。插后 25～30d 即可生根、发芽。此时可揭去荫棚，温度过高时喷水降温及时排除多余水分，有条件者选用全光照喷雾扦插，效果更好。

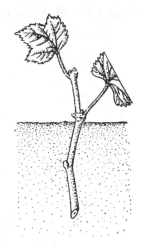

图 2-2-3 绿枝扦插

（3）根插 用根段进行扦插为根插。枝插成活困难而根插较易成活的树种如枣、柿、核桃、长山核桃、山核桃等常用此法。苗圃中杜梨、山定子、海棠、苹果营养系矮化砧等，可利用苗木出圃残留下根段进行根插。根插所用材料一般在秋季掘苗或移栽时结合采集较好，根段粗度为 0.3～1.5cm，根插前，可剪成长 10cm 左右的根段，并带有须根，上端平剪，下端斜剪。秋后不能立即扦插时，可先行沙藏，至第二年春进行扦插，也可春季随采随插。根段既可直插也可平插，插时应注意根段的方向，以免影响出苗。

2. 压条繁殖

压条是在枝条不与母株分离的状态下压入土中，使压入部位生根，然后剪离母株成为独立植株的方法。由于此法生根前养分、水分和激素都有母株供应，生根较容易。虽然繁殖系数低，但对于扦插难于生根的树种、品种效果较好。常用的有直立压条、水平压条、空中压条、曲枝压条 4 种。

（1）直立压条 又称垂直压条或培土压条。冬季或早春萌芽前将母株基部离地面 15～20cm 处剪断，促使基部发生萌蘖，待新梢（萌蘖）长到 20cm 以上时，将基部环剥或刻伤，并第一次培土使其生根。培土高度约为 10cm，宽为 25cm。当新梢长到 40cm 左右时，进行第二次培土，注意培土前先行灌水，一般 20d 后开始生根。秋季扒开土堆，把全部新生枝条从基部剪断，即成为压条苗（图 2-2-4）。

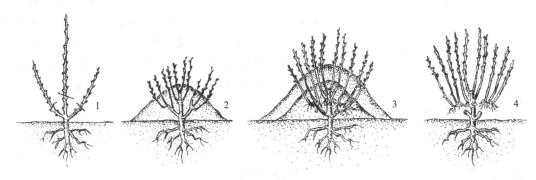

图 2-2-4 直立压条

（引自北京市农业学校主编《果树栽培实验实习指导》）

1—短截促萌；2—第一次培土；3—第二次培土；4—扒垄分株

（2）水平压条 又称开沟压条。萌芽前，选取母株靠近地面的枝条，将枝条压入 5cm 左右浅沟内，用枝杈等固定后上覆浅土，待各节抽出新梢后，随新梢的增高分次培土，使新梢基部生根，然后切离母株（图 2-2-5）。水平压条繁殖系数高，但需用枝杈固定，比较费工。生产上主要用于苹果的矮化砧及葡萄的繁殖。

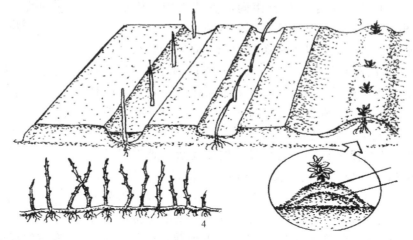

图 2-2-5　水平压条
（引自北京市农业学校主编《果树栽培实验实习指导》）
1—斜栽；2—压条；3—培土；4—分株

（3）空中压条　通常称高压法。此法多用于木质较硬而不易弯曲以及扦插生根较难的珍贵树种的繁殖。春季 3～4 月份，选生长健壮的 2～3 年生枝条，在适宜部位环剥或刻伤，在伤口处涂抹生长素或生根粉，再用塑料布卷成筒套在刻伤部位，先将套筒下端绑紧，筒内装入松软肥沃的保湿生根基质，再将塑料筒上端绑紧，压条后经常检查保持湿润，待生根后与母株分离。空中压条具有繁殖系数低，对母株损伤大的缺点，但成活率高，方法简单，容易掌握，特别在快速培育盆栽果树上应用前景很好（图 2-2-6）。

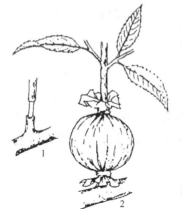

图 2-2-6　空中压条
1—被压枝条处理状；
2—包埋生根基质状

（4）曲枝压条　春季萌芽前和生长期新梢半木质化时进行。从用作母株的压条中，选靠近地面的一年生枝，在其附近挖沟，沟与母株的距离以能将枝条的中下部压入沟内为宜，沟的深度和宽度为 15～20cm，然后将枝条弯曲向下，靠在沟底，并用枝杈物固定，在欲使其生根处刻伤，然后埋土，枝条顶部露出沟外，生根后与母株分离（图 2-2-7）。

3. 分株繁殖

利用母株的根蘖、匍匐茎、吸芽等营养器官，在自然状况下生根后，分离栽植的方法。常用的有根蘖分株法、根状茎分株法、匍匐茎分株法。

（1）根蘖分株法　枣、山楂、樱桃、石榴等果树，易生根蘖，可利用自然根蘖于休眠期分离栽植。为促使多发生根蘖，一般于休眠期或萌发前将母株树冠外围部分骨干根切断或刻伤。生长期加强肥水管理，使根蘖苗旺盛生长发根，到秋季或翌春挖出分离培养。

（2）根状茎分株法　草莓的根状茎具有发生新茎的能力。每个新茎分枝上部长叶，基部发根，待其具有 4 片以上良好叶，发根较多时，将整株挖出，将带根新茎逐个分离，单株即

图 2-2-7 曲枝压条

（引自北京市农业学校主编《果树栽培实验实习指导》）

1—萌芽前刻伤与曲枝；2—压入部位生根；3—分株

可定植。

（3）匍匐茎分株法 草莓地下茎上的腋芽，在形成的当年就能萌发成为匍匐在地面的匍匐茎。在匍匐茎的偶数节上发生叶簇和芽，下部生根，扎入土中，形成一新植株，夏末秋初将幼苗与母株切断后挖出，即可栽植。

复习思考题

1. 果树自根苗繁殖的方法有哪些？扦插繁殖的基本程序是什么？

2. 说明营养繁殖的理论依据与促进扦插生根的技术措施。

项目三 建立果园

▶▶ **知识目标**

了解果园类型和建园选址的条件，掌握果园规划设计内容和方法以及栽植技术。

▶▶ **技能目标**

能因地制宜科学规划果园，合理选择树种、品种，掌握果树栽植技术。

任务 2.3.1 ▶▶ 果园规划设计

任务提出

以当地适合种植果树的地段，通过对园地类型及周边情况进行分析，测量园地面积，绘制平面图和现状图，完成园区规划。

任务分析

果园周围生态条件、环境质量和果园类型是果园选址必须考虑的重要因素，通过调查、分析和实地测量准备建园的地段，因地制宜地高标准、高起点建园。

任务实施

【材料与工具准备】

1. 材料：待建果园地段。

2. 工具：水准仪、平板仪、经纬仪、标杆、塔尺、测绳、木桩和绘图用的坐标纸、铅笔、橡皮、记录本等。

【实施过程】

1. 园地调查

（1）对周边自然环境进行调查　包括土壤条件、当地气候条件和园地的坡向、坡度，植物种类及其生长情况和病虫害感染程度，以及园地内原有建筑物、道路、交通等条件进行调查和登记。

（2）对当地社会经济状况进行调查　包括当地农民人均收入、劳动力资源情况和社会治安情况等。

2. 园地测量

用实用的测量仪器测出园地的地形，包括建筑物、水井、河流、道路等的位置，绘制一定比例的地形图（1∶500 或 1∶1000）。

3. 园地规划

在绘制好的地形图上按一定比例绘出园地规划设计图。包括栽植小区、道路、排灌系统的位置、防护林带和建筑物（办公、生活、生产用房等）的位置、占地面积等。

4. 写出实施规划说明书

主要对上述调查和实施规划过程进行文字说明，包括建设投资预算和经济效益分析。

【注意事项】

1. 根据调查和测量结果，绘制出一份地形图、果园规划设计图和一份设计说明书。

2. 可结合当地准备建立的果园，参与其中了解整个规划设计过程，拿出自己的规划设计方案，通过对比找出自己存在的问题并加以改进。

理论认知

一、果园选址

1. 选址原则

果树是多年生木本植物，具有在同一地点连续长期生长的特点。因此，选择园址既要有利于果树生长发育和提高果园的经济效益，也要有利于充分利用当地的荒山坡滩等地形资源，达到改善生态环境和可持续发展的目的。

2. 果园类型及其特点

见表 2-3-1。

表 2-3-1 果园类型及其特点

果园类型	平地果园	丘陵、山地果园	沙滩地果园	盐碱地果园	观光果园
地形、地势	地势平坦或坡度小于5°的缓坡地	坡度在5°～10°的斜坡或梯田等地	地势平坦或低洼，主要是河滩地	地势平坦或低洼	地势平坦、交通便利，生态条件优越
果园特点	土层深厚、土质疏松肥沃、地下水位低便于集约化、规模化栽培和管理，符合生产绿色果品的生态要求	光照充足，通风排水良好，昼夜温差大，具备生产优质水果的优越条件	土壤含沙量高，肥力低，土质疏松，地下水位较高	土壤盐碱含量高，易返盐。植物不易成活。建园前必须要做好土壤改良工作	是集生产、生态、休闲、旅游、科普教育和经济效益为一体的新型果园类型
建园要求	要远离公路、工矿企业等污染源和桧柏、圆柏等锈病中间寄主植物，距离至少在3～5km以上	建园前要做好园区规划、道路、防护林的修筑和营造及修建梯田、撩壕、鱼鳞坑等	适合种植耐盐力强和需肥水较多的树种，如梨、葡萄等	要做好灌水洗盐、种植绿肥等土壤改良工作，同时要选择耐盐碱的砧木和树种	要做好规划设计，选择优良树种和品种

二、果园规划设计

（一）规划设计内容

1. 园地勘察

要做好地形勘察和土壤调查等工作，了解当地地形、地势、土壤质地、肥力状况和植被分布及气候条件等自然生态条件和特点，了解未来果园的土层结构及肥力状况，水源、水质、地下水位的高低及地表径流趋向等，以便确定果园设计方案，为合理规划提供依据。

2. 小区划分

小区是果园栽植和管理的基本单位。其面积、形状、大小和方位应根据当地的地形、气候、土壤等条件，结合道路、排灌系统和防护林的设置等加以规划设计，以便于实行统一管理和集约化栽培为原则。平地果园小区面积以 4～6hm² 为宜，其形状采用长方形，长宽比为 2：1～5：1，小区的长边最好与当地主风向相垂直。山地果园小区划分可因地形、地势等因素而异进行灵活设计，生产上常以自然分布的沟、坡、渠或道路等划分，面积为 1～3hm²，其形状可根据地形采用长方形、梯形或等高栽植等，其长边应与等高线走向一致，以减少水土流失和便于管理。

3. 道路设置

面积在 6.7hm² 以上的果园应设干路、支路和区内小路等，面积在 6.7hm² 以下的果园可设支路和小路。干路是果园的主要道路，应设在园内中部、内与建筑物相通、外与公路相接，路宽为 6～7m；支路与干路相连，宽 4m 左右，小区中间可根据需要设置与支路相接的区内小路，宽 1～2m，以便于操作和管理。山地果园的道路应按地形修筑，干路宜选在坡度较小（小于 10°）的地方修筑，顺山坡修"之"形盘山路，其内侧要修排水沟，路面向内斜，以减少土壤冲刷，保护路面，有条件的地方可修成水泥路等，支路应选在与各等高行连通的小区边缘和山坡两侧沟旁。其宽度应根据果园的大小和地形地势等情况而定，要尽量做到既方便运输管理又节省土地。

4. 防护林的营造

在于改善果园的生态条件，保护果树正常生长发育。

（1）防护林的作用主要表现在降低风速、防风固沙；调节小气候，增加温度和湿度；减轻冻害，提高坐果率；山地、丘陵地果园建立防护林，还可保持水土、减少地表径流和绿化、美化生态环境。

（2）防护林的类型及效应：可分三大类。

① 紧密型林带：由乔木、亚乔木和灌木组成，林带上紧下密，透风力差，透风系数小于 0.3，防护距离短但防护效果显著，在林缘附近易形成高大的雪堆或沙堆。

② 稀疏型林带：由乔木和灌木组成，林带结构稀疏，透风系数为 0.3～0.5，背风面最小风速区出现在林带高的 3～5 倍处。

③ 透风型林带：由乔木组成，林带下部有较大空隙透风，透风系数为 0.5～0.7。背风面最小风速区为林带高的 5～10 倍处。

果园的防护林以营造稀疏型或透风型林带为好。在平地防护林带可使树高 20～25 倍距离内的风速减低一半，在山坡、沟谷地上部设紧密型林带，坡下部设透风或稀疏型林带，可及时排除冷空气，防止霜冻发生和危害。

（3）防护林树种的选择

① 树种要求：用作防护林的树种首先要求能适应当地的环境条件、抗逆性强，尽量选用乡土树种；生长迅速、树体高大、枝叶繁茂，防风效果好；与果树无共同病虫害或不能是果树病虫害的中间寄主；根蘖少、不串根；具有一定的经济价值且能绿化美化环境。

② 常用树种：乔木类，杨、柳、榆、刺槐、椿、泡桐、核桃、银杏、枣、山楂、柿和桑树等；灌木类，紫穗槐、柽柳、荆条、酸枣、毛樱桃、花椒等。建园前 2～3 年可根据果树种类、地形、土壤等条件选择适宜的林带树种进行栽植。林带与果树间距为 10～15m，中间挖断根沟以保护果树。

5. 排灌系统的配置

（1）灌溉系统　可结合灌水的方式和方法进行设置。如采用沟灌、渗灌、滴灌、喷灌等方法。

（2）灌溉方式　平地果园可利用井、渠灌等；山地、丘陵地果园主要利用山谷修建水库、山顶建蓄水池等方法，引水上山进行灌溉；水源不足或地下水位低的地区或果园，可在果园地势低洼处，人工打制"水囤"，蓄积天然水进行人工抗旱浇水。

（3）灌水方法

① 明沟灌水：大面积平地果园应设干、支、斗、农渠。

干渠将水从水源直接引到园边，一般沿果园长边设置，用砖、石和水泥砌成、为永久性渠道，其比降为 1/5000~1/1000，边坡系数为 1∶1.5~1∶1.2。

支渠是将干渠中的水引入园内，一般沿果园短边设置，比降为 1/3000~1/1000。

斗渠是田间配水沟，把水引向各栽植小区间，可根据地形，垂直插入果树行间或设在路的两侧，由高处向两侧低处浇水，比降为 1/5000~1/2000。

农渠是直接给果树灌溉的临时性沟，直通树盘，进行畦灌或穴灌等。山地、丘陵地果园的干渠应沿等高线设在上坡，落差大的地方要设跌水槽，以减少冲刷。支渠应连通各等高台田，修在梯田的内侧，通常为灌排两用。

② 滴灌：是一种以水滴或小水流形式将水慢慢渗入果树根部土壤中，使根区土壤经常保持湿润，便于根系吸收利用的节水灌溉方法。滴灌系统由首部枢纽（水泵、过滤器、混肥装置等）、输水管网（干管、支管、分支管、毛管）和滴头三大部分组成。干管直径 80cm、支管直径 40cm、分支管直径约 20cm、毛管直径 10cm 左右，毛管上每隔 70cm 左右安装一滴头。分支管按树行排列，毛管环绕树冠外沿一周排列。其优点是省水、省工，避免了土壤冲刷。缺点是成本高、滴头易堵塞，目前在保护地果树栽培中应用较多。

③ 喷灌：是一种用喷雾的方式对果树进行灌溉的方法。其系统包括首部枢纽（取水、加压、控制系统、过滤和混肥装置）、输水管道和喷嘴三大主要部分。喷灌的输水管道有固定与移动式两种。固定管道按干管、支管、毛管三级设置，毛管分布在果树行间土壤内，每隔一定距离接出地面安装喷嘴，同时安装减压阀与排气阀来保证出水均匀。喷灌具有适合各种地形、节地、节水、不产生地表径流、不破坏土壤结构等优点。其成本也较高。

（4）排水系统　平地果园由果园小区内的小沟（排水沟）与支沟、干沟相通，特别是地势低洼易积水的，要根据地形开挖排水沟，排水沟的方向应与果树行向一致，由行间小排水沟将水汇集到小区间较大的排水沟，再汇集到支沟和干沟，由低处排出；山地和丘陵地果园的排水系统是由集水的等高沟（背沟）和总排水沟组成。集水沟与等高线一致，已修梯田的果园集水沟修在梯田的内侧。总排水沟应设在集水线上与各集水沟相通。集水沟比较大的要设置跌水坑，以减低流速，防止冲刷。

6. 树种和品种的选择与配置

（1）树种和品种选择的依据　首先要遵循国家发展果树的方针政策，选择适合当地气候、土壤等环境条件的树种和品种，尽量做到适地、适树、适栽；结合当地果树管理的技术水平、交通条件及果树生产的发展趋势来选择适销对路、市场前景看好的内、外销品种或能满足加工需求的树种和品种；结合当地绿色果品生产和观光果园的发展，选择一些适合于温室栽培和观赏需要的树种和品种。

（2）具体选择时应考虑的因素　距离城市、工矿区近的果园，可进行集约化栽培和反季节生产的地区，可选择于当地水果供应淡季成熟的树种和品种为好；距城镇较远、交通不便的地区，选择耐贮运的果品或可以就地加工的树种和品种；同时，果园中要早、中、晚熟品种按一定比例搭配，以短补长，以早促长。

（3）授粉树的选择与配置　大多数果树的绝大多数品种自花不实或自花结实率低，需要配置一定数量的授粉树进行异花授粉才能提高坐果率。

① 优良授粉树应具备的条件：与主栽品种花期一致或相近，且花粉量大、发芽率高，与主栽品种能互相授粉且亲和力较高；与主栽品种的始果年龄和寿命相近；能丰产，且具有较高的经济价值；能适应当地气候、土壤等环境条件，栽培管理容易。

② 授粉树的配置方式：如果两个品种同为主栽品种，且互为授粉树可采用等行配置，均为2～4行相隔配置；如授粉树数量少，或经济价值不高时，可采用3～4行主栽品种配置一行授粉树；也可采用中心式配置（每9株配置1株授粉树于中心位置）；对于花粉量大、靠风传播的雌雄异株的果树，雄株可作为果园边界树少量配植（如银杏、核桃等树种）。

（二）规划设计程序

1. 园地调查

（1）对周边自然环境进行调查　了解土壤条件：通过土壤剖面观察耕作层与熟土的厚度、质地的好坏，测定土壤酸碱度、土壤肥力水平等因素，了解地下水位的高低、水源的远近和水质的好坏及引水途径等；了解当地气候条件：包括年平均气温、年最高、最低温度、无霜期长短，年降水量及其分布情况和不同季节的风向与风力、当地的主风向和易发生的自然灾害（如冻害、霜害、旱、涝等）；了解园地的坡向、坡度，植物种类及其生长情况和病虫害感染程度等；对园地内原有建筑物、道路、交通等条件进行调查和登记。

（2）对当地社会经济状况进行调查　包括当地农民人均收入、劳动力资源情况和社会治安情况等，以确定果树种类、果园建设和投资情况等。

2. 园地测量

用实用的测量仪器测出园地的地形，包括建筑物、水井、河流、道路等的位置，绘制一定比例的地形图（1∶500 或 1∶1000）。

3. 园地规划

在绘制好的地形图上按一定比例绘出园地规划设计图。包括栽植小区（标明区号、位置、面积大小、树种品种、行株距等）、道路（干路、支路、小路的位置、宽度等）、排灌系统的位置、防护林带（主、副林带的位置、树种及栽植方式等）和建筑物（办公、生活、生产用房等）的位置、占地面积等。

4. 写出实施规划说明书

主要对上述调查和实施规划过程进行文字说明，同时标明苗木数量和规格、肥料种类及用量、所需劳力、机械和用工等经费预算等，并对实施过程进行详细安排和说明。

任务 2.3.2 ▶▶ 果树栽植

任务提出

以秋季果园栽植苹果树为例，完成栽植任务。

任务分析

秋季栽树有利于根系恢复，但适于冬季不太寒冷的地区，而且越冬要做好防寒措施，才能提高栽植成活率。

任务实施

【材料与工具准备】

1. 材料：苹果或梨等果树的成品苗木、足够数量的有机肥和少量化肥。

2. 工具：皮尺、测绳、标杆、石灰、修枝剪、镢、锹、水桶和农用地膜等。

【实施过程】

1. 确定栽植点

先在果园小区四周的角上竖立标杆，将测绳按株距标记后，以行距为单位沿两边平行移动，每移动一次，用石灰或木桩在地上做好标记。

2. 挖栽植沟

以定植点为中心挖长、宽、深各 $80\sim100cm$ 的栽植沟，将表土和心土分别堆放，挑出其中的石块、粗沙及其他杂质。

3. 栽植过程

回填表土或与腐熟的有机肥混匀的细土至穴的 $1/2$ 或 $2/3$ 处，将经过浸泡或蘸根处理的果苗放入穴中，然后一人扶树，一人分层填土，边填边踩，填至与原土印平齐，并立即浇一次透水。

4. 覆膜套袋

水下渗后，用少量细土将树盘封好后用 $1m^2$ 见方的塑料薄膜通过苗干将其覆盖在树盘上，四周用土将其封严。

5. 栽后管理

当果苗成活展叶后，逐渐将套在苗干上的长条塑膜袋去掉。检查成活并进行补栽。在果苗生长前期要注意追施 $1\sim2$ 次尿素等速效性化肥，并加强病虫害防治。

【注意事项】

1. 可结合生产实际参与当地果树栽植过程。

2. 可分组定人定树实施栽植，栽植后调查成活率并分析其原因。

理论认知

果树栽植是建园方案实施的最后环节，应做好各种准备工作，把好栽植技术关和加强栽后管理，方能提高栽植成活率，促使果树快速生长，提早结果和丰产稳产。

一、做好果树栽前准备

1. 土壤准备

果树在定植之前，应根据果园土壤类型、土质结构等加以改良。改良措施包括对定植土壤进行全园深翻或带状深翻结合施有机肥，平整土地等。对土质结构差的黏重土壤要通过掺沙（以沙压黏）、增施有机肥、种植绿肥等措施来改善土壤结构，增加土壤的透气性。沙地建园应先营造防护林、种植绿肥等；山地、丘陵地建园之前应先做好水土保持工程（修梯田、等高撩壕、鱼鳞坑等）；盐碱地土壤中有机质少且土壤结构差，地下水位高、含盐量多、pH 大，应先改良后种植。

2. 苗木准备

在适地适树原则的指导下，选择好适合当地生态条件和市场前景看好的树种和品种。最好采用当地育成的苗木，如需外地购苗，一定要先对采购地点和苗木质量进行调查。要求品种纯正、生长健壮、无检疫性病虫害。同时做好起苗、运输、装卸中的保湿、保鲜工作，尽量缩短起苗到栽植的时间。栽前要对苗木进行分级，对受伤的根、枝进行修剪，不能及时栽植的苗木要妥善假植。对失水严重的苗木在栽前要用清水浸泡根系12～24h，栽时最好蘸泥浆栽植，保证成活率。

二、确定好栽植密度和栽植方式

合理密植是果树早产、丰产、优质、高效的前提。合理密植不仅可以充分利用土地和光照资源，提高叶面积指数和对光能的利用率，增加产量；同时还可增强果树自身的防御能力。因此必须合理地确定果树的栽植密度和栽植方式。

1. 栽植密度

要根据树种、品种和砧木的种类和特性，结合当地的气候、土壤、地形等因素综合确定。北方主要果树的栽植密度见表2-3-2。

表 2-3-2　北方主要果树常用的栽植密度

果树种类		行距(m)×株距(m)	每亩株数	备　注
苹果	乔砧	(5～6)×(4～5)	22～33	南北行向栽植
	矮砧或短枝型	(3～4)×(2～3)	55～110	
梨	普通型	(3～6)×(4～5)	22～55	
	短枝型	(4～5)×(3～4)	33～55	
	西洋梨	(4～5)×(3～4)	33～55	
桃		(5～6)×(4～5)	22～33	
杏		(6～7)×(5～4)	19～28	
李		(5～6)×(4～3)	28～44	
樱桃		(6～4)×(3～5)	33～55	
葡萄	篱架	(2～3)×(1.5～2)	111～222	
	棚架	(5～8)×(1.5～5)	17～89	
板栗		(6～7)×(4～6)	16～28	
核桃		(6～8)×(5～6)	14～22	
枣		(6～10)×(2～5)	13～56	枣粮间作采用宽行距
柿		(5～8)×(3～6)	14～44	
山楂		(4～5)×3	44～55	
草莓		(0.2～0.6)×(0.15～0.2)	5500～22000	
石榴		(5～4)×(2～3)	83～45	
猕猴桃	篱架	(3～5)×(2～3)	111～45	
	棚架	(5～8)×(4～5)	33～83	

2. 栽植方式

以经济利用土地，提高果园单位面积经济效益为前提，结合园地类型及树种、品种的栽培特点来确定。

（1）长方形栽植　行距大于株距，通风透光良好，便于机械化作业。适合于规模较大的平地或缓坡地果园。

（2）正方形栽植　行距等于株距、各株相连成正方形。优点是通风透光较好，纵横耕作管理较方便，但密植园树冠易郁闭，不利于早期间作。

（3）带状栽植（双行栽植、篱植）　一般为两行，带距为行距的3～4倍。带内采用长方形栽植或三角形栽植。缺点是带内管理不便。

（4）等高栽植　适于山地和丘陵地果园（梯田、撩壕）。栽时掌握"大弯就势、小弯取直"的原则调整等高线，在行线上按株距栽植。

（5）城镇绿化或观光果树　可采用孤植、对植、丛植等不规则栽植方式，也可作为行道树进行列植或专类园按一定的行株距进行成片栽植，供游人观赏或采摘。

三、栽植程序

（一）确定栽植时期

应根据果树生长习性和当地气候条件等来决定。北方落叶果树栽植时期多在落叶后至翌春萌芽前进行。根据当地气候条件可分为春栽和秋栽。冬季气候严寒有冻害的地区，以春栽为好；冬季不太严寒的地区，以秋栽为宜，有利于根系恢复。但栽后需采取有效的防寒措施（全株埋土或根颈培土、枝干缠裹或套塑膜袋等），以防止冻害或抽条的发生。春栽在土壤解冻后至果树萌芽前进行。以早为宜，早栽有利于缓苗和成活。

（二）栽植过程

1. 确定栽植点

平地果园一般为南北行向，山地和丘陵地要修建梯田沿等高线栽植。建园时要保持行正树直，既有利于果树通风透光和栽培管理，又有很好的观赏效果和示范功能。因此，在栽植前必须要确定栽植穴或栽植沟的位置。

（1）平地穴栽　平地果园，可先在小区的长边和短边划两条相互垂直的基线，再分别在各基线上，按规定的行株距定出标记，然后按相对应的标记拉绳，其交叉点即为定植点，用木桩或白灰作为标记。

（2）平地沟栽　在小区的四周拉四条相互垂直的基线，在短边两端的基线上标记出每一行的位置，在另两条对应的基线上标记株距的位置。然后在两条短边基线上，按每行相对的两点拉绳，画出各行线，先按栽植沟的宽度要求（一般为80～100cm），以行线为中心向两边放线，画出栽植沟的边线，以便开挖。开挖后栽植时，再按一定的株距进行定点栽植。

（3）山地以梯田走向为行向，应根据梯面的宽度和栽植果树的行数来确定。如每层梯田只栽一行果树，以梯田面的中线应选择具有代表性的坡段，由上而下，作一条垂直于各台梯田的基线，基线与各台梯田中线的交点即为该台梯田的一个栽植点，然后按已定株距，向左右定点并用木桩或白灰作标记。

2. 挖好栽植穴或栽植沟

（1）早挖穴或沟　以早挖为好，可使心土熟化和改善土壤结构。一般以栽植前半年左右挖为好，即春栽秋挖、秋栽夏挖。

（2）挖大穴或深沟　大穴有利于促进根系生长，提高栽植成活率和促进幼树生长发育。栽植穴或沟的规格要根据土质、树种和砧木类型而定。一般栽植穴的长、宽、高为80～100cm，栽植沟的宽为60～70cm，深为80～100cm。挖掘时要把表土和心土分别堆放，拣出其中的粗沙或石块等物，以便把表土与有机肥混合后填入沟或穴的下部，心土堆放在上踩实并浇水。

3. 栽植

（1）回填　栽前先用肥沃的表土或用表土与腐熟的有机肥拌匀后，填入穴或沟底，堆成丘状。

（2）散苗　按品种栽植计划将苗木放入穴或沟内，并进行核对无误后，方可栽植。

（3）栽植　将苗木根系均匀地分布在穴内的土丘上，同时使根颈部位与地面平齐或高出地面 5cm 左右，前后左右对齐后用细碎肥沃土壤分层填入穴内。每填一层都要踩实，并将苗干微微向上提动，以便根系与土壤密接。填至距离穴口约 10cm 时，用心土填至穴表，并将栽植穴的四周筑起高 10～15cm 的定植圈，以便灌水。

（4）灌水　栽后立即灌水，且要灌足灌透。水下渗后要求根颈部位要与地面平齐或略高于地面，然后封土保墒。

（5）覆地膜或套塑膜袋　有条件的地方可在树盘内铺 1m 见方的地膜，在树干上套一条与树干等长的塑膜袋（成活后要及时剪开袋口或撤除），有利于保墒和抑制杂草生长，提高成活率。

四、加强栽后管理

果园建立后要加强管理，可缩短缓苗期，提高栽植成活率，有利于早果丰产。

1. 合理定干

新栽的幼树栽后要及时定干，定干高度一般要依树种、品种、砧木类型、栽植密度及整形方式等确定。苹果、梨等果树定干高度为 70～90cm；桃、杏、李子等核果类树种定干高度为 40～50cm；核桃、柿、板栗等树种定干高度为 60～70cm，剪口下留 20～30cm、有 8～10 个饱满芽的整形带。剪口要用接蜡等涂抹，以防失水。

2. 适时浇水

果树栽后要根据天气、土壤等情况适时补充水分。秋栽的果树在埋土防寒前要灌足封冻水，春季撤除防寒土至果树萌芽前要适当灌水；春栽的果树栽后要及时灌水（至少要灌 2～3 次水）或地膜覆盖，以保证成活。

3. 覆膜套袋

春栽的果树栽后结合灌水最好进行树盘或行内地膜覆盖，可提高地温，保持土壤湿度，减少水分蒸发和抑制杂草生长；秋栽的果树最好进行苗干套袋（袋的规格为直径 3～5cm、长度依干高而定，上端封口、下端绑扎后培土）。

4. 埋土防寒

在冬季严寒地区，为避免冬、春发生冻害、日灼、抽条等，降低成活率，秋栽的果树在当年土壤上冻前（10 月下旬至 11 月上旬）和春栽的果树在栽后 2～3 年内要埋土防寒；冬季不太严寒的地区，可采取冬、春季节树干涂白等防寒措施。

5. 检查成活及补栽

新栽的果树在早春萌芽后要及时检查其成活情况，发现死亡现象要分析其原因，采取有效的补救措施，缺株要及时用备用苗补栽。夏季发现死亡缺株处可在秋季及早进行补栽。

6. 夏季修剪

（1）抹芽除梢：萌芽后，对根颈或主干上萌发的萌蘖要及时抹除，对整形带内多余的芽或新梢要抹掉。

（2）摘心和拉枝：当新梢长至 30～40cm 时，对中心干延长枝进行摘心，以促发侧生分枝，培养主枝；对生长较旺和开张角度小的新梢于秋季（8～9月份）拉枝，以缓和枝势，促进成熟，提高枝梢的充实程度。

7. 加强病虫害防治

幼树萌芽期易遭受金龟子和象鼻虫等危害，可在危害期内利用废旧尼龙纱网作袋，套在树干上保护整形带内的嫩芽。同时，随着新梢的生长要注意防治蚜虫、卷叶虫、红蜘蛛、浮尘子等害虫及早期落叶病、白粉病和锈病等侵染性病害，以保护好叶片，提高光合产物积累，增强抗性。

五、掌握一些特殊栽植技术

1. 老果园高接换优技术

高接换优在果树生产中广泛应用于改换劣质、老品种、高接授粉品种及高接抗寒栽培等。我国各大果树产区都有一定面积的老果园，品种混杂、产量低、品质差，采取高接换优可在较短时期内达到改良品种、提高品质和经济效益的目的。

更换劣种果园和老果园主要采用大树多头高接换种技术，实行长短接穗配合，在盛花期前 15～20d 或三伏天（7～8 月份），采用劈接或插皮接、"T" 字形芽接等嫁接方法，可促进接口愈合，提高嫁接成活率，实现早果丰产。同时要加强接后管理，在加强土、肥、水管理和病虫害防治的基础上，要重点做好以下工作：一是及时除去原树萌蘖，保证养分能集中供应接穗；二是嫁接成活后，接穗上萌发的新梢长达 2cm 左右时，要及时去掉塑料袋；三是新梢长到 30～40cm 时，将新梢引缚到支柱上，防止大风吹折；四是进行合理修剪。当新梢长到 40～50cm 时要重摘心或剪梢，促发分枝。秋末前可剪去新梢上未木质化部分，促进枝条组织充实，防止抽条。冬剪时，除骨干枝、延长枝中短截外，其余枝条均缓放不剪。

2. 大树移栽技术

随着城镇绿化建设的加快和对密植园的改造等的需要，大树移栽技术应用越来越广泛。大树移栽的时期：北方地区一般是在早春土壤解冻至萌芽前进行为宜，也可在雨季来临之前或秋季进行。无论何时都要求带土球移栽。要做好大树移栽前的准备工作——断根缩坨。移栽前的一年或半年，最好在春季萌芽前，先在树干周围（70～90cm 为半径）挖深 60～80cm、宽 20～30cm 的环状沟，将根切断，再用拌有有机肥和少量氮、磷、钾肥的土壤填平，使其发生大量新根。秋季或春季移栽时，再在原断根处稍外，开始掘树。为了保护根系，提高成活率，最好带土球移栽，并在移栽前对树冠进行较重的回缩修剪，以利于树体水分平衡，提高移栽成活率。栽植坑的大小视根系或所带土球大小而定，坑要比土球稍大（15～20cm）。坑内可施入有机肥料，栽植时边填土边夯实。在有大风地区，栽后应设立支架（三支柱或四支柱），栽后 24h 内要及时灌第一次透水（定根水），3～10d 内浇第二或第三次水后封堰，以保证成活率。以后要及时做好松土保墒工作。

3. 山地果树抗旱栽植技术

我国北方的大部分地区，冬春季干旱，地下水位低，多数山地果园又不具备良好的灌溉条件。所以，如何提高山地果树的栽植成活率，是生产中的一个重要的技术环节。

（1）注重苗木保水 苗木最好在定植的前一年秋季运到果园，运输过程中要将根部放置于车厢内侧，用草袋包好、苫布封严，时间长还要定时给苗木洒水。

苗木到达后，必须立即假植。假植沟要选择平坦、避风的地方，取南北向，深 1m，宽 1m。假植时苗稍向南倾斜，苗木打开捆，沟底放少量湿沙，然后一排苗一培土。第一次培土为苗高的 1/2，浇水沉实，再压一层土，最后盖上玉米秸秆防寒。

（2）提早挖穴积水　果树定植前一年入冬前要挖好定植穴。一般穴的直径为 100cm，深为 80cm，心土与表土分开放，心土应放在定植穴南侧。定植穴挖好后，将表土与适量腐熟农家肥（15kg 左右）混合填于穴底，心土不动。可留出 40～60cm 深的空穴，以利于冬季积水。

（3）定植时封水　从初春土壤化冻开始，定期检查果园内平地土层的解冻深度。当化冻土层达到 30cm，开始定植。此时穴内存有少量积水，墒情最佳，不需另外浇水，只需将心土回填即可。

（4）促进生根

① 选主根健壮、须根发达、无病虫害、无机械损伤的果苗定植。

② 定植前最好用 1‰硫酸亚铁或 3°Bé 的石硫合剂溶液浸泡果苗根系 5min，对根部伤口进行消毒后，再把根系在生根粉中蘸 10s，以利生根。生根粉的浓度 50mg/kg，具体配制方法是：将 1g ABT 生根粉加水 25kg 稀释，即成 50mg/kg 浓度的药液。

（5）栽植及栽后管理

① 栽植：栽植前最好先在每穴内浇水 3～5kg，待水渗后再栽树。将表土或混有保水剂的表土回填 30～40cm 时踩实土壤，放入苗木继续填土，填土过程中要轻提苗木使根系舒展，填至距穴沿 10cm 左右时轻轻踩实，沿穴边围高 20～30cm 的土堰。

② 定植后：苗木要立即定干，并且在树盘处覆膜，以减少水分损失。或在树干上套塑料袋，袋长为 50～70cm、宽 3～5cm，下端开口，套袋后底口扎紧。当新梢长至 3cm 时，开始撤除塑膜袋。先拆袋的上口，逐日下抽，最后撤掉整袋。在栽植覆膜 15d 后，要及时对新植苗木进行墒情检查，发现地膜破损、土壤干裂或墒情不足时，要浇水补墒并修补或更换地膜。

③ 果园保墒：建园后要及时采取中耕除草、秸秆覆盖、覆膜保墒或覆草保墒（覆草厚度 25cm 以上，草上零星压土以防火灾）等措施。

④ 加强病虫害防治：果苗发芽后要及时防治危害嫩芽和嫩叶的害虫，并避免人畜破坏。

4. 矮化中间砧果树的栽植技术

矮化中间砧果树栽植时，要将中间砧段的 1/2（20～30cm）埋入土内，封冻前再将中间砧全部埋入土中，以免接口受冻。

复习思考题

1. 园地类型有哪些？如何评价（各有何特点）？

2. 果园规划设计包括哪些要素？

3. 如何对果园道路进行设置？

4. 果园灌溉方法有哪些？沟灌系统由哪些渠道组成？

5. 树种、品种选择的依据是什么？

6. 优良授粉树应具备哪些条件？如何配置？

7. 果树栽植前应做哪些准备工作?

8. 如何确定果树栽植密度? 为何要合理密植?

9. 果园常用的栽植方式有哪几种?

10. 简述果树的栽植过程。

11. 简述山地果树抗旱栽培技术。

项目四 土肥水管理

▶▶ 知识目标

熟悉果园土壤管理常规技术、果树营养特点以及需水特点；了解施肥技术和节水灌溉技术。

▶▶ 技能目标

掌握各种土壤改良、施肥和灌水方法，能制订适宜的土壤管理措施、合理的施肥方案和灌溉措施。

任务 2.4.1 ▶▶ 果园深翻

任务提出

选择土质瘠薄或肥力低的果园，完成深翻技术的操作。

任务分析

深翻技术能加厚土层、改良结构、熟化土壤和提高肥力，是果园土壤管理的基础技术。

任务实施

【材料与工具准备】

1. 材料：土质瘠薄、结构不良、肥力低的果园，有机肥。
2. 用具：深翻、施肥和灌溉工具。

【实施过程】

1. 确定深翻方式：主要根据果园树龄和栽培密度确定。
2. 挖土：将挖除的表土和底土分别堆放，剔除其中的石块、粗沙和其他杂物，深翻中尽量少伤粗度，在1cm以上的主侧根，挖出的根系避免暴晒。
3. 回填：将有机质肥料与挖出的土以及要进行改良而需加的土或沙混合，按要求顺序填入穴内。
4. 灌水：全园灌一次透水。

【注意事项】

深翻效果与许多因素有关，生产上应根据果园具体情况，先确定深翻时间和方法，再配合相应措施。

理论认知

土壤是果树赖以生存的基础，是水分和养分供给的源泉。良好的土壤结构则是果树优质、丰产的基础，而良好的土壤结构是建立在合理的果园土壤管理制度基础上的。果园土壤管理技术主要包括深翻熟化、行间间作、树盘管理和免耕法。

我国果树广泛栽种于山地、丘陵、沙砾滩地、平原、海涂及内陆盐碱地。这些果园中相当一部分土层瘠薄，结构不良，有机质含量低，偏酸或偏碱，不利于果树的生长与结果。因此，必须在栽植前后改良土壤的理化性状，从而提高土壤肥力。

一、果园深翻熟化

1. 果园深翻的作用

果树根系深入土层的深浅，与果树的生长结果有密切关系。支配根系分布深度的主要条件是土层厚度和理化性状。果园深翻可以加深、熟化土层，改善土壤结构，增加微生物数量，促进微生物活动，提高可给态养分含量，有助于根系的伸展，扩大根系的分布范围，提高肥料的利用率。

2. 深翻的时期

深翻的时期与效果有密切的关系，各地应根据果树的特性及根系在一年中的生长规律，结合当地的气候条件来进行。一般来说，一年四季都可进行深翻，但生产实践证明以秋季深翻效果最好。原因有三：一是秋季正值根系的一次生长高峰和养分积累期，伤根易于愈合并易发新根；二是熟化时间长，有利于承纳雪雨，可谓"冬前犁金，冬后犁银"；三是提高树体营养水平，促进花芽的继续分化和充实。因此，秋季是果园深翻的较好时期，大体时间在9～10月份。

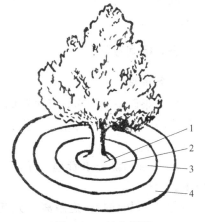

图 2-4-1 扩穴深翻
1—定植穴；2—第一年扩穴；
3—第二年扩穴；4—第三年扩穴

3. 深翻方式

① 扩穴深翻：在幼树栽植后的头几年，结合施有机肥，从定植穴边缘开始，每年或隔年向外扩穴宽 50～60cm，深 60～80cm 的环状沟，如此逐年扩大，直到全园翻完为止。这种方法俗称"放树窝子"。（图 2-4-1）

② 隔行深翻：山地和平地果园因栽植方式不同，深翻方式也有差异。平地果园可随机隔行深翻，分两次完成；山地果园也是分两次进行，第一次先在下半行给以较浅的深翻施肥，第二次在上半行深翻把土压在下半行上，同时施有机肥料。其优点是每次只伤一侧根系，对果树生育影响较小，便于机械化操作。

③ 全园深翻：将树盘以外的土壤一次深翻完毕。对幼龄果园，由于根量较少，一次深翻伤根不多，所以常用此法。其优点是翻后便于平整土地和机械化操作，缺点是一次需劳力较多。

4. 深翻深度

深度以稍深于果树主要根系分布层为度，并应考虑土壤结构和土质状况。如山地土层薄，下部为半风化岩石，或滩地浅层有砾石层或黏土夹层，或土质较黏重等，深翻的深度一般要求达到 80～100cm。如与上述情况相反，或为平地沙质土壤，且土层深厚，则可适当浅些。

二、树盘管理

树盘是指和树冠大小相近的树干周围部分，是供给果树水分养分的基地。因而必须合理管理，以保证果树生长良好。

1. 树盘清耕

保持树盘土壤呈疏松的无杂草状态，以利于根系生长。树盘清耕，四季均需进行。春耕保墒，提高土温，有利于开花坐果；夏耕蓄水灭草，土松水足，促进果实肥大；秋耕积雪蓄水，促花芽充实，提高花芽质量。

2. 树盘覆草

在树盘下或稍远处覆以秸秆、杂草的方法。覆草能有效防止水土流失，抑制杂草生长，减少蒸发，防止返碱，积雪保墒，缩小地温昼夜与季节变化幅度，覆草更能增加有效态养分和有机质含量，并能防止磷、钾和镁等被土壤固定而成无效态，对团粒形成有显著效果。因而有利于果树的吸收和生长，但覆草也有招致虫害和鼠害、使果树根系变浅等不利影响，应注意防止。覆草厚度一般在10cm左右，覆草后逐年腐烂减少，要不断补充新草。

3. 树盘覆膜

在树盘上铺一层塑料薄膜。其作用是可以提高地温，保持土壤水分，改良土壤结构，促进根系生长。

三、行间管理

1. 行间间作

幼龄果园空地较多，可进行间作。合理间作既充分利用了光能，又可增加土壤有机质，改良土壤理化性状，抑制杂草生长，减少水土流失，有利于果树的生长发育。行间间作应注意以下几点。

① 加强树盘肥水管理，尤其是在间作作物与果树竞争养分剧烈的时期，要及时施肥灌水。

② 与果树保持一定距离，尤其是播种多年生牧草更应注意。因多年生牧草根系强大，应避免其根系与果树根系交叉，加剧争肥争水的矛盾。

③ 植株要矮小，生育期较短，适应性强，与果树需水临界期错开。北方没有灌溉条件的果园，种植耗水量多的宽叶作物（如大豆）可适当推迟播种期。间作作物应与果树没有共同病虫害，比较耐阴和收获较早等。

④ 为了避免间作作物连作所带来的不良影响。需根据各地具体条件制定间作作物的轮作制度。轮作制度因地而异，举例如下：山西省晋东南地区，多以马铃薯—甘薯—谷子—马铃薯轮作较多；辽宁省以绿肥作物、谷子、大豆、甘薯、花生倒茬轮作。

2. 行间清耕

即耕后休闲法。周年不种作物，一般秋季深耕，春季、夏季进行多次中耕，使行间土壤长期保持疏松的无杂草状态。深度10～15cm。清耕法耕锄松土，能起到除草、保肥、保水作用。缺点是长期清耕，土壤受冲刷，养分、水分流失，有机质减少，破坏土壤结构，影响果树的生长发育。

3. 行间生草

除树盘外，在果树行间播种禾本科、豆科等草种或自然生草的土壤管理方法，适用于缺乏有机质、土壤较深厚、水土易流失以及土壤水分条件较好的果园。生草后，土壤管理省工，可减少土壤冲刷，增加土壤有机质，改善土壤理化性状，保持良好的团粒结构，促进果实成熟和枝条充实，提高果实品质。但是，长期生草的果园易使表层土板结，影响通气；草根系强大，且在土壤上层分布密度大，截取下渗水分，消耗表土层氮素，因而导致果树根系上浮，与果树争夺水肥的矛盾加大，可通过调节割草周期和增施水肥以减轻与果树争肥争水的弊病。常选用的草种有三叶草、紫云英、草木樨等。

4. 免耕法

免耕法又叫最少耕作法。主要利用除草剂防除杂草，不进行耕作，保持土壤的自然无杂草状态。这种方法具有保持土壤的自然结构、节省劳力、降低成本等优点。免耕法果园无杂草，减少水分消耗，土壤中有机质含量比清耕法高、比生草法低。免耕法表层土壤结构坚实，便于果园各项操作及果园机械化。以土层深厚、土质较好的果园采用较好。

上述几种果园土壤管理技术，在不同条件下各有利弊。各地应根据果树种类、自然条件因地制宜地单用或组合运用，才能收到良好的效果。例如，北方地区果树需肥水最多的生长前期保持清耕，中后期或雨季种草，可兼具清耕与生草法的优点，而减轻了两者的缺点。

【知识链接】

北方果园主要土壤的改良

1. 盐碱地果园土壤改良

各种果树对酸碱度有一定的适应范围。苹果要求中性到微酸性土壤，枣、葡萄则能适应微碱性土壤。果树对酸碱度的适应性又因砧木而异，如以砂梨作梨砧木能耐酸性土壤，杜梨砧则耐碱性土壤。土壤中盐类含量过高对果树有害，一般硫酸盐不能超过0.3%。果树树种不同耐盐能力也不一样，如葡萄较耐盐，梨为中等，苹果较差。在盐碱地果树根系生长不良，且易发生缺素症，树体易早衰，产量也低。因此，在盐碱地栽植果树必须进行土壤改良。

(1) 设置排灌系统 改良盐碱地主要措施之一是引淡洗盐。在果园顺行间隔20～40m挖一道排水沟，一般沟深1m，上宽1.5m，底宽0.5～1.0m。排水沟与较大较深的排水支渠及排水干渠相连，使盐碱能排出园外。园内则定期引淡水进行灌溉，达到灌水洗盐的目的。当达到要求含盐量（0.1%）后，应注意生长期灌水压碱，并进行中耕、覆盖、排水，防止盐碱上升。

(2) 深耕施有机肥 有机肥料除含果树所需要的营养物质外，并含有机酸，对碱能起中和作用。深耕30cm，施大量有机肥，可缓冲盐害。

(3) 地面覆盖 地面铺沙、盖草或其他物质，可防止盐碱上升。山西文水葡萄园干旱季节在盐碱地上铺10～15cm沙，可防止盐碱上升和起到保墒的作用。

(4) 营造防护林和种植绿肥作物 防护林可以降低风速，减少地面蒸发，防止土壤返碱。种植绿肥植物，除增加土壤有机质、改善土壤理化性质外，绿肥的枝叶覆盖地面，可减少土壤蒸发，抑制盐碱上升。实验证明，种田菁、苕子（较抗盐）一年在0～60cm土层中，盐分下降情况见表2-4-1，如果能结合排水洗碱，效果更好。

表 2-4-1　果园生草对降低土壤中含盐量的影响/%

土层/cm	田菁			苕子		
	种前	种后	降低	种前	种后	降低
0～5	0.301	0.126	0.175	0.140	0.07	0.07
5～20	0.216	0.119	0.099	0.120	0.05	0.07
20～40	0.190	0.150	0.040	0.160	0.05	0.11
40～60	0.254	0.171	0.074	—	—	—

（5）中耕除草　中耕可锄去杂草，疏松表土，提高土壤通透性，又可切断土壤毛细管，减少土壤水分蒸发，防止盐碱上升。

2. 沙荒及荒漠土果园改良

我国黄河中下游的泛滥平原，最典型的为黄河故道地区的沙荒地。其组成物主要是沙粒，沙粒的主要成分为石英，矿物质养分稀少，有机质极其缺乏。导热快，夏季比其他土壤温度高，冬季又比其他土壤冻结厚。地下水位高，易引起涝害。因此，改土措施主要是：开排水沟降低地下水位，洗盐排碱；培泥或破淤泥层；深翻熟化；增施有机肥或种植绿肥；营造防护林；有条件的地方试用土壤结构改良剂。

我国西北、新疆吐鲁番、鄯善等地区的葡萄园多建立在沙砾、荒漠土上，细土很少，有机质严重缺乏。因此，改良土壤措施主要是：筛拣砾石，增施有机肥料和种植绿肥或生草，营造防护林。有条件的地方进行培淤泥。

任务 2.4.2 ▶▶ 果园施肥

任务提出

通过对当地常见果园施肥，掌握当地果树土壤施肥和根外施肥方法。

任务分析

由于肥料的种类不同，同样的果园不仅施肥量有差异，施肥方法也不相同，应根据综合情况确定合适的方法才能取得最佳效果。

任务实施

【材料与工具准备】

1. 材料：幼年及成年果园、有机肥、无机肥等。

2. 用具：施肥工具。

【实施过程】

1. 土壤施肥

① 环状沟施肥法：多用于幼树，基肥和追肥均可采用。

② 条沟施肥法：多用于成树、密植园。

③ 放射状施肥法：多用于成树和衰老树。

2. 根外施肥

叶面喷肥法：将肥料配成一定浓度的溶液直接喷洒在叶片上，使其吸收利用。用于化肥的施用。

【注意事项】

1. 土壤施肥方法既可用于基肥也可用于追肥，只是施肥深度不同，基肥深，追肥浅。

2. 根外追肥要注意选择施肥时间和浓度，操作要均匀、细致。

理论认知 👆

一、果树营养特点

1. 果树具有多年生与多次结果的特性

果树生命周期少则几年、几十年，多则上百年甚至上千年（银杏）。它在一生中明显有着特殊的生理特点和营养要求。在幼树阶段果树以营养生长为主，主要完成树冠和根系骨架的发育，此时氮肥是营养主体。结果期果树则转入以生殖生长为主，而营养生长则逐步减弱。此期氮肥、钾肥是不可缺少的营养元素，应随结果量的增加而逐年增加，还应注意磷肥的使用及微量元素的使用。而且多数果树在结果的前一年就形成花芽，并储备养分以备来年春季生长和开花结果之需，所以头一年营养状况与翌年生长结果关系密切。

2. 多数果树根深体大对立地条件要求严格

多数果树在发育过程中需要养分的数量都很大，因此需选择土层深厚、质地疏松、通气良好、酸碱适宜的土壤进行栽培。既要在建园前对园地土壤进行改良以改善其根系生长环境与营养条件，还需要定期进行园地深翻并重视有机肥料以及富含多种营养元素的复合肥料施用，以不断改善土壤理化性状，创造果树生长与结果的良好环境条件。

3. 多数果树属无性繁殖

嫁接是最常用的方法，不同砧穗组合会明显影响果树生长结果并能改变果树养分吸收。如苹果用湖北海棠作砧木较耐微酸性土壤，八棱海棠为砧木较耐微碱或石灰性土壤，而山定子为砧木在碱性地则极易产生缺铁黄化。苹果用不同 M 系为砧木不但地上部生长量有显著差别，同时营养特性也不同，M_7 能使接穗品种具有较高营养浓度，而接在 M_{13} 和 M_{16} 上则养分含量较低。因此，选用高产、优质的砧穗组合不仅可以节省肥料，而且还可以减轻或克服营养元素缺乏症。

4. 果树生长结果情况与施肥关系密切

在果树年周期中营养生长的同时进行开花、结果与花芽分化是果树的一大特点。为了获得连年高产，就必须注意营养生长与生殖生长的平衡，也就是在保证当年达到一定产量的同时，还要维持适量的营养生长。因此，果树施肥需严格注意果树营养生长与生殖生长的状况，做到因园、因树施肥。

二、肥料种类

1. 有机肥

圈肥、堆肥、鸡粪、人粪尿、各种饼肥、草肥及绿肥等都是有机肥。这些肥料中含有植物所需的多种营养元素，多数有机肥料需要通过微生物的分解释放才能被果树根系所吸收，故也称迟效性肥料，多作基肥使用。

有机肥料不仅能供给植物所需要的营养元素和某些生理活性物质，还能增加土壤的腐殖质，从而改善土壤的水、肥、气、热状况。又因其分解缓慢，在整个生长期间，可以持续不断发挥肥效，其次是土壤溶液浓度没有忽高忽低的急剧变化，特别是在大雨和灌水后流失较少，也可缓和施用化肥后的不良反应（引起土壤板结、元素流失或使磷、钾变为不可给态），提高化肥的肥效。

2. 化肥

多数化肥只含有一种营养元素，通常按其所含的营养元素将其分成氮素化肥、磷素化肥、钾素化肥等。有些化肥含两种或三种以上的营养元素，称复合肥，如果树专用肥。

三、施肥技术

（一）重施基肥

1. 意义

基肥是指能较长时间供应果树多种养分的基础性肥料，以有机肥为主。目前国内生产园的土壤有机质含量多在 1% 左右，远远达不到丰产优质果园有机质含量 2% 以上的标准，所以为了满足果树对各种养分的需要，必须增施有机肥。

2. 施用的时间

基肥一般在秋季 9～10 月份施用。此时是根系的一次生长高峰，伤根易于愈合，能提高养分贮备水平，增强抗逆性，特别是抗寒力，也有助于花芽的分化和充实。有机肥通过冬季的分解，为来春开花坐果提供营养。试验表明，对营养不足的果树，秋施基肥，配合部分速效性氮肥，能较好地提高坐果率。另外，由于磷肥易被土壤固定，所以和有机肥混合后一起施入以利肥效的发挥。同时，同量的有机肥连年施用较隔年施用效果好。

3. 施用方法

见图 2-4-2。

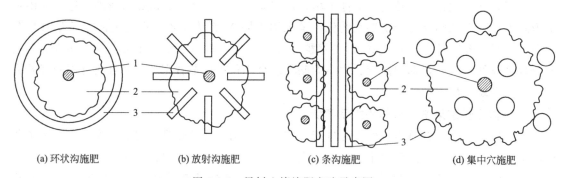

(a) 环状沟施肥　　(b) 放射沟施肥　　(c) 条沟施肥　　(d) 集中穴施肥

图 2-4-2　果树土壤施肥方法示意图

1—树干；2—树冠投影；3—施肥沟

（1）环状沟施肥法　多用于幼树，常结合扩穴深翻施入。方法是在树冠投影的外缘，挖深 40～60cm、宽 30～50cm 的环状沟，再将肥料与土混合后施入覆平即可。

（2）条沟施肥法　多用于成树、密植园，有时也用于幼树。方法是在树盘的外缘两对侧挖深、宽各 40～60cm 以及长 1～1.5m 的条状沟，然后将肥料与土混合后施入。但要注意年年更换位置。

（3）放射状施肥法　多用于成树和衰老树，有根系更新的作用。方法是在树盘外缘往里 60～80cm 开始挖，往外挖至树盘外 30～40cm 的条形沟，沟的里端浅而窄各 30cm，外端深而宽各 60cm。并在树盘的不同方位挖 4～6 条，再将肥料与土混合施入。每年也要更换位置。

（4）集中穴施法 在树盘周围及树盘中开深 50cm、直径 50cm 左右的穴，数目视肥量而定。然后将土、肥充分拌合，填入穴中并浇水。

（二）合理追肥

追肥又称补肥，在施基肥的基础上，根据果树各物候期需肥特点，在生长期分期施肥的方法。

1. 追肥原则

（1）因树追肥 树种不同，土壤条件不同，生长势强弱及结果量的不同，对养分的需要也不同，在追肥时间、种类、方法上应采取不同措施。生长势弱的树，为了加强枝叶生长，应在萌芽前及新梢的生长期结合灌水追肥，使弱树转强。对生长旺而花少或徒长不结果的树应避开旺长期，应在新梢停止生长后追肥，以秋梢停长期（8 月末到 9 月初）为主，春梢停长期（6 月上中旬）为辅。

（2）因产追肥 产量高的，追肥次数和肥量应增加，以增强树势，防止大小年现象发生。花少、树势过旺的树需控肥，尤其是控氮肥；对树势弱、花少、果少的树，虽然产量不高，也需增加追肥次数，以增强树势。

（3）适时追肥 追肥以速效肥为主，一般每年 3～5 次，因树龄、树势、土壤质地而变化，现以仁果类、核果类的追肥为例介绍如下。

① 花前追肥：萌芽前至开花，此期对氮肥较敏感，以氮肥为主，能满足开花坐果的需要，提高坐果率。此次追肥一般各类树体均需进行。

② 花后追肥：花后至新梢旺长期，一般在花后两周左右。此期需氮较多，仍以追施氮肥为主，可适当配合磷、钾肥，而且缺钙果园也应在此时补施。本次追肥应以弱树、大年树为主，其他树应少施或不施。

③ 花芽分化期追肥：一般在花后 4～6 周，此时部分新梢已停止生长，正是果实膨大和花芽分化的关键时期。本次追肥以氮、磷、钾肥配合使用为主，但对结果少的幼、旺树应控制氮肥用量，增施磷、钾肥，以防新梢过旺，影响花芽分化。

④ 果实生长后期追肥：在果实成熟前 2～3 周进行追肥，以钾、磷为主，对结果过多的树、弱树可增施一些氮肥，其他树则以氮肥稍欠为宜。

⑤ 采后追肥：此时追肥以氮肥主，可适当配合磷、钾肥，特别是对结果多的树、弱树要加大氮肥的用量。实践表明，秋季补氮的效果优于春季。

2. 追肥的常用方法

（1）穴施法 在树盘范围内挖若干洞穴（直径 20～30cm、深 20cm），将单株所施化肥分成若干份施入洞内，然后埋土，下次追施应变换施肥位置。

（2）根外施肥 又称叶面喷肥。将肥料配成一定浓度的溶液直接喷洒在叶片上，使其吸收利用的方法。其优点是肥效快，喷后 15min 即开始被利用；能和喷药相结合，省工省力；避免某些元素被土壤固定，提高肥料利用率。缺点是肥效期短，只能维持 10～15d，应连续喷施。

注意事项：喷布时间应选择无风阴天或晴天下午进行，时间最好在上午 10 时以前和下午 4 时以后。喷布部位以叶背最好，要均匀。喷施浓度要根据当天气温、湿度和物候期等，在使用浓度范围内调节。常见肥料的使用见表 2-4-2。

表 2-4-2 常见肥料的使用

化肥名称	浓度/%	施用时期	次数
尿素	0.3~1.0	花后至采收后	2~4
尿素	2~5	落叶前 1 个月	1~2
尿素	5~10	落叶前 2 周	1~2
过磷酸钙	1~3	花后至采收前	3~4
硫酸钾	1	花后至采收前	3~4
硫酸二氢钾	0.2~0.6	花后至采收前	2~4
硫酸镁	2	花后至采收前	3~4
硝酸镁	0.5~0.7	花后至采收前	2~3
硫酸亚铁	0.5	花后至采收前	2~3
硫酸亚铁	2~4	休眠期	1
螯合铁	0.05~0.1	花后至采收前	2~3
氯化钙	1~2	花后 4~5 周内	1~7
氯化钙	2.5~6.0	采收前 1 个月	1~3
硝酸钙	0.3~1.0	花后 4~5 周内	1~7
硝酸钙	1	采收前 1 个月	1~3
硫酸锰	0.2~0.3	花后	1
硫酸铜	0.05	花后至 6 月底	1
硫酸铜	4.0	休眠期	1
硫酸锌	0.05~0.1	花期落瓣前、萌芽前	1
硫酸锌	2~4	休眠期	1
硼砂	0.2~0.3	花期落瓣前后	1
钼酸铵	0.3~0.6	花后	1~3

四、施肥量的控制

施肥量因树种、品种、树龄、树势、结果多少和土壤肥力不同而不同。确定施肥量的常用方法有以下几种。

1. 经验施肥法

通过深入生产实际，对各类果园和不同树种、品种的施肥种类、施肥量进行广泛调查，并结合果树的树势、产量、品质等进行综合的分析比较，确定施肥量。然后再通过生产实践不断地加以调整，使施肥量更符合果树的需要。

2. 试验施肥法

按地区对不同树种、品种等进行田间肥料试验，根据试验结果确定施肥量。这种方法较为可靠，但田间肥料试验需时间长，且有明显的地区局限性。

3. 平衡施肥法

平衡施肥法是国内外配方施肥中最基本和最重要的方法。此法根据农作物需肥量与土壤供肥量之差来计算实现目标产量（或计划产量）的施肥量，由农作物目标产量、农作物需肥量、土壤供肥量、肥料利用率和肥料中有效养分含量五大参数构成平衡法计量施肥公式，可确定施用多少肥料。以苹果盛果期成年大树为例，每生产 50kg 果实，一年要从土壤中吸收纯氮 102.9~110.8g，纯磷 8.5~17.03g，纯钾 114.56~161.9g。确定施肥量可以用下列公式计算：

$$施肥量(kg/hm^2) = \frac{目标产量所需养分总量(kg/hm^2) - 土壤供肥量(kg/hm^2)}{肥料养分含量(\%) \times 肥料利用率(\%)}$$

肥料利用率一般按氮 50%、磷 30%、钾 40%，土壤供肥量按氮为吸收量的 1/3，磷、钾约为吸收量的 1/2 进行计算。

五、绿肥生草技术

利用绿色植物的茎叶做肥料，不论是栽培的或野生的，统称为绿肥。绿肥作物分为两大类：一类是豆科绿肥，如各种豆类、紫云英、紫穗槐、田菁、紫花苜蓿等；另一类是非豆科绿肥，如荞麦、黑麦草、油菜、水生绿肥及野生的水草、青草等。绿肥能够提高土壤氮素和有机质的含量，改良土壤，提高土壤肥力及地面覆盖率，防止水土流失，能较好地改善果树生存的环境条件，使果树高产、稳产、优质。

1. 绿肥作物的选择

我国绿肥资源丰富，种类繁多，种植前要因地制宜地加以选择。在品种选择上必须具有易栽培、适应性强、产草量高、营养物质含量丰富等特性。一般来说紫穗槐适应性强，各类土壤均能适应生长。草木樨、沙打旺耐瘠薄，可在沙地种植。田菁等耐盐碱，喜潮湿，可在地下水位高的果园种植。

2. 绿肥的翻压时期和方法

绿肥的翻压时期与绿肥体内营养物质含量的多少关系很大。实践证明：花期刈割、翻压，不但绿色植株体多，有大量可溶性糖和氮素，而且茎叶幼嫩，易翻压，翻压时期为现蕾期至盛花期最为适宜。

绿肥压制的方法有树盘内压青和挖坑集中沤制两种。树下压青，即将刈割下的绿肥植物直接压在树下土壤中。压青时要一层绿肥一层土，要避免绿肥堆积过厚，分解时发热量太大，烧伤根系。幼树一般压鲜草 3~5kg，结果大树或弱树可以压鲜草 10~25kg。同时混合施入过磷酸钙，一般每 100kg 鲜草混入过磷酸钙 1kg。挖坑集中沤制，则要将鲜草切成小段，填入坑内，肥土相间，然后适当灌水，上层用土封严踏实，同时也加入 1% 的过磷酸钙，以增加肥效。

任务 2.4.3 ▶▶ 果园灌溉

任务提出 🧑‍🏫

以当地常见果树为灌溉对象，完成果园灌溉任务。

任务分析 📚

果园灌溉不仅要考虑果树年周期的需水特点，还应考虑当地自然降水的特点，通过优化灌水时间和方式，以最小量的水分满足果树的生长发育，获取尽可能大的效益。

任务实施 ✨

【材料与工具准备】

1. 材料：幼年及成年果园。
2. 用具：灌溉设施、铁锹、水源等。

【实施过程】

1. 选择灌水时期：每种果树的需水特点和自然降水情况不同，灌水时期也有很大差别。但所有的果树都应该有萌芽前期、新梢旺长期、果实膨大期和越冬期灌水。

2. 确定灌水量：应根据树种、品种、树冠大小、土质、土壤湿度、降雨情况和灌水方法来定。

3. 选好灌水方式：主要有地面灌溉、渗灌、喷灌和滴灌。

4. 确定灌水方案：综合各种因素制订灌水方案。

【注意事项】

灌水方式的选择从节水的角度应按照渗灌、滴灌、穴灌、喷灌、沟灌和漫灌顺序，但实际中还要考虑经济条件，综合二者共同选择。

理论认知 👆

水是果树各项生命活动所必需的物质，是果树丰产、稳产、优质的重要条件。俗话说"长与不长在于水，长好长坏在于肥"，这充分说明水分对于果树生长、结果的重要性。

一、灌水

果树在一年中灌水的时期及次数应根据果树不同物候期的需水情况、土壤含水量和自然降雨量的情况而定，但以萌芽前期、新梢旺长期、果实膨大期和基肥施用后的越冬前灌水尤为重要。

（1）萌芽前期　此期水分充足，可以使果树萌芽整齐，新梢生长和叶面积增长快，增强光合作用，使开花坐果正常，春旱地区，此期灌水更为重要。

（2）新梢旺长期　此期由于温度迅速升高，叶面积增加，需水量最多，而北方正处于春旱时期，是需水临界期。

（3）果实膨大期　此期常称为果树的第二需水临界期。如果缺水，叶片夺去幼果和根系的水分，使幼果脱落，吸收根自疏死亡，造成树体生长衰弱，产量下降，所以应及时灌水。

（4）基肥施用后的越冬期　在土壤结冻前灌一次封冻水，不但对果树越冬很有利，而且能促进肥料的分解，有利于早春果树的生长。

灌水量应根据树种、品种、树冠大小、土质、土壤湿度、降雨情况和灌水方法来定，一般来说，以浸透果树根系分布范围的土壤为宜，渗透深度一般不小于80cm。耐旱果树如枣、杏等应少灌；需水多的果树如苹果、葡萄、梨等可多灌；大树比幼树灌水多，沙地果园应少量多次灌溉。水分对果树的梢、叶生长特别重要，最适于果树营养生长的土壤含水量为田间最大持水量的60%～80%。水分不足，新梢和果实生长受阻，新梢停长，果实变小；水分过多，土壤透气不良，根的呼吸受到抑制，尤其是滞水时间过长，氧气缺乏，土壤中会产生许多有害的还原性产物，毒害根系。

做到合理灌水除了掌握好灌水量之外，还应做到因树、因时制宜。树势不同，促控目的不同，灌水时期也应有区别。对旺长树，只要不出现叶子萎蔫现象，除封冻前、萌芽前两次水外，不必灌水。弱树应在新梢生长期灌水，以促进枝叶生长。于根的生长期适当灌水，可促进根系生长，扶弱转强，恢复树势。

二、管道灌溉技术

管道灌溉技术是目前国外果园常用的技术，它具有节约用水，调节果园小气候，减少低温、高温、干风对果树的危害，同时还可节省劳力，提高工效等优点。目前生产上常见的有喷灌和滴灌两种类型。

1. 喷灌

喷灌是将具有一定压力的水通过专用机具设备，由喷头喷射到空中，形成细小的水滴，像下雨一样均匀洒落在土地上，供给作物水分的一种灌溉方式。喷灌必须在一定的设备下完成，按其功用，喷灌机具设备可分 6 个主要部分。

① 喷洒设备：喷头、喷水孔管。

② 增压设备：喷灌用水泵、配套动力机及其有关设备。

③ 输水管道设备：露地管道、地埋管道、喷灌管道、竖管及其附件。

④ 行走设备：驱动用动力机、传动设备及行走结构等。

⑤ 量测设备：压力表、电气仪表、热工仪表等。

⑥ 控制设备：运行、安全保护、同步行走、压力调节等装置。

喷灌分以下几种类型。

（1）自压喷灌 利用天然河道、湖泊或由天然河道、湖泊进行引水与灌区之间的自然落差，在管道中造成压力水头，供给喷头压力水进行喷洒灌溉。适于在山区和坡地使用。

（2）恒压喷灌 从水源泵站、机器到分散在灌区用户的给水栓之间的输配水管网，在整个喷灌季节始终保持一定的压力，用户在给水栓上接上自己的喷灌设备，即可进行喷灌作业，这就是恒压喷灌。需要建主水源泵站、输配水管网、喷灌设备等，适用范围较广。

（3）磁化水喷灌 利用磁场处理的水对田间农作物进行喷灌的一种灌水新方法。磁化水有利于作物根部及茎部养分的吸收，显著提高农作物产量。

（4）温室大棚低压喷灌 大棚内种植的作物，对灌水质量要求较高，所以常采用工作压力低、喷灌强度低、雾化良好的小流量微型喷灌，喷头可设在作物根部、上部或侧面等。

（5）防霜喷灌 此项技术最早用在德国，后来在美国、日本等国家广泛采用，我国宁夏等地也有不少试点，效果得到了肯定，其做法有二：一种是在霜冻到来前，先喷湿土壤，作为一种预防措施，实际上是灌水防霜法；另一种是在霜冻发生期间，在植株顶部持续喷水，利用水在植株上结冰时放出的凝结热来保护作物免受低温冻害。为了达到防霜效果，首先要求喷头喷水均匀，雾化良好，低喷灌强度，因此防霜喷头一般都是单嘴射流式（旋转式）的低强度喷头，为保证连续供水，其旋转速度一般应在每圈 2min 以内。其次，掌握灌水时间，一般在将要而又尚未发生冻害时开始喷水，一直喷到霜冻结束，气温回升，枝条上的冻层融化时为止。

2. 滴灌

滴灌是滴水灌溉技术的简称。它是利用滴灌设备将水增压、过滤，通过各级输水管道和滴头均匀缓慢地灌入作物根部附近的土壤，满足作物生长发育的需要。当需要施肥时，将化肥液注入管道，随同灌溉水一起施入土壤。水源与各种滴灌设备一起组成滴灌系统。滴头和输水管道多用高压或低压聚乙烯等塑料制成，干管、支管埋于地面以下。滴灌水源广，河渠、湖泊、塘、库、井泉都可，但不宜用过脏或含沙量太大的水。

三、排水

我国大部分地区夏季多涝，若不能及时排水，土壤中水分过多，则根系进行无氧呼吸，严重时生长衰弱死亡。因此在雨水集中的季节，注意排水。

【知识链接】

灌水量

果园的灌水量，要根据土壤的质地和实际含水量确定，原则上既要节水又能保证树体的需水量，一般认为，适宜灌水量以达到土壤田间最大持水量的 60%～80% 为宜，也就是一次灌水中刚好使根系主要分布层范围内的土壤达到最有利于其生长发育的湿度。灌水量可采用公式计算：

灌水量(t)＝灌水面积(m²)×树冠覆盖率(%)×灌水深度(m)×土壤容重(g/cm³)×［要求土壤含水量(%)－实际土壤含水量(%)］

式中，土壤容重（g/cm³）沙壤土为 1.62、壤土为 1.48、黏壤土为 1.40；灌水深度与树种有关，如苹果一般要求 0.4～0.6m。

复习思考题

1. 结合实习，总结实际施肥时应根据哪些条件。
2. 通过对深翻效果的调查和分析，收集相关信息，以便总结深翻的作用。

项目五　整形修剪

▶▶ 知识目标

　　了解整形修剪的概念、作用、原则、时期和方法，熟悉当前果树的主要树形，掌握修剪技术的综合运用。

▶▶ 技能目标

　　掌握果树修剪的基本方法；能根据树体状况和修剪的反应，进行修剪技术的综合运用。

任务 2.5.1 ▶▶ 修剪基本技能训练

任务提出

　　实地进行修剪方法的操作，并调查修剪反应。

任务分析

　　果树的修剪方法很多，产生的效果也不同，不同时期和目的要求的修剪方法也不相同。因此修剪方法的合理运用是果树整形修剪的基础。

任务实施

【材料与工具准备】

　　1. 材料：各种年龄时期的当地果树。

　　2. 用具：修枝剪、手锯、梯子、高枝锯、高枝剪、开角工具、钢卷尺、卡尺、铅笔、笔记本等。

【实施过程】

　　1. 修剪工具的正确使用练习

　　（1）修枝剪　剪截小枝时，应使剪口迎着分叉的方向或侧方；剪截较粗枝条时，一手握剪，一手握住枝条向切下的方向轻推，使枝条迎刃而断。剪口一般采用平剪口。

　　（2）手锯　锯除大枝，用手将被锯枝托住，从基部一次锯掉，剪口里高外低为斜面。

　　（3）环剥刀　将平行刀刃调节好宽度固定于刀架上，卡住枝条环切一刀即可。

　　2. 修剪方法的练习

　　休眠期修剪方法有短截、缓放、疏枝和回缩等，生长期修剪方法有摘心、抹芽、疏梢、环剥、扭梢、拿枝等。

　　3. 修剪反应的观察

　　修剪前，先观察上年各种修剪后的反应，如修剪枝条的生长势、枝类比、结果量、枝条的粗度和角度、发枝的位置等，综合评价每种修剪方法，然后确定这次应该使用的修剪方法。

【注意事项】

修剪方法很多，但修剪方法的选择与修剪时期、树形、树种、树龄、土壤条件和栽培管理措施都有关。

理论认知 👆

整形修剪在果树生产中具有十分重要的作用。一方面，它能使幼树形成牢固、合理的树体骨架，改善树体的通风透光条件，提高负载能力。另一方面，能调节营养生长和生殖生长的关系，使它们保持相对平衡。同时，整形修剪还能减轻果树病虫害，增强抗逆性。

整形是指根据树体的生物学特性以及当地的自然条件、栽培制度和管理技术，在一定的空间范围内，造成有较大的光合面积，并能担负较高产量，便于管理的合理的树形结构。修剪则是指根据生长与结果的需要，用以改善光照条件、调节营养分配、转化枝类组成、促进或控制生长发育的手段。一般来说，修剪也包括整形。

一、整形修剪的基础知识

1. 整形修剪的依据

（1）依据树种、品种特性　树种品种特性不同，其整形和修剪方法也不同。如苹果、梨培养成有中心干的分层形；桃、石榴则常培养成无中心干的开心形或半圆形。

（2）依据树龄、树势　树龄和树势不同，修剪的目的和采用的方法也不同。如幼龄树主要以培养树形为主，而成树则需维持生长与结果的平衡。树势强的需缓和生长势，树势弱的需增强生长势，各自所用的方法也不同。

（3）依据自然条件和栽培技术　气候、土壤、密度、砧木种类、机械化情况、技术水平等不同，所培养的树形和修剪方法也不同。如在瘠薄、干旱的山地果园，树势弱，结果早，为维持树势，应少缓多截。相反，在土壤肥沃的平地果园，果树常常旺长，结果不良，为缓和树势，应少截多缓等。

（4）依据修剪反应　修剪反应就是过去的修剪技术留在树上的痕迹，通过它看到同一株树历年采用的修剪技术，修剪以后的具体效果，以此能准确确定修剪方案。

2. 修剪的时期

果树修剪的时间，一般分为冬季修剪（休眠期修剪）和夏季修剪（生长期修剪）。

（1）冬季修剪　是从落叶到来年萌发前所进行的修剪。但不同的树种、树龄、树势应区别对待，成树、弱树不宜过早或过晚，以免消耗养分和削弱树势；幼树、旺树可提早或延迟修剪，即落叶前后或萌发前后进行，人为造成养分消耗，缓和生长势；发芽早、伤流重的要早剪，如柿子、葡萄、核桃、桃、杏等；髓部大、易失水的应晚剪，如无花果等。

（2）夏季修剪　又称生长期修剪，包括春、夏、秋三季。夏季修剪具有损伤小、效果好、主动性强、缓势作用明显等特点，因此对提早幼树结果和缓和生长势尤为重要。

总体来说，冬季修剪由于减少了春季养分回流后的分散部位，促进剩余部位的生长，因此有增势作用；而夏季修剪减少了光合器官叶片，降低了树体营养水平，缓和生长势，有利于促进幼树、旺树的成花。所以，有"冬剪长树，夏剪成花"之说。

二、修剪的基本方法及反应

1. 短截

短截指剪去一年生枝条的一部分的方法，能促进侧芽的萌发，增加分枝数目，保持健壮树势，其具体反应随短截程度不同而异（图 2-5-1）。

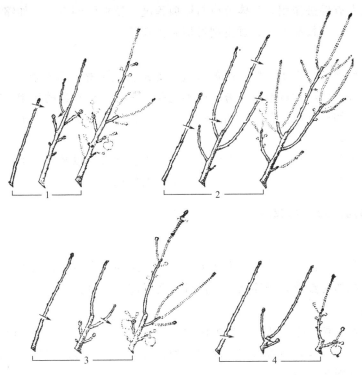

图 2-5-1　短截修剪及反应

1—轻短截；2—中短截；3—重短截；4—极重短截

（1）轻短截　只剪去一少部分，一般剪去枝条的 1/4～1/3。截后能形成较多的中、短枝，缓和枝势，促进花芽形成。

（2）中短截　在枝条中上部饱满芽处短截，一般剪去枝条的 1/3～1/2，截后形成较多的中、长枝，成枝力高，生长势强，促进枝条生长，一般多用于各级骨干枝的延长枝或枝组复壮。

（3）重短截　在枝条中下部短截，一般剪去枝条的 2/3～3/4。截后能发出 1～2 个旺枝及少量中、短枝，有增强局部枝条营养生长作用，一般多用于培养枝组，改造徒长枝和竞争枝。

（4）极重短截　在枝条基部留几个瘪芽短截。可以强烈地削弱生长势和总生长量，既不利于生长，也不利于花芽形成。但可以降低枝位，缓和树势，多用于对竞争枝和背上枝的处理，形成小型枝组。

2. 缓放

又称长放、甩放，指对一年生枝条不作任何处理，任其自然生长的方法。对中庸树的平生、斜生的中庸枝缓放，易发生中、短枝，有利于花芽形成；而对直立生长的强旺枝缓放后，易形成光腿枝和"树上长树"现象，因此必须配合拿枝、夏剪等措施控制其生长势。所以缓放多用于中庸枝。

3. 回缩

又叫缩剪，是对多年生枝短截的方法。能起到复壮剪口后部、调节光照的作用。缩剪的复壮作用，常用于骨干枝、枝组或者树体的复壮更新上。如用于下垂枝组、冗长枝组的复壮；交叉枝组、并生枝组的空间调节；以及枝头的改换等。另外，缩剪对剪口后部的枝条生长和潜伏芽的萌发有促进作用，具体反应与缩剪程度、留枝强弱有关。如缩剪留强枝，缩剪适度，可促进剪口后部枝芽生长；过重则可抑制生长。

4. 疏枝

将枝条从基部剪去，不留枝橛的修剪方法。如疏去过密枝、并生枝、交叉枝、内生枝、病虫枝、徒长枝等。能起到调节生长势，改善光照，增加养分积累的作用。疏枝有抑上促下的作用，也就是对伤口上部枝芽有削弱作用，对下部枝芽有促进作用，疏剪枝越粗，距伤口越近，作用越明显。

另外，还有缓和生长势，促进成花的拉枝、拧枝、圈枝，以及跑单条、抓小辫等修剪方法。它们都能起到缓和生长势、改善通风透光条件的作用。

三、夏季修剪的方法与反应

1. 目伤

目伤是在芽萌发之前，在芽的上方或下方横割皮层深达木质部，用以促进或控制发枝的一种方法。目伤能加速整形，培养枝组，促进成花（图2-5-2）。

2. 开张枝角

开张枝角指通过拉、撑、坠、压等方法加大枝条角度，缓和生长势，改善透光条件，促进花芽形成，提高坐果率，增进果实品质的一种方法。这种方法多在生长期进行，可以减少背上旺枝的形成（图2-5-3）。

图 2-5-2 目伤

图 2-5-3 开张枝角

3. 摘心

摘心指在生长期内摘除枝条顶端幼嫩部分的方法。适度摘心，可促进分枝，加速整形，缓和树势，促进成花。对果台副梢摘心，能提高坐果率。寒冷地区，轻摘、晚摘能使枝条充实，增强抗寒性（图2-5-4）。

4. 扭梢

扭梢指在新梢基部处于半木质化时，用手捏住生长旺盛新梢的基部，将其扭转180°，使其倒转的一种方法。扭梢能阻碍养分输出，缓和生长势，促进花芽分化。调查表明，扭梢的成花率可达 30.4%～66.7%。河北果树研究所对 10 年生金冠苹果树进行扭梢试验，结果表明枝梢淀粉积累增加，全氮含量减少，有促进花芽形成的作用（图 2-5-5）。

5. 拿枝

拿枝亦称捋枝。在新梢生长期用手从基部到顶部逐步使其弯曲，伤及木质部，响而不折。在苹果春梢停长时拿枝，有利旺梢停长和减弱秋梢生长势，形成较多副梢，有利形成花芽。秋梢开始生长时拿枝，减弱秋梢生长，形成少量副梢和腋花芽。秋梢停长后拿枝，能显著提高次年萌芽率（图 2-5-6）。

图 2-5-4　摘心　　　　图 2-5-5　扭梢　　　　图 2-5-6　拿枝

6. 环剥

环剥是将枝、干的韧皮部剥去一圈的方法。环割、倒贴皮都属于这一类。

韧皮部是有机物质沿着整个植物长距离由上向下运输的主要通道，此外，韧皮部也负担一部分矿质元素运输。因此，环剥具有抑制营养生长、促进花芽分化、提高坐果率和果实品质的作用，对下部也能起到促进发枝的作用（图 2-5-7）。

图 2-5-7　环剥

正确使用这种方法应注意以下几点。

① 使用的对象应是旺枝、旺树；促进成花时，上部应有较多短枝。

② 操作的位置，控制全树的，应在主干的中上部进行；控制大枝的，在靠近基部进行；控制临时性枝的，要看后部有无空间。若有，则在需发枝的上部进行；若无，则在枝的基部进行。

③ 环剥的宽度和深度：以该部位直径的 1/10～1/8 为标准，20～30d 内能愈合最好。环剥深度以木质部为界。

④ 环剥时间因目的而不同，提高坐果率于花期进行；促进花芽分化的，在花芽分化临界期进行。

⑤ 环剥后伤口不得涂药，以免破坏形成层，致使愈合困难，造成死树，可用塑料布包扎。若叶片发黄属正常现象，可喷 2～3 次尿素调节。若花量过大，应注意疏花疏果。

另外，夏季常用的还有疏梢、折伤等修剪方法。

任务 2.5.2 ▶▶ 修剪技术综合运用

任务提出 👤

以当地常见果树为例，运用多种修剪方法完成果树的修剪。

任务分析 📚

每种修剪方法作用不同，在同一棵树同一个枝条可以选择不同的修剪方法，剪后效果差别较大，因树、因枝灵活选用合适的修剪方法是整形修剪成功的前提。

任务实施 🪄

【材料与工具准备】

1. 材料：不同树势、不同年龄的当地果树。

2. 用具：修枝剪、手锯、梯子、高枝锯、高枝剪、开角工具、钢卷尺。

【实施过程】

1. 调节生长势：生长势包括枝条长度、粗度和各类枝的比例等因素，不同修剪时期、不同修剪方法和树体不同部位都会影响到生长势。

2. 调节枝条密度：根据树势强弱和光照情况，增减枝条的数量和类型。

3. 调节花量：根据树龄和树势实际情况，确定合理的留花量。

4. 枝组的培养：枝组分为大、中、小三类，枝组的配备应根据空间大小和方位确定，培养的方法应根据空间来选择，注重维持和更新并举。

【注意事项】

修剪方法很多，作用及其反应也有所不同，相同的修剪方法也会因修剪对象、修剪程度以及立地条件的不同而产生不同的修剪效果。生产上应根据具体果园、树种、品种、树势的实际修剪反应，正确综合采用不同修剪方法。

理论认知 👆

一、主要树形

果树生产中，仁果类多采用疏散分层形及其类似的树形，核果类常采用开心形，蔓性果树则以棚架或篱架形为主。随着果园矮化密植的发展，应用较多的有纺锤形、树篱形、圆柱形和无骨干形等。目前，树形变化的总趋势是：树冠由大变小，树体结构由复杂变简单，骨干枝由多变少。常用部分树形如下：

1. 有中心干形

见图 2-5-8。

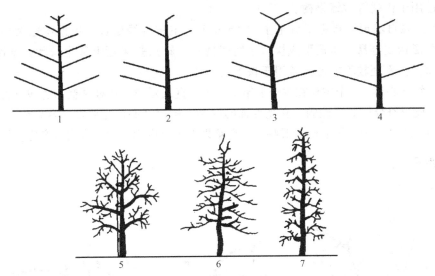

图 2-5-8　有中心干形

1—主干形；2—疏散分层形；3—基部三主枝小弯曲半圆形；

4—十字形；5—纺锤形；6—细纺锤形；7—圆柱形

（1）疏散分层形　主枝 5～7 个，在中心干上分 2～3 层排列，一层 3 个，二层 2～3 个，三层 1～2 个，各层主枝间有较大的层间距，此形符合果树生长分层的特性。这是苹果、梨等树种上常采用的大、中冠树形。该树形为了改善光照条件和限制树高，成年后顶部多进行落头开心，减少层次，如二层五主枝延迟开心形。

（2）纺锤形　树高 2.5～3m，冠径 3m 左右，在中心干四周培养多数短于 1.5m 的近水平主枝，不分层，下长上短。适于发枝多、树冠开张、生长不旺的果树，修剪轻结果早。纺锤形应用于矮化或半矮化砧的苹果时，由于根系浅，需立支柱、架线和缚枝。

（3）圆柱形　与纺锤形树体结构相似，其特点是在中心干上直接着生枝组，上下冠径差别不大，适用于高度密植栽培。欧洲目前用于矮化和易结果的苹果砧穗组合，如 M9 砧的金冠，但需要立支柱、架线和缚枝。

2. 无中心干形

见图 2-5-9。

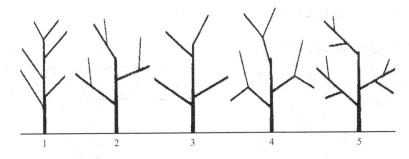

图 2-5-9　无中心干形

1—自然圆头形；2—主枝开心圆头形；3—多主枝自然形；4—自然杯状形；5—自然开心形

（1）自然圆头形　主干在一定高度剪截后，任其自然分枝，疏除过多主枝，自然形成圆头。此形修剪轻，树冠形成快，造形容易。缺点是内部光照较差，树冠内有一定的无效体积。此形适用于柑橘等常绿果树。

（2）多主枝自然形　自主干分生主枝 4～6 个，主枝直线延长，根据树冠大小，培养若干侧枝。此形构成容易，树冠形成快，早期产量高。缺点是树冠上部生长壮，下部易光秃，树冠较高而密，管理较不方便。常用于核果类。

（3）自然开心形　3 个主枝在主干上错落着生，直线延伸，主枝两侧培养较壮侧枝，充分利用空间。此形符合桃等干性弱、喜光性强的树种，树冠开心，光照好，容易获得优质果品。缺点是初期基本主枝少，早期产量低些。梨和苹果上也有应用，同样有利生产优质果实。

3. 篱架形

见图 2-5-10。

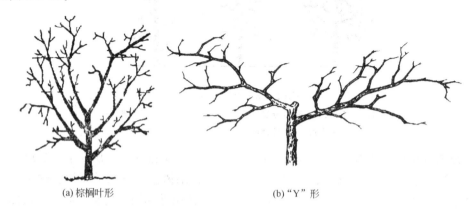

(a) 棕榈叶形　　　　　　　　　　　　(b)"Y"形

图 2-5-10　篱架形

（1）棕榈叶形　树形种类较多，但其基本结构是中心干上沿行向直立平面分布 6～8 个主枝。目前应用较多的是斜脉式、扇状棕榈叶形。前者在中心干上配置斜生主枝 6～8 个，树篱横断面呈三角形，后者无中心干，骨干枝顺行向自由分布在一个垂直面上。有的可以分叉，呈扇形分布。

（2）"Y"形　篱架行向南北，每株仅两个骨干枝，分向东西成"Y"形，与地面成 60°夹角。一般株距 0.75～1m，行距 4.5～6m，每亩 111～200 株。用于桃、梨和苹果上。

4. 棚架形

主要用于蔓性果树如葡萄、猕猴桃。常见的如扇形（图 2-5-11）和龙干形（图 2-5-12）。但在日本梨栽培中，为防御台风和提高品质也多采用。

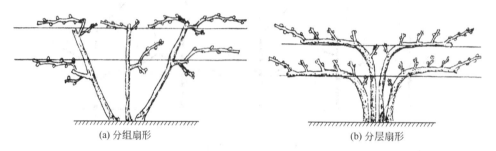

(a) 分组扇形　　　　　　　　　　　　(b) 分层扇形

图 2-5-11　多主蔓规则扇形

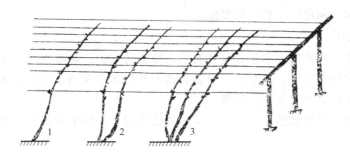

图 2-5-12 龙干整枝

1——条龙；2—二条龙；3—三条龙

二、修剪技术的综合运用

1. 调节生长势

生长势是指树体总的生长状态，包括枝条的长度、粗度，各类枝的比例、花芽的数量和质量等。不同树势其枝条生长状态不同，不同枝类的比例则是一个常用指标。长枝所占比例过大，表示树势旺盛，否则表示树势衰弱。长枝要占一定的比例是因为长枝光合生产能力强，向外输出光合产物多，对整株的营养有较强的调节作用；短枝光合产物分配局部性较强，外运少。所以，盛果期及其以后，在加强肥水管理的基础上，通过修剪复壮，应保持适宜的长枝比例；幼树则应注意增加中、短枝的数量。具体方法如下。

（1）从修剪时期看　冬重夏轻，冬季修剪可以增强树势。反之，冬轻夏重，提早或延迟修剪有缓和树势的作用。

（2）从修剪的方法看　冬季重剪，特别是短截的应用，在一个枝组中去弱留强，去平留直，少留果枝，顶端不留果枝，可以增强树势；反之，可以缓和树势。

（3）从树体结构看　培养乔化的树体结构，减少枝干（减少过密枝），枝轴直线延伸，抬高枝位和芽位，可以增强树势；反之，则缓和树势。

（4）从各部位之间的相互关系看　加强一部位的生长可以缓和另一部位的生长。

（5）还应注意生长调节剂的应用　在调节果树生长势的过程中，生长调节剂起着相当大的作用。如 GA_3（赤霉素）、NAA（萘乙酸）、2,4-D 等能增强生长势；PP_{333}（多效唑）、CCC（矮壮素）、B_9（比久）等可缓和生长势。

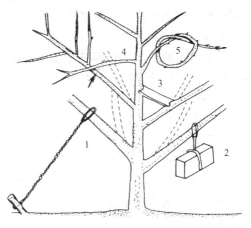

图 2-5-13 调节枝条角度

1—拉枝；2—坠枝；3—撑枝；

4—利用活枝柱撑枝；5—圈枝

2. 调节枝条角度

见图 2-5-13。

（1）加大枝角　通过拉、撑、坠、拿等外力来加大枝角；也可以在修剪时留开张的枝和芽来开角，如背后枝换头，外向芽作剪口芽等。同时，利用上部枝叶遮阴和叶果自身重量能开张枝角，如长放结果，里芽外蹬和延迟开心的应用等。

（2）缩小枝角　采用作用相反的措施。

3. 调节枝条密度

（1）增加密度　一方面要尽量保留和利用已抽生的枝条，如竞争枝、徒长枝等；另一方面采用促进发枝的修剪方法，如短截、目伤、摘心和延迟修剪等；也可以利用生长调节剂，如细胞分裂素、整形素和化学摘心剂等。

（2）减小密度　可通过疏枝、长放，加大分枝角度，并少用刺激发枝的修剪方法来减小枝梢密度。

4. 调节花量

（1）增加花量　在生产中，幼树、旺树、过密树和大年树，由于营养消耗大，积累少，花芽分化量小，需增加花量。其中幼树、旺树，要在保持其壮旺生长的同时，缓和生长势，增加养分积累，促进花芽分化；过密树，则需要通过疏除过密枝，改善光照条件，减少营养消耗、增加养分积累，促进花芽分化；对大年树，只能通过疏花疏果，合理负载，控制水肥和保护好叶片以增加营养积累，促进花芽分化。

（2）减少花量　老树、弱树由于生长势弱，花芽分化量大，需减少花量，复壮树势。可通过冬重夏轻、多短截、疏花疏果等方法以增强树势，减少花量。

5. 枝组的培养

（1）枝组的类型　枝组按枝条的多少分为：小型枝组（3～5 个分枝），中型枝组（5～15 个分枝）和大型枝组（15 个分枝以上）。按枝组中枝轴的多少，可分为单轴枝组和多轴枝组两类。

（2）枝组间及枝组与骨干枝之间的关系　枝组之间根据空间的有无及位置是否合理，通过修剪可以相互转换。枝组与骨干枝的关系是，枝组应为骨干枝让路，骨干枝为枝组的生长提供合理的空间。

（3）枝组的配备　在骨干枝上，枝组应上下左右互生，各类枝组互相搭配；大枝组先占空间，小枝组填补插空，使整体上呈波浪状；而且在主枝上，背上宜小，侧下宜大，前部宜小，中部宜大，后部宜中的原则配备，使整个主枝呈菱形。

（4）枝组的培养　培养枝组的方法很多，如先放后缩法、先重后轻法、短枝型培养法等，但具体的培养方法应根据空间大小和枝组配置情况来确定。如空间大的主枝两侧，需配置大型枝组，可通过先重后轻法培养，即先重截增加分枝，填补空间，再缓势以促进结果。对空间小的插空枝组，可先缓放，促进结果，再回缩使后部形成中小型枝组。对主枝的背上枝，可采用极重短截的方法培养小型枝组。

（5）枝组长势的维持与更新

① 生产上要维持枝组生长势的中庸，要求在枝组中：长枝占 25%～30%，中短枝占 70%～75%，新梢平均长度 20～40cm，外围新梢平均长度 60cm，初结果树外围新梢平均长度在 80cm。

② 不同树龄和树势培养枝组的类型不同。初结果树培养水平或下垂的中小型枝组；盛果期树培养直立的大型枝组；衰老树培养直立的小型枝组。

③ 枝组的更新常采用三套枝更新法，即营养枝、预备枝和结果枝在一个枝组中轮替更新结果的方法。

6. 修剪技术综合运用中应注意的问题

（1）正确判断是制定合理修剪措施的前提　一个果园或一株树应如何修剪，除需了解果园的立地条件、肥水管理、技术水平等基本情况外，还应对树体全面情况进行调查和观察，如树体结构、树势、枝量和花芽等。树体结构方面要注意骨干枝的配置、角度、数量和分布是否合理；树冠高度、冠径和冠形；行株间隔与交接情况；通风透光是否良好等。在观察树势方面，一是判断总体的强弱，二是局部之间长势是否均衡，长、中、短枝比例是否合理，三是花芽的数量及质量状况等。根据调查结果，因地、因树制订出综合修剪技术方案。

（2）修剪技术的综合运用必须考虑修剪的综合反应　修剪具有双重作用，各种修剪方法的反应既有积极作用的一面，又有消极作用的成分。如短截修剪，对促进局部营养生长有利，对树体或母枝会有削弱作用，也不利于成花。疏剪长放有利缓和树势、成花结果、改善通风透光条件作用，但大量长期应用会使树体衰老。不同修剪方法作用性质相同，其反应将得到加强，如对缩剪后留下的壮枝再行短截，其局部刺激作用会增强；将枝拉平后再配合多道环切，萌芽率会更高，削弱生长势更强。如果不同修剪方法作用性质相反，就会相互削弱。如在拉枝上端又疏除大枝，由于伤口对其下枝生长有促进作用，使拉枝的缓势作用受到削弱。因此，合理的修剪技术是多种修剪方法相配合，才能使积极作用得到最大程度的发挥，消极作用得到适当的克服。

（3）树体反应是检验修剪是否正确的客观标准　多年生果树本身是一个客观的"自身记录器"，能将各种修剪方法及其反应较长期保留在树体上，这是树体自身和当地各种因素综合作用的结果。所以调查和观察树体历年（尤其是近一二年）的修剪反应，可明确判断以前修剪方法是否正确，并做适当修正，使修剪趋于合理，真正做到因地因树修剪，发挥修剪应有的效果。

（4）修剪与花果管理相辅相成　修剪和花果管理都直接对产量和质量起调节作用，修剪可起"粗调"作用，花果管理则起"细调"作用，二者配合调节才能获得优质、高产和稳产的效果。在花芽少的年份，冬剪尽量多留花芽，夏剪促进坐果，如再配合花期人工授粉、喷施植物生长调节剂或硼等营养元素，效果更为明显。在花芽多的年份，修剪虽然可剪去部分花芽，但由于种种原因，花芽仍然保留偏多，因此，还必须疏花疏果，才能有效克服大小年。花果管理与合理修剪，在解决大小年问题和促进果树优质丰产方面是缺一不可的。

（5）修剪必须与其他农业技术措施相配合　修剪是果树综合管理中的重要技术措施之一，只有在良好的综合管理基础上，修剪才能充分发挥作用。优种优砧是根本，良好的土、肥、水管理是基础，防治病虫是保证，离开这些综合措施，单靠修剪是生产不出优质高产的果品的。片面夸大整形修剪的作用和忽视整形修剪的作用都是不正确的。

复习思考题

1. 简述疏散分层形和纺锤形的树体结构特点和应用范围。
2. 夏季修剪的手法有哪些？
3. 简述整形修剪的依据。
4. 独立修剪一株树，分析该树的具体情况及采取的修剪方法，并追踪其修剪反应规律，最后进行总结。

项目六 花果管理

▶▶ **知识目标**

熟悉疏花疏果时期和果实品质构成因素；了解果实采收的各个环节和生长调节剂的种类；掌握花果管理技术。

▶▶ **技能目标**

掌握疏花疏果的方法和提高果实品质的技术；掌握授粉技术；能在果树上合理有效使用生长调节剂。

任务 2.6.1 ▶▶ 疏花疏果

任务提出

以当地常见结果树为例，完成疏花疏果的任务。

任务分析

很多果树进入结果期后常出现花果量过多，人为疏除可以减少自然落花落果造成的养分损失，从而提高坐果率。

任务实施

【材料与工具准备】

1. 材料：当地栽培的结果树。

2. 用具：疏果剪。

【实施过程】

1. 疏花疏果的时期：疏花，从露出花蕾至开花期均可进行。疏果，从落花后 1 周开始，在 1 个月内进行完毕。

2. 疏花疏果的方法：有经验法、干截面积法、叶果比法和枝果比法。

3. 疏花疏果过程：有人工疏除和化学疏除。

【注意事项】

1. 选择当地栽培的一种果树进行疏花疏果实习，其他树种可通过多媒体、录像等方式掌握。

2. 化学疏花疏果时，可结合生产搞小型实验，观察树体生长、果树产量和果实品质的情况，与人工疏花疏果进行效果对比。

理论认知

花果管理，主要指直接用于花和果实上的各项技术措施。在生产实践中，既包括生长期中的花、果管理技术，又包括果实采后的商品化处理。

一、保花保果的技术

在果树生产中，有些果树花芽数量较少，有些品种坐果率较低，落花落果现象普遍存在。如枣的坐果率仅为 0.13%～0.4%；苹果中的元帅品种只有 8.46%；李、杏也是花多果少的果树。因此，为了提高坐果率，确保丰产稳产，必须采取保花保果措施，特别对初果期幼树和自然坐果率偏低的树种、品种尤为重要。

1. 搞好头年果园管理，提高树体营养水平，形成饱满花芽

通过改善肥水条件、形成合理的树体结构和及时的病虫害防治，保证树体的正常生长发育，增加果树贮藏养分积累。营养是花果生长的物质基础，营养充足特别是贮藏养分可以提高花芽质量，改善花器官发育状况，是提高坐果率的基础措施。

2. 加强早春管理，保证授粉受精

（1）花前灌水施肥 此时正是对水肥最敏感的时期，特别是对氮肥，若是缺乏，会严重影响开花坐果。所以花前结合灌水，施入速效性氮肥，能满足开花坐果的需要，从而提高坐果率。

（2）搞好人工授粉和果园放蜂 由于大多数果树品种有自花结实率低或自花不孕的现象，又多为虫媒花，特别是在缺乏授粉品种或花期遇到不良天气时，会严重影响生产，应及时进行人工授粉和果园放蜂。花期放蜂可用蜜蜂和壁蜂，蜜蜂授粉每箱蜂可以保证 0.5～0.7hm² 果园授粉，放蜂时间应提前 2～3d 将蜂放入。另外，放蜂果园花期及花前不要喷药，以免引起蜜蜂中毒。同时高接花枝或挂花粉罐也可提高授粉的成功率。

（3）增加花期营养，提高坐果率 在盛花期至花后 5～10d 对旺树、旺枝进行环剥，可提高坐果率。如对枣树用花期主干环剥（割伤）的方法提高坐果率，效果显著。

（4）花期喷水 花期的气候条件直接影响坐果率。如枣的花粉发芽需要温度 24～26℃、空气湿度 70%～80%，如若花期高温（36℃ 以上）干燥时，则花期缩短，焦花多，影响坐果。因此，在盛花期（6月上中旬）用喷雾器向枣花上均匀喷清水，可提高坐果率。

3. 预防花期冻害

我国北方果树产区花期冻害比较常见，造成巨大的生产损失，因此必须予以重视预防。生产上常用的措施：萌芽前灌水，可以有效地降低地温，推迟萌芽和开花 3～5d；萌芽前喷低浓度的乙烯利、萘乙酸、青鲜素等水溶液，能抑制萌发，推迟花期；另外，枝干涂白能减少树体对热量的吸收，推迟萌发和花期。涂白剂的配方是先将 3kg 的生石灰、1.5kg 的食盐分别用热水化开，搅成糊状，再加入 0.5kg 硫黄粉、0.1kg 植物油和 0.5kg 面粉，最后将 15kg 水加入搅匀即可。这些措施可使有些果树的花期推迟到安全期以内。

在冻害即将来临或正在发生时，要采取有效的应急措施。常用的有熏烟法，即每亩果园燃放 4～6 个烟堆，进行放烟，不可着火。也可用大喷头朝树全体喷水，使整个树体覆上一层水膜，减轻冻害。对正开花的树，在晚霜来临前喷 0.3%～0.5% 的磷酸二氢钾，能增强抗寒能力，减轻危害程度。对已发生冻害的要采取及时的补救措施，如采用人工授粉加以补救是一个十分有效的方法。同时还可辅助喷施 20～30mg/kg 赤霉素＋3%～5% 蔗糖液，或者喷施 0.3% 硼砂＋0.3% 尿素＋3%～5% 蔗糖液，以及对主干进行环剥、环割等措施，都可提高剩余花的坐果率，使冻害造成的损失降到最低。

4. 控制新梢生长，防止幼果脱落

新梢的旺长期和幼果的膨大期处于同一时期，二者会发生矛盾，因此在新梢长到一定长度时摘心，对旺树旺枝进行环剥、环割抑制其营养生长，促进生殖生长，提高坐果率。葡萄的副梢摘心，生长过旺的苹果、梨对外围新梢和果台副梢摘心，均有提高坐果率的效果。

5. 喷施生长促进剂，防止落花落果

落花落果是生长素的缺乏使果柄处产生离层造成的，在花和果柄上喷生长促进剂，可以防止离层的产生，进而防止花果脱落。用于提高坐果率的生长调节剂有 GA、B_9、PP_{333} 和 BA 等。防止果树采前落果的生长调节剂主要有 NAA（萘乙酸）、MCPB（2-甲基-4-氯丁酸钠）、PR-04、HOK-813（酚噻嗪）等。

此外，及时防治病虫害，预防花期霜冻和花后冷害，避免旱、涝等，也是保花保果的必要措施。

二、疏花疏果

1. 疏花疏果的意义

（1）可使果树连年丰产　花芽分化和果实增大往往是同时进行的，当营养充足或花果的负荷量适当时，既可保证果实肥大，又可促进花芽分化。而营养不足或花果过多时，则营养的供应与消耗之间就发生矛盾，过多的果实抑制了花芽分化，削弱树势，出现大小年结果现象。因此，应适当疏花疏果，调节生长与结果的关系，从而达到连年丰产的目的。

（2）提高坐果率　疏果可以节约养分，减少无效花，增加有效花，提高坐果率，避免幼果由于竞争而出现的自疏现象。所以说生产上有"满树花，半树果；半树花，满树果"的说法。

（3）提高果实品质　疏果减少了果数，促进留下果实的肥大，同时疏果时疏掉了病虫果、畸形果，因此提高了好果率和整齐度。

（4）使树体健壮　开花坐果多，大量地消耗树体贮藏养分，叶果比减小，干粗增长少，削弱根的生长，影响来年生长，使树体衰弱，病害、冻害易于发生。所以，必须进行疏花疏果。

2. 疏花疏果的方法

（1）留果量的确定　原则上根据树种、品种特性、树龄、树势来定，做到因地因树制宜，确定花、果适宜负载量，定量生产。常用的方法有经验法、干截面积法、叶果比法和枝果比法。

① 经验确定负载量法：根据"因树定产，分枝负担，看枝疏花，以梢定果"的原则，再结合"满树花，半树果；半树花，满树果"的农谚，做到在苹果花期的树冠上叶与花应达到绿中见白、白绿相间，结果枝和发育枝错落分布的留花量标准，对花芽过多的植株和枝组，进行适当调整，疏除弱花芽或花序。坐果后，再根据坐果量多少，进行适当调整留量。

② 干周法或干截面积定量法：据中国农业科学院果树研究所汪景彦等（1993 年）研究，苹果树干的粗度可作为苹果确定留果量的指标，并提出 Y（中）$=3×0.08C^2×1.05$ 的计算公式。式中 Y 为单株留果数；C 为距地面20cm处的树干周长（cm），$0.08C^2$ 为此处干截面积，3 代表每平方厘米干截面留 3 个果，1.05 为保险系数。疏花时，保险系数取 1.2，即为合理的留花（花序）数。再者，河南省农业科学院园艺研究所杨庆山等依成龄苹果树干

截面积提出留果指标，即健壮树 $0.4kg/cm^2$；中庸树 $0.25\sim0.4kg/cm^2$；弱势树 $0.20kg/cm^2$。对于初果期梨树每平方厘米干截面积可留果 $0.6\sim0.75kg$。

③ 叶果比和枝果比法：即生产一个优质果实需要多少张叶片，一般苹果的叶果比为（40～60）：1，梨为（20～30）：1，桃为（30～40）：1。还要根据砧穗组合、树势强弱、全树果量和果实分布情况而酌情确定。如树势旺取下限，弱树取上限，中庸树居中等。也可依据各类一年生枝的数量和留果个数的关系来确定。如苹果、梨的枝果比为（3～4）：1，弱树（4～5）：1 等。

总之，在生产应用中，还需结合当地的具体情况选用合适的留果方法和指标，作为指导生产、调节留果量的依据。再根据生长与结果情况做必要的调整，使负载量更加符合实际，达到连年优质丰产的栽培效果。

（2）疏除方法　疏花疏果必须严格依照负载量指标确定留果量，以早疏为宜。具体方法分为人工疏花疏果和化学疏花疏果两种。

① 人工疏花疏果：疏除时，首先应掌握疏除时间，疏花是在花序分离后至开花前进行，疏果在落花后 1～2 周进行，宁早勿晚。其次应掌握疏除程序：先疏腋花芽，后疏顶花芽；先疏内膛，后疏外围；先疏上部，后疏下部；先疏大树，后疏小树；先疏弱树，后疏强树；先疏骨干枝，后疏辅养枝等。人工疏花疏果目的明确效果好，但较费时费工，对劳动力紧缺和面积较大的果园及时完成疏除任务，将带来一定的困难，必须及早作好计划和安排。

② 化学疏花疏果：用化学药剂疏除花果，在一些国家已作为果树生产中的常规措施，可大大提高劳动效率。我国只在苹果、梨、桃等树种上开展了一些研究。常用药剂有西维因、石硫合剂、萘乙酸及萘乙酰胺等。其中，西维因是一种高效低毒杀虫剂，还是一种有效的疏果剂，且药效比萘乙酸、萘乙酰胺疏果稳定。西维因喷后先进入维管束，堵塞物质的运输，使幼果缺少发育所需的物质而脱落。但它进入树体后移动性较差，应直接喷到果实和果柄部位。石硫合剂的疏果机制在于直接抑制花粉发芽和抑制花粉管伸长，还有杀死柱头的作用，从而阻碍受精。为提高疏除效果，石硫合剂应喷于柱头上，其药效较稳定，安全性较高，且兼有防治病虫的作用。缺点是：必须确切掌握开花状况，才能准确喷药，且施用期太短；另外疏除的果实脱落较迟，人工补充疏果要在盛花后 25d 以后才能进行。现在主要在苹果和桃树疏花上应用。萘乙酸及萘乙酰胺的疏除机制可能与促进乙烯形成有关。萘乙酸在一定浓度范围内，从花瓣脱落期到落花后 2～3 周施用，都有相同效果，但越迟，疏果作用越弱，浓度需相应增加。如对鸭梨在盛花期用 $40mg/L$ 有疏除效果。萘乙酰胺是一种比萘乙酸较缓和的疏除剂，对萘乙酸易敏感的品种应用萘乙酰胺较安全，但萘乙酰胺疏果会使部分果实产生缩萼现象，如在元帅苹果上使用易产生畸形果。

疏花疏果药物虽已用于生产，但由于品种、树势、气候条件的不同，疏除效果变化很大。因此，生产上大面积应用前必须进行试验，确定适宜的浓度及施用时间。化学疏除能节省大量人力，但只能作为人工疏除的辅助手段，不能完全代替人工疏除。因此，化学疏除的适宜疏除量应是标准疏除量的 1/3～3/4，其余用人工补充疏除。

任务 2.6.2 ▶▶ 果实品质评价

任务提出

通过实习学会正确使用糖度计、硬度计、游标卡尺等仪器；了解果实品质构成，学会对各种水果果实品质的正确评价。

任务分析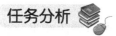

果实品质，包括内在品质和外观品质；掌握从果实外观品质和内在品质进行评价的方法。

任务实施

【材料与工具准备】

1. 材料：当地果品市场常见的果实，每个树种选取 2 个品种。

2. 用具：糖度计、硬度计、游标卡尺、酸滴定管及架、研钵、水果刀、10mL 移液管、50mL 容量瓶、100mL 三角瓶、漏斗、纱布、天平、苯酚、水浴锅等。

【实施过程】

1. 果实的外观品质评价：果实大小（单果重，果实纵径、横径），果形指数（L/D）、果实着色度、光洁度等。

2. 果实的内在品质评价：可溶性固形物，硬度及果实的可滴定酸含量。果实可溶性固形物和可滴定酸含量测定操作程序。

（1）可溶性固形物测定：蒽酮法。

第一步：取 20mL 刻度试管 11 支，从 0～10 分别编号，按下表加入溶液和水。

试管编号	0	1～2	3～4	5～6	7～8	9～10
100μg/mL 溶液/mL	0	0.2	0.4	0.6	0.8	1.0
水/mL	2.0	1.8	1.6	1.4	1.2	1.0
蔗糖量/μg	0	20	40	60	80	100

然后按顺序向试管中加入 0.5mL 蒽酮乙酸乙酯试剂和 5mL 浓硫酸，充分振荡，立即将试管放入沸水浴中，逐管准确保温 1min，取出后自然冷却至室温（夏天约 30min，冬天约 20min），以空白作参比，在 630nm 波长下测其光密度，以光密度为纵坐标、糖含量为横坐标，绘制标准曲线，并求出标准线性方程。

第二步：可溶性糖的提取

取新鲜果肉，研碎混匀，称取 0.1～0.3g，共 3 份，分别放入 3 支刻度试管中，加入 5～10mL 蒸馏水，以塑料薄膜封口，于沸水中提取 30min（提取 2 次），提取液过滤入 25mL 容量瓶中，反复冲洗试管及残渣，定容至刻度。

第三步：测定

吸取样品提取液 0.5mL 于 20mL 试管中（重复 2 次），加蒸馏水 1.5mL，然后加入 0.5mL 蒽酮乙酸乙酯试剂和 5mL 浓硫酸，充分振荡，立即将试管放入沸水浴中，逐管准确保温 1min，取出后自然冷却至室温（夏天约 30min，冬天约 20min），以空白作参比，在 630nm 波长下测其光密度。

按下式计算样品中糖含量：

$$可溶性糖含量 = (CV/a)/(W \times 10^6) \times 100\%$$

式中　C——由标准方程求得的糖量，μg；

　　　a——吸取样品液体积，mL；

　　　V——提取液体积，mL；

　　W——组织质量，g。

在本试验中：

$$可溶性糖含量（\%）=0.005×C/W$$

（2）可滴定酸含量测定：氢氧化钠法。

以苹果酸计算可滴定酸百分比含量。先捣碎材料再加蒸馏水定容到 50mL，为样液，然后再加入酚酞指示剂 5～10 滴，用 0.1mol/L 氢氧化钠标准溶液滴定，直至样液出现微红色且 30s 内不褪色为终点，记下所消耗的体积。最后计算出结果。

$$可滴定酸度=[(c×V_1×0.067)/V_0]×[50/m(V)]×100\%$$

式中　c——氢氧化钠标准溶液摩尔浓度，mol/L；

　　　V_1——滴定时所消耗氢氧化钠标准溶液体积，mL；

　　　V_0——吸取滴定用的样液体积，mL；

　0.067——折算系数，g/mmol；

　$m(V)$——试样质量（体积），g(mL)；

　　50——试样浸提后定容体积，mL。

理论认知

在合理负载的基础上，要设法提高果实品质，包括内在品质和外观品质。内在品质包括肉质、风味、香气、果汁含量、糖酸含量及其比例和营养成分等；外观品质主要由果实大小、色泽、形状、洁净度、整齐度等方面构成。对某些特殊用途的树种、品种还应考虑其耐贮性和加工特点等。改善果实外观品质的条件和技术措施如下所述。

一、增大果个，端正果形

果实大小是评价果实外观品质的重要指标，常以单果重衡量，在优质果品商品化生产中，应达到该品种果实的标准大小，且果形端正，小于标准的果实和果形不正者，果实品质和商品价值均低。果实大小主要取决于果实内细胞的数量和细胞体积。

果实发育前期主要以细胞分裂活动为主，所需要的有机营养多来源于上年树体内的贮藏养分。所以，提高上年的树体贮藏营养水平，加强当年树体生长前期以氮素为主的肥料供应，对增加果实细胞分裂数目具有重要意义。果实发育过程中细胞体积和细胞间隙的增大，所需营养物质则以碳水化合物为主，需进行合理的冬剪和夏剪，维持良好的树体结构和光照条件，增加叶片的同化能力，并适时适量灌水等措施，有利于促进果实的膨大和提高内在品质。

要重视人工辅助授粉的重要性，确保授粉受精充分的完成。人工辅助授粉不仅可提高坐果率，还有利于果实的增大和果形端正。因为充分的授粉受精能尽快促进子房的发育和促进激素的合成，增加幼果在树体营养分配中的竞争力，果实发育快，单果重增加。人工授粉还可增加果实中种子形成的数量，使种子在各心室中分布均匀，在增大果个的同时，使果实的发育均匀端正，减少和防止果实畸形。再者，留果的位置对果实的大小和形状也有较大的影响。如苹果留花序的中心果，梨留花序边部一、二序位的果，表现果形端正，特征明显，果实较大。

还应注意植物生长调节剂的应用。尽管果实的大小和形状在很大程度上受遗传因素所控制，但应用生长调节剂可使果实的某些性状发生较大的改变。

二、改善果实色泽

果实的色泽是果实商品性的重要方面。果实色泽的发育受很多因素的影响，如光照（光强、光质）、温度、树体内矿质营养水平和果实内糖分的积累和转化以及有关酶的活性等。在栽培上，应根据不同种类、品种果实的色泽发育特点和机理，进行必要的调控。主要途径如下。

1. 合理的果实负载量和健壮的树势

生产上应根据不同树种、品种的适宜留果量指标，确定产量水平。适宜的叶果比，主要是有利于果实中糖分的积累，从而增加果实着色。不然留果过少，常导致树势偏旺，果实贪青晚熟，着色不良；过量结果同样影响果实色泽的正常发育。同时，适宜的留果量也有利于保持树势的中庸健壮，使叶内矿质元素含量达到标准值，这样有利于果实着色。

2. 科学的施肥与灌水

增加有机肥的施入量，改善土壤结构，提高土壤矿物质含量，增进果实着色。矿质元素与果实色泽发育密切相关，河北农业大学张玉星等多年施肥试验表明，苹果果实发育的中、后期增施钾肥，有利于提高果实中花青苷的含量，增加果实着色面积和色泽度。钙、钼、硼等矿质元素，对果实着色也有一定促进作用。研究表明，过量施用氮肥，可干扰花青苷的形成，影响果实着色，故果实发育后期不宜追施以氮素为主的肥料。在施肥技术方面，利用叶片营养诊断指导果树配方施肥，既节约肥料施用量，又可防止树体中营养元素间平衡失调而引起果实色泽发育不良和内在品质下降。再者，果实发育的后期保持土壤的适度干燥，有利于果实增糖着色，故成熟期以前应控制灌水。否则，如此时灌水或降雨过多，均将造成果实着色不良，品质降低。

3. 改善果实光照

（1）合理的群体结构和树体结构　二者结构合理，光照条件好，光能利用率高，有利于果实着色。日本有研究者提出，红富士苹果园群体覆盖率不能超过78.5%，盛果期树冬剪后每亩枝量为8万左右，树体透光度不少于30%，树上的果实获全日照70%以上者，果面全红；70%～40%者果面部分红色；40%以下果面不着色。

（2）摘叶和转果　摘叶应与果实着色期同步，如红富士苹果的摘叶期在9月中下旬。摘叶过早虽着色良好，但对果实增大不利，影响产量，还会降低树体贮藏营养水平；摘叶过晚则因直射光利用量减少而达不到预期目的。摘叶对象是果实周围遮阴和贴果的1～3个叶片。摘叶处理可增加苹果着色面积15%左右。

在正常的光照条件下，果实的阳面着色较好，阴面着色较差，通过转果，可增加阴面受光时间，达到全面着色的目的。苹果转果时间可在果实采收前2～3周进行，方法是，将果实的阴面轻轻转向阳面，必要时可夹在树杈处以防回位，也可通过枝组的着生方位以达到转果的作用。转果后着色指数平均增加20%左右。

（3）树下铺反光膜　改善树冠内膛和下部的光照条件，解决树冠下部果实和果实尊洼部位的着色不良问题，从而达到果实全面着色的目的。铺膜的时间在果实进入着色前期，元帅苹果多在8月中下旬，红富士苹果多在9月上中旬。

（4）果实套袋，是提高果实品质的主要技术措施之一。套袋除能改善果实色泽和光洁度外，还可减少果面污染和农药的残留，预防病虫和鸟类的为害，避免枝叶擦伤。近年来，我国在梨、苹果、桃、葡萄等果树栽培中，套袋技术得以广泛应用。以苹果为例，将套袋的技术方法介绍如下（步骤如图 2-6-1）。

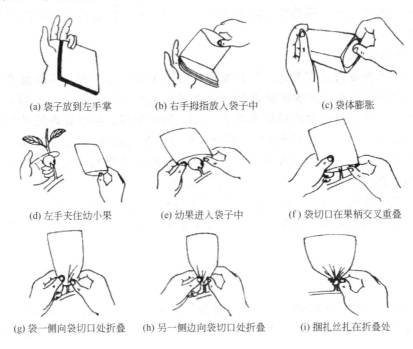

(a) 袋子放到左手掌　　　　(b) 右手拇指放入袋子中　　　　(c) 袋体膨胀

(d) 左手夹住幼小果　　　　(e) 幼果进入袋子中　　　　(f) 袋切口在果柄交叉重叠

(g) 袋一侧向袋切口处折叠　　(h) 另一侧边向袋切口处折叠　　(i) 捆扎丝扎在折叠处

图 2-6-1　果实套袋操作步骤

① 纸袋选择：纸袋的纸质需是全木浆纸，具有耐水性强、耐日晒、不易变形、经风吹雨淋不易破裂等优点。纸袋若经过药剂处理，还可防止病虫为害果实。对较难着色的红色品种，如长富 2、秋富 1、北海道 9 号、北斗等，宜选套双层纸袋，外层袋的外表面为灰、绿等颜色，里表面为黑色；内层袋为蜡质红色袋，不封底筒。对较易着色的品种如元帅系短枝型品种、新乔纳金、千秋、嘎拉等，可选用单层纸袋，其外表面为灰、绿等颜色，里表面为黑色，也可用外层为灰、绿色，内层为蜡质黑色的双层袋。对于黄、绿色品种，如金冠、金矮生、王林、白龙等及梨的一些品种，为了保持果实表皮细嫩及防止果锈等，多选用具有透光性能的蜡质黄褐色条纹纸袋，也可用蜡质白色纸袋。

② 套袋和除袋：套袋工作应在定果后两周内完成，为防止产生果锈，促使果点变小，应在果锈发生前，即在落花后 10d 开始套袋，如为防金冠果锈应越早越好。套袋前 3～5d 将成捆果袋用单层报纸包好埋入湿润袋体，并喷水少许于袋口处，以利扎紧袋口。还应对树体喷一遍杀虫、杀菌剂，套袋时应在早晨露水已干及果实不附着水滴或药滴后进行，防止产生药害。套袋时，按照"由难到易、先上后下、先内膛后外围"的顺序进行。具体方法是选定幼果后，小心地除去附着在幼果上的花瓣及其他杂物，然后手托纸袋，先撑开袋口，或用嘴吹开，使袋底两角的通风放水孔张开，袋体膨起；手执袋口下 3cm 左右处，然后将果柄从袋口处插入袋的中央，把袋口收缩用铁丝或其他材料将袋口扎紧。另外套袋时还应注意：一是用力方向始终向上，用力宜轻，二是不要把叶片套在袋内，三是不要把扎丝绑在果柄上，四是一定把果实置于袋的中央，不可靠在袋上，五是袋口要扎紧，以免进水或被风吹掉。

除袋时间多在果实采收前 30d 左右。除去单层袋时，可将纸袋撕成伞状，保留在果实上 2～3d；除去双层纸袋时，应先将外层袋连同铁丝全部除掉，内层袋保留 3～5d。当果实已适应外界条件时，再将纸袋全部除掉，防止一次除袋果实发生日灼。一天中除袋时间以果面温度较高时（10～16 时）进行为宜。除袋以后，容易着色的红色品种，15d 左右可充分着色；较难着色的红色品种，除袋后 25d 左右便可着色良好。除袋以后，若能配合转果、摘叶，效果更佳。

（5）应用植物生长调节剂

应用生长调节剂促进果实着色，是目前推广应用于果树生产的一项新技术。有研究报道，于采收前 15～20d 对大久保桃喷施 200mg/L 的果宝素（Ethycholzate）后，极显著地提高了果实的着色指数，且比对照提早成熟 3～10d。研究发现，经过处理的果实乙烯含量增加，从而导致果实中糖分的积累和多糖的转化，促进了花色素的形成。日本资料认为，在葡萄果实转色期用 500mg/L 的 ABA 处理果实，可有效地促进果实着色。有关植物生长调节剂促进果实着色的技术目前还不成熟，还需进一步探索。

除上述提高果实着色的技术外，适当推迟采收期、采前果园喷水降温等方法，也有增加果实中糖分的积累和促进着色的效果。如把果实采下后进行人工着色处理，也可取得较好效果。

三、改善果面光洁度

在果实发育过程中，常因管理措施不当或受外界条件影响，导致果实表面粗糙，形成锈斑、微裂或摩擦伤，影响果实的外观，降低商品价值。造成果面不光洁的因素很多，解决途径可从以下几个方面入手。

1. 果实套袋

套袋可有效地保护果实免遭病虫为害、空气和药剂污染及枝叶摩擦伤，使果面光洁细嫩、色泽鲜艳、锈斑减少，且果点小而少。河北省农林科学院石家庄果树研究所和邯郸高等农业专科学校经多年研究证明，套袋鸭梨可消除果锈，果点变小而少，且果点的颜色变淡，果面光洁度高。安徽省农业科学院园艺研究所对日本梨套袋试验表明，套袋梨锈病果率和虫果率分别为 2.6% 和 4.3%，而不套袋处理分别为 12.7% 和 34.6%。套袋还可减轻金冠果锈，减少果实发病率。

2. 合理施用农药和其他喷施物

农药及一些叶面喷施物施用时期或浓度不当，往往会刺激果面变粗糙，甚至发生药害，影响果面的光洁和果品性状。如金冠苹果幼果期喷施波尔多液或尿素，可加重果锈的发生；梨幼果期喷施代森锰锌，也易导致果实表皮粗糙。实践表明，多种药剂搭配不当和混喷，均会带来果面不光洁的后果。

3. 喷施果面保护剂和采后洗果

苹果喷施 500～800 倍高脂膜或 200 倍石蜡乳剂等，均可减少果面锈斑或果皮微裂，对提高果实的外观品质明显有利。再者，果实采收后及分级包装前进行洗果，可洗去果面附着的水锈、药斑及其他污染物，保持果面洁净光亮。

【知识链接】

如何挑选果袋

首先，应根据自己套袋的果品进行市场定位和品种定位。市场定位应根据当地的实际情况和果园情况等综合因素决定，生产高档果、生态条件好、管理规范的果园应选择进口或国产名优果袋，大众消费选择一般果袋。品种定位就是根据不同品种选择适宜果袋，只是为保证果面光洁无锈，不着色品种可选择单层纸袋，着色品种则选用双层或单层内黑纸袋。

其次，检查纸袋外观。袋面平展、不开胶、无皱折，外袋长 19cm、宽 15cm，外侧多为灰色，黄色，灰黄或灰绿色，内侧为黑色，内袋的宽度应比外袋宽小 5mm 或紧贴，均为红色。纸袋下部两个角各有 1 个通气孔。袋口一边粘有长 4cm 的封口铁线，袋底中央有一半圆形缺口，缺口中央又有 2~3cm 长的纵切口，内外袋缺切口必须对齐。

最后，检查果袋质量。外袋为木浆原纸，手感柔软，强光下可见纸质网纹均匀，透气，水孔大小合理，内袋为红色压光蜡纸，涂蜡细腻均匀且厚度适宜，滤光均匀一致，无明显亮斑。用水（仿自然的雨水）浇外侧外袋，纸面水呈水珠状，说明疏水防水性好；呈片状说明防水性差，水浸湿纸更差。把外纸严实盖在开水杯口上，纸面冒气透气性好，反之较差。

任务 2.6.3 ▶▶ 果实的商品化处理

任务提出

通过对当地主种果树果实采收后的处理，掌握果实采后处理程序。

任务分析

果实商品化处理分为采收、分级、包装三个阶段，通过掌握各个阶段关键技术要点，提高果品的商品性，增加经济效益。

任务实施

【材料与工具准备】

1. 材料：当地主要的结果树。
2. 用具：采果袋（或篮）、采果剪、包装容器、果实分级板、包果纸、采果梯。

【实施过程】

1. 采收

（1）果实成熟度判断　根据对果实的不同要求结合不同成熟度的特点，确定合适的采收期。

（2）采收方法　采收苹果、梨、桃等时可用手托住果实，食指顶住果柄末端轻轻上翘，果柄便与果台分离；采收葡萄等果实时，可用剪子或手将整穗果实摘下；采收枣、核桃、板栗等果实时直接打落。

（3）采收顺序　先采树冠外围和下部，后采内膛与上部。

2. 分级

果实采下后放入容器中，运往阴凉的场所，然后按果品分级标准进行分级。

3. 包装

（1）包装容器　我国水果采用的外包装材料主要有五种类型：筐、木箱、纸板箱、瓦楞纸板箱、塑料箱；用于内包装的材料主要有：植物材料、纸、塑料。内包装纸包括包纸、纸托盘和插板纸等。也有用柔软的刨花，泡沫塑料或纤维素表层等做内包装。

（2）包装方法　包装方法应根据种类而异，如苹果是先将果实用纸包好，包果时将苹果放入纸中央，果梗朝上，使纸的四个角都搭在果梗上，包好后放入外包装容器中，最后在外包装容器上标明果实名称、等级、重量和产地等。外销果品装果时必须按规定执行。

【注意事项】

果实采收时切忌硬拉硬拽；应本着轻摘、轻放、轻装、轻卸的原则；不宜在有雨、有雾或露水未干前进行、应选择好天气采果。

理论认知 👆

果实采收，是果园管理最后一个环节，如果采收不当，不仅降低产量，而且影响果实的耐贮性和产品质量，甚至影响来年的产量。因此，必须对采收工作给予足够重视，提前一个月左右拟订好采收计划和做好相应的准备工作。

一、确定适宜采收期

采收期的早晚对果实的产量、品质以及耐贮性有很大的影响。采收过早，产量低、品质差、耐贮性降低。高温期采收果实，由于呼吸率高，果肉易松软变绵，不利贮藏，所以采收越早，损失越大。过晚采收，果肉硬度下降，影响贮运，同时减少树体贮藏养分的积累。因此，只有正确确定果实成熟度，适时采收，才能获得质量好、产量高的果实。

根据不同的用途，果实成熟度可分为 3 种。一是可采成熟度。果实大小已定型，但其应有的风味和香气尚未充分表现出来，肉质硬，适于贮运和罐藏、蜜饯加工。二是食用成熟度。果实已经成熟，并表现出该品种应有的色香味。这一成熟度采收，适于当地销售，不宜于长途运输或贮藏。但适用制作果汁、果酱、果酒的原料。三是生理成熟度。果实在生理上已达充分成熟阶段，果实肉质松绵，种子充分成熟。此时，果实化学成分的水解作用加强，营养价值降低，风味淡薄，多作采种用。以种子为食用的板栗、核桃等干果适于此时采收。

果实成熟过程中，果皮色泽有明显的变化。我国果产区大多是根据果皮颜色的变化来决定采收期，方法简便，易于掌握。判断果实成熟度的色泽指标，是以果面底色和彩色变化为依据。绿色品种主要表现底色由深绿变浅绿再变为黄色，即达成熟。但不同种类、品种间有较大差异。红色果实则以果面红色的着色状况为果实成熟度重要指标之一。另外，生产实践中常用的判定方法还有，通过果实的硬度、含糖量及生长日数等进行判断，并从市场需求、贮藏、运输和加工等不同用途的需要出发，加以综合考虑，才能对成熟度和采收期有比较正确的判断。

二、果实采收方法

1. 人工采收

果实采收时，为减少人为损失，要按照先下后上、先外后内顺序进行。防止采收过程中的指甲伤、碰伤、擦伤、压伤等一切机械损伤，还要防止折断果枝、碰掉花芽和叶芽，以免影响次年产量。对果柄与果枝容易分离的仁果类、核果类果实，可以用手采摘。采收时果实应保留果柄，无果柄的果实不仅降低果品等级，而且不耐贮藏。果柄与果枝结合较牢固的如葡萄、柑橘等，可用剪刀采果。板栗、核桃等干果，可用木杆由内向外顺枝震落，然后捡拾。

为保证果品质量，采收中应尽量使果实完整无损，供采果用的筐（篓）或箱内部应衬垫蒲包、袋片等软物。采果和捡果时要轻拿轻放，尽量减少转换筐（篓）的次数，运输过程中要防止挤、压、抛、碰、撞。

2. 机械采收

国外对某些果树采取机械采收，主要方法是振动法：用拖拉机附带一个器械夹住树干，用振动器将果实振落，并用下面收集架的滚筒收集到箱内。不同的果品采用不同类型的振动器和收集架，不同树种所需振幅与频率也不同。振动法适用于加工用的果品，鲜食用果实易受损伤，不宜采用。为子便于机械采收，一些国家广泛应用化学物质促使果柄松动（如用乙烯利），然后振动采收。另外，国外应用较为普遍的还有台式采收，采果者站在可升降的采果台上完成采果任务。

三、采后处理

1. 洗果消毒

果实在发育期间，果面常被喷洒防治病虫的农药所污染，也容易附着各种病菌，危害人体健康和影响果面美观。因此，果实在采收后必需进行果面清洗消毒，以保证果品的洁净卫生和美观。理想的洗果消毒剂，必须是可溶于水、具有广谱性，且长时间保持活性，对果实无药害，不影响可食风味，对食用者无毒性残留等。常用洗果剂列举如下，可根据不同果实选择相应洗果剂。

（1）常用的去药污洗果剂　①稀盐酸 $0.5\%\sim1.5\%$，常作为苹果、梨等果实的洗果剂，能溶解铅等，但不易去除油脂类污垢，而且对金属洗果机有腐蚀性。②稀盐酸 1% + 食盐 1%，浸果 $5\sim6min$，可增加铅等的溶解度，并使果实在洗果机中浮于水面，便于洗果。③高锰酸钾溶液 0.1% 或漂白粉 $600mg/L$，在常温下浸泡果实数分钟，再用清水洗去化学药品。

（2）常用的杀菌防病洗果剂　①酸性洗果剂，如盐酸 1%，对苹果、梨有防病作用。②氧化溶液，如次氯酸钠 3%，可杀灭真菌。③其他洗果剂，如硼砂 $3\%\sim8\%$，月石洗涤剂 5%，醋酸铜 1.5%，均可保护伤口，杀灭细菌。

2. 果实分级

为了更好地满足市场需求，需要根据果实的大小、重量、色泽、形状、成熟度、病虫害及机械损伤等情况，按照国家规定的分级标准，进行严格挑选、划分等级。通过分级，可使果品规格、质量一致，实现生产和销售标准化。

（1）分级标准　果品分级的主要项目，因种类、品种不同而有差异，不同的国家分级标准也不尽一致。我国是在果形、新鲜度、颜色、品质、病虫害和机械伤等方面符合要求的基础上，再按果实大小进行分级，即根据果实的最大横径，区分为若干等级，每差 5mm 为一组。如我国外销的红星苹果，山东、河北两省均从 $65\sim90mm$，分为 5 组；河南从 $60\sim85mm$，分成 5 组。

（2）分级方法　各国均采用人工分级与机械分级相结合的方法。我国外销果品，先按规格要求进行人工挑选分级，再用果实分级机或分级板按果实横径分级。分级板是长方形木板，上有直径不同的圆孔，根据各种果实大小决定最小和最大孔径，顺次每孔直径增加 5mm，分出各级果实。人工分级效率较低，不适于大规模商品性生产和销售。目前使用的分级机一般有 3 种：果实大小分级机、果实重量分级机和光电分级机。其中光电分级机，可根据果色和重量等逐个确定等级，工作效率很高。

3. 果实涂蜡

涂蜡可增加果皮的光亮度，美化外观，提高商品价值；减少果实水分的蒸发，防止果皮皱缩，保持新鲜状态；减少与空气接触，降低呼吸强度，保持果实硬度和品质。还可以保护果实防止微生物侵染，减少腐烂。目前，在多数发达国家生产的苹果、梨等果实，在出售以前都进行涂蜡处理，以提高果实品质和商品价值。近几年，我国在这方面也做了一定的尝试，同样收到了良好效果。

四、果实包装及运输

1. 果实包装

包装好的果实可减少在运输、贮藏和销售过程中的互相摩擦，挤压、碰撞等所造成的损伤；还可减少果实水分蒸发，病害蔓延；保持果实美观新鲜，提高耐贮运能力。

包装容器应具有保护果实的质量、防止机械损伤和果实污染、牢固美观、便于搬运和贮藏堆码而又适于运销特性，即符合外贸部门要求的"科学、经济、牢固、美观、适销"。包装容器的规格和类型依使用目的和对象而确定，内销的多用纸箱包装，每箱果净重分别为10kg、15kg和20kg不等，一般为瓦楞纤维板纸箱。该箱成本低，质地软，易受潮，适宜近距离运输。出口苹果用的纸箱，分每箱 80 个、96 个、120 个、140 个和 160 个装，净重18kg 左右，这些纸箱多为以木材纤维作基料制成的果箱及钙塑瓦楞箱，也有少部分用普通瓦楞纸箱。外销葡萄多用小木箱，箱内径长 40cm、宽 30cm、高 17cm，每箱葡萄净重10kg，箱板厚 1cm，箱面用宽木条，间隔 1.5cm 间隙加工而成，以利通风。国外最近研究出一种用玻璃纤维强化的塑料箱子，具有不易滋生病菌的特点，作为果实包装容器效果很好。

2. 果品运输

果实包装后，需采用各种运输工具将果品从产地运到销售地或贮藏库。运输过程中要尽量做到快装、快运和快卸，不论利用什么运输工具，都应尽可能保持适宜的温度、湿度及通气条件，这对于保持果品的新鲜品质有着十分重要的意义。特别是盛夏高温和严冬低温季节，要注意采取防热和防冻措施，以及调节好运输过程中产生的二氧化碳和乙烯等气体，防止生理性病害的发生。一些先进国家，为减少倒装工序和果实损失，并节省运输时间，采取果实采下后便很快进入冷库，从冷库→运输→销售→家庭都有冷藏装备，称为冷藏链，这对保持果实的新鲜品质十分有效。

【知识链接】

涂　蜡

涂蜡就是在果实的表面涂一层薄而均匀的果蜡，也称涂膜，果面上涂的果蜡是可食性液体保鲜剂，经烘干固化后，形成一层鲜亮的半透性薄膜，用以保护果面，抑制呼吸，从而减少营养物质的消耗，延缓萎蔫和衰老，抵御病菌侵染，防止腐烂变质，从而改善果品商品性状，更重要的是增进表面色泽，改善外观，提高商品价值。

涂蜡剂种类主要有石蜡类物质的乳化蜡、虫胶蜡和水果蜡等。涂蜡方法可采用人工涂蜡和机械涂蜡两种。清洗后的苹果，数量不大时，可采用人工涂蜡，即将果实浸蘸到配好的涂料中取出即可，或用软刷、棉布等蘸取涂料，均匀抹于果面上，涂后揩去多余蜡液。处理苹果数量大时，最好用机械涂蜡，以提高涂蜡质量和工作效率。在涂蜡机上，安装于机器顶部的蜡液注射机喷射雾化良好的蜡液，蜡流量可由空气压强器进行调节，涂蜡毛刷可使果蜡液均匀涂于果面。

目前应用的大多数蜡涂料都以石蜡和巴西棕榈蜡混合作为基础原料，石蜡可以很好地控制失水，而巴西棕榈蜡能使果实产生诱人的光泽。近年来，含有聚乙烯、合成树脂物质、乳化剂和润湿剂的蜡涂料逐渐应用，它们常作为杀菌剂的载体或作为防止衰老、生理失调和发芽抑制剂的载体。北京化工研究院研制出的 CFW 果蜡又称吗啉脂肪酸果蜡，是一种水溶性的果蜡，可以作为水果和蔬菜采后商品化处理的涂蜡保鲜剂，其质量已达到国外同类产品水平。

任务 2.6.4 ▶▶ 果树人工授粉

任务提出

以盛果期的苹果树为例，通过人工授粉完成授粉受精。

任务分析

当遇到不良天气或缺少授粉树时，采取人工授粉能弥补授粉不足，可明显提高果树坐果率和产量。

任务实施

【材料与工具准备】

1. 材料：苹果结果树。

2. 用具：塑料瓶、采花用塑料袋、授粉用工具、白纸、干燥器、农用喷粉器、喷雾器。

【实施过程】

1. 选择合适的授粉品种

选择与主栽品种亲和力强、开花期早或相近的品种作为采花树种。

2. 采集花蕾

在主栽品种开花前 1～3d，选取采花树种上含苞待放的铃铛花或刚开的花，将花蕾从花柄处摘下。

3. 取花粉。

4. 人工授粉方法

（1）人工点授　在主栽品种的盛花初期，将花粉装在玻璃瓶内，用授粉工具从瓶里蘸取花粉，在初开的花朵柱头上轻轻一点即可。

（2）机械授粉　常采用喷雾和喷粉两种方法。

理论认知

一、人工授粉

1. 人工授粉的意义

多数品种有自花不实的现象，需要异花授粉，尤其在花期遇到阴雨、低温、大风及干热风等不良天气时，会造成严重授粉不足，如能进行人工辅助授粉，可显著提高坐果率和产量，并能改善果实品质。

2. 花粉采集

在主栽品种开花前，选择适宜的授粉品种，采集含苞待放的铃铛花或刚开的花，去除花瓣，将两花相对，互相揉搓，把花药接在光滑的纸上，去除花丝、花瓣等杂物，准备取粉。

取粉的方法有三种：①阴干取粉。将花药均匀摊在光滑洁净的纸上，放在相对湿度60%～80%、温度20～25℃的通风房间内，经2d左右花药就能自行开裂，散出黄色的花粉。②火炕增温取粉。在火炕上垫上厚纸板，再放上光滑洁净的白纸，将花药均匀地摊在上面，保持温度在22～25℃，一般1d左右即可散粉。③温箱取粉。找一纸箱（或木箱等），箱底铺一张光洁的纸板，摊上花药，上面悬挂一个60～100W的灯泡，调整灯泡高度，使箱底温度保持22～25℃，经24h左右即可散粉。干燥好的花粉连同花药壳一起收集在干燥的玻璃瓶中，放在阴凉干燥的地方备用。每10kg鲜花能出1kg鲜花药，每5kg鲜花药在阴干后能出1kg干花粉（含干花药壳），可供2～3hm²果园授粉用。

3. 授粉方法

授粉一般在初花期和盛花期分两次进行，效果较好。授粉时间在上午9时至下午4时之间进行。为了节约花粉，在授粉前可与2～3倍的滑石粉（或淀粉）混合后使用。常用授粉方法有人工点授、机械喷粉和掸授粉、液体授粉等。

（1）人工点授　用旧报纸圈成铅笔样的硬纸棒，一端磨细成削好的铅笔样，用来蘸取花粉，或用毛笔及铅笔的橡皮头蘸取花粉。授粉时将蘸有花粉的纸棒向初开的花心轻轻一点就行，一次蘸粉可点3～5朵花，一般每花序授1～2朵。

（2）机械喷粉和掸授粉　为节省人工可在花粉中加入50～250倍填充剂（滑石粉），用农用喷粉器喷，要现配现用。也可在长杆一端用稻草绑成掸子状，外面用白毛巾包紧，用毛巾端在授粉品种和主栽品种之间交替滚动，以达授粉目的。此法简便易行，速度快，但效果不及人工点授。

（3）液体授粉　将花粉过筛，去除花药壳等杂物，1kg水加花粉2g、糖50g、尿素3g、硼砂2g，配成悬浮液，用超低量喷雾器喷雾。每株结果树喷0.15～0.25kg花粉悬浮液。一般要求在全树花朵开放60%左右时喷雾为好，喷雾要均匀周到，悬浮液必须随配随用。

二、壁蜂授粉

利用壁蜂为多种果树授粉，不仅能解脱繁重的人工劳动，大大提高授粉工效，还能避免产生对授粉时间掌握不准和对树梢及内膛授粉操作不便等弊端，较好地提高果品产量和质量，具有很好的生产应用价值。

（一）壁蜂种类

我国专门为果树授粉的壁蜂有5种，分别是紫壁蜂、凹唇壁蜂、角额壁蜂、叉壁蜂、壮壁蜂。

（二）壁蜂的生活史

5种壁蜂的生活史都是1年发生1代。卵、幼虫、蛹均在巢管内的茧中生长发育，成蜂羽化时不出茧，而是以滞育状态继续待在茧内度过秋天和冬天，属于典型的"绝对滞育"昆虫，当温度上升至12℃以上，茧内睡眠的成蜂立即苏醒，破茧出巢，开始访花营巢和繁殖后代等一系列活动，各种壁蜂活动温度不同，凹唇壁蜂飞行活动的温度为12～14℃、角额壁蜂为14～16℃、紫壁蜂为16～17℃。

（三）壁蜂的管理及释放技术

1. 贮存期间的管理

（1）夏季至越冬前的管理　果园花朵全部谢花以后，放蜂果园中的壁蜂巢管应及时收回。收回时应彻底清理蚂蚁、蜘蛛类及躲在巢管中的各种鳞翅目和鞘翅目昆虫，然后放入纱袋中挂在阴凉、通风的室内保存，以杜绝上述害虫在室内继续为害巢管内生长发育的各虫态壁蜂。

（2）冬季至春季释放前的管理

① 冬季管理：不得在壁蜂贮存场所加温生火，以免壁蜂解除滞育。在甘肃、新疆地区，壁蜂贮存场所的最低温度，不得低于−15℃，否则不能安全越冬。

② 春季冷藏管理：为了达到利用壁蜂为果树授粉的目的，必须使成蜂出茧活动时间完全与果树花期相遇。因此，在早春气温回升时应将蜂茧移入 0～4℃ 的低温下继续冷藏，常用制冷设备有冷库、冰箱、冷柜等，都可以冷藏蜂茧。

2. 巢管材料的选择与制作

（1）巢管材料的选择　我国多选用芦苇作巢管，也有用纸制作纸巢管。由于壁蜂种类不同，其巢管内径大小各异，紫壁蜂选择内径 5～6.5mm 的巢管营巢；凹唇壁蜂 6～7mm，角额壁蜂 6～6.8mm，各地区制巢管时，应根据蜂种因地制宜地选择巢材。

（2）巢管的制作

① 芦苇管制作：选适合应用蜂种营巢内径的芦苇，锯成 16～18cm 长的芦管，管的一端留节，一端开口，管口用砂轮磨平，或在烧红了的铁板上烫平，不留毛刺。然后选择无虫孔的芦管，将管口染成红、绿、黄、白四种颜色，其比例为 20：15：10：5，经选材、锯短、磨平、上色四道工序，芦苇巢管便制成了。然后将芦苇巢管每 50 支用细绳、细铁丝捆成一捆备用。

② 纸巢管的制作：内层用牛皮纸，外层用报纸，以 6.3～6.5mm 的竹棍、玻璃棒或其他金属棒作轴心，卷成管壁厚 1.5mm，内径 6.5mm，管长 16cm 的纸管，再用砂轮将纸管两端管口磨平，再涂色，方法同上。然后将染有各种颜色的巢管按比例混合，50 支扎成一捆，没有染色的另一端为巢捆的底部，涂上胶水或白乳胶，先用较软的纸将巢捆底部封实，待胶水全部风干黏固后，再黏一层硬纸板即成。注意不要用自制普通糨糊，因其不含防腐剂。也不能用商品糨糊作黏糊剂，因其含福尔马林，壁蜂不喜欢这个药味。

巢管口涂色是给壁蜂回巢时作标记。要求芦苇管口不留毛刺，纸管巢口平整光滑，以便于壁蜂顺利进入和退出巢管，避免受伤。

3. 巢箱的种类与制作

（1）巢捆式的巢箱　有三种：一是用硬纸箱改作，但在纸箱外面必须包裹一层塑料薄膜以挡风雨；二是用木板钉成的木质巢箱；三是用砖石砌成永久性的巢箱。它们的体积均为 20cm×26cm×20cm，5 面封闭，1 面开口。

巢管捆在巢箱中的排列方法，一般是先在巢箱底部放 3 捆巢管，在巢捆上面放一硬纸板，并突出巢管 1～2cm，在硬纸板上再放 3 捆巢管，同样再放一硬纸板，在巢箱上部的两个内侧面用石块或木条将纸板和巢捆牢牢地固定在巢箱中，使巢捆不活动，以免影响壁蜂营巢。巢箱顶部与巢捆间留一定空隙，供放蜂时安放蜂茧盒之用。

（2）多层巢管排列的阶梯式巢箱　先用制作好的巢管整齐地排列在硬纸板上，用胶水固定，每层纸板的巢管数约为 30 支。在排列和固定巢管时务必在巢管口前留出 1cm 的硬纸板，上面的硬纸边缘与下层的巢管口齐。由 8～10cm 巢管及纸板叠在纸箱、木箱或砖砌成的巢箱内，呈阶梯状。

4. 蜂茧盒的选择与制作

目前我国释放壁蜂为果树授粉主要采用多茧群体释放法，将释放的壁蜂茧，按规定数分装在每个纸盒内。不管是纸巢箱还是用砖砌成的永久性巢箱，巢管捆的顶部都留出 5cm×10cm 的空隙，作为释放壁蜂时放蜂茧盒的地方。装蜂茧用的纸箱可专门制作，但一般选用现成的医用装注射液的针剂小盒即可。这些纸盒不论是长方形的、正方形的，或大或小都没有关系，只要清洁干净、没有异味即可利用。去掉纸盒内的纸垫，在纸盒的一侧穿 3 个直径 0.65cm 的小孔以供壁蜂破茧后从小孔中爬出。

5. 果园中设巢

根据壁蜂的野生独栖习性，结合我国果树的栽培特点，不管是山地果园还是平地果园释放壁蜂为果树授粉，一律采用 300～400 支巢管/箱的中等巢箱，在放蜂的边缘地区使用小巢箱（100～200 支巢管/箱），北方各省采用中、小型巢箱设巢释放壁蜂为果树授粉。壁蜂个体数与巢数之比大体是 1:（3～3.5），除注意巢箱大小配合和设置距离外，还应注意设巢高度不低于 30cm，巢管口的朝向以朝南或朝西为最好。

6. 种植开花植物

其目的主要是为早出茧的壁蜂提供花粉蜜源，以免它们飞往别处觅食，造成释放壁蜂的飞失和果园蜂量的减少。种植的种类有：薹菜、带帮的白菜花、萝卜头、冬春油菜、草莓等，这些带花的十字花科和草莓均能在 4 月上中旬果树开花前开花，为壁蜂提供蜜源。种植时间为：草莓在前一年夏秋季种植，薹菜和冬油菜在 9 月中旬～10 月上旬播种，白菜花和萝卜头的栽种时间是在当年早春 3 月上旬和中旬，种植密度为每 26～30m 处栽 3～5 株即可。

7. 释放技术

（1）释放蜂茧时间　首先必须依据当地气候、地形和果园类型，测出果树当年准确的开花时间，才能确定正确的放蜂时间。其次，依据壁蜂的贮存温度、雌雄成蜂破茧出巢的持续时间、蜂群活动及果园类型等综合因素，决定放蜂次数及时间。

① 多种果树混栽果园：一般进行两次放蜂，第一次放蜂是以最早开花的杏树为准，发现杏树花蕾露红时即是第一次释放壁蜂茧的最佳时间。第二次放蜂的适宜时间以梨树初花时释放为好。

② 单一树种果园：实行一次放蜂，要在果树开花前 7～8d 释放蜂茧。

（2）释放数量　必须依据果园不同情况决定其放蜂量。

① 初果期幼龄果园、盛果期结果大年的果园应当少放，每亩放蜂量为 60 头蜂茧。

② 授粉树少的果园、坐果率低的果园、结果小年的果园应增加蜂量，每亩放蜂量为 80～100 头蜂茧。

③ 大棚温室桃、樱桃、草莓，每亩放蜂量以 400 头为宜。

（3）释放方法

① 单蜂茧释放法：将蜂茧从冷藏设备中取出后带入放蜂园中，用镊子逐个将壁蜂茧放入巢管中，每支巢管放 1 头。将壁蜂茧钳入巢管时，应注意使蜂茧的茧突露出巢管口外，以

利于成蜂破茧后顺利出巢。其优点是壁蜂不易飞失，缺点是工作量大。

② 多蜂茧释放法：根据果园放蜂量及所设置的巢箱数，准备好蜂茧盒，从冷藏设备中取出蜂茧，分装在有小孔（6.5mm）的纸盒内送至果园中，置入每个巢箱中的巢管顶部缝隙内，蜂茧盒有小孔的一侧朝外，成蜂破茧后从小孔爬出。多数雌蜂在释放巢箱及其附近寻找巢管营巢，也有飞回蜂茧盒栖息或营巢。因此每天必须打开蜂茧盒，清除已破茧而未飞出蜂茧盒的成蜂和茧壳。其优点是节省劳动力，短时间内就能完成工作。

8. 壁蜂活动时间的田间管理

（1）挖坑提供温润土壤　五种壁蜂除紫壁蜂采用叶片咬碎成浆构筑巢室外，其他的几种均用采集湿泥土构筑巢室。它们喜欢选择巢箱附近的水沟边、流水道或梯壁钻深孔筑巢。

（2）人工协助壁蜂破茧出巢　释放蜂茧第 8d 后开始对未出成蜂茧进行人工剖茧，以帮助成蜂顺利地出巢活动，提高壁蜂利用率，其方法是用小剪刀在茧突下面剪一小口，再用小镊子将茧盖揭掉，使成蜂顺利地出茧活动。

（3）防治各种天敌为害。

（4）防止雨水淋湿巢箱　在果树开花季节，风雨较多的地区，在纸巢箱外面包一层塑料薄膜防雨水，或在其顶上搭防雨棚。

（5）收回巢箱、巢管应注意的事项　收回巢管的最佳时间应在果树全部谢花后 5～7d。收回巢管时，用人背或肩挑运回，轻收轻放，防止剧烈震动，巢管要平放。

任务 2.6.5 ▶▶ 植物生长调节剂的应用

任务提出

通过当地果树的实际应用，能初步掌握果树生产上常用生长调节剂的配制和操作技术。

任务分析

生长调节剂种类很多，用法、用量以及使用时间需要严格控制，此项任务关键在熟悉生长调节剂的应用技术以及如何配制。

任务实施

【材料与工具准备】

1. 材料：乙烯利、B₉、赤霉素、萘乙酸、2,4-D、吲哚乙酸、吲哚丁酸等生长调节剂；70％酒精、蒸馏水、羊毛脂、0.1mol/L 氢氧化钠。

2. 用具：100mL 定量瓶、天平、大小烧杯、温度计、酒精灯、玻璃棒、有色玻璃广口瓶、胶水、喷雾器等用具。

【实施过程】

1. 生长调节剂的应用

（1）扦插生根。

（2）抑制新梢生长，促进花芽形成。

（3）促进坐果，增大果实。

（4）提前或推迟果实成熟。

（5）防止采前落果。

（6）幼树整形，增加枝量。

2. 室内药剂配制

（1）配制水剂　对不易溶于水的药品如赤霉素、萘乙酸等按照以下步骤进行。

① 称取药品：用天平称取所需药品量。

② 溶解药品：将药品放入小烧杯中，倒入70%酒精至药品完全溶解。

③ 热水稀释：将50～60mL热水倒入大烧杯中，立即将溶解后的药品用玻璃棒边搅拌边缓慢倒入，然后倒入100mL的烧杯中，加入热水至刻度即成一定浓度的母液（也可用0.1mol/L的NaOH溶解，再用水稀释至所需浓度）。

④ 装瓶备用：配后将母液用有色玻璃瓶收藏，盖紧瓶塞，贴好标签，放于阴凉处备用（低浓度药液要随配随用）。

（2）配制羊毛乳剂　先将一定量的羊毛脂与硬脂酸加热溶解后进行搅拌，同时将生长调节剂溶解于70～80℃三乙醇胺中，在温热状态下，将后者加入前者中进行搅拌，随后将同温度的水，在强烈搅拌下缓缓加入上述混合物中，使之成为乳剂。再把冷水加入乳剂中，使之达到所需的浓度。配制的乳剂可放在冰箱或冷库中低温保存。

（3）果园应用　生长调节剂的使用方法有喷布、涂抹、浸蘸、茎干包扎、土壤处理和注射。实习时以药液喷布为主，也可结合自身条件选做其他方法。

【注意事项】

1. 本实习分室内和室外两次进行，室外实习时所需母液浓度在室内提前准备。

2. 室外实习时可采用不同浓度实验进行效果对比。

理论认知 ☞

由植物自身合成，并能从合成部位移动到其他部位，尽管浓度很低，却可以促进、抑制或改变某些生长和发育过程，这类物质统称为植物激素。把从植物体内提取出的植物激素或者按照植物激素的结构，人工合成相同的物质，或具有植物激素的功能和作用的物质，施于植物后，它的生长发育发生一些变化，这些物质就叫生长调节剂。植物激素和生长调节剂统称生长调节物质。生长调节剂根据其效应和结构分成五类，分别是生长素类、赤霉素类、细胞分裂素类、乙烯发生剂和生长抑制剂类。

一、生长调节剂在果树上的主要用途

1. 扦插生根

主要用于葡萄、猕猴桃、苹果矮化砧。常用药剂是生长素类中的吲哚丁酸（IBA）、萘乙酸（NAA）和萘乙酸钠。使用方法如下。

（1）高浓度快速浸蘸法　即将插条基部在高浓度的溶液中（500～1000μl/L）快速浸泡约5s，然后立即插于插床。

（2）低浓度浸泡法　一般用50～200μL/L的浓度，浸泡时间为8～24h，浓度高，浸泡时间短。

（3）蘸粉法　先将生长调节剂溶解于酒精。将滑石粉或黏土泡在含有生长调节剂有效成分1000～5000mg/kg的酒精中，酒精挥发即得到粉剂。插条蘸粉前要先将基部用水浸透，蘸后抖掉多余的粉。

2. 抑制新梢生长，促进花芽形成

主要是多效唑。

（1）使用范围　主要用于仁果类、核果类、柑橘类，效果明显，能使苹果幼树花芽增多，桃树成花节位降低，花芽节数增加，但在葡萄上不明显。

（2）使用方法　树冠喷布和土壤撒施。其中土壤施用持效期长，可达2～3年，用药量少，操作方便省工。另外也可用树干涂抹。此法只能对2～3年生幼树采用，方法是将药剂溶于无毒的有机溶剂制成高浓度溶液（1000μL/L），然后涂抹于尚未老化的主枝和主干上，每株用药0.1～0.25g。

（3）注意事项　只有旺树才能用，过弱树、1～2年生幼树不能用；最多连续用2年，若还需使用应停用1～2年后再恢复使用；用药量宁可小而不要过量；栽植过密果园不应寄希望于多效唑。应根据砧木和接穗品种的矮化程度确定合适的栽植距离。

3. 幼树整形，增加枝量

（1）促发新梢增加枝量，用人工合成的细胞分裂素（苄基腺嘌呤）或普诺马林（细胞分裂素＋赤霉素）在新梢旺长的6～7月份喷150～600μL/L后，5～7d副梢即萌发，一般可发5～7个，最多可发18个副梢。

（2）圃内整形，培育带分枝大苗：用150～600μL/L苄基腺嘌呤或普诺马林在苗长到合适高度（满足定干高度）时喷布可培育出基角较大的带分枝的苗木。

（3）定点定向使隐芽发出角度大的长枝，生长期用苄基腺嘌呤与羊毛脂配制的100μL/L的软膏涂抹在所需发枝的隐芽下方，可促使该隐芽萌发成枝。

4. 促进坐果，增大果实

用10～100μL/L赤霉素处理开花初期的山楂，可提高坐果率。处理因新梢生长旺而引起落果的巨峰葡萄也能提高坐果率。盛花期西洋梨、京白梨、酥梨分别使用50～100μL/L、20μL/L、25μL/L的赤霉素均可提高坐果率；用赤霉素5～20μL/L于盛花期第一次喷布，2周后再用20～40μL/L赤霉素喷布"无核白"葡萄，并结合母枝环割，使果粒增大1倍。

5. 防止采前落果

用20～40μL/L乙酸和1000～2000μL/L B9处理后，减少采前落果，增进着色。

6. 提前或推迟果实成熟

砂梨系统中，果实成熟前20～30d喷布100μL/L乙烯利；秋子梨系统用400～800μL/L乙烯利，弱树浓度底，旺树浓度高，于盛花后135～140d喷布，可提前14～20d成熟。

7. 防止大伤口徒长枝的萌发和根系生长

用0.5％～1.0％萘乙酸羊毛脂涂抹在大的剪锯口，可防止徒长枝萌发生长。对易产生根蘖的矮化砧，在根蘖长到20～30cm喷布1000mL/L萘乙酸，可有效抑制根蘖生长。

二、生长调节剂使用常识

（1）产品选择　购买生长调节剂时尽量购买近期出厂的产品，否则会因有效成分降低造成生产损失。

（2）环境条件　环境条件往往影响药剂被树体吸收，主要因素是温度、湿度。为使树体吸收效果好，应在傍晚或阴天喷布，避开高温干燥的中午。

（3）品种长势　不同品种、不同长势对生长调节剂的反应有差异，应区别对待。

（4）生长调节剂的应用技术

① 浓度：所用浓度较低，仅 $10\mu L/L$，配制时一定要细心计算，并经过两三次稀释至所需浓度。不溶于水的粉剂，先溶解在有机溶剂中，再稀释至所需浓度。

② 药液量：一般情况下应该尽可能保证树体各部分受药液量均匀一致。但疏花疏果时，常给花多果多处多喷些药液、内膛少喷来控制疏除量。

③ 喷药次数：一般说来低浓度多次喷布可以增加树体对生长调节剂的吸收。

④ 应用时间：果树不同的生长发育阶段内源激素水平及平衡关系不同，吸收药液的能力不同。

⑤ 应用方法：有喷布、浸蘸、涂抹、土壤处理、茎干包扎和注射。不同方法各有各的优点，效果差异很大，应引起重视。

⑥ 生长调节剂的混合使用或先后配合使用，要先做试验，不可单凭想象混用。

复习思考题

1. 简述套袋的基本程序。
2. 简述疏花疏果的意义及方法。
3. 提高果实品质的措施有哪些？
4. 简述生长调节剂在果树上应用的种类及作用。

模块三 北方主要果树生产技术

项目一 苹果的生产技术

▶▶ **知识目标**

了解苹果的优良品种及其生长结果习性，掌握苹果生产管理的关键技术。

▶▶ **技能目标**

能结合当地气候及土壤条件，选种适宜品种，并能掌握优质、丰产、高效的生产技术。

任务 3.1.1 ▶▶ 识别苹果的品种

任务提出 📖

利用果树地上部的植物学特征和生物学特性，准确识别当地主要苹果品种 5 个以上。

任务分析 📚

苹果品种丰富，如何准确描述其形态特征是品种识别的关键。

任务实施 ✨

【材料与工具准备】

1. 材料：苹果主要品种的幼树、结果树和成熟果实。

2. 用具：水果刀、卡尺、托盘天平、折光仪、记载表以及记载工具。

【实施过程】

1. 休眠期识别

（1）树冠　直立、半开张、开张，冠内枝条密度。

（2）树干　干性、树皮颜色、树皮裂纹及光滑程度。

（3）一年生枝　颜色、硬度、尖削度、皮孔（颜色、密度）。

（4）芽　花芽和叶芽的颜色、形状和茸毛，着生状态。

（5）枝条　萌芽力和成枝力，果台枝、果台大小。

2. 生长期识别

（1）叶　大小、形状、颜色、厚薄、叶缘锯齿单复与深浅、叶背茸毛多少、叶片向上卷、叶片向下卷、叶片平展、叶柄长短和颜色等。

（2）花　花色（花蕾色、初花色）、花序数、雄蕊数、花冠大小、腋花芽有无等。

（3）果实　大小（纵径和横径）、形状（圆形、长圆形、扁圆形、圆锥形）、果梗（粗细、长短）、梗洼（深浅、宽窄、有无锈斑）。

（4）萼片　脱落或宿存、闭合或开张。

（5）萼洼　深浅、宽窄、有无突起。

（6）果点　多少、颜色、大小、形状。

（7）果肉　颜色、质地（粗细、脆度、硬度）、风味（酸甜度、可溶性固形物）。

（8）种子　大小、形状、多少、颜色。

【注意事项】

1. 任务可分 2 次进行，一次在休眠期，一次在果实成熟期。花期观察可结合其他任务进行，如果实成熟期差别较大，也可集中在室内进行。

2. 每个品种特征很多，以掌握各品种的主要特征为主，以能识别出品种为目的。

3. 室内实习时，先观察外部特征，然后经过果实中心纵切和横切，观察相关项目，最后品尝果肉进行鉴评。

理论认知

苹果属于蔷薇科苹果属。全世界有 36 个种，原产于我国的有 23 个，生产上用于栽培和作砧木的主要是苹果、山定子、楸子、西府海棠、湖北海棠、新疆叶苹果等。目前全世界有苹果品种 10000 余种，但生产上的主要栽培品种仅 20 种左右。为便于研究和应用，人们常按不同的标准把这些品种分成不同的类型，如依据亲缘关系可分为元帅系、富士系、金冠系和三倍体系列等；依据生长习性可分为普通（乔化）品种和矮化（短枝型、矮化砧木）品种等。但生产上使用较多的是按照果实的成熟期所划分的极早熟、早熟、中熟、中晚熟和晚熟品种等。

一、早捷

原产美国，是优良的极早熟品种。果实近圆形，果点小，平均单果重 180～200g，最大 300g 以上。果皮底色乳白，着色全面鲜红，有光泽，十分艳丽。果肉细嫩、酥脆，果汁多，酸甜爽口，芳香浓郁，品质优良。果实花后 60d 成熟，郑州地区在 6 月 10 日前后。

该品种树势健壮，树姿开张，成枝力弱，萌芽力强，结果早，有腋花芽结果习性，成树后以短果枝结果为主，注意及时疏果。

二、藤木 1 号

美国品种，又名南部魁。1986 年由日本引入我国，在主要苹果产区都有引种试栽。该品种结果早，成熟早，较适合南部地区栽培；果个较大，平均单果重 160g；果实近圆形，萼部有不明显五棱凸起；果面光滑，底色黄绿，着粉红色条纹，外形整齐美观。果肉黄白色，肉质细而松脆，酸甜适口，有芳香；可溶性固形物含量 11％左右，品质中上等。郑州地区 7 月上旬果实成熟，室温下可贮藏 7～10d。

树势强健，幼树生长快，成枝力中等，可以采取多次重摘心促使发枝，利用部分腋花芽结果以缓和树势。定植后 2～3 年即可开花结果，结果后应适当疏花疏果，以增大果实。

三、华玉

中国农业科学院郑州果树研究所用藤木 1 号与嘎啦杂交培育而成。果实近圆形、整齐端正，平均单果重 196g。果面底色绿黄，着鲜红色条纹，着色面积 60％以上。果面平滑，蜡质多，无锈，有光泽。果肉黄白色，肉质细脆，汁液多，可溶性固形物含量 13.6％，风味酸甜适口，浓郁，有清香，品质上等。华玉果实在郑州地区于 7 月中旬上色、7 月下旬成熟，果实发育期 110～120d，果实在室温下可贮藏 10～15d。

该品种幼树生长旺盛，枝条健壮，定植后一般第二年即可成形。华玉枝条节间长，尖削度小，在长放条件下萌芽率和成枝力均高于嘎拉与美国 8 号，具有较好的早果性和丰产性。华玉幼树以中果枝和腋花芽结果为主，随树龄增大逐渐以短果枝和中果枝结果为主，果台副梢连续结果能力强。华玉花序坐果率高，生理落果轻，丰产、稳产，在授粉树配置合理的果园无需人工授粉即可达到丰产需求。

四、秦阳

西北农林科技大学园艺学院从皇家嘎拉实生苗中选出的早熟苹果新品种。该品种果实扁圆或近圆形，平均单果重 198g，最大 245g，果形端正。果面底色黄绿，着条纹红，光洁无锈，外观艳丽。果肉黄白色，肉质细，松脆，汁液多，风味甜，有香气，可溶性固形物含量 12.18％，品质佳。

该品种树势中庸偏旺，树姿较开张，萌芽率高，成枝力中等，易形成短枝。成龄树长、中、短枝和腋花芽均可结果，以短果枝结果为主。花序自然坐果率 93.33％，花朵自然坐果率 76.67％。在郑州地区果实于 7 月下旬成熟。该品种成熟期有不一致现象，采收时要分期、分批采收，采后及时包装预冷。

五、美国 8 号

美国品种，是纽约州农业试验站从嘎拉的杂交后代中选出来的优系。果实近圆形，平均单果重 200g，最大果重可达 650g；果面光洁无锈，底色乳黄，着鲜红色霞；果点较大，灰白色；果肉黄白，肉质细脆，多汁，硬度稍大，风味酸甜适口，香味浓；可溶性固形物含量 14％左右，品质上等。成熟期 8 月初，果实采收后室温下可贮藏半月左右。由于果个大、颜色鲜艳，外观非常诱人，加上其成熟期正处于苹果供应空档期，市场前景可观，为一优良的中熟品种。

该品种树势强健，幼树生长快，结果早，有腋花芽结果习性，丰产性强。有轻微采前落果和不耐贮运现象，应及时采收。

六、华美

中国农业科学院郑州果树研究所用嘎啦与华帅杂交培育而成。果实近圆形或短圆锥形，果实较大，平均单果重 235g，最大单果重达 385g。果面底色淡黄，70％左右着鲜红色，果面光滑、无锈，有少量果粉和蜡质。果皮中厚、韧，果肉黄白色，肉质中细，松脆，汁液中多，可溶性固形物含量 12.6％，风味酸甜适口，有轻微的芳香，品质上等。果实成熟后在室温下可贮藏 7～15d。

该品种幼树生长旺盛，定植幼树一般第二年即可成形。枝条生长健壮，枝条粗壮、尖削度小，萌芽率和成枝力中等，在短截和长放条件下枝条萌芽率和成枝力均高于美国 8 号，具有较好的早果性和丰产性。幼树以中果枝和腋花芽结果为主，随树龄增大逐渐以短果枝和中果枝结果为主；果台副梢有一定的连续结果能力，丰产、稳产。华美在郑州地区果实于 7 月底上色，8 月上旬成熟，果实发育期 110～120d，成熟期比嘎拉早 7～10d，较美国 8 号晚 3～5d。

七、早红

早红又名意大利早红，中国农业科学院郑州果树研究所从意大利引入的材料中选育而成。果实近圆锥形，平均单果重 223g，果面光洁无锈，外观艳丽，商品果率高；果实底色绿黄，全面或大半面着橙红色；果肉淡黄色，肉质细、松脆、汁多，风味酸甜适度、有香味，可溶性固形物含量为 11.2％～13.0％，品质属上等。在郑州地区果实成熟期为 8 月 10 日，比新嘎拉早熟 5～7d，比美国 8 号晚熟 7d 左右。果实成熟期一致，基本无采前落果现象，如果提早采收也可食用，但风味稍淡。果实采收后在一般室温条件下可贮藏 7～15d。

该品种幼树生长势较强，成形快，结果后树姿较开张，易形成短果枝。幼树具有较强的腋花芽结实能力，进入结果期后以中、短果枝结果为主，丰产性好。在正常管理条件下，定植的幼树一般第三年即可开花结果，四年生以后亩产可达 2000～3000kg，分别比嘎拉和美国 8 号增产 15.3％和 26％，且无明显的大小年结果现象。

八、皇家嘎拉

皇家嘎拉又名红嘎拉、新嘎拉，新西兰品种。果实圆锥形，稍带五棱，平均单果重 170g，着色指数 65％～85％，具浓红条纹。果肉黄白色，肉质细脆，汁液多，酸甜适度，香味浓，含可溶性固形物 14.58％，较耐贮藏，常温下可贮藏 1 个月。果实生育期 115d 左右，在郑州地区，8 月中旬成熟。

该品种树势强健，萌芽率高，成枝力强，易形成短枝。幼龄树腋花芽结果比率高，盛果期树以短果枝结果为主。花序平均坐果率为 84.5％，腋花芽坐果率为 16.7％，自花授粉坐果率为 11.1％。进入大量结果期后，要严格疏花疏果。果实在树上成熟有不一致现象，适时、分批采收是提高果实商品质量和改善贮藏性的重要措施。一般情况下，以 3～5 次采收为好。

九、元帅系品种

由元帅及各代芽变品种所构成的品种群，多为短枝型品种，约 100 余种。其中，元帅为第一代品种，美国选育，20 世纪初引入我国；红星是美国于 1921 年最早发现的元帅芽变品种，1953 年又发现以新红星为代表的红星短枝芽变品种，为第三代品种；三代以后又相继发现了许多短枝芽变品种，如首红、超红、瓦利短枝、艳红、魁红等构成了一个庞大的品种体系。

元帅系品种因果个大、着色艳丽、外形美观、风味香甜、商品性好等突出优点而获得了巨大的发展。特别是短枝型品种应用于生产后，克服了普通型品种结果晚、丰产性差、树体高大、管理难的缺点，因此很快得到了推广。尽管该品系还存在着易发绵、耐贮性差和轻微的早期落果现象，目前在苹果品种构成中仍占有相当的比重。生产上要注意增施有机肥、疏花蔬果、合理负载，保持壮旺树势。

十、富士系品种

由日本选育，亲本为国光×元帅，20 世纪 60 年代初引入我国。富士系品种包括从富士中选育的各代着色系的普通品种和短枝型品种，如宫藤富士、秋富 1、长富 2、岩富 10 等普通型品种；以及福导短枝、宫崎短枝、斋藤短枝、惠民短枝、焦作短枝等；还有早熟富士的红王将、雅达卡等，也构成了一个庞大的苹果品种体系。

该品系果实大，平均单果重 210～300g，果实近圆形或扁圆形，底色淡黄、着暗红或鲜红色、色泽艳丽，果皮薄而光滑，果肉黄白或淡黄色，肉质脆而致密，果汁多，有香气，酸甜适口，品质极佳。果实于 9 月初至 10 月下旬成熟，耐贮藏，是优良的晚熟苹果品种。该品系树势强健，需要较好的肥水条件，易患粗皮病、果实轮纹病和霉心病，而且耐寒性稍差。该系的短枝型品种树姿较直立，树冠紧凑矮小，短枝多，结果早，丰产性好，适于密植。

十一、王林

通常认为是产于印度与金冠混植园中，以金冠种子播种后，从实生苗中选出的。1952 年命名，是日本的重要栽培品种。我国 1978 年从日本引入，主要苹果产区已有少量栽培。果实长圆形或近圆柱形，单果重 180～200g，果面黄绿色，光洁无锈、果点大而明显，果皮较厚，果肉乳白色，肉质细脆汁多，风味酸甜有香气，可溶性固形物含量 12％～13％，品质上。黄河故道地区于 9 月中旬成熟。果实耐贮，在半地下土窖中可贮至次年 4 月份，贮藏中不皱皮。

树势强，树姿直立，萌芽率中等，成枝力强，枝条较硬。结果早，长、中、短果枝均有结果能力，腋花芽也可结果，花序坐果率中等，果台枝连续结果能力较差，采前落果少，较丰产。适应性强，但较易感斑点落叶病、黑星病，幼旺树结的果易患苦痘病。幼树期间要注意整形，尽早拉枝开角，修剪以轻缓为主，疏直立枝，及时更新衰弱枝条。

十二、澳洲青苹

别名史密斯。原产澳大利亚，是一个世界知名的绿色品种。1974 年引入我国。果实扁圆或近圆形，果个大，平均单果重 210g，最大单果重 240g。果面光滑，全翠绿色，梗洼处色较深，阳面稍有淡红晕；果皮较厚且韧，果肉绿白色，汁多、松脆，味酸少甜，含可溶性固形物含量 13.5％，品质中上。10 月中下旬成熟，不落果，耐贮藏，属鲜食加工兼用品种。

该品种树势强健，萌芽率、成枝力较强，角度偏小。一年生枝深褐色，直顺，皮孔较大且多；多年生枝黄褐色。结果早，易丰产。初果树以短果枝结果为主，有叶花芽结果习性，坐果率中等，连续结果能力强。幼树注意拉枝开角，成树注意疏花蔬果。

【知识链接】

适宜发展的苹果优良品种

渤海湾适于发展富士着色系、元帅系短枝型、乔纳金、津轻、嘎拉、王林、秀水、秋锦、寒富等品种。砧木可选用山定子、楸子、西府海棠、八棱海棠、湖北海棠等；西北黄土高原适于发展富士着色系、元帅系短枝型、乔纳金、津轻、王林、秦冠等品种。砧木可选用山定子、毛山定子、楸子、西府海棠、甘肃海棠、花叶海棠等；黄河故道苹果产区适宜发展富士着色系、元帅系短枝型、乔纳金、华冠、华帅等品种。砧木可选用楸子、西府海棠、湖北海棠等；西南高地苹果产区适宜发展金冠、红星、国光、红玉、青香蕉等品种。砧木可选用丽江山定子、楸子、西府海棠、扁叶海棠、沧江海棠、锡金海棠、垂丝海棠、湖北海棠、沙果、尖嘴林檎等。

任务 3.1.2 ▶▶ 观察苹果生长结果习性

任务提出

以当地常见苹果为例，通过观察苹果生长结果习性，掌握苹果生长发育的基本特点和规律。

任务分析

苹果是伞形花序，花开有先后，坐果也不一样，长枝还具有秋梢，这些特点在生产上都应仔细观察，掌握其规律，为科学栽种和管理打下基础。

任务实施

【材料与工具准备】

1. 材料：幼龄苹果树、成年苹果树。
2. 工具：放大镜、卷尺、镊子、记录工具等。

【实施过程】

1. 树体特点

树姿（直立、开张、半开张），树形（圆头形、半圆形、圆锥形），树高，干性强弱，分枝角度，层性强弱。

2. 枝条类型

长、中、短梢长度，春梢、秋梢、盲节，春秋梢上腋芽的质量，不同部位及姿势枝条的发芽率，不同年龄树上枝类比例的变化。

3. 花芽、花序

花芽外观、着生部位，花序类型，每花序的花朵数及开花顺序。

4. 结果枝及结果枝组

长、中、短果枝的长度、平均花朵数及坐果率；果台副梢的长度、数量、当年成花芽的情况；结果枝组的类型、大小、着生部位、生长结果状况。

【注意事项】

　　1. 任务主要选在生长期进行，可分几次完成，也可结合物候期的观察进行。

　　2. 记录观察结果，分析存在问题，找出解决办法。

理论认知

一、生长习性

　　在正常栽培条件下，苹果树的经济寿命是乔化砧树一般 40～50 年，矮化密植园 20～30 年。树体的大小因品种、砧木及立地条件的不同而有较大差异，乔化树一般高 5～7m，矮化树一般高 2～4m；普通品种树体高大，短枝型品种树体矮小；在肥沃的平原上树体高大，在山岭薄地树体矮小。

　　苹果的新梢在一年中有两次明显的生长，春季生长的部分叫春梢，夏秋延长生长的部分叫秋梢，春、秋梢的交界处形成明显的盲节。缺少灌溉条件的春旱秋涝地区和高温高湿的平原地区，春梢短秋梢长，且生长不充实，结果少。盛果期以后，新梢一年常常只有一次春季生长，没有秋梢。对幼树、旺树加强春季水肥管理，促进春梢生长，缓和秋梢生长，能增加营养积累，促进花芽分化。

　　苹果树的根系生长比地上部的发芽要早，一般提前一个月左右。当地温达 3℃ 时即开始生长，20～24℃ 为最适温度，低于 3℃ 或高于 30℃ 时即停止生长。在一年中，根系有 2～3 次生长高峰（成树 2 次，幼树多为 3 次），并与地上部枝叶的迅速生长期交替进行。

二、结果习性

　　苹果幼树开始结果的早晚，取决于砧木、品种以及栽培技术的不同。嫁接在矮化砧上的 2～3 年就能结果，而嫁接在乔化砧上的一般 4～6 年才能结果；同在乔化砧上，短枝型品种 2～3 年就能结果，长枝型品种 5 年左右结果；栽培技术水平高的，乔化树 3～4 年即可结果，技术水平差的许多年才能结果。

　　苹果的花芽是混合芽，按花芽着生的枝条类型可分为短果枝、中果枝、长果枝和腋花芽果枝。苹果的品种不同、树龄不同，主要结果枝的类型也不同。富士、金冠以中、长果枝结果为主，新红星以短果枝为主；同一品种，幼龄树中长果枝多，成树少。腋花芽在幼树早结果方面有一定的利用价值。

　　苹果的花芽萌发后，先抽生一段短梢，再于梢顶着生 5～6 朵花，中心花先开，并发育成较大的果实。着生果柄的短梢顶部膨大称果台，果台上常于当年抽生 1～2 个果台副梢，此副梢很容易分化花芽，形成连续结果或间歇结果的现象。

　　苹果的果枝在树体中的分布，依树龄而有明显的不同。结果初期，果枝主要集中在树冠中下部的骨干枝及辅养枝上结果；进入盛果期后，果枝主要转移到枝组上，并布满全树上下、内外的各个部位结果。但枝叶量过大、光照不良时，结果部位则上移、外移，造成树冠内部光秃。因此，修剪时要及时调节树体结构和枝梢密度，改善通风透光条件，促进立体结果。

三、环境条件

1. 温度

一般要求年均温度在 7～14℃，最低月份温度在 −12～−10℃ 地区适宜苹果栽培。冬季绝对最低气温低于$-33\sim-32℃$，持续时间较长的地区，大苹果不能安全越冬，中、小苹果则可以忍受$-37\sim-32℃$的严寒，所以目前年均温度6℃，最低月份平均温度$-14℃$，无霜期100d，绝对低温不低于$-32℃$的地区是大苹果栽培的北限。苹果根系生长的最低温度为$13\sim26℃$，可忍受35℃高温和$-9\sim12℃$的低温。地上部生长最适温度为$18\sim24℃$，开花最适温度为$17\sim18℃$，花芽分化最适温度为$15\sim22℃$，果实成熟最适温度为20.4℃，可忍受$37\sim40℃$高温，小苹果类可忍受$-45\sim-30℃$低温。

2. 水分

年降水量在$500\sim800mm$，分布比较均匀，或大部分在生长季中，可满足苹果生育的需要。年降水量在450mm以下地区需进行灌溉和水土保持、地面覆盖等保水措施以满足苹果生育的需要。

3. 光照

苹果为喜光果树，要求充足光照，年日照在$2200\sim2800h$的地区是适于苹果生长的地区，如低于1500h或果实生长后期日照不足150h，红色品种着色不良，枝叶徒长，花芽分化少，坐果率低，品质差，抗病虫和抗寒力弱，寿命不长。

4. 土壤

苹果要求土层深厚的土壤，土层不到80cm的地区，需深翻改土。深度达$0.8\sim1m$，则不论成土母岩性状如何均可栽植。地下水位需保持在$1\sim1.5m$以下。土壤含氧量要求在10％以上，苹果才能正常生长，不到10％时根系及地上部的生长均会受到抑制，5％以下则停止生长，1％以下细根死亡、地上部凋萎、落叶、枯死。苹果喜微酸到中性的土壤，pH4以下生长不良，pH7.8以上有严重失绿现象。苹果对盐类耐力不高，氯化盐类在0.13％以下生长正常，0.28％以上受害严重。土壤有机质含量要求不低于1％，能保持3％最理想。

5. 海拔

北纬$35°\sim37°$的西北黄土高原，苹果最适的海拔高度在$800\sim1200m$之间，表现早果、优质、丰产、耐贮藏。800m以下地区品质下降，着色不良，不耐贮藏。海拔过高，超过1500m地区，果实体积变小，含糖量下降。低纬度高海拔地区，如西南高地苹果栽培也能优质丰产。昆明地区在北纬25°，但海拔高度为1700m，苹果生长良好。四川小金县苹果适宜栽培区的海拔高度可达$2320\sim2580m$。

【知识链接】

我国主要的苹果产区

我国共有25个省（区、市）生产苹果，主要集中在渤海湾、西北黄土高原、黄河故道和西南冷凉高地等四大产区。四大产区栽培面积分别占全国总面积的44％、34％、13％和4％，产量分别占全国总产量的49％、31％、16％和1％。西北黄土高原包括山西、陕西、甘肃、宁夏和青海。渤海湾包括辽南、辽西、山东的胶东半岛和泰沂山区、河北省大部分、北京和天津。西北黄土高原和渤海湾地区是世界上最大的苹果适宜产区，尤其是西北黄土高原海拔高、光照充足、昼夜温差大，具有生产优质高档苹果的生态条件，两个区域的苹果出口量占全国的90％以上。黄河故道产区属于苹果生产的次适宜区，包括河南、江苏和安徽。西南冷凉高地包括四川、云南、贵州和西藏，此区域苹果生产规模小、产业基础差，无法满足苹果生产优势区域的要求。

任务 3.1.3 ▶▶ 苹果的施肥

任务提出

完成苹果树的土壤施肥和根外追肥，重点选用盛果期的苹果树。

任务分析

施肥要根据施肥量、施肥时间、肥料种类、施肥方法确定最佳施肥方案。

任务实施

【材料与工具准备】

1. 材料：幼龄苹果园、成年苹果园。

2. 用具：有机肥料、无机肥料、施肥工具等。

【实施过程】

1. 确定施肥方案

配方施肥是根据果树需肥规律，土壤供肥性能和肥料效应，在以有机肥为基础的条件下，提出氮、磷、钾和微肥的适宜用量、比例以及相应的施肥技术。方案应以土定产、以产定肥和因缺补缺综合考虑制订。

2. 土壤施肥

时间以中熟品种采收之后到晚熟品种采收之前，肥料以有机肥为主，配以适量的氮、磷速效肥。

3. 根外追肥

按时间分为花前肥、花后肥、果实迅速膨大期肥和采后肥。

理论认知

一、育苗

1. 普通苹果苗的培育

普通苗是以乔化砧木种子的实生苗作砧木，嫁接普通型或短枝型栽培品种所繁育的苗木。是生产上广泛使用的一种果苗。在河南省常用的砧木是海棠类，如海棠果、西府海棠、河南海棠等，它抗寒、耐涝、耐盐碱，符合河南省的自然条件。具体方法参考模块二项目一。

2. 矮化自根砧苹果苗的培育

首先用直立压条法或水平压条法培育矮化自根砧苗，再于7月底～9月初在矮化自根砧苗上芽接苹果品种的接芽。秋季分株后，按株行距20cm×40cm进行归圃育苗，来年3月上中旬剪砧，秋天成苗。常用的砧木是矮化砧 M_{26}，半矮化砧 MM_{106}。

3. 矮化中间砧苹果苗的培育

这种果苗以实生砧作根砧（基砧），矮化砧木作中间砧，上部嫁接苹果品种，共三部分构成。培育方法：于3月初播种实生砧木种子，利用地膜覆盖或小拱棚促进砧木苗的生长；6月中旬芽接矮化砧接芽，适时剪砧；再于8月底～9月初，在矮化砧接口以上25cm处芽接苹果品种；来年 3 月上中旬剪砧，秋季成苗。

二、建园

1. 园地选择

苹果树以土层深厚、透气性好、富含有机质、保水保肥力强及排水良好的沙壤土或砾质壤土栽植为好。同时苹果喜微酸性至中性土壤，pH4.0 以下生长不良，pH7.8 以上易发生失绿缺素症。以山定子作砧木的果树，表现更为严重。

2. 果树栽植

首先选好具有发展潜力的主栽品种，配好授粉品种，合理安排好株行距，然后定点，挖穴并栽植。其中株行距因苗的类型而不同：实生砧短枝型果苗，一般株行距为 $(2\sim3)m\times(3.5\sim5)m$；矮化砧果苗为 $(1.5\sim2)m\times(3\sim4)m$；实生砧、半矮化砧苗为 $(3\sim4)m\times(5\sim6)m$。

三、土肥水管理

（一）土壤管理

在果树的生长过程中，继续对土壤进行改良。如扩穴深翻、掺土压沙、灌水洗盐、种植绿肥以及果园覆草等措施。改善土壤结构，促进根系的生长发育和地上部的健壮生长。

（二）施肥技术

配方施肥是一项新的施肥技术。它是根据果树需肥规律，土壤供肥性能和肥料效应，在以有机肥为基础的条件下，提出氮、磷、钾和微肥的适宜用量、比例以及相应的施肥技术。

推广这项技术，要结合当地的实际情况、土壤条件、树种品种，选定配方方法并制订配方施肥方案，以获得明显成效。

1. 果树配方施肥方案的拟定

（1）以土定产　果树的目标产量不是想定多高就是多高，而是根据土壤肥力来拟定，就是根据过去的产量来判断果园土壤的肥力水平。一般可用下面方法估算，以果园前 3~5 年的平均产量作为土壤肥力的指标，然后依树势上下调节 10%~15%，即为当年的目标产量。

（2）以产定肥　果树的施肥量不仅受树种、品种、树龄、树势、结果量和土壤肥力的制约，而且还受肥料种类的限制。生产上可根据当地多年实践得出的氮、磷、钾合适配比来估算。如苹果结果树的配比一般是 2：1：2，黄土高原地区，因土壤含磷低，以 1：1：1 为宜。

（3）因缺补缺　植物的生长发育需要不断地从外界环境中吸收矿物质养分，即植物生长所需的各类营养元素，有大量元素如 N、P、K 和微量元素如 Ca、B、Zn 等，但是由于土壤的固定和水土流失常会导致缺素症的发生。如缺硼，导致花而不实，缺锌导致小叶病等。所以施肥应根据某种果树对养分的丰缺指标以及实际的树体表现来确定。要按照缺什么，补什么，缺多少，补多少，不缺不补原则有针对性地进行施肥。

2. 施肥技术

包括两个方面的内容，即果树施肥时期的确定依据和施肥方法。

（1）果树需肥的时期和最佳吸收期　果树年周期中，生命活动最旺盛的时期如萌芽、开花、坐果、新梢旺盛生长、叶片急剧扩大、果实迅速生长时等都是全年需要养分最多的时期，也是最佳吸收期，此时施肥能最大限度地发挥肥效。

（2）果树不同的物候期　养分首先满足生命活动最旺盛的器官，即养分有其分配中心，随着物候期的进展，分配中心也随之转移。如金冠苹果在萌芽期，花芽中磷含量最多，开花期花中最多，坐果期果实中最多，花芽分化期又以花芽中最多。

（3）环境因素的影响　外界环境条件直接影响着肥效的发挥，以及肥料的利用率，环境条件中水分和温度对肥效的影响最大。

土壤水分含量与肥效的发挥有关。土壤水分亏缺施肥有害无利，由于肥料浓度过高，果树不能吸收利用而遭毒害。积水或多雨地区肥料易流失，导致肥料利用率降低。温度影响果树根系的活动能力和吸收能力。秋末春初温度低，果树根系活动微弱，吸收能力也弱。随着生长季节来临，温度升高，根系吸收能力增强，吸收速度加快。但夏季温度过高根系活动受到抑制，也会减弱吸收功能。此外温度还影响肥料的转化速度。

（4）肥料的性质　肥料性质不同施肥时期不同。易流失挥发的速效肥或施后易被土壤固定的肥料，如碳酸氢铵、过磷酸钙、尿素等应在果树需肥高峰前施。迟效性肥料，如有机肥料，因腐烂分解后才能被果树吸收利用，故应提前施入。

3. 苹果施肥时期

（1）秋施基肥　施肥时期以中熟品种采收之后到晚熟品种采收之前，即 8 月中下旬和 9 月份期间，肥料以有机肥为主，同时配以适量的氮、磷速效肥。幼龄树多采用环状沟施肥，亩施土杂肥 2500～3000kg；结果园多采用放射沟或条沟施肥，亩施土杂肥 4000～5000kg，达到"斤果斤肥"或"斤果斤半肥"的水平。

（2）合理追肥

① 花前肥：为促进萌发、开花、坐果、新梢生长，弥补秋施基肥的不足，应在 3 月下旬至 4 月上旬进行追肥，以速效性氮肥为主。

② 花后追肥：即花芽分化肥，在 5 月下旬到 6 月上旬春梢停长后，苹果树进入花芽分化时期，此时需肥量大，应以追施氮、磷肥为主，配以钾肥。

③ 果实迅速膨大期追肥：在 7 月中旬到 8 月中旬施入，以磷、钾为主，配合氮肥，适当控氮、控水，利于提高果实品质和风味。

④ 采后追肥：以氮肥为主，在新梢停长、中熟品种采收后进行。若树势过弱，氮肥以秋施为主，可施全年氮肥总量的 2/3，以促进翌年的营养生长。健壮树以花芽分化前为主，可促进多成花。大年树以花芽分化前为主，小年树以秋施为主。

前期主要追施氮肥，如尿素、硫酸铵等；后期施用多元素复合肥，如磷酸二铵、三元素复合肥等。幼树追肥每次每棵 50g 左右；初结果树每次每棵 100～200g；盛果期树每次每棵 250～500g。

在土壤追肥的同时，常采用叶面喷肥的方式进行补施某些营养元素。如生长期常喷施 0.3%～0.5%的尿素；花期常喷施 0.1%～0.3%的硼砂；果实生长后期多喷施 0.3%的磷酸二氢钾等。叶面喷肥具有肥效快，利用率高，不受环境因素影响等特点。

【知识链接】

穴 贮 肥 水

在干旱瘠薄山区，对土层薄、保水保肥能力差的果园，可采用"草把穴施覆膜法"来保水保肥。

　　具体方法是：在果树树冠投影边缘，每隔 50～100cm 挖深 40cm、直径 30cm 的穴，再将直径 20cm、长 35cm 的草把浸水后放入穴的正中，然后将土与肥料混合后回填到穴内草把周围，踩实、整平后覆膜，膜中央开一小洞，以备追施肥液和灌水时使用，平时用土封住。

任务 3.1.4 ▶▶ 苹果的整形修剪

任务提出 🖎

　　以小冠疏层形为例，完成苹果幼树的整形任务。

任务分析 📚🖱

　　小冠疏层形是苹果丰产树形的一种，属中冠树形，掌握该树形的整形修剪是其他修剪的基础。

任务实施 ✨

【材料与工具准备】

　　1. 材料：苹果幼树。

　　2. 用具：修枝剪、开角工具、手锯等。

【实施过程】

　　1. 定植后第一年，距离地面 60～80cm 定干，萌芽前选择方位合适的位置刻芽，培养主枝；夏季选位置居中，生长健壮的直立新梢作中央领导干的延长梢，同时选位置、方向、长势合适的新梢作三大主枝，秋季对主枝拉枝到合适角度。

　　2. 第二年冬季，中心干剪留 80～90cm，各主枝剪留 40～50cm。萌芽前选主枝合适的位置刻芽，培养出第一层主枝上的第一侧枝，并在秋季对主枝开张枝角，对其他枝进行拿枝、拉枝和缓放，培养成结果枝组。

　　3. 第三年，通过类似的办法，培养出第二层主枝和第一层主枝上的第二侧枝，以及中心干上和第一层主枝上的枝组。同时，于夏季采用拉枝、环剥和施用抑制剂等促花措施，使其在第四年形成产量。第四年便可培养出第三层主枝和各级骨干枝上的大部分枝组。

【注意事项】

　　1. 任务实施可分 3 次完成，以冬季修剪为主，夏季修剪可放在春季萌芽前和新梢旺长期进行，其他修剪可结合基本训练进行。

　　2. 修剪时应遵循先观察后操作，由下向上，由里往外的原则进行修剪。

理论认知 ✋

一、整形修剪

1.主要树形

（1）小冠疏层形（图 3-1-1）

① 结构特点：这种树形用于短枝型或半矮化砧果树，树高 2.5～3m，干高 0.5m，全树

共2～3层，5～6个主枝，除第一层每个主枝配两个侧枝外，其余主枝只着生枝组。第一层距第二层0.8～1m，第二层距第三层0.5～0.6m，层间主枝插空排列，第一层主枝上的同级侧枝推磨式排列。

② 培养过程：定植后第一年，通过60～80cm定干，然后刻芽，培养出第一层三大主枝；第二年，通过对主枝留50cm短截、刻芽培养出第一层主枝上的第一侧枝，并对主枝开张枝角；对其他枝进行拿枝、拉枝和缓放，培养成结果枝组。第三年，通过相似的办法，培养出第二层主枝和第一层主枝上的第二侧枝，以及中心干上和第一层主枝上的枝组。同时，于夏季采用拉枝、环剥和施用抑制剂等促花措施，使其在第四年形成产量。第四年便可培养出第三层主枝和各级骨干枝上的大部分枝组。

（2）细长纺锤形（图3-1-2）

① 结构特点：这种树形适合于各类矮化密植园。一般树高3～4m，干高0.5m，冠径2.5m。中心干直立，其上培养10～15个大型枝组，枝组近似水平，与中心干夹角80°～90°，相邻两枝组间隔15～20cm，呈螺旋状排列在中心干上，使树冠外形呈纺锤状。树冠紧凑，通风透光良好，果实品质好，优质果品率高。

图3-1-1 小冠疏层形

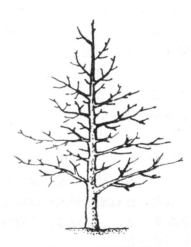

图3-1-2 细长纺锤形

② 培养过程：第一年修剪，80～90cm定干，于40cm以上刻芽促枝；利用扭梢、短剪控制竞争新梢的生长，促进中心干和侧生新梢的生长；9～10月份对侧生新梢拿枝开角；冬季对包括中心干延长枝在内的所有枝甩放，并继续开张秋季没有开张的侧生枝角。第二年修剪，开花前疏掉腋花芽产生的花蕾；夏季利用扭梢、短剪的方法控制各延长新梢的侧生新梢，方法是三叶扭梢和三叶短剪；同时，于5月下旬至6月上旬，对去年冬季甩放而具有短梢的枝，也可辅助喷施乙烯利和磷酸二氢钾等；冬季对已成花枝组的延长枝留2～3个芽重截、促枝，增加中心干上枝条数量，适当疏除枝组上的较长枝条，并继续甩放其他延长枝。第三年修剪，春季进行人工授粉，在确保中心干生长势的同时，适当多留果，并对光秃部位刻芽促枝；夏季对中长梢短剪，并对树体环剥促花；秋季拉枝开角；冬季仍甩放延长枝，疏除中长枝和花少的过密枝组。

以后用同样的方法，再经第四年整形修剪，纺锤形的结构已基本完成。

2.各树龄阶段的修剪

（1）幼树期 采取"以轻为主，轻重结合"的原则进行修剪，也就是对骨干枝的延长枝及需要分枝填充空间的枝，适当重剪，而对其他枝采用多留、少截、适当控制的方法，增加枝叶量，缓和生长势，促进成花，提早结果。

（2）初结果期　以"培养为主，调整为辅"为原则进行。也就是继续培养好骨干枝，控制竞争枝，扩大树冠，均衡树势，培养并安排好结果枝组，处理和利用好辅养枝。对主枝，在保持其壮旺生长的同时，加大腰角，改善冠内光照条件，促进内膛枝组的形成；对辅养枝，有空间时可扩大生长，但不能强于所从属的骨干枝，当影响到骨干枝的生长时，要本着"辅养枝要为骨干枝让路"的原则，做到"影响一点去一点，影响一面去一面"，适当疏除或压缩辅养枝。

（3）盛果期　这个时期以"平衡为主，适当增势"为原则进行修剪。因此修剪的主要任务是调节生长与结果的关系，维持二者的相对平衡，克服大小年结果现象；改善内膛光照，培养更新结果枝组；适当增强树势，维持树体健壮，延长盛果期年限。对主枝，为防止角度过大，可采用背上枝换头抬高枝角；对衰弱枝组，要采用"去弱留强、去平留直、去远留近"的方法增强枝组的生长势，对大小年结果树，花量大时，疏除过密短果枝，轻截中、长果枝，减少大年结果量，增加大年花芽量，使来年不小；花量小时，尽量保留花芽，促进结果，同时回缩更新枝组，促进营养生长，以免小年花芽量过大。

（4）衰老期　以"复壮为主，全面更新"为原则进行修剪。对地上部要回缩更新，少结果使其复壮；对根系，需深翻改土，进行根系更新，并加强水肥管理，促进根系的再发育。同时修剪时要注意利用徒长枝培养新的结果枝组，来延长衰老树的结果年限。

3. 主要品种的修剪

（1）金冠　幼树生长旺盛，干性强，萌芽力、成枝力均较强，但树体稳定，对修剪反应不敏感，成花容易，结果早，丰产、稳产。

金冠由于干性强，顶端优势明显，容易上强，需开张枝角和对上部以小换头，控制中干旺长。对中庸枝条轻剪，能形成较好的短果枝，其成花效果优于缓放。在盲节处短截，弱枝能促进成花，强枝能培养成中型枝组。强壮的新梢常形成秋梢腋花芽，可以利用结果，有利于缓和树势。成树枝条较多，注意疏除。肥水条件差时，连年缓放枝的后部，短枝瘦弱，注意及时回缩更新。

（2）元帅　其树势强健，分枝角度小，萌芽力、成枝力强，内膛易发生徒长枝，剪口易冒条，修剪反应敏感。可谓："重剪易冒条，树旺花芽少；轻剪树易弱，成花虽易果不多；适宜修剪强管理，树势中庸结果好"。元帅的旺枝缓放几年后才能成花。

适当加大幼树、旺树主侧枝角度，以轻剪长放为主，短截为辅。培养枝组可在夏季，采取扭梢、摘心、拿枝、环割（不用环剥）等方法进行。也可在冬季用先缓放后回缩的方法培养，对弱枝可直接短截培养结果枝组。元帅结果后容易衰弱，注意加强水肥，合理负载，防止大小年。

（3）富士　富士萌芽率高，成枝力强；幼树营养生长旺盛，结果后逐渐稳定。前期以中长果枝结果为主，腋花芽也能结果；进入盛果期后，以中短果枝较多。其结果枝连续结果能力差，多隔年结果。

富士发枝量大，整形容易。幼树修剪宜轻，骨干枝要长留，并注意利用拿枝、拉枝、捋枝、目伤和环剥等措施，促进成花，提早结果。富士坐果率高，成树后易出现大小年结果现象，应注意合理负载和果枝的更新，留足预备枝，促进连年结果。

（4）短枝型品种　生产上常用的有新红星、首红、短枝富士、金矮生等。它们树冠矮小，树体紧凑，管理简单，适于密植，同时萌芽力强而成枝力弱，易形成短枝，结果早，丰产性强。

幼树期要及时开角整形，骨干枝短截，辅养枝多留长放。幼树旺枝开角后易形成背上旺枝，可适当疏除。一般发育枝短截或缓放后，均可形成较多短枝，当年成花。中短枝破除顶芽后，可形成短果枝群。进入盛果期后，短枝量增多，生长势减弱，应注意多短截，控制外围结果量，提高生长势。

二、郁闭园的改造

近年来，果园的栽植密度越来越大，出现了刚开始结果就交叉郁闭的现象。造成通风透光不良，管理操作不便，严重地影响了正常生产，必须加以改造。

1. 间代移栽

根据株行距的实际情况，可采用隔株间移或隔行间移的方式，调节群体光照，使果园"开窗"见光。间移时间以萌芽前进行为好。为提高成活率，可于头年夏末秋初断根。方法是以树干周围 50～70cm 为半径，挖深 60cm 的窄沟，并切断根系，再将拌有优质有机肥的土填平，促发大量新根。挖掘时以断根沟的外侧起挖。注意随栽随挖，确保成活。为提高成活率和移栽后的生长势，可带土坨移栽，难以带坨的，可于栽前使根系先蘸泥浆，并于泥浆中加入 1% 的尿素、磷酸二氢钾或过磷酸钙，还可以加入 50mg/kg 萘乙酸，以催根促活。

2. 疏枝改形

根据株行距情况，把树体改造成小冠形，如小冠疏层形、纺锤形等。方法是打开层间，拉枝开角，间缩枝头，防止多头并进，缩小冠幅，抑制树冠横向生长，促进纵向生长，逐步培养成纺锤形结构。对培养好的小冠结构，为防止恢复反弹，应注意夏季环剥和药物化控，以促进成花，以果控冠，但树冠稳定后，应合理负载，防止早衰。

【知识链接】

其他丰产树形

目前苹果生产中推广应用较多的丰产树形还有改良纺锤形和圆柱形。

改良纺锤形适合于每亩栽植 56～44 株的乔化果园，株行距为 (4～5)m×3m。树形结构为：树高 3m 左右，冠径 3m，干高 80～90cm。基部错生 3 个永久性主枝，开张角度为 80°～90°，在其上两侧每隔 20～30cm 配备一个中、小型枝组。中心干的中、上部插空排列 7～9 个生长中庸、单轴延伸的水平小主枝，枝展 1.0～1.2m。小主枝两侧每隔 20～25cm 错生培养一个单轴呈下垂状中小型枝组，枝组之间培留小枝组或结果枝。全树下宽上窄，呈塔形。

圆柱形又叫主干形，这种树形适宜于平原地每亩栽 111 株以上的矮化砧品种，株行距为 (1.5～2)m×(3～4)m。它的结构是：干高 30cm，树高 3m，冠径 60cm，中心干上呈螺旋状较均匀地分布 30 个枝组，枝组的长度通常约 30cm。

任务 3.1.5 ▶▶ 苹果的花果管理

任务提出

以富士苹果为例，完成苹果增色技术。

任务分析 📚

人工增色是提高苹果外观品质的重要技术措施，采用合理的技术能提高苹果的商品性，增加果园经济效益。

任务实施 🪄

【材料与工具准备】

1. 材料：盛花期苹果树。
2. 用具：铺膜用具、套袋、疏果剪、反光膜、采摘用具等。

【实施过程】

1. 疏花疏果

首先以花序定果。在花序分离期将多余的花序疏除；其次注意严格留果。在花后 3～4 周进行定果。

2. 合理修剪

通过修剪培养合理的树体结构，改善通风透光条件，能有效地增进果实着色。

3. 增色技术

合理负载、改善光照、套袋、摘叶和转果、树下铺反光膜。

4. 适时采收

根据果实用途、果皮色泽和果实成熟期确定采收时间。

理论认知 👆

果实品质包括内在品质（硬度、含糖量、含酸量、风味和肉质等）和外在品质（果个、果形、果色、整齐度、光洁度等），内在品质是外在品质的基础，外在品质是内在品质的表现，同时外在品质又是商品性的重要方面。

一、增大果个

1. 增强树势

健壮的树势是优质果生产的基础，合理施肥是增强树势的重要方面。方法是：深翻改土，增施有机肥，提高土壤中有机质的含量达 2% 以上。追施磷、钾肥或果树专用肥，可有效地增加果重 10% 以上。补施微肥，如前期喷施硫酸锰（2000mg/L）1～2 次，可使百果重增加 1.25kg；膨大期喷施亚硫酸氢钠（200～400mg/L）2 次，可使百果重增加 5%～12.5%；同时在果实生长过程中喷施光合微肥（500 倍液）3～5 次，使单果重增加 15%～20%。

2. 合理修剪

通过修剪培养合理的树体结构，改善通风透光条件，能有效地增进果实着色，提高果实品质。同时通过修剪，合理配置三套枝，使花、叶芽之比保持在 1∶3 左右，且每米骨干枝上平均着生 8～12 个枝组。红富士结果枝以 5～6 年生结果效果最好，而金冠以 2～3 年生结果枝结果能力强。

3. 适宜负载

首先以花序定果。天气好时，在确保坐果的情况下，可采用以花序定果法，在花序分离期将多余的花序疏除。花序保留可按间距法进行，大果型的每 25～30cm 留一花序，中果型的 20～25cm，小果型的 20cm 以内。对留下的花序需及时对中心花和一边花辅以人工授粉。其次注意严格留果。在花后 3～4 周进行定果，算出留果量（每平方厘米的干截面积可负担 2～3 个果），再分枝负担或直接按叶果比、枝果比进行。在保留中心果、单果、壮枝果、侧向果、健康果、均匀果的基础上，彻底疏除多余果。

4. 膨大期灌水

此时是细胞体积和果实体积增大的关键时期，此时灌水能显著增大果个。切记此时土壤含水量不应低于 14.0%。

5. 适时采收

晚熟品种若提前采收，由于其果个尚未充分膨大，营养物质的积累还没结束，则单果重损失的质量与提前采收的时间显著相关，因此应提倡适时采收或适当晚采。

二、改善果形

1. 减少畸形果

一方面授粉受精要充分，使各心室种子发育正常，种子数量多，分布均匀，则果形匀称。另一方面要彻底疏除畸形果、小果和病虫果等。

2. 提高果形指数

一般开放早的侧向健壮短果枝上的中心果，果形正、果个大，应注意选留，多留单果。另外于初花期和 10d 后各喷一次普洛马林 600 倍和 1200 倍液，可使新红星的果形指数从 0.85 增加到 1.0 以上，且五棱突起更加明显。

三、增进着色

1. 合理负载

果实所着的红色、紫色是色素花青素所呈现的颜色，它的含量决定着果实着色的好坏，而花青素又是以糖为原料在光下合成的。因此果实中糖含量的水平高，则合成的花青素多，着色就好，反之着色差。提高果实含糖量的关键措施是合理负载。可见合理负载不仅增大了果个，还能提高果实品质和增进果实着色。

2. 改善果实光照

光是形成花青素的必要条件，因此要求果园群体覆盖率不超过 78.5%，树冠透光率 30% 以上，冬剪后每亩留枝量 8 万左右。注意控制树高，打开层间，开张枝角，保持树势中庸，以保证通风透光，促进果实着色。

3. 科学施肥和灌水

在施肥上，注意后期控氮，增施钾肥和辅以喷肥。一般采前 4 周内为着色期，要避免施氮过多，以稍欠为宜，但注意补施钾肥并喷施磷酸二氢钾和光合微肥，可明显促进着色。在灌水上，注意合理供水。采前灌水易引起旺长，影响着色，因此应适当控水，但不能过于干旱，以土壤相对含水量控制在 60%～70% 为宜。

4. 果实套袋

对果实进行套袋，不仅能使果面光洁、防病虫为害和减轻雹伤，还能促进着色。一般套袋果的着色度比未套袋增加 24.2%。

5. 摘叶和转果

摘叶能防止果面花斑，转果可增加着色面 20％。一般于采前 4～6 周开始进行，适当疏除遮光枝叶，再摘除果实附近的遮光叶，并改变枝组的着生方位和果实受光面，使各部位的果实和果实的各部位受光均匀。

6. 树下铺反光膜

在果实着色期铺反光膜，可改变内膛和下部光照，促进果实下部和萼洼处着色，真正达到全红果的要求。

任务 3.1.6 ▶▶ 苹果的病虫害防治

任务提出

以当地一个苹果园为群体，通过观察和分析常见病虫害，制订综合防治方案。

任务分析

苹果生长期期间，病虫害很多，生产上应采取综合措施做到防重于治。

任务实施

【材料与工具准备】

1. 材料：苹果园、常见病虫害标本。

2. 用具：放大镜、显微镜、载玻片、盖玻片、培养皿、刀片、挑针、镊子等。

【实施过程】

1. 现场调查

通过实地调查，使学生了解当前苹果生产中主要的病虫害种类及其发生规律和为害程度。将调查结果填入表 3-1-1 中。

表 3-1-1　苹果病虫害种类调查记录表

调查地点：　　　　　调查人：　　　　　日期：

项目 病虫害种类	地势	果园名称	土壤性质	水肥条件	品种	苗木来源	生育期	发病率	备注

2. 观察记录

记录病虫害种类及其为害症状等，并会用专业术语准确描述。

3. 防治方案制订

通过了解其发生规律，科学分析后制订出切实可行的防治方案，并实施防治。

【注意事项】

1. 选择病虫害发生较重的苹果园或植株，将学员分成小组在苹果生长前、中、后期以普查的方式，利用网捕、手采、诱集等方法，采集病害、虫害及为害状标本，并带回室内，进行保存和鉴定。

2. 根据果园苹果病虫害发生情况，提出综合防治意见。

理论认知 👆

　　我国为害苹果树的害虫有多种。其中经常发生为害较大的有苹果红蜘蛛类、蚜虫类和桃小食心虫等；为害苹果树的病害比较严重的有苹果腐烂病、苹果轮纹病和苹果炭疽病等。详见表 3-1-2。

表 3-1-2　苹果主要病虫害防治一览表

名称	症　状	防　治　要　点
苹果腐烂病	苹果的枝干均能发病，发病初期，病部树皮红褐色、水渍状，稍隆起，病斑圆形或不规则形，病组织松软，手压易陷，流黄褐色汁液，有酒糟味，病皮易剥离。后来病部干缩下陷，变成黑褐色，表面有许多突起的小黑点，雨后或空气湿度大时，可涌出橘黄色、卷须状的物质	(1)加强栽培管理，提高树体抗病能力　改善立地条件，增施有机肥，合理搭配磷、钾肥，避免偏施氮肥。 (2)清除病残体，减少菌源　将病树皮、病枯枝等清除干净，集中烧毁，以减少田间病源。 (3)喷药防病　早春发芽前，喷洒腐必清 50～100 倍液。对重病树，在夏季 7 月上中旬可用腐必清原液，对主干、大枝中下部涂刷；秋季采收后再喷一遍 50～100 倍的腐必清。 (4)加强检查，及时治疗　常用刮治：将坏死组织彻底刮除，周围刮去 0.5～1cm 好皮，深达木质部，边缘切成立茬。刮后涂抹消毒剂，可用腐必清原液加 2% 平平加，或 10°Bé 石硫合剂
苹果轮纹病	枝干受害以皮孔为中心，产生红褐色近圆形或不定形的硬质病斑，中心隆起，病健交界处环裂后，病斑呈马鞍状。许多病斑相连后，造成树皮粗糙。果实受害后，以皮孔为中心生成水渍状褐色同心轮纹斑，中心表皮下可散生黑色粒点	(1)加强栽培管理，提高树体抗病力。 (2)减少菌源　在休眠期刮除枝干上的病瘤，清扫病果。并于发芽前全树喷 35% 轮纹铲除剂 100～200 倍液等防治效果较好。 (3)药剂防治　在果树落花 15d 开始至 8 月上旬，每 15～20d 喷 1 次保护剂或内吸性杀菌剂，以保护果实和枝干。幼果期可喷洒 61% 花麦特 800～1000 倍液或 35% 轮纹铲除剂 400 倍液等，果实膨大后，可喷施 1∶2∶240 倍波尔多液，或 50% 轮炭必克 1500～2000 倍液。 (4)果实套袋可防治轮纹病。 (5)贮藏果的处理　采果后 10d 内，用仲丁胺 100～200 倍液浸果 1～3min，贮藏期间窖内温度控制为 1～2℃
苹果炭疽病	主要为害果实，也可为害叶片和新梢。果实发病后，病斑圆形、褐色、凹陷，腐烂部呈漏斗状，味苦，斑上有同心轮纹排列的小黑点	(1)减少菌源　结合冬剪，剪掉病枯枝、病僵果和病果台等，减少初侵染菌源；生长季节，及时摘除病果，清除落果，减少再侵染菌源。 (2)加强栽培管理　增施有机肥与磷钾肥，改善树冠通风透光条件，控制结果量，中耕除草，及时排水，果园周围 50m 以内不种植刺槐树。 (3)药剂防治　苹果落花后 1 周开始，每 15d 左右喷药 1 次，至 8 月中旬止。药剂可用 61% 花麦特 800～1000 倍液、95% 乙磷铝 80 倍液、80% 炭疽福美 500～600 倍液等
苹果早期落叶病	叶片发病后，褐斑病的病斑暗褐色，边缘不整齐，呈同心轮纹状或针刺状。圆斑病的病斑圆形、褐色，病健交界明显，中央有一个小黑点。灰斑病的病斑为圆形，灰褐色至灰白色，斑上散生小黑点。轮斑病的病斑略呈圆形，较大，褐色，有明显的深浅交错的同心轮纹，多发生在叶片边缘，潮湿时病斑背面产生黑色霉层	(1)减少菌源　秋末冬初彻底清扫落叶和其他病残体，并集中烧掉或深埋。 (2)加强栽培管理　避免偏施氮肥，控制结果量，雨季及时排水，合理修剪，保持树冠内膛通风透光良好。 (3)药剂防治　一般幼树可于 5 月上旬、6 月上旬、7 月上旬各喷 1 次药，多雨年份 8 月份再增加 1 次。结果期可结合防治轮纹病、炭疽病同时防治。常用药剂有 1∶2∶200 波尔多液(有些苹果品种勿用，如金帅等)、80% 可依卡 1500～2000 倍液、12.5% 特普唑 200～300 倍液等，喷药时要均匀周到

续表

名　称	症　　状	防　治　要　点
桃小食心虫	桃小食心虫为害苹果，多从果实胴部或顶部蛀入，经 2d 左右，从蛀果孔流出透明的水珠状果胶，俗称"淌眼泪"；不久干涸成白色蜡状物。幼虫蛀入后在皮下及果内纵横潜食，果面上凹凸不平成畸形，俗称"猴头果"；近成熟果实受害，果形不变，但虫道中充满虫粪，俗称"豆沙馅"	（1）地面防治　在越冬幼虫出土期开始在树盘上喷药，隔 10～15d 再喷一次。常用 25% 对硫磷胶囊剂 300 倍液、50% 二嗪农乳油 500 倍液等。 （2）树上防治　消灭卵和初孵化幼虫，应在孵化盛期进行喷施。常用青虫菌 6 号和灭幼脲 3 号 500～1000 倍液。 （3）性诱剂诱杀成虫。 （4）人工防治　采用筛茧、埋茧、晒茧和刷茧、摘虫果等措施减少各变态阶段的虫源数量
红蜘蛛类	苹果红蜘蛛吸食叶和萌芽的汁液，猖獗年份也可为害果实。叶片受害后становится失绿斑点，重者提前脱落，但苹果红蜘蛛为害叶片不提早落叶，芽受害后，花芽不能形成	（1）人工防治　越冬前，在树干上 40～50cm 处绑扎草把诱集越冬，出蛰前拿下烧掉。幼树此时在树干周围 40cm 范围内，培土 20cm 左右，拍打结实；早春出蛰前刮除树干上的老翘皮，消灭越冬雌成螨。 （2）药剂防治　关键时期，分别喷施"花前药""花后药""关键药""秋防药"。选用药剂 20% 螨死净、15% 扫螨净等。 （3）生物防治　于 5 月下旬到 6 月中旬，可释放异色瓢虫、中华草蛉等来控制叶螨
蚜虫类	绣线菊蚜又名苹果黄蚜，群集为害新梢、嫩芽和叶片。被害叶背弯曲横卷、失绿。苹果瘤蚜又名苹卷叶蚜，以刺吸新梢、嫩叶和幼果。新芽被害叶片不能展开；叶片受害，叶缘向背面纵卷	（1）人工防治　结合冬剪，剪除苹果瘤蚜为害的枝条；生长季节，早期及时剪除被害新梢。 （2）药剂防治　在萌芽前喷洒 5% 矿物油乳剂能兼治红蜘蛛、介壳虫等。于若蚜为害初期，将主干环剥老皮 6cm，涂抹内吸剂，可用 40% 氧化乐果。另外于 5～6 月份用 40% 氧化乐果乳油 1000～1500 倍液或 50% 辟蚜雾 2000 倍液等进行喷药。 （3）利用天敌　利用七星瓢虫、大草蛉、蚜茧蜂、黑带食蚜蝇等苹果蚜虫天敌

任务 3.1.7 ▶▶ 苹果的周年生产

任务提出

以当地主栽红富士苹果品种为例，完成制订周年管理方案。

任务分析

按苹果物候期制订相应管理措施，主要从土肥水管理、整形修剪、病虫害防治三个方面制订相关措施细则。

任务实施

【材料与工具准备】

1. 材料：苹果树、相关苹果生产书籍。
2. 工具：修枝剪、手锯。

【实施过程】

1. 查阅苹果生产技术相关书籍，列出苹果生产主要物候期。
2. 根据苹果在各个物候期生长特点，制订详细的管理计划。

【注意事项】

列出苹果每个物候期所处月份，以便指导果树生产。

理论认知 👆

苹果园周年管理技术要点见表 3-1-3。

表 3-1-3 苹果园周年管理技术

月 份	物 候 期	主要管理内容
11 月上旬～翌年 3 月上旬	休眠期	1. 清理果园,在苹果树落叶后,拆除主干、主枝处诱杀害虫的草把;剪掉病虫枯死枝;清扫枯枝落叶等并集中烧毁,消灭越冬病菌和虫源 2. 土壤上冻前或早春萌芽前刮除枝干粗老树皮、涂白,可消灭树皮缝中的越冬虫、卵和病原菌 3. 结合秋季深翻并于土壤上冻前灌足越冬水 4. 进行整形修剪,结合修剪采集接穗并对接穗进行贮藏
3 月中下旬	萌芽期	1. 萌芽前后追肥、灌水。有小叶病者喷 3%～4%硫酸锌 2. 萌芽前 10d 刻芽,果树复剪 3. 萌芽前喷 3～5°Bé 石硫合剂 4. 继续刮治腐烂病斑、轮纹病瘤 5. 覆草或地膜覆盖、穴贮肥水
4 月份	花前期	1. 花前追肥灌水 2. 幼树抹芽,开张角度 3. 花前复剪
	花期	1. 疏花和人工授粉、花期放蜂 2. 喷 0.3%硼砂和 0.3%尿素
5 月上中旬	新梢速长期	1. 追肥和灌水 2. 夏季修剪:摘心、扭梢、拿枝、环剥、环割 3. 用 25%灭幼脲 3 号 2000 倍液防治潜叶蛾,轮纹净 300～500 倍液防治轮纹病、烂果病 4. 果实套袋
5 月下旬～6 月上旬	花芽分化期	1. 追肥、灌水、除草 2. 树盘覆草
6～8 月份	果实膨大期	1. 追施磷、钾肥或喷施 0.3%～0.5%磷酸二氢钾 2. 拉枝开角 3. 树盘覆草 4. 用 1:3:200 的波尔多液防治斑点落叶病,20%扫螨净 3000 倍液防治红蜘蛛,30%桃小灵 2000 倍液防治桃小食心虫
9 月中下旬～10 月份	果实成熟期	1. 采前转果、除袋 2. 秋施基肥并灌水 3. 用轮纹净 300～500 倍液和波尔多液防治果及叶部病害。喷 1～2 次甲基硫菌灵或菌毒清以降低采后或贮运期间烂果

【知识链接】

优质苹果生产配套技术规程

为了把苹果质量提高到一个新的档次,开拓市场,增加出口,我们把在实践中已经取得明显效果的配套技术规程附上,供生产中实施应用。

一、技术指标(盛果期树)

① 亩产量:2000～2500kg。

② 果实质量:红富士苹果平均单果重 200g 以上,果形标准、端正,果形指数大于

0.85，果个均匀一致，果面平均着色面积大于 80%，色泽鲜红，果面光洁、细嫩，可溶性固形物含量在 14% 以上；乔纳金和新红星苹果平均单果重在 200g 以上，果形标准；新红星果形指数大于 0.95，果个均匀一致，果面平均着色面积大于 85%，色泽鲜红或浓红，果面蜡质厚，光洁度高，可溶性固形物含量在 12% 以上。

③ 树势中庸健壮，新梢年平均生长量 25.0cm，其中长枝占 15%～20%。

④ 亩枝量保持在 8 万～15 万条。

⑤ 覆盖率：果树投影覆盖率为 70%～80%。

⑥ 优质果率 80% 以上，病虫果率 5% 以下。

⑦ 秋后保叶率 90% 以上。

二、技术规程

1. 整地改土，科学灌溉

（1）深翻扩穴　改良土壤瘠薄的丘陵山地果园，应采取深翻扩穴的方法，使活土层达到 60～80cm。

（2）兴修水利，适时灌水　加强果园水利设施建设，修建蓄水方塘，积极发展管灌、滴灌、微喷等先进的灌溉设施。根据果树的需水规律，适时进行灌水，关键在及时浇好花前水（萌芽至开花前）、膨果水（落花后 5～10d）及封冻水等。

2. 增施有机肥，推行配方施肥

（1）大量增施有机肥（圈肥、羊粪、腐熟的鸡粪等）　要求每 1kg 果施 2kg 有机肥，一般亩施 4000～5000kg，有机肥应在采果后至封冻前施入，并掺入适量磷肥（过磷酸钙），亩施 150～200kg。

（2）果树生长期根部追肥　按氮、磷、钾为 2∶1∶2 的比例施入化肥。施肥量按每生产 100kg 苹果，需施纯氮 1.0kg。磷（P_2O_5）0.5kg，钾（K_2O）1.0kg 计算。每年追施 2～3 次，分别是：

① 果树萌芽期（花前，4 月中旬），以氮肥为主。

② 花芽分化及果实膨大期（6 月上旬），氮、磷、钾配合施用。

③ 果实生长后期（9 月份），以磷、钾为主，以利增色和增加营养贮备。

（3）根外追肥　结合喷药进行，全年 4～6 次，一般果树生长前期喷 0.3% 尿素 2～3 次，后期（7～9 月份）喷 0.3% 磷酸二氢钾 2～3 次；或全年喷施其他叶面肥 4～6 次，主要有：农保赞 600 倍液、氨基酸复合微肥 600 倍液等。生长期苹果主干涂施氨基酸复合微肥原液 5～6 次，可代替根部追施化肥。

3. 适度修剪，调整结构，控制枝量

冬剪时，注意及时调整结果树的树体结构，树形以改良纺锤形为主，要求树冠基部保留 3～4 个较大主枝，中上部培养成一个小纺锤形，树高控制在 3.5m 左右，冠径 3～4m，中上部的大型结果枝（小主枝）控制在 6～8 个。修剪首先要形成骨干枝的角度，主枝角度保持 70°～80°，同时，疏除过密的大枝，打开光路；采取以疏为主，缓、疏、缩相结合的修剪方法，疏除过多的密生枝、徒长枝、细弱枝和多余的梢头枝，及时缩剪衰弱冗长的结果枝，控制背上枝，最终使大枝间距保持 1m 左右，大枝组间距在 60cm 左右。中枝组间距在 40cm 左右，小枝组间距在 20cm 左右。冬剪后，使亩枝量控制在 8 万条左右，使树冠枝枝见光，果果见光。在果树生长季及时进行复剪。疏除直立旺枝、密生枝和剪锯口处的萌生枝，以增加树冠内通风透光度。

4. 花期授粉，疏花疏果

(1) 花期授粉 苹果花期可以采取蜜蜂传粉和人工授粉等方法提高坐果率和果实整齐度人工授粉应在铃铛花期采取花粉，在花开的当天进行人工点授，点授以中心花为主。授粉时应开一批花授一次粉，连续授粉 2~3 次。

(2) 疏花 从花序伸出期开始，依据花量进行，间隔 15~20cm，选留 1 个粗壮花序，然后把其他多余的花序全部疏除，坐果后再行定果，每个花序只留 1 个果。

(3) 疏果 落花后 10d 开始疏果，落花后 26d 内结束。一般按枝距离 20~25cm 留成单果，然后把多余的幼果全部疏除。疏果时应选留果形端正的中心果，多留中长果枝和果顶向下生长的果，少留侧向生长的果，及早疏除梢头果、病虫果、畸形果和向上生长的果。

5. 改善果形

红富士苹果盛花初期喷一次稀释 500 倍的宝丰灵或高桩素，间隔 5~10d 再喷 1 次稀释 1000 倍的宝丰灵或高桩素；新红星苹果盛花初期喷一次稀释 500 倍的宝丰灵或高桩素。喷药时间应掌握在上午 8 时以前或下午 4 时以后，在无风或微风气候条件下喷施，喷施部位是盛开的苹果花。

6. 适时套袋和除袋

(1) 套袋 红富士苹果套袋应选用质量较好的双层果袋，一般外袋外面为灰褐色，里面为黑色，内袋为半透明红色的石蜡纸，并经药物处理，以选用日本产小林袋效果最好，国产的山东龙口袋、北京袋效果也可以，红富士、乔纳金苹果落花后 35~40d 套袋，套袋前 2~3d，果实应喷 1 次杀菌剂，为 600 倍液多菌灵或 800 倍液的 70% 甲基硫菌灵。套袋时使纸袋呈膨胀状态，以防止袋纸贴近果皮产生日灼，最后扎紧袋口，套袋应尽可能抓紧在短时间内套完。

(2) 除袋 红富士果实在袋内的生长日期为 90d 以上，除袋后的着色期是 30d 左右，新红星和乔纳金在袋内生长日期为 80d 左右，在辽宁省绥中县红富士适宜除袋期为 9 月下旬。除袋时双层袋一般将底撕开后先除外袋，隔 3~5 个晴天后再除内袋。除袋宜在上午 10 时至下午 4 时前进行，以防果实灼伤。外围果于晴天上午 10 时至下午 2 时去袋，内膛果则在晴天下午 4 时或阴天时去袋效果较好。

7. 树下铺设反光膜

于果实着色期（9 月中下旬，套袋树应在除袋后）在树冠下铺设反光膜，促进果实着色。一般每行树冠下离主干 0.5m 处南北向每边各铺一幅宽 1m 的反光膜，株间一幅用剪刀裁开铺放中间，两边各 1 幅，行间留 1~2m 作业道，而后将反光膜边缘用石块、瓦片压实。采果前将反光膜回收洗净晾干备明年用，一般可连用 3 年以上。

8. 疏枝、摘叶及转果

苹果采前 20~30d 开始进行疏枝、摘叶及转果，以增加果实的浴光量，增加着色。

(1) 疏枝 疏除树冠外围和果实附近的密生新梢，重点去除背上直立徒长枝、密生枝和树冠外围多余的梢头枝。

(2) 摘叶 分 2 次进行，第 1 次在 9 月底，首先摘除贴果叶片和果台枝基部叶片，适当摘除果实周围 5~10cm 范围内枝梢基部的遮光叶片；第 2 次在采前 7~10d，摘除部分中长枝下部叶片。摘叶量一般控制在占总叶量的 30% 左右。

(3) 转果 一般在除袋一周（7~10d）后进行，果实的向阳面充分着色后把果实背阴面转向阳面，有条件的可用透明胶带固定，促使果实背阴面着色，采前一般转果 3 次。

9. 喷果实增色剂

红富士苹果（不套袋栽培）采前 40d 和 20d 各喷 1 次稀释 2000 倍的苹果增红剂 1 号、0.3%磷酸二氢钾或喷稀释 2000 倍苹果增红剂 1 号加 0.3%磷酸二氢钾混合药液，作为一种辅助增色技术，对果实着色有明显改善效果。

10. 果园病虫害综合防治

针对生产上存在的主要病虫害问题，全面贯彻"预防为主、综合防治"的植保方针，采取农业、生物、物理、化学等多种防治措施相结合，达到经济、安全、有效的目的。主要防治对象：苹果叶螨（山楂叶螨为主）、金纹细蛾、蚜虫、苹果轮纹病、早期落叶病（斑点落叶病为主）等。

（1）加强病虫害的预测预报工作，借助果树物候期，昆虫性外激素诱捕器等方法，预测各种病虫害的消长动态，根据病虫害的发生规律，有的放矢地进行防治，全年喷药次数控制在 8 次左右。

（2）萌芽前，全面清扫果园，彻底刮除枝干上的轮纹病斑（瘤），然后涂 50%多菌灵可湿性粉剂 50～100 倍液加助剂（渗透剂），最后全树喷 50%多菌灵 100 倍液或腐烂敌 100 倍液。

（3）萌芽至花序露出前（展叶期），全树喷 40%氧化乐果乳油 1000 倍液或 20%速灭杀丁乳油 3000 倍液，防治苹果瘤蚜、黄蚜、小卷叶蛾等。

（4）落花后 10～15d，喷 50%多菌灵可湿性粉剂 600 倍液或甲基硫菌灵 800 倍液加 20%螨死净 2000 倍液。

（5）落花后 25～30d（6 月上旬）喷 50%多菌灵 600 倍液加 25%灭幼脲 3 号 2000 倍液；套袋前 2～3d 喷 1 次 50%多菌灵 600 倍液或甲基硫菌灵 800 倍液。

（6）套袋后喷施 1：2：200 倍波尔多液或 600 倍铜高尚 2～3 次或 80%代森锰锌可湿性粉剂或大生 M-45 600～800 倍液。

（7）采果后至越冬前，清除落叶、杂草，深埋或烧掉，轮纹病严重的树，全树喷 50%多菌灵可湿性粉剂 100 倍液。

11. 适期采收和精细采摘

为保证果实全面着色和提高果实含糖量，在绥中县红富士苹果的适宜采收期应在 10 月下旬。采摘时，尽量轻采、轻放，避免碰伤和指甲刺伤果实，果实随剪除果柄。采收用的篮、筐均须内衬蒲包、旧布等柔软铺垫物，从篮到筐，从筐到果到果堆、果箱等都要逐个拾、拿、禁止倾倒。

复习思考题

1. 按照绿色果品生产的标准，当地苹果生产中应重点解决哪些问题？
2. 根据当地的物候期，结合所学知识，制订切实可行的苹果周年管理历。
3. 总结当地苹果主要丰产树形、各年龄时期的修剪特点及措施。
4. 调查当地丰产园施肥情况，结合营养诊断，提出综合施肥方案。

项目二 梨树的生产技术

▶▶ **知识目标**

了解梨树生物学特性的规律，梨树常见树形和基本修剪方法，熟悉梨树主要病虫害和周年生产管理技术。

▶▶ **技能目标**

掌握当地主栽品种的生长结果习性，能对梨树进行整形修剪和周年管理。

任务 3.2.1 ▶▶ 识别梨树的品种

任务提出 👤

从植物学性状和生长结果习性上来识别当地主栽梨树品种。

任务分析 📚

通过梨树品种识别，学会果树品种识别的方法，便于生产管理。

任务实施 🪄

【材料与工具准备】

1. 材料：当地栽培的梨幼树、结果树 3～5 个品种，成熟果实实物或标本。

2. 工具：卡尺、水果刀、放大镜、卷尺、托盘天平、记载表及记载用具等。

【实施过程】

根据各地主栽品种进行观察并记录。

1. 选定调查目标

① 每品种 3～5 株的结果树，做好标记。

② 调查本地梨树早熟品种、中熟品种、中晚熟品种和晚熟品种的代表品种。

2. 确定调查时间

（1）冬态观察

① 树皮及枝的密度：同苹果项目。

② 树冠：开张、半开张、直立。

③ 一年生枝：颜色、皮孔（大小、颜色、密度）、茸毛多少、有无棱、枝条曲度（大、小）。

④ 叶芽和花芽特征：形状、颜色、茸毛多少、芽的着生状态。

（2）生长季观察

① 叶片：大小、形状（卵圆形、阔卵圆形）、叶尖（急尖、渐尖、长急尖、长渐尖）、

叶基（圆形、楔形）、叶缘锯齿（全缘、叶缘锯齿向内弯曲或向外弯曲）、叶色（深浅、新叶颜色）、叶片厚薄、蜡质多少、叶背茸毛多少。

②花：大小、颜色（初花期花色）、花柄（长、短）、花瓣形状、花瓣厚薄。

③果实

形状：圆形、扁圆形、长圆形、瓢形。

果梗：长短、粗细、角质、肉质。

萼洼：深浅、宽窄、萼片脱落或宿存。

果皮：颜色（底色、面色）、厚薄、有无果锈、果点（大小、颜色、多少、形状、分布情况）。

风味：甜、甜酸、酸甜、酸、有无香味。

果肉：脆或绵、汁液多少、肉质（粗或细、石细胞多少）。

后熟：是否需要后熟。

3. 调查内容

(1) 梨树主要品种特征记载表 1 份（表 3-2-1）。

(2) 试述本次认识的几个梨树品种的来源。从树形，叶片，果实方面，如何区别四个品种的梨？

表 3-2-1　梨品种调查表

调查项目	品种			
树皮	颜色 皮的纹理			
	树冠			
枝条密度	成枝力 萌芽力			
一年生枝	颜色 皮孔 茸毛 有无棱 枝条曲度			
芽的特征	形状 颜色 茸毛			
叶片	大小 形状 叶尖 叶基 叶缘锯齿 叶色 厚薄 蜡质 茸毛			
花	大小 颜色 花柄			

续表

调查项目 ＼ 品种					
果实	形状				
	果梗				
	萼洼				
	果皮				
	果肉				
	风味				
	后熟				
主要特征描述					

【注意事项】

1. 将全班同学分为若干调查小组，进行观察记录。

2. 教师先现场示范讲解，待学生能准确识别后，按小组进行操作并准确记录。

理论认知

我国梨树栽培历史悠久，有 2500 多年的历史。梨产区有以渤海湾地区、黄河故道地区及西北黄土高原区为主的晚熟梨产区；以长江中下游及云贵高原区为主的砂梨及早熟梨产区。

现在普遍栽培的白梨、砂梨、秋子梨都原产于我国，是栽培面积大、产量高的主要果树之一。梨果质脆，味甜多汁，营养价值较高，含有人体需要的多种营养成分，如蛋白质、脂肪、糖、氨基酸、维生素以及多种矿物质元素等。除鲜食外，梨的果实还可以加工梨汁、梨膏、梨脯、梨干和梨罐头，以及酿酒、制醋等。梨树的根、茎、叶、花、皮等均可入药，梨果有助消化、润肺清心、止咳化痰等功效。梨树适应性强，山地、沙荒、平原或盐碱涝洼地都可以栽培，对外界环境条件如寒冷、干旱的忍耐力也较强。栽培管理比较容易，对土壤及肥料条件要求较低。梨树结果早，易丰产、高产，且盛果期很长，单位面积产量比苹果高 50% 左右，其经济结果年龄一般为 50 年左右。

据统计，2016 年我国梨树的栽培面积为 1113.0 万公顷，总产量 1870.4 万吨，在各类水果中列居第三位，面积和产量均居世界各国之首。近年来，在梨树生产中，世界各地均向早果、高产、优质、良种化、机械化及集约化方向发展，以提高果农收入。此外，梨树还是美化环境的树种。

梨属于蔷薇科（Rosaceae），梨属（*Pyrus* L.）目前全世界梨属植物有 35 个种，原产于我国的有 13 个种：秋子梨（*P. ussuriensis* Max.）、白梨（*P. bretschneideri* Rehd.）、砂梨（*P. pyrifolia* Nakai.）、河北梨、新疆梨、麻梨、杏叶梨、滇梨、木梨、杜梨、褐梨、豆梨及川梨，1871 年从美国引入西洋梨（*P. communis* L.）。我国现在栽培的梨品种绝大多数属于秋子梨、白梨、砂梨、新疆梨和西洋梨 5 种，其他种类主要用作砧木。

一、主要品种

按果实的发育期长短可把梨分为：①极早熟品种，果实发育期 <80d；②早熟品种，果实发育期为 80~110d；③中熟品种，果实发育期为 111~140d；④晚熟和极晚熟品种，果实发育期 >140d。其中典型的早熟品种有：七月酥、早美酥、绿宝石；中熟品种：新水、新世纪、金世纪、丰水、幸水；中晚熟品种：红考密斯、红安久、新星、白皮酥、金世纪、白梨（水晶梨）、红皮酥、新兴、黄金梨；晚熟品种：新高、水晶梨。栽培面积和经济意义较大的优良品种如下。

1. 砀山酥梨

幼树生长势强，树冠直立；成树半开张，生长缓和。萌芽力和成枝力中等，以短果枝结果为主；幼树结果早，成树丰产、稳产性好。果实大，一般 200～250g，大者可达 500g；近圆柱形，黄绿色，贮后淡黄色，近果梗处常有锈斑。有白皮酥、金盖酥之分。果肉白色、酥脆、汁多、味甜、品质上等。9 月上旬成熟，耐贮藏。

2. 鸭梨

原产于河北。现北方许多地区均有栽培。树冠开张，成枝力弱，枝条稀疏，短枝多；结果早，丰产稳产。果实中等大小，平均单果重 185g。果实倒卵圆形，近果梗处有一鸭头状小突起，故名鸭梨。果梗长，萼片脱落。采收时果皮绿黄，贮藏后变黄色，果面光滑有蜡质，外形美观。果心小，果肉白色、细嫩、松脆、多汁、味甜、有香气、微带酸味、品质上等。果实较耐贮藏，可贮至翌年的 2～3 月份。9 月中下旬成熟。

3. 茌梨

是我国传统的优良品种之一。因原产于山东茌平，故名茌梨，为山东莱阳特产，驰名中外。本种树势强健，树姿开张，以短果枝结果为主，丰产、稳产。果实多倒卵圆形或短纺锤形；果皮绿色，果点大，较粗糙；果肉淡黄白色，脆嫩多汁，味甜，稍有香气，品质极上。9 月中旬成熟，耐藏性稍差。

4. 早酥梨

中国农业科学院果树研究所用苹果梨与身不知梨杂交培育而成。早熟、优质、丰产品种，可作早熟品种发展。果实大，平均单果重 225g，果实卵圆形。果皮黄绿色，贮后绿黄色，在西北地区果实阳面有红晕。果梗较长，萼片宿存或残存。果肉白色，果心中等大，肉质细、松脆，汁极多，味甜稍淡，品质上等。果实不耐贮藏，一般可贮藏 1～1.5 个月，以后风味下降。在沈阳地区 5 月初开花，8 月上中旬成熟。

5. 水晶梨

韩国从新高芽变中选育成的黄色梨新品种。果实圆形或扁圆形，平均单果重 380g，最大 560g。果实生长前期为绿色，近成熟期为乳黄色；表面晶莹光亮，有透明感，外观诱人。果肉白色，肉质细嫩，汁多味甜，可溶性固形物含量 14.0%。石细胞少，香味浓郁，品质极上。10 月上旬成熟，耐贮运。抗寒、抗旱、抗病性强。是一个优良的晚熟品种。

6. 雪花梨

原产于河北赵县、定县一带。平均单果重 237.5g，椭圆形，果梗长，萼片脱落，梗洼有锈。果皮绿黄色，贮后变黄色，有蜡质分泌物。果肉白色，肉质细脆，味甜，果心较小，品质上等。可贮至翌年 5 月份。在河北石家庄地区果实 9 月上中旬成熟，生育期 206d。抗寒性强，个大质优，适于寒冷地区栽培。

7. 苹果梨

原产于吉林延边朝鲜族自治州。果实大，平均单果重 233g。扁圆形，不甚规则。果梗中长，萼片宿存。采收时果皮绿黄色，贮放后变黄色，阳面有红晕。果心特小，果肉白色，肉质细脆，石细胞少，味酸甜，汁多，品质上等。果实极耐贮藏，可贮至翌年 4～5 月份。

在吉林延边5月上旬开花，10月上旬成熟，生育期206d。该品种抗寒性强，较丰产，适于北方寒冷地区栽培。

8. 巴梨

原产于英国，世界栽培最多的品种。果实大，平均单果重217~250g，粗短葫芦形，果梗粗短，萼片宿存或残存。果皮绿黄色，经贮放变黄色。果心小，果肉乳白色，采后贮放10d左右，肉质细软，汁多易溶于口，味浓甜，有芳香，品质极上。果实不耐贮藏。在河南郑州8月上中旬成熟。

9. 丰水梨

日本农林水产省果树试验场培育的新品种，亲本为（菊水×八云）×八云。该品种，可在高湿的南方栽培。果实中等大，在兴城梨资源圃平均单果重196.5g，近圆形。果梗长，萼片脱落。果皮褐色，果面粗糙。果肉黄白色，果心中大，肉质细脆，汁多，味甜，品质中上等。在辽宁兴城地区5月初开花，8月中旬成熟。

10. 中华玉梨

中华玉梨又名中梨3号。中国农业科学院郑州果树研究所1980年用大香水×鸭梨为亲本杂交培育而成。果实卵圆形，平均单果重280g。果皮绿黄色，光滑，果点小而稀。果实套袋后外观洁白如玉，很漂亮。果肉乳白色，石细胞极少，汁液多，果心小，肉质细嫩松脆，香甜爽口味浓，综合品质优于砀山酥梨和鸭梨。郑州地区9月底或10月初成熟，并可延迟到10月底采收。果实在常温下可贮藏3~5个月，是目前最耐贮存的优良晚熟品种。

其他优良品种还有南果梨、红巴梨、京白梨、早美酥、慈梨等。

二、梨的生物学特性

（一）生长习性

梨和苹果同属仁果类果树，生长结果习性有许多相似之处，如花芽类型、着生部位、结果枝类型等；但又有自己的特点，下面重点讲述梨树与苹果的不同之处，以利理解掌握。

1. 根系生长特点

（1）根系形成与分布　梨根系发达，分布较苹果深，有明显主根，但须根较少。一般情况下，垂直根分布深度为2~3m，水平根分布一般为冠幅的2倍左右，少数可达4~5倍。根系分布深度、广度和稀密状况，受砧木种类、品种、树龄、土壤理化性质、土层深浅和结构、地下水位、地势、栽培管理等因素影响较大。一般，梨树根系多分布于肥沃的上层土中，在20~60cm之间土层中根的分布最多最密，80cm以下根量少，150cm以下的根更少。水平根愈接近主干，根系愈密，愈远则愈稀，树冠外一般根渐少，并且大多为细长分叉少的根。

（2）根系生长　梨树的根系活动比地上部生长要早1个月。当地温达到0.5℃时根系开始活动（比苹果要早），土壤温度达到7~8℃时，根系开始加快生长，13~27℃是根系生长的最适温度。达到30℃时根系生长不良，超过35℃时根系就会死亡。在年生长周期中，根系有两次生长高峰。早春，根系在萌芽前即开始活动，随着土温的升高而逐渐转旺，到新梢进入缓慢生长期时（5月下旬至6月中旬），开始第一个迅速生长期，到新梢停长后达到高峰。以后根系活动逐渐减缓，到采果后再度转入旺盛生长期（9月下旬至10月上旬），形成第二个生长高峰。这次高峰虽不及第一次，但延续时间较长，一直可延续到落叶休眠后，才被迫停止生长。幼年树的根系在萌芽前还有一小的高峰生长。随着气温的逐渐降低生长减慢，直到落叶进入冬眠后基本停止。生产中应结合这两次根系生长高峰来施肥，尽量在生长高峰到来之前将肥料施入。土壤含水量达到田间持水量的 60%～80% 时，最有利于根系的生长。

2. 枝条

梨枝条按其生长结果习性，可分为营养枝和结果枝两类。梨树中、短枝都是在芽内分化完成的，只有长枝在萌芽后继续分化。梨树萌芽率较高，但成枝力比较弱。新梢多数只有一次加长生长，无明显秋梢或者秋梢很短且成熟不好。新梢停止生长远比苹果要早，不同枝类的新梢生长期不同，长梢的生长期 60d 左右，在华北、西北地区一般在 6 月下旬至 7 月上旬停止生长。基本没有秋梢，顶端也可形成比较完整的顶芽。主要用于培养树体骨架，扩大树冠及培养大、中型结果枝组。中梢 40d 左右。短梢仅 7～10d，一般在 5 月中下旬停止生长。果台副梢一般自 4 月下旬至 5 月上旬为旺盛生长期。可见梨的新梢生长主要集中在萌芽后一个月左右的时期内，与花期、花芽分化期的营养物质的竞争比苹果小，因此花芽形成比苹果容易，生理落果现象比苹果轻。梨的干性、层性和直立性都比苹果更强，尤其幼树期间，长枝梢分枝角度小，极易抱合生长。

3. 芽

梨树的芽为晚熟性芽，大多在春末、夏初形成，一般当年不萌发，第二年抽生一次新梢，很少发二。除西洋梨外，中国梨的大多数品种当年不能萌发副梢。到第二年，无论顶芽还是侧芽，绝大部分都能萌发成枝条，只有基部几节上的芽不能萌发而成为隐芽。萌发芽的基部也有一对很小的副芽不能萌发。梨树芽可分为叶芽与花芽。叶芽外部附有较多的革质的鳞片，芽个体发育程度较高，芽体较大，并与枝条呈分离状。短梢一般没有腋芽，中长梢基部 3～5 节为盲节，所以梨树常用枝条基部的副芽作为更新用芽。

梨树花芽形成比较早，在新梢停止生长、芽鳞片分化后 1 个月开始分化。多数为着生在中、短枝顶端的顶花芽，但大多数品种都能形成腋花芽。梨花芽为混合芽，萌发后先抽一段结果新梢（果台），其顶端着生伞房花序，并抽生 1～2 个果台副梢。

梨树多数萌芽力强、成枝力弱，树冠内枝条密度明显小于苹果。但品种系统间差异较大，秋子梨和西洋梨成枝力较强，白梨次之，砂梨最弱。梨树芽的异质性不明显，除下部有少数瘪芽外，全是饱满芽；但是顶端优势比苹果更强，树体常常出现上强下弱现象，在整形修剪中应特别注意。因分化及发育的时间短，营养不足，开花时花朵数少，坐果能力差，果个也小。因此在梨树的生产管理中，应重点抓好 5 月下旬前的肥水管理，防止因肥水不足造成花芽分化不良，而影响第二年的产量。

4. 叶片的生长特点

梨树的叶片在萌发前就已形成了叶原基，发芽后随着新梢的生长，梨叶具有生长快，叶幕形成早的特点。单叶从展开到成熟需 16～28d。长梢叶面积形成历期较长，一般在 60 多天，长成后叶面积较大，光合生产率高，后期积累营养物质多，对梨果膨大、根系的秋季生长和树体营养积累有重要的作用。中、短梢叶面积的形成历期较短，需 20～40d，光合产物积累早，对开花、坐果、花芽分化有重要的作用。

梨树中、短梢比例较大，整个叶幕形成快，养分积累早；叶柄较长，叶片多呈下垂生长，叶面积系数较高。这两个特点奠定了梨树早果丰产的物质基础。

梨叶片在生长过程中，叶面基本无光泽，但在展叶后 25～30d，即 5 月中下旬叶片停止生长时，全树大部分叶片在几天之内，会比较一致地显出油亮的光泽，这在生产上称为"亮叶期"。亮叶期标志当年叶幕基本形成、芽鳞片分化完成和花芽生理分化开始。凡是为了促进花芽分化，增强叶片功能或果实膨大的管理措施，都应在亮叶期前或亮叶期进行，这样才能起到较好的作用。

（二）结果习性

1. 花芽

梨树的花芽是混合花芽，主要由顶芽发育而成。大多数品种都能形成数量不同的腋花芽，一些日本品种如丰水梨在高接当年即能形成大量腋花芽，保证翌年有一定的产量。梨与苹果一样以顶花芽结果为主，但腋花芽也有一定的结果能力。其分化时间早而集中，据莱阳农校观察，往梨花芽分化期从 6 月上旬开始至 9 月中旬结束，集中分化期在 6～7 月份，只有少数情况下才延续到 9 月下旬或 10 月上旬。另外，夏季干旱花芽分化开始早，中国梨比西洋梨花芽分化早。梨树开花比苹果早；不同品种系统之间也有差异，花期最早的为秋子梨，白梨次之，砂梨、西洋梨最晚；花期持续一周左右。梨的花序与苹果不同，为伞房花序，边花先开，中心花后开。梨的大部分品种自花结果率很低，必须进行异花授粉才能保证坐果；以开花当天授粉效果最好，即在柱头上有发亮的黏液、花丝上有紫红色花药时进行。3d 后基本不能受精。一定要注意配置授粉树，以确保高产、稳产。

2. 果实

梨果是由花托（果肉）、果心和种子三部分组成。授粉受精之后，幼果开始发育。其发育过程类似苹果的果实发育，种子发育分为三个时期，胚乳发育期、胚发育期、种子成熟期。此三个时期相对应的果实的发育也分为三个时期，即第一速生期、缓慢生长期和第二速生期。第一速生期，从落花后 25～45d 果实直径达到 15～30mm 时，此期果肉细胞迅速分裂，细胞数量增加，幼果的纵径生长快于横径生长，果实呈长圆形。第二期（缓慢生长期）为胚的发育时期，此期果实增长缓慢，主要是胚和种子的发育充实。第二速生期是在种子充实之后，此期果实细胞体积迅速增大，也是影响果实产量的最重要时期，与苹果相比梨果实的快速膨大期开始稍晚，但一直持续到成熟，不像苹果有一个比较长的转化成熟期。

与苹果比，梨树开花量大，梨的大部分品种具有落花落果轻、产量高的特点。据观察，梨树只有一次落果高峰期，多发生在 5 月中下旬至 6 月上旬，即花后的 30～40d。梨树春季发芽早，常常造成有机物质营养不足。梨树果实品质的主要指标有果的大小、含糖量、石细胞多少以及果实的外观等。梨果实个头大小主要由梨果的细胞数量和细胞的大小决定。细胞数增加的关键时期是在花后一个月左右，取决于上年秋季贮藏养分和春季至 5 月末的营养状况。果实大小的影响因素还有树势的强弱、肥水供应和负荷多少。在保证花芽质量及授粉受精的基础上，还应注意疏花疏果，合理负载，以保证达到大果数量的增加。为了防止落果，就必须重视采后的管理及尽量提前春季肥水的供应。

（三）对环境条件的要求

1. 温度

梨树喜温，生长期间需要较高的温度，休眠期则需要一定的低温。温度是决定梨树品种分布和制约其生长发育的首要因子，不同品种系统间对温度要求有较大差异（表 3-2-2）。不同器官、不同生育阶段对温度的要求也不一样，如梨的根系在 0.5℃以上即开始活动，6～7℃才发生新根；开花要求气温稳定在 10℃以上，达到 14℃时开花加快，开花期间若遇到寒流温度降至 0℃以下，则会产生冻害；花粉自发芽到子房受精一般需要 16℃的气温条件下 44h，这一时期遇到低温，可影响受精坐果。果实发育和花芽分化需要 20℃以上的温度，果实在成熟过程中，昼夜温差大，夜间温度低，有利于同化作用，着色和糖分积累。

表 3-2-2　梨不同品种系统对温度的适应范围 　单位：℃

品种系统	年平均温度	生长季(4~10月份)平均温度	休眠期(11~3月份)平均温度	绝对最低温度
秋子梨	4.5~12.0	14.7~18.0	−13.3~−4.9	−19.3~30.3
白梨、西洋梨	7.0~15.0	18.1~22.2	−2.0~3.5	−16.4~24.2
砂梨	14.0~20.0	15.5~26.9	5.0~17.2	−5.9~13.8

梨树经济区栽培的北界，与 1 月份的平均温度密切相关，白梨、砂梨不低于−10℃；西洋梨不低于−8℃；新疆梨和秋子梨以冬季最低温度−38℃为栽培的北界指标。生长期过短，热量不够亦为限制因子，确定以大于等于 10℃的日数不小于 140d 为栽培区界限。梨树的需冷量，一般为小于 7.2℃的小时数为 1400h。但品种间的差异很大，如鸭梨、往梨需要 469h，库尔勒香梨需要 137h，秋子梨中的小香水梨需要 1635h。这些种类中以砂梨的需冷量最小，有的甚至没有明显的休眠期。温度过高，也不适宜。当温度达到 35℃以上时，生理活动即受障碍。由此可以看出，白梨、西洋梨在年平均气温大于 16℃的地区不适宜栽培，秋子梨在大于 13℃的地区不宜栽培。

2. 光照

梨树是喜光的阳性树种，年日照时数要求达到 1600~1700h 以上。一天内一般要求有 3h 以上的直射光较好。就大多数梨产区来说，总日照是够用的，个别年份生长季日照不足的地区，要选择适宜的栽植地势坡向、密度和行向，适当改变整枝方式，以便充分利用光能。

3. 水分

梨树需水量比苹果大，合成 1g 干物质所消耗的水量为 284~401g（称为蒸腾系数），苹果只需要 146~233g。梨的需水量在 353~564mL 之间，不同种类的梨需水量不同，砂梨需水量最多，在年降雨量为 1000~1800mm 地区仍然能正常生长，白梨和西洋梨次之，主要产在 500~900mm 降雨量的地区，秋子梨最耐旱，对水分不敏感。梨树耐旱、耐涝性均强于苹果。在年周期中，以新梢旺长和幼果膨大期、果实快速生长期对水分需要量最大，对缺水反应也比较敏感，应保证供应。

在地下水位高，排水不良，空隙率小的黏土中，根系生长不良。久旱、久雨都对梨树生长不利，在生产上要及时旱灌涝排，尽量避免土壤水分的剧烈变化。若梨园水分不稳定，久旱遇大雨，可以造成结果园大量裂果，损失巨大。尤其是韩国砂梨中的华山梨、我国梨品种中的绿宝石梨，裂果比较严重。

4. 土壤

梨树对土壤适应性广泛，无论是壤土、黏土、沙土，还是有一定程度的盐碱土壤都可以生长。梨树喜中性偏酸的土壤，适应的 pH 为 5.4~8.5，最适范围是 5.6~7.2；土壤含盐量小于 0.2%可以正常生长，超过 0.3%则容易受害。不同的砧木对土壤的适应力也不同，砂梨、豆梨要求偏酸，杜梨可偏碱，杜梨比砂梨、豆梨耐盐力都强。多数研究表明，梨树最适宜生长的土壤含水量标准是田间最大持水量的 60%~80%。

【知识链接】

石 细 胞

消费者在食用梨时常感觉果肉中有一些粗涩的颗粒状物，这是由果肉里的一团团石细胞引起的。梨的石细胞是由大量木质纤维所组成的厚壁细胞，属于短石细胞，其主要成分是一种戊糖，分解后形成木糖和阿拉伯糖。当梨果肉细胞受不良气候、营养胁迫和水分胁迫的影响时，细胞就由长变短，变小，木质化，转变为石细胞，石细胞逐渐增多，堆积形成石细胞团。石细胞团的多少和数量是衡量果实品质的一个重要标准。

生产上主要通过果实套袋抑制部分酶的活性，导致木质素含量下降，从而可以减少石细胞的数量，提高果实品质。

任务 3.2.2 ▶▶ 梨树的生产管理

任务提出

以当地主栽梨树品种为例，按梨树生长的特性进行四季田间管理。

任务分析

梨树树体高大，顶端优势强，枝条直立，开张角度小，梨花授粉后疏花疏蕾任务重，生产上应根据其特点进行管理。

任务实施

【材料与工具准备】

1. 材料：幼龄梨树与成年期梨树。

2. 工具：采花用塑料袋、小玻璃瓶、授粉工具（毛笔或带橡皮头的铅笔等）、干燥器、白纸、梯子、喷雾器、喷粉器、修枝剪、绑扎材料等。

【实施过程】

1. 梨树人工授粉

（1）选择适宜授粉品种。

（2）采集花蕾。

（3）取花粉。

（4）人工点授或机械授粉（喷雾、喷粉）。

2. 梨树常见树形识别与整形修剪

（1）确定修剪的梨树　根据实际情况确定修剪的品种和数量。

（2）按生长发育过程进行对应修剪

① 春季修剪：刻芽、缩结果枝、花前复剪回缩、疏剪、拉枝。

② 夏季修剪：开张角度、疏梢、拿枝扭梢、环剥、开角、摘心剪梢、摘心、扭梢。

③ 秋季修剪：拉枝开角、拿枝、疏密生枝剪嫩梢。

④ 冬季修剪：短截、疏剪、缓放、弯枝、回缩。

3. 检查修剪，避免漏检或错剪。

【注意事项】

1. 整个任务实施可集中安排 4 次。

2. 教师先现场示范讲解，待学生能准确识别后，进行独立操作或两人一组相互配合进行操作。

3. 整个任务实施过程应定人定树，有始有终，中间不换人。

理论认知

一、土肥水管理

梨树的根系生长得深广、稀疏，生长反应较慢。枝、叶大多集中在一次形成，花芽分化开始得早。这些特点都决定了梨树需要良好的土、肥、水的条件，满足梨树生长发育所需要的养分、水分。

1. 土壤管理

（1）深翻改土 梨树的正常生长和结果需要土壤的水、肥、气、热、微生物、酸碱度等诸多因素的稳定和协调。梨树对土壤条件要求以土质疏松、土层深厚、地下水位较低、排水良好、pH 在 5.6～7.2 的沙质壤土上结果最好。

果园深翻熟化，结合增施有机肥并逐年压土是进行果园土壤改良的最有效措施，方法有：扩穴深翻，隔行深翻，秋季落叶后至土壤封冻前进行果园土壤耕翻，深度为 15～20cm，深翻后耙平，保持土壤水分。生长季节尤其是雨季，树盘应及时中耕除草，松土保墒。幼树期间，行间可间作矮秆作物、绿肥或生草。忌间作有害梨树的蔬菜和高秆作物。成年树树盘内可进行作物秸秆等覆盖，厚度 15～20cm。另外，在进行果园深翻的同时，还应根据当地情况配合其他改土措施。如对沙地梨园的土壤改良主要是抽沙填充好土，然后用表土埋好，并灌水沉实；对黏性土壤的梨园，改良重点是增加透气性，降低土壤黏重性。在增加有机肥使用的基础上，结合压沙或掺灰渣、压秸秆、杂草，春季喷布"免深耕"土壤调理剂 1～2 次；对盐碱土壤的梨园，在梨园内每隔 20～40cm 开一条排水沟，深约 100cm，宽约 150cm。定期引水浇灌梨园，冲洗土壤中的盐分。并施入大量的有机肥，使有机物质经微生物分解产生有机酸，中和土壤中的碱。

（2）耕作制度 幼年果园合理间作可充分利用土地和空间，增加前期收益，对于成年果园可应用免耕制、清耕制、覆草制或间作制等方式。春季施肥灌水后，可喷除草剂如 10% 的草甘膦 300 倍，然后覆盖地膜。喷除草剂时注意不要喷在树干上，以免影响树体发育。地面覆草有生草后覆草和直接覆草两种方法。前者是在行间先种植黑麦草、白三叶、红三叶等牧草，待草长到 50～60cm 时，用机械割草机留 10cm 高割草后，覆于树盘下部。割后应及时进行追肥，以每亩追 25kg 尿素或 30kg 氮、磷、钾三元复合肥为佳。后者是用麦秸、稻草、玉米秸、豆秸、杂草、树叶等覆盖，覆草厚度为 20cm，时间在 5～6 月份为佳。间作物的高度不应超过 60cm，生长期短，且不与梨树争肥、争水。间作时应注意间作的作物与梨树的距离，一般情况下间作的作物应距梨树 100～120cm 为宜，距离太近，增加了地面的湿度，会造成砂梨中绿皮梨品种如黄金、水晶等果面水锈太重，降低果实的商品果率。间作作物以马铃薯、大蒜、大姜、大葱、绿豆、豌豆、白菜、大豆、甘薯、花生为主。

2. 施肥技术

梨园施肥应根据土壤肥力确定施肥量。以有机肥为主，氮、磷、钾肥配合施用，保持或增加土壤肥力及土壤微生物活性。

（1）需肥特点 梨树根系稀疏，对肥料吸收较慢，新梢和叶片的形成早而集中，年周期中，有两个器官集中生长的高峰期，第一个在5月份，是根系生长、开花坐果和枝叶生长旺盛期；第二个在7月份，主要是果实膨大高峰和花芽分化盛期（图3-2-1）。年周期需肥典型特点是前期需肥量大，供需矛盾突出。其中萌芽开花期对养分的需要量较大，但主要利用树体上年贮存的养分；新梢旺盛生长期，氮、磷、钾的吸收量最大，尤其对氮的吸收量最多；花芽分化和果实迅速膨大期钾的吸收量增大；果实采收后至落叶期主要是养分积累回流，以有机营养的形式贮藏在树体内。

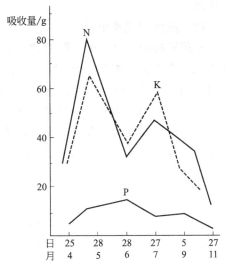

图 3-2-1 成年梨树不同时期对养分的吸收
（引自刘志民等编著《梨树三高栽培技术》）

（2）施肥时期

① 秋施基肥：为梨树全年生长发育提供基本肥料，是梨树肥水管理中最主要的一次施肥，同时还具有改良土壤的作用。基肥要以有机肥为主，适量混入一些速效肥料，全年所需磷肥可以结合基肥一次性施入。提倡秋施、早施，最好在采收前后进行（9月份），果实采收后，用轮沟法或放射状条沟等方法，每1kg果实施1kg优质农家肥，晚秋或冬前施用效果降低。

② 合理追肥：根据梨树年生长发育特点，追肥一要抓早、二要抓巧，以提高肥料的利用效果。

a. 萌芽开花前期追肥：此肥要早，以萌芽前10d左右为宜。春季花芽继续分化、萌芽，新梢生长、开花坐果和幼果生长，都需要消耗大量的营养物质，尤其细胞分裂旺盛，需要合成大量的蛋白质，所以对氮素需求特别高。由此可见，此次追肥非常重要，而且要以氮肥为主，分配量也应适当加大。此期追施是全年氮肥用量的20%。成龄树每株施尿素1.0～1.5kg。

b. 花后或花芽分化前期追肥：目的在于促进枝叶生长，为果实发育创造条件。可在花后、新梢旺长前施用，量不宜多；如果前期肥料充足、树体健壮、负载量适中，可以不施，改为花芽生理分化前追施，一般在5月中旬至6月上旬进行，宜追复合肥。施入全年氮肥用量的20%和全年钾肥用量的60%。

c. 果实膨大期追肥：应在7～8月份进行，视品种而异。此时新梢已经停止生长或接近停止生长，养分多用于根系的旺盛生长和叶片代谢的营养补充，增加同化功能，从而促进花芽分化和果实的膨大，对提高当年产量和果实品质具有重要意义。追肥应以钾肥为主，配以磷、氮，以加速养分运转和细胞分化，施入全年钾肥用量的40%和全年氮肥用量的10%。每株施专用复合肥1.5～2.5kg，切忌氮肥过量，否则果实风味变淡，品质下降。

d. 营养贮藏期追肥：适当追肥可提高叶片的功能，延长叶片寿命，增加光合产量，有利于树体贮藏营养水平的提高。也可以和秋施基肥结合进行，结果大树、生长偏弱树，要适当多施氮肥。每株施磷酸二铵或硫酸铵2.0～2.5kg。经验表明，秋季补氮的效果优于春季。

其他时期应根据具体情况而定。施肥方法是在树冠下开沟，沟深15～20cm，追肥后及时灌水。方法是轮沟法、条沟法或多点穴等方法。幼树在8月份以后不可追肥，施肥量较成龄树应酌情减少。根外追肥常结合喷药掺入0.3%～0.5%速效肥料，以补充树体必要的营养需求。

（3）施肥形式及用量

使用肥料中的氮、磷、钾的比例应注意，在土壤中的有机质为 0.6%～0.7% 时，每生产 100kg 果应施氮肥 0.1～0.2kg，氮、磷、钾比例为 1∶0.5∶1。对山地秋子梨园，每株施纯氮 0.5kg，氮、磷、钾的比例为 4∶2∶1 最好。多数情况下，梨树对氮、磷、钾的需要量，一般是氮与钾相似，而磷只是氮的 1/3～1/2，一般来说，产量与品种的不同，对养分的吸收数量也有较大的差别，而产量越高则对养分的吸收利用也越为经济。梨树一年中所需营养元素以氮、磷、钾作用最大，需要量最多，吸收比例也大。目前生产中多以计划产量来估算肥料的施用量，根据各地的试验结果，每生产 100kg 梨果的氮量及氮、磷、钾的比例关系见表 3-2-3。

表 3-2-3　每生产 100kg 梨果的需肥量　　　　　　　单位：kg

试验地点	供试品种	需氮(N)量	需磷(P_2O_5)量	需钾(K_2O)量	$N∶P_2O_5∶K_2O$
日本	二十世纪	0.47	0.23	0.48	1∶0.5∶1
中国	秋白梨	0.5～0.6	0.25～0.30	0.5～0.6	1∶0.5∶1
吉林延边	苹果梨	0.35	0.175	0.175	1∶0.5∶0.5
山东	白梨	0.225	0.1	0.225	1∶(0.5～0.7)∶1
昌黎果树所	密植鸭梨	0.3～0.5	0.15～0.20	0.3～0.45	1∶0.5∶1

上表数据可作为计算施肥量的参考，具体确定时还要参照土壤肥力水平和营养诊断结果，随着树龄、产量、树势、地力、施肥方法等因子的变动，而经常进行调整和修正，逐步做到配方施肥和合理施肥。

3. 水分管理

梨树的抗旱性与耐涝性比苹果强，但它的需水量比苹果大。为了弥补自然降雨量的不足，进行人工灌水对提高梨树的产量和品质是很重要的一项措施。适时的灌水，不是等果树已经从形态上显露出缺水状态时进行，而是要在果树未受到影响前进行。灌水要结合天气与施肥结合进行。

（1）灌水的时期与方法　春季灌水可有效地提高坐果率，提高抗霜冻能力。秋季干旱可使果实减少单果重量，品质差，旱后遇雨易裂果。梨园灌水的原则是"春旱必灌，花前适量，花后补墒，严防秋旱，采后冻前必灌"。根据梨树的生长发育规律，一年中对水分的要求应进行多次灌水。

① 花前水：在花蕾分离期结合土壤追肥进行（4 月底至 5 月初）。主要是补充土壤水分，促进萌芽开花，对新梢的生长发育，扩大叶面积，增加坐果率都有重要作用。

② 花后水：在落花后，生理落果前结合土壤追肥进行（6 月中旬至 7 月上旬）。梨树在此期需水最多，供水不足会引起大量落花落果，同时春梢的生长量也会大大减少。

③ 催果水：于果实迅速膨大期进行（9 月中旬）。以促进果实发育和化芽分化，对当年的产量和翌年的产量都有很大的影响。

④ 灌秋水：于果实采收后结合秋施基肥进行。

⑤ 封冻水：大致在 10 月下旬～11 月上旬封冻前进行。

以上几次灌水不能机械照搬，要根据天气情况、土壤水分状况和果树实际需要，并结合土壤追肥灵活运用。

灌水的方法有漫灌、沟灌、畦灌、滴灌、喷灌、管灌等几种。

（2）排水　梨树的灌水一般以浸透根系分布层（1m左右），并达到田间最大持水量的60%～80%为适宜。但树龄和土壤状况不同，灌水的量和次数也不同：大树应比幼树灌水多；沙地果园灌水宜少量多次；盐碱地应注意灌水浸润深度勿与地下水相接，以防盐碱上泛；发芽前和休眠期可以灌透水；花芽分化和果实成熟期则要防止过量。

在低洼地、地下水位高的平地，不透水的山石地，下有隔水胶黏层的梨园雨季容易积水，注意排水防涝。在梨树栽培中，发生下列情况时应及时进行排水。

① 多雨季节或一次降雨过大造成梨园积水成涝，一时之间渗漏不了时，应挖明沟排水。

② 在河滩地或低洼地建立梨园，雨季时如果地下水位高于梨树根系的分布层，则必须设法排水。可以在梨园开挖深沟，把水引向园外。在此情况下，排水沟应低于地下水位，以便降低地下水位，避免根系受害。

③ 土壤黏重、渗水性差，或在根系分布区下有不透水层时。由于黏土土壤空隙小，透水性差，一旦降雨就易积涝，必须及时搞好排水设施。

④ 盐碱地梨园，因下层土壤的含盐量高，会随水的上升而到达表层，若经常积水，因地表水分不断蒸发，下层水上升补充，造成土壤次生盐渍化。因此，必须利用雨水淋洗，使雨水向下层渗漏，然后汇集在一起排走。

在经常有积涝或次生盐碱化威胁的梨园，可以采用较先进的地下管道排水法，即在梨园地下一定深度的土层内，安装能渗水的管道，让多余的水分从管道排走。

二、整形修剪

1. 梨树的整形修剪特点

（1）要选择培养好各级骨干枝　梨树树体高大，顶端优势及干性、萌芽力都特别强，枝条比较直立，开张角度小，容易发生上强下弱现象。因此必须重视控制顶端优势、限制树高，重视生长季节开张枝条角度，平衡骨干枝长势；选留原则与苹果相同。按照确定树形的要求，重点考虑枝条生长势、方位两个因素，但不要死抠树形参数，只要基本符合要求就可以确定下来，关键是要对选定枝采用各种修剪技术及时的调控、进行定向培养，促其尽量接近树形目标要求。在修剪时要对主干延长枝适当重截，并及时换头，以控制上升过快，增粗过快。但盛果期后容易衰弱，所以骨干枝角度一般小于苹果骨干枝。

（2）培养大、中型枝组，精细修剪短果枝群　要轻剪多留辅养枝，少短截、多缓放，尽量少疏或不疏枝，及早培养健壮枝组，促其尽量早结果。枝组应重点在骨干枝两侧培养，对背上枝组要严格控制长势和大小，否则易形成"树上树"，不仅其他枝组很难复壮，而且严重干扰树形结构。对小枝组和较早出现的短果枝群（骨干枝中下部较多）应适当缩剪，集中营养，防止早衰。

（3）增加短截量，减少疏枝量，少用重短截　根据梨树萌芽力强而成枝力弱的特点和枝条基部有盲节的现象，为保证早期结果面积，并防止中、后期树势衰弱，应在修剪中适当增加短截量，减少疏枝量，少用重短截，尽量利用各类枝；同时梨树隐芽寿命长，利于更新。梨树经修剪刺激后，容易萌发抽枝，尤其是老树或树势衰弱以后，大的回缩或锯大枝以后，非常易发新枝，这是与苹果的不同之处。

2. 适宜树形

树形结构与栽植密度密切相关。梨生产中常用的几种树形，包括主干疏层形、小冠疏层形（图3-2-2）、纺锤形（图3-2-3）、单层高位开心形（图3-2-4）等。具体见表3-2-4。

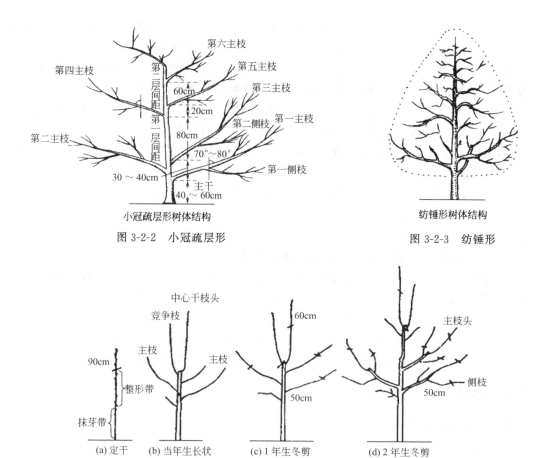

图 3-2-2　小冠疏层形　　　　图 3-2-3　纺锤形

图 3-2-4　单层高位开心形

表 3-2-4　梨树常见树形结构

树　形	密度/(株/hm²)	结　构　特　点
主干疏层形	500～626	树高小于 5m,冠径 4.5～5m,干高 0.6～0.7m,主枝可以适当多留,一般主枝 6 个(一层 3 个,二层 2 个,三层 1 个),每层可以比苹果多 1～2 个,开张角度 70°。主枝可以邻接选留(2 个),以控制中心干过强,但也不能轮生;层间距:一、二层 100cm 左右,二、三层 80～100cm。一层层内距 40cm。每层主枝留侧枝数:一层 3 个,二层、三层各 2 个
小冠疏层形	500～833	通常树高 3m,干高 0.6m,冠幅 3～3.5m。第一主枝 3 个,层内距 30cm;第二层主枝 2 个,层内距 20cm;第三层主枝 1 个或无。一、二层间距 80cm,二、三层间距 60cm,主枝上不配备侧枝,直接着生大、中、小型枝组。适于树势强的品种
纺锤形	670～1005	树高不超过 3m,主干高 60cm 左右,中心干上着生 10～15 个小主枝,小主枝围绕中心干旋式上升间隔 20cm,小主枝与主干分生角度为 80°左右,小主枝上直接着生小枝组。全树共 10～12 个长放枝组,全树枝组共为一层,外形呈纺锤形冠体。特点是只有一级骨干枝,树冠紧凑,通风透光好,成形快,结果早
单层高位开心形	100～1428	树高 3.5m,冠径 4～4.5m,干高 60～80cm。全树分两层,有主枝 5～6 个,其中第一层 3～4 个,第二层 2 个。层间距 1～1.5m。小主枝围绕中心干螺旋式上升,间隔 0.2m,小主枝与主干分生角度为 80°左右,小主枝上直接着生小枝组,每主枝配侧枝 3～4 个。该树形透光性好,最适宜喜光性强的品种

3. 不同时期的修剪

一年四季，梨树不同时期修剪任务及技术与苹果相似。见表 3-2-5。

表 3-2-5 梨树不同时期修剪任务及技术一览表

修剪时期	修 剪 任 务	修 剪 方 法
春季修剪	缓和树势、促进发枝、合理负载、优质稳产、补充完善冬剪	刻芽、延迟修剪、按枝果比疏、缩结果枝、花前复剪、回缩、疏剪、拉枝
夏季修剪	改善光照、缓和树势、促进成花、提高坐果、培养枝组	开张角度、疏梢、拿枝、扭梢、环剥、开角、摘心、剪梢、摘心、扭梢
秋季修剪	整形、缓和树势、改善光照、促进成花提高越冬性	拉枝开角、拿枝、疏密生枝、剪嫩梢
冬季修剪	整形、调整树冠、培养结果枝组、改善光照条件、合理负载	短截、疏剪、缓放、弯枝、回缩

（1）幼树及初果期树的修剪　此期梨树修剪的目的主要是整形和提前结果。幼树期的整形修剪以培养树体骨架，合理造形，建立良好的树体结构，迅速扩冠占领空间为重点；同时注意促进结果部位的转化，培养结果枝组，充分利用辅养枝结果，提高早期产量，做到整形的同时兼顾提早结果。幼树要"以果压树"，控制营养生长和树冠过大，修剪时冬季选好骨干枝、延长枝头，进行中度剪截，促发长枝，培养树形骨架。夏季拉枝开角，调节枝干角度和枝间主从关系，对辅养枝采取轻剪缓放，拉枝转角，环剥（环割）等手段，缓和生长势，促进成花。

① 控冠：梨树大多数品种是高大的乔冠树体，因此栽培时要注意控冠。定干应尽量在饱满芽处进行短截，一般定干高度为 80cm 左右。距地面 40cm 以内萌发的枝芽可以抹除，余者保留，以利幼树快长。冬剪时中干延长枝剪留 50～60cm，主枝延长枝剪留 40～50cm，短于 40cm 的延长枝不剪，下年可转化成长枝。一般要求树高小于行距，行间不能郁闭，要有 1.5～2m 的光路，株间可有 10%～20% 的交接。超高要落头，超宽要回缩。

② 开张角度，调节树体平衡：梨树的多数品种极性很强，分枝角度小，直立生长，易造成中心干与主枝、主枝与侧枝间生长势差别太大，产生干强主弱、主强侧弱、上强下弱、前强后弱等弊病，不利于开花、结果。

a. 防止和克服中心干过粗、过强、上强下弱，可多留下层主枝和层下空间辅养枝，下层主枝可留 4～5 个，可采用邻接着生、轮生或对生枝；对中心干上部的强盛枝及时疏缩，抑上促下，或者采取中心干弯曲上升树形，超高时落头开心。

b. 克服主强侧弱和主枝前强后弱，对生长势强的主枝要加大枝条角度，主枝基角一般可在 50°以上，主要采用坠、拉、撑的方法来开张枝条角度，而不采用"里芽外蹬"的方法；选择方位好，生长较强的作为侧枝，主枝短截时，应在饱满芽前一两个弱芽上剪截，这样发枝较多而均匀，可避免前强后弱。

③ 骨干枝选留：梨树多数品种萌芽力强、成枝力弱，一般只发 1～2 个长枝，个别发 3 个，因此要注意以下几点。

a. 梨树定植后第一年为缓苗期，往往发枝很少，这种情况，不要急于确定主枝，冬季可不修剪。或者对所发的弱枝，去顶芽留放，并在主干上方位好的部位，选壮短枝，在短枝上刻伤促萌，这种短枝所发的枝，基角好，生长发育好，在去顶芽后与留下的弱枝可相平衡。梨树在第一年往往选不出 3 个主枝，则要对中心干延长枝重截，这样明年可继续选留主枝。

b. 主枝延长枝头剪口第三、第四芽，留在两侧，同时刻芽，促发侧枝。

c. 轻剪多留枝，主侧枝可适当多留，要多留辅养枝和各类小枝，前4年基本不疏枝，结果以后疏去或缩剪成大小枝组。

④ 短果枝和短果枝群的培养：成年梨树80%～90%的果实是短果枝和短果枝群结的，短果枝是由壮长枝条缓放后形成的，或由长、中果枝顶花芽结果后，在其下部形成的，对这些果枝修剪只留后部2～3个花芽，即成为小型结果枝组。短果枝上的果台枝或果台芽，即连续或隔1年结果，经3～5年形成短果枝群。对这类短果枝群，要疏去过多的花芽，去前留后，去远留近，使之保持活力，做到高产稳产。

⑤ 更新复壮：梨的潜伏芽寿命长，这对于梨的更新复壮十分有利，对需要更新的梨树进行重回缩，并配合肥水管理，2～3年后又可形成新的树冠结果。

⑥ 清理乱枝，通风透光。由于前期轻剪缓放，冠内枝条增多，内膛光照变差，结果部位外移。应通过逐年疏枝、回缩、处理辅养枝，清理乱枝，保持树冠通风透光，小枝健壮，达到优质丰产的目的。

对梨树的幼树要及时进行拉枝、环剥、目伤、摘心等一系列措施。采用的树形，一般以主干疏层形、纺锤形、二层开心形等为主。要根据不同的地力、不同的自然环境、不同的品种、不同的栽培技术、不同的长势来确定不同的整形修剪技术。要因树因地作形，不宜要求一致；要随枝随树作形，不要强树作形。另一条原则是一定要轻剪，总的修剪量要轻，尽量增加前期全树的枝叶量。尽可能地增加短截的数量，使之多发枝，并加强肥水管理。

砂梨（如黄金、水晶、新高等）一般在定植后的第二年结果，3～4年形成产量，5～6年达到盛果期。其他的梨品种一般3～4年结果（如绿宝石、七月酥、玛瑙等），5～6年形成产量，7～8年达到盛果期。

（2）盛果期修剪　进入盛果期树体骨架已基本形成，树势趋于稳定，容易形成花芽，生长结果矛盾突出，大量结果后，其开张角度往往过大，树势易衰弱，易出现"大小年"结果、果实品质下降、抗性下降、病虫害增加等系列问题。因此，盛果期梨树修剪的主要任务是维持树体结构，调节生长和结果之间的平衡关系，改善光照，保持中庸健壮树势，维持树冠结构与枝组健壮，实现稳产优质，延长结果年限。

中庸梨树的标准是：树冠外围新梢长度以30cm为好，中短枝健壮；花芽饱满，短枝花芽量占总枝量的30%～40%。枝组年轻化，长枝占总枝量的10%～15%，中小枝组约占90%；通过对枝组的动态管理，达到3年更新，5年归位，树老枝幼，并及时落头开心。

修剪要领是：树势偏旺时，采用缓势修剪法，多疏少截，去直留平，弱枝带头，多留花果，以果压势；树势弱时，采用增势修剪法，抬高枝条角度，壮枝壮芽带头，疏除过密细弱枝，加强回缩与短截，少留花果，复壮树势；对中庸树的修剪要稳定，不要忽轻忽重，应各种修剪方法并用，及时更新复壮结果枝组，维持树势的中庸健壮。

具体操作要维持树体结构，改善内膛光照条件，当树体达到一定高度后，适时落头开心，打开上层光路；疏间树冠外围过密枝，打通透光光路；控制或疏除背上直立旺枝（或枝组），保持良好的树体结构。精细修剪结果枝组，不断更新复壮、维持结果能力。需要注意的是，对于有空间的大中枝组，只要后部不衰弱不能缩剪，应采取对其上小枝组局部更新的形式进行复壮；对短果枝群（鸭梨）多细致疏剪、去弱留强、去远留近、集中营养、保持结果能力。控制留花量、平衡生长结果矛盾，梨树落果轻、坐果率比苹果高，剪后结果枝占

1/4 左右。

结果枝组修剪的总体原则是"轮换结果，截缩结合；以截促壮，以缩更新"。在具体修剪时应注意结果枝、发育枝、预备枝的"三套枝"搭配，做到年年有花、有果而不发生大小年，真正达到丰产、稳产的生产目的。

(3) 衰老期树的修剪　梨树生长结果到一定的年限后，必然会出现衰老。当产量降至不足 $15000kg/hm^2$ 时，梨树进入衰老期，应对梨树进行更新复壮。衰老期修剪的基本原则是衰弱到哪里，就缩到哪里，每年更新 $1\sim2$ 个大枝，3 年更新完毕，同时做好小枝的更新。

梨树潜伏芽寿命长，当发现树势开始衰弱时，要及时更新复壮，其首要措施是加强土、肥、水管理，促使根系更新，提高根系活力。在此基础上通过重剪刺激，促发较多的新枝来重建骨干枝和结果枝组。修剪时将所有主枝和侧枝全部回缩到壮枝壮芽处，结果枝去弱留强。衰老较轻的，可回缩到 $2\sim3$ 年生部位，选留生长直立、健壮的枝条作为延长枝，促使后部复壮；注意抬高枝干和枝条的生长角度，回缩时应用背上枝换头。对结果枝组，要利用强枝带头，强枝要留用壮芽。回缩时要分期、分批地轮换进行，不可一次回缩得太急、太快。在进行回缩前，通过减少负载量来改善树体的营养状况，使其生长势转强。对回缩后枝组的延长枝一定要短截，相邻和后部的分枝也要回缩和短截。严重衰老的要加重回缩，刺激隐芽萌发徒长枝，一部分连续中短截扩大树冠、培养骨干枝，另一部分截、缓并用，培养成新的结果枝组。全树更新后要通过增施有机肥和配方施肥来加强树势，加强病虫害防治，减少花芽量，以恢复树势，同时也要注意控制树势的返旺，待树势变稳后，再按正常结果树来进行修剪。一般经过 $3\sim5$ 年的调整，即可恢复树势，提高产量。

(4) 密植梨树整形修剪要点　对于密植梨树整形修剪，不仅要注意个体结构，更要考虑群体的结构，整形修剪不能套用稀植栽培的办法，主要应把握好以下几点。

① 树形由高、大、圆向矮、小、扁转变，多采用各类纺锤形（自由纺锤形、细长纺锤形）、主干形、扇形等；栽植密度越大，树形越简化。不刻意追求典型的树形，而以"有形不死、无形不乱，树密枝不密，大枝稀小枝密，外稀内密"为整形的基本原则。

② 采用大角度整形，将强旺枝一律捋平，使之呈水平下垂状，促发中短枝。尽早转化成结果枝结果，以达到以果控冠的目的。

③ 用轻剪或不剪（以刻代剪，涂药定位发枝，以拉代截）取代短截。提倡少动剪，多动手。修剪中 80% 的工作量是由拉、拿、撑、刻剥、弯别、压坠等完成的。

④ 整形结果同步进行。主枝上不设侧枝而直接着生结果枝组，主枝以外的枝条都作辅养枝处理；大量辅养枝通过夏季管理很快出现短枝，转向结果，结果后逐年回缩或去掉，临时性辅养枝让位于骨干枝，"先乱后清"，整形结果两不误。

⑤ 改以往冬剪为主为夏剪为主的四季修剪。在时期上，春季进行除萌拉枝；夏季进行环剥、环割、拿、别、压、伤、变等手术；秋季对角度小的枝条拿枝软化，疏去无用徒长枝、直立枝。

⑥ 控冠技术由单纯靠修剪控制转向果控、化控、肥控、水控等综合措施调控。

⑦ 培养各类枝组多以单轴延伸、先放后回缩的方法为主。无花缓，有花短，等结果后逐年回缩成较紧凑的结果枝组。

4. 不同品种的修剪

(1) 鸭梨　生长中强、萌芽率高、成枝力弱，易形成短枝和短果枝群，连续结果能力强，寿命长，是鸭梨的主要结果部位。盛果期以前，应多缓放中枝，培养结果枝组。进入盛果期以后，对成串的结果枝适当回缩。结果枝及短果枝群每年要去弱留强、去密留稀，剪除过多的花芽，留足预备枝。鸭梨隐芽不易萌发，要控制产量，维持树势，防止衰老，内膛发出的徒长枝要多加保留利用。

（2）砀山酥梨　萌芽力强、干性强，分枝角度小，树冠直立。长枝缓放后，易形成短果枝，但果台副梢少而长，不易形成短果枝群，连续结果能力弱。副芽易发更新枝，小枝组易于复壮。修剪时，对主干疏层形应增加主枝生长量，防止中心干过强；又由于小枝易转旺，幼树往往主侧枝与辅养枝和大型枝组区别不明显，只有在进入盛果期之后，通过对辅养枝和枝组的缩剪，才能使骨干枝显示出来。中枝和较长的果台枝都适于先放后缩的方法，培养好的短果枝。延伸过长的枝组，应注意缩剪促使后部转旺。

（3）日本梨　二十世纪、丰水、新高等都属于日本梨系列，具有共同的修剪特点。幼树生长旺，树姿直立，萌芽率高，成枝力弱。成树以短果枝和短果枝群结果为主，连续结果能力强。修剪时要少疏多截，直立旺枝拉平利用。各级骨干枝上均应培养短果枝群，并每年更新复壮，疏除其中的弱枝弱芽，多留辅养枝。对树冠中隐芽萌发的枝条，注意保护、培养和利用。

（4）巴梨　幼树生长旺，枝条直立，但结果后易下垂，树形紊乱不紧凑。萌芽率和成枝力都比较强，长枝短截后能抽生 3～5 个长枝，其余多为中枝，短枝较少。枝条需连续缓放2～3年才能形成短果枝。以短果枝和短果枝群结果为主，连续结果能力强，寿命长，易更新。适宜树形为主干疏层形，可适当多留枝。除骨干枝的延长枝外，其余枝条一律缓放，成花后回缩培养成枝组。为防止骨干枝枝头下垂，可将背上旺枝先培养成新的枝头，再代替原头。对中心干一般不要换头或落头。

三、花果管理

梨树的花果管理重点是保证授粉受精、疏花疏果、提高果实品质和适期采收。

1. 配置授粉树

大多数梨品种不能自花结果，生产上必须配置适宜的授粉树（表 3-2-6）。而且一个果园内最好配置两个授粉品种，以防止授粉品种出现小年花量不足。授粉树的数量一般占主栽品种的1/8～1/4，并栽植在行内，即每隔 4～8 株主栽品种定植一株授粉树。

表 3-2-6　梨树新品种及适宜的授粉品种

主栽品种	授粉品种
黄金	甜梨、晚三吉、圆黄、秋黄、绿宝石
水晶	绿宝石、秋黄、圆黄、丰水、早酥
秋黄	长十郎、甜梨、丰水、幸水、新水、晚三吉
华山	秋黄、长十郎、今村秋、新水、幸水、金二十世纪
圆黄	秋黄、丰水、鲜黄、爱宕、幸水
绿宝石	七月酥、玛瑙、早酥、丰水、幸水
南水	金二十世纪、幸水、新水、松岛、丰水
爱甘水	丰水、新兴、金二十世纪、松岛、幸水
红巴梨	冬香梨、红考米斯梨、伏茄梨、金二十世纪
早酥	锦丰梨、鸭梨、雪花梨、苹果梨
锦丰	早酥梨、苹果梨、酥梨、雪花梨
丰水	爱宕、金二十世纪、晚三吉、新兴

主栽品种	授 粉 品 种
幸水	新世纪、长十郎、菊水、二宫白、伏翠
新世纪	菊水、幸水、早酥、长十郎、伏翠
新高	绿宝石、长十郎、茌梨、秋黄、丰水、圆黄
金二十世纪	晚三吉、茌梨、巴梨、蜜梨、鸭梨、雪花梨

2. 人工授粉

梨多数品种自花不孕，即使配置了授粉树，但在生产中由于梨的花期较早，昆虫较少，而又低温频繁，因此即便是授粉树充足的果园，人工授粉也是非常必要的，梨园除配置好授粉树外，应采用蜜蜂或壁蜂传粉和人工辅助授粉确保产量，提高单果重和果实的整齐度。辅助受粉是梨树获得高产、稳产、优质的一项不可忽视的措施。

（1）采集花粉的品种要与主栽品种杂交亲和性好，开花期比主栽品种早 2～3d。花粉应在初花期（气球状花苞时）采集。

（2）大部分梨品种 1000 个花蕾可采集 1mL 花粉。用毛笔授粉 1000m² 梨园需用 2～3mL 花粉。授粉在开花后 3d 内完成。在全园的花开放约 25% 时，即可开始授粉。以天气晴暖，无风或微风，上午 9：00 以后效果较好。选花序基部的第 3～4 朵边花（第 1～2 朵花结的果，易出现槽沟），花要初开，且柱头新鲜。应开一批授一批，每隔 2～3d 再重复进行一次。一般情况下，授粉应进行 2～3 次。

（3）授粉可采用放蜂和人工辅助授粉方式进行，时间在主栽品种开花 1～2d 内进行。人工授粉的方法有人工点授、电动喷粉器、液体喷授、鸡毛掸子授粉等方式。

3. 疏花疏果

梨树比苹果成花容易、开花量大，所以当春季来临的时候，满树的花芽几乎在一夜之间开放，在保证授粉受精的情况下坐果率也高，为减少树体营养的无效消耗，提倡先疏花、再定果，以平衡生长与结果的关系。

（1）确定适宜的留果量　在确定适宜负载量的基础上疏花疏果，可以调整果实与花芽及果实之间的矛盾，有利于稳产稳势，达到优质增值的栽培效果。确定适宜负载量要考虑品种、树龄、树势、栽培条件及梨园环境条件。坐果率低的品种、大树、树势强的树、栽培条件好或气候环境较差的果园可适当多留。具体可通过叶果比、枝果比、干截面积等来确定。枝果比一般为 2.0～6.0。生产上较为实用的方法是利用干截面积留果数（如库尔勒香梨为 2～4 个果/cm²）计算全树留果数，再用间距法具体留果。梨树每平方厘米干截面积负担 4 个果，既能丰产、优质，又能保持树体健壮。具体公式如下：$Y = 4 \times 0.8C^2 \times A$

其中，Y 指单株留花、果个数；C 指树干距地面 20cm 处的干周（cm）；A 为保险系数，以花定果时取 1.20，即多留 20% 的花量，疏果时取 1.05，即多保留 5% 的幼果。在进行定果疏果时，叶果比法则是一个较为理想的方法。一般鸭梨为（15～20）：1，雪花梨、砀山酥梨为（20～30）：1，西洋梨因叶片较小为（30～50）：1，日本梨为（10～15）：1。

（2）疏花　疏花从花序分离时开始，直到落瓣时结束。如果采取按距离留果法，每花序留 2～3 朵边花。一般于花序分离期开始，至开花前结束，宜早不宜迟。按照确定的负载量选留健壮短果枝上的花序，每 15～25cm 留一花序，开花时再按每一花序留 2～3 朵发育良好的边花，其余花序全部疏除。操作时注意留花序要均匀，且壮枝适当多留、弱枝适当少留。如有晚霜，需在晚霜过后再疏花。

（3）疏果　疏果从落瓣起便可开始，生理落果后定果。时间上早疏比晚疏好，可减少贮藏营养消耗，最迟也应在 6 月上旬完成；留果量确定方法同苹果，多采用平均果间距法，一般大果型品种如雪花梨、酥梨等果间距应拉开 30cm 以上；中、小果型品种，果间距可缩至 20cm 左右。按照去劣留优的疏果原则，在留果时，尽可能保留边花结的、果柄粗长、果形细长、萼端紧闭而突出的果。同时应留大果、端正果、健康果、光洁果和分布均匀的果。一般每序保留 1 个果，花少的年份或旺树可适当留双果，然后疏除多余果。树冠中不同部位留果情况也不相同，一般后部多留，枝梢先端少留，侧生背下果多留，背上果少留。后期疏果虽然比早疏果效果差，但与不疏果相比，仍能提高产量和品质。

① 疏果的时期：日、韩砂梨疏果时间一般在花后 7d 开始，花后 10d 内疏果结束。绿皮梨如黄金、水晶、早生黄金等必须在花后 10d 套小袋，所以疏果不宜太迟。一般品种梨的疏果，最迟也应在 5 月中旬前结束。如在河北的石家庄一带，5 月中旬疏果的鸭梨，平均单果重为 145.6g，而在同样的留果量的基础上，6 月中旬疏果的平均单果重仅为 136.1g。早疏的果实有较多的细胞数目而且细胞体积大，晚疏果实的细胞只是体积大而细胞数量不多。不套袋栽培疏果 2～3 次；套袋栽培疏果仅 2 次。第 1 次疏果在授粉后 2 周进行，一般一个花序留一个果。第 2 次疏果时期在第 1 次疏果后的 10～20d 内，此时，套袋栽培即要确定最终目标结果数。

② 疏的方法：有人工疏果和化学疏果两种。如在目前的日、韩砂梨栽培中一般采用人工疏果的方法。人工疏果时，首先疏去病虫、伤残和畸形果，然后再根据果型大小和枝条壮弱决定留果量，每花序留一个果。一个花序花蕾如果全部坐果可达 6～7 个果，疏果时要疏除基部和顶部幼果，仅留下中部一个果。一般以每 25 枚叶片留 1 个果为基准。但也应依品种、树势、修剪方法不同而有所调整。果实直立朝上的，虽然在幼果期生长良好，但在果实膨大期，容易造成果径弯曲，而使果形不端正，因此应留那些横向生长的幼果。幼期果实向下生长的，也尽量不留；据观察，果实的果萼向下的，果实明显个头偏小。化学疏果方法迅速、省工但疏果的轻重程度不易掌握。

4. 果实套袋

果套袋可促进梨果蜡质层分布均匀，提高果品品质，生产出果皮嫩、果点小、光洁度高、颜色鲜艳的果实，还可有效避免多种病虫害为害，减少农药残留及环境污染。果品具有果个均匀整齐、果实耐贮性强的特点。缺点是单果重和可溶性固形物含量均有所下降，梨套袋应掌握以下技术环节。

（1）纸袋选择　梨果袋有塑料袋和纸袋，纸袋又分为自制纸袋和专用标准袋，有单层和双层等类型。一般纸袋大小为 19cm×（14～16）cm。根据品种不同和果实着色不同，选择抗风、抗病、抗虫、抗水、抗晒、透气性强、具有一定的色调和透光率的优质梨果专用纸袋。

（2）套袋　梨果套袋通常于 5 月下旬～6 月份即落花后 15～35d 进行，在疏果后越早越好。若个别品种实施二次套袋，应在落花坐果后先套小袋，30d 后再套大袋。套袋前喷 1～2 次 80% 的代森锰锌可湿性粉剂 600～800 倍液加 1.8% 阿维菌素乳油 3000～5000 倍液。药液干后立即实施套袋。套袋时一手拿袋，另一只手伸进袋内，并用手指将袋底撑开，使两底角的通气放水口张开，使袋体膨起。以防纸袋贴近果皮。

（3）除袋　着色品种应于采收前 30d 除袋，以保证果实着色。双层袋先去外层，后去内层（外层袋去后 5d 再去内层袋），其他品种可在果实采收前 15～20d 除袋，或采收时连同果袋一同摘下，以确保果面洁净，并减少失水。

5. 果实采收

适期采收是保证梨果产品质量的最后一环。确定梨果成熟度主要看果皮外观颜色的变化、果肉风味和种子的颜色。一般绿色品种，果皮变成绿白或绿黄；黄色、褐色品种的底色上出现黄或黄褐色；种子变褐，果梗与果台容易脱离；表明果实已经成熟，应及时采收。但对西洋梨，果实需经后熟才能食用，不能等在树上完全成熟时再收果，一般掌握在果面绿色减退，表现为绿白或绿黄时采收即可。

（1）采收的要求　一是采前要喷药。在采收前要喷一次高效低毒的杀菌剂，如多菌灵、甲基硫菌灵等，以铲除梨果表面或皮孔内的病原菌，减轻贮存期间的为害。二是要求无伤采收。在采收过程中要求避免一切的机械损伤，如指甲划伤、跌撞伤、碰伤、擦伤、积压伤等，并且要轻拿轻放，保证果柄完整。盛梨果的容器要求用硬质材料，如塑料周转箱或竹筐、柳条筐等，箱或筐的里面要用软的发泡塑料膜或麻布片作内衬，以免在采收过程中碰伤梨果。

（2）采收方法　一般采用人工采收，采收时要求左手紧握果台枝，右手握紧梨果的果柄，向一侧将梨果轻轻掰下。采收一般应按自下而上，先外后内的顺序采摘，以免碰伤其他果实，采后的梨果要立即将果柄剪掉，以免果柄划伤其他梨果。在采运的过程中要避免挤、压、抛、碰、撞。

（3）采后处理　主要是按鲜梨的国家标准、行业标准完成水洗、消毒、单果套保鲜膜、分级、包装等程序。目前较为先进并且常用的贮藏方法有两种，一种是冷风库贮藏，另一种是气调贮藏。在贮藏过程中，要严格控制贮藏期间的病害。梨果目前多用纸箱，每箱重量15～20kg，要求轻便、坚固。

任务 3.2.3 ▶▶ 梨树的病虫害防治

任务提出

以当地主栽梨树品种为例，完成梨树病虫害的综合防治。

任务分析

梨树挂果后密度加大，通风透光性变差，受病虫害浸染机会增多，生产上应采取综合措施做到防重于治。

任务实施

【材料与工具准备】

1. 材料：各种病虫害标本、切片与教学梨树园。
2. 用具：显微镜、放大镜、培养皿、镊子、挑针等。

【实施过程】

病害识别：梨黑星病、梨锈病等。

虫害识别：梨小食心虫、梨木虱、梨二叉蚜、梨园蚧等。

【注意事项】

1. 选择病虫害发生的集中时间进行。
2. 在教师指导下，将全班同学分为若干调查小组，进行观察绘图。

理论认知 👆

　　梨树主要病害包括梨黑星病、腐烂病、干腐病、轮纹病、黑斑病、锈病和褐斑病。主要害虫包括梨木虱、蚜虫类、叶螨、食心虫类、卷叶虫类和椿象。在生产上危害比较重的病虫害及其防治见表 3-2-7。

表 3-2-7　梨主要病虫害防治一览表

名称	症　　状	防　治　要　点
黑星病	该病主要为害叶片、果实，也可为害新梢、幼芽及花。果实发病初期产生淡黄色圆形斑点并逐渐扩大，以后病部稍凹陷，长出黑霉，最后病斑木栓化、凹陷并龟裂。叶片受害，多在叶背面主脉附近产生圆形或不规则形淡黄色病斑，其上可产生黑色霉层	1. 结合冬剪，消灭越冬菌源　秋末冬初清扫落叶和落果；生长期及早摘除病花丛和病梢。发芽前，喷一遍 0.3％五氯酚钠加 5°Bé 石硫合剂，铲除越冬菌源。 　2. 加强管理　施足底肥，增强树势；合理修剪，改善通风透光条件；及时排水，降低果园湿度。 　3. 药剂防治　果园一旦发现病情，即要喷药，一般 20d 左右一次，连续喷到 8 月中下旬，药剂一般用 1∶2∶200 波尔多液，也可用 50％多菌灵可湿性粉剂 600～800 倍液，70％甲基硫菌灵可湿性粉剂 800～1000 倍液，50％退菌特可湿性粉剂 600～800 倍液，12.5％烯唑醇可湿性粉剂 3000～4000 倍液。喷药时加入磷酸二氢钾或尿素 300 倍液，可增强树势，提高防效
锈病	主要为害叶片、新梢和幼果。叶片受害，初期叶片正面产生黄色圆斑，表面密生橙黄色小点，潮湿时分泌黄色黏液。后来叶背产生数条灰黄色毛状物。幼果、新梢受害后，幼果易畸形、早落，新梢病都易龟裂，二者病斑周围也产生毛状物	1. 消灭菌源　砍除梨园周围 2.5～5km 以内的桧柏和龙柏。不能砍的于 3 月上旬喷施 3～5°Bé 石硫合剂。 　2. 喷药防治　在梨树萌芽至展叶的 25d 中，每 10d 喷 1 次药，连续 2～3 次。药剂可用 25％粉锈宁 1500 倍液等
梨小食心虫	梨新梢被害后，新梢蛀孔外有虫粪并发生流胶，后很快枯萎，故俗称"截梢虫"；梨果被害后，在果实上常由萼洼处蛀入，蛀果孔小，周围微凹陷，不变绿色，以后蛀孔外排出较细虫粪，周围变黑。蛀入果心后，果肉及种子被害处留有虫粪，蛀孔周围腐烂变黑，故称"黑膏药"	1. 科学建园　新建果园时，避免梨、桃、苹果等混栽。 　2. 消灭越冬幼虫　及时清洁果园人工剪除虫梢。早春刮树皮并涂白；于越冬幼虫脱果前在枝干上绑上草把，诱集越冬幼虫后集中处理。在桃园及混植园重点防治第一、二代。 　3. 夏季防治　5～6 月份连续剪除有虫梢，并及时烧毁；或喷洒 50％杀螟松 2000 倍液等。 　4. 诱杀成虫　成虫发生高峰期，可用黑光灯、糖醋液或性诱剂等诱杀成虫。 　5. 药剂防治　可分别在成虫羽化、产卵盛期及幼虫蛀茎、蛀果前喷药，可用 50％杀螟松 1000 倍液，20％甲氰菊酯 2500 倍液等，25％灭幼脲 2000～2500 倍液等；发生严重的园区 10d 后应再喷 1 次。 　6. 生物防治　条件允许的情况下，自第二代始，每代产卵初期放赤眼蜂，防效良好
梨星毛虫	以幼虫为害梨树的芽、叶、花等器官。春季，花芽被害，变黑枯死或不能正常开花。展叶后，幼虫吐丝将叶片向下纵向包成饺子状，从中啃食叶肉，残留网状叶脉。夏季，幼虫常群集叶背啃食，不包叶	1. 消灭越冬幼虫　于早春对老梨树，要彻底刮除树上的老翘皮，并集中烧掉；对幼树，要在树干周围压土，阻碍幼虫出土。 　2. 人工捕杀　于幼虫发生期，人工摘除虫苞、虫叶，消灭幼虫；于成虫发生期，在早、晚气温低时利用成虫的假死性，振树使之坠地，集中杀死。 　3. 药剂防治　注意监测，适时用药。一般于春梨梨芽萌动即越冬幼虫出蛰后尚未蛀入芽内前，成虫盛期及幼虫始发期用药防治，药剂可选用 90％晶体敌百虫 800 倍液，20％氰戊菊酯 3000 倍液或 25％灭幼脲 3 号 2000 倍液等进行喷雾防治

续表

名称	症 状	防 治 要 点
梨木虱	通过口针吸取梨叶、新梢、嫩芽的汁液造成直接为害,而且它排出的大量蜜露被霉菌腐生后,形成黑斑,污染叶片和果实,被污染的叶片会大量脱落	1. 越冬前结合秋施基肥,清扫园内残枝、落叶和杂草深埋,消灭越冬成虫;入冬浇冻水,冻死部分越冬成虫,早春刮树皮压低虫源基数。 2. 保护和利用天敌,在天敌(寄生蜂、瓢虫、草蛉及捕食螨)发生盛期尽量避免使用广谱性杀虫剂。 3. 药剂防治 在花芽萌动时,可使用菊酯类农药进行树体喷雾。喷药时应注意喷树干和地面杂草;在落花后及盛花期后 30d,可使用 1.8% 的阿维菌素乳油 4000 倍液,10% 吡虫啉可湿粉 4000 倍液等,并混加多菌灵防治梨黑斑病
梨二叉蚜	在叶片正面群居吸取汁液,受害叶片由两侧向正面纵卷,早期脱落。除直接为害外,所产生的大量蜜露污染叶片和果实	1. 利用早春发生数量不大时刮除翘皮,人工摘除虫叶集中销毁。 2. 保护和利用天敌,如瓢虫、草蛉类。 3. 春季药剂涂干。在梨树萌芽后,当卵的孵化率达到 80% 时喷药防治。可使用 10% 吡虫啉可湿性粉剂 5000 倍液,40.7% 毒死蜱乳油 1000～2000 倍液等
梨圆蚧	枝条上常密集许多介壳虫,被害处呈红色圆斑,严重时皮层爆裂,甚至枯死。果实受害后,在虫体周围出现一圈红晕,虫多时呈现一片红色,严重时造成果面龟裂	1. 结合冬剪,刮刷枝条上的害虫及裂皮,剪除害虫集中的树枝,集中销毁;加强苗木检疫;果实套袋时,注意扎紧袋口,防止若虫爬入袋内为害。 2. 药剂防治 果树发芽前,用 95% 机油乳剂 80 倍液或 3～5°Bé 石硫合剂喷布;在若虫爬行期到固定前,选用 10% 吡虫啉可湿性粉剂 4000 倍液或 40.7% 毒死蜱乳油 1000 倍液等

任务 3.2.4 ▶▶ 梨树的周年生产

任务提出

以当地主栽梨树品种为例,完成制订周年管理方案。

任务分析

针对幼龄树和成熟梨树生长特点,制订出周年管理重点。

任务实施

【材料与工具准备】

1. 材料:幼龄梨树、成熟梨树、教学用梨园。

2. 工具:修枝剪、手锯、施药器、授粉枪。

【实施过程】

1. 春季

上、肥水管理、人工授粉与疏花疏果。

2. 夏季

病虫害防治。

3. 秋季

果实采摘。

4. 冬季

整形修剪。

【注意事项】

每个季节选取特定任务进行操作。

理论认知 👆

梨树周年管理技术要点见表 3-2-8。

表 3-2-8　梨树周年管理技术

月份	物候期	主要技术工作
1~2月份	休眠期	工作要点:修剪、刮皮、备药。 1. 未搞完冬剪的果园抓紧修剪,争取在 2 月底完成。 2. 老树刮树皮,掌握"去黑露红不露白"的原则。 3. 熬制石硫合剂,检修、备好药械,购置必要的药物
3月份	萌芽、花序分离期	工作要点:追肥、浇水、防病。 1. 增施基肥,追施速效化肥,灌足花前水。 2. 梨芽萌动时喷 1~5°Bé 石硫合剂或 1:1:100 波尔多液。 3. 防治腐烂病,刮除病斑或病部划道后涂抹石硫合剂
4月份	开花、坐果、展叶期	工作要点:防病、疏花疏果、套袋。 1. 注意发现并摘除黑星病病芽、病梢、病叶、病果,坚持到 6 月上旬。 2. 喷洒除虫菊酯或印楝素,防治梨茎蜂、蜘蛛、梨木虱、蚜虫、梨大食心虫、梨小食心虫等害虫。 3. 花蕾期按"隔序留花、疏中间留边花或全疏全留"的原则疏花。 4. 花期喷硼,搞好人工授粉,提高坐果率。 5.4 月下旬即谢花后 15d,黄金、金二十世纪等进行第一次套袋(小袋)
5月份	幼果膨大、新梢速长期	工作要点:疏果套袋、夏剪防病。 1. 继续疏果。 2. 搞好夏剪,对幼树拉枝开角,环刻促花。 3.4 月下旬~5 月上旬喷 0.3~0.5°Bé 石硫合剂或 1:2:240 的波尔多液,防治轮纹病、黑星病等。 4. 5 月 15 日~6 月 15 日套袋,以提高外观质量
6月份	春梢封顶停长、根系生长高峰期	工作要点:夏剪、追肥、杀虫。 1. 夏季修剪(摘心、环割、疏枝、拉枝)。 2. 追施果实膨大肥,以氮为主,配磷、钾肥,后浇水松土。 3. 摘虫果,糖醋液诱杀梨小食心虫,捕杀天牛、金龟子。 4. 防治红蜘蛛、梨木虱,喷 1%阿维虫清(阿维菌素)3000 倍液
7月份	花分化、果实速长期	工作要点:夏剪、防病、叶面追肥。 1. 继续夏剪,剪去徒长、竞争、直立、密挤枝,拉枝开角,填充空间。 2. 继续防治黑星病、轮纹病、炭疽病、梨木虱等病虫害。 3. 控制氮肥,叶面喷施有机叶肥,以提高果实品质。 4. 中耕除草
8月份	中晚熟果近成熟期	工作要点:防病、中熟品种采收。 1. 中晚熟品种继续防治黑星病、轮纹病、梨大食心虫、梨小食心虫、黄粉虫等病虫害。 2. 树干绑草,诱杀害虫。 3.8 月下旬,新世纪等品种开始采收
9月份	果实成熟期	工作要点:果实采收。 1.9 月初果实采收前喷波尔多液,防止黑星病、轮纹病、褐腐病等病菌侵染果实和梨小、苹小、桃小等食心虫蛀果。 2. 适时采收,分级精选,装箱外运或贮藏

续表

月份	物候期	主要技术工作
10月份	越冬初期	工作要点:施基肥、晚熟品种采收。 1.9月中旬~10月上中旬,抓紧施基肥,有机肥配合磷肥,亩施粗肥3000~5000kg,磷肥30~50kg或果树专用有机肥150kg,施后及时浇水。肥源不足可施压秸秆、树叶、杂草等。 2.晚熟品种采收,分级精选,装箱外运或贮藏。 3.刮治腐烂病、干腐病、轮纹病等,刮后涂抹石硫合剂,也可用涂泥包扎塑料膜等方法进行防治
11~12月份	休眠期	工作要点:冬剪、清园、涂白、仓储检查。 1.合理修剪。成龄树以调整树体高度、大中枝密度及生长势为主。保持树高相当于枝展的四分之三;大、中、小枝的密度以展叶后树下光点占投影面积的10%~20%为宜。亩留枝量3万~5万个。树冠要上稀下密、外稀内密、北高南低;层次清,主从明。 2.结合修剪,去除病虫枝、枯死枝,并清扫枯枝落叶集中烧毁或深埋。 3.枝干涂白,幼树埋土或缠塑料条,防止冻害。 4.经常检查果库温湿度,防止果实受冻、受热、失水、腐烂。 5.总结全年果树生产经验,找出不足,以利下年再获丰收

复习思考题

1. 列表比较秋子梨、白梨、砂梨和西洋梨特征、特性方面的主要差异。

2. 梨的亮叶期标志着什么?有何生产意义?

3. 简述梨树疏花疏果的技术要领。

4. 梨树在结果习性方面与苹果有何不同?并举例说明其栽培应用。

5. 梨树生长习性与苹果主要有哪些区别?举例说明其对栽培管理的影响。

项目三 桃树的生产技术

▶▶ 知识目标

了解桃生物学特性的规律，桃常用树形和基本修剪方法；熟悉桃主要病虫害防治和周年生产管理技术。

▶▶ 技能目标

掌握当地主栽品种的生长结果习性，能对桃进行整修修剪和周年管理。

任务 3.3.1 ▶▶ 识别桃树的主要品种

任务提出

通过对桃树不同品种生长结果习性及果实特性的观察，掌握识别桃品种的方法。

任务分析

桃的品种较多，生长结果习性也有很大差别，通过观察，找出品种的特殊性状，便于生产管理。

任务实施

【材料与工具准备】

1. 材料：当地栽培的桃结果树 5～10 个品种，果实实物或标本。
2. 工具：卡尺、水果刀、放大镜、卷尺、托盘天平、记载表及记载用具。

【实施过程】

1. 选定调查目标

每品种 3～5 株结果树，做好标记。调查普通桃、油桃、蟠桃的代表品种。

2. 调查内容

（1）果实成熟期进行果实观察项目

① 形状：观察果实的形状，如扁平、圆形、长圆形、卵圆、尖圆等。

② 果顶部形状：凹入、圆平、圆凹、尖圆。

③ 缝合线：深浅明显和不明显。

④ 果实底色：绿白、白、乳白、乳黄、黄、橙黄、红等。

⑤ 彩色：无、粉色、红、紫红等。

⑥ 彩色分布状态：细点、斑、条纹、晕以及占果面百分比。

⑦ 果肉颜色：白、黄、红三类。

⑧ 果肉质地：绵、软溶、硬溶、不溶、硬脆。

⑨ 核：粘核、半离核、离核等。

⑩ 风味：酸、酸甜、甜酸、甜、浓甜等。

⑪ 可溶性固形物：运用测糖仪测定果实固形物含量。

（2）开花、结果物候期的调查。

① 确定开花、结果物候期的标准。

a. 花芽膨大期：花芽开始膨大、鳞片错开，以全树有 25% 左右时为准。

b. 露萼期：鳞片裂开，花萼顶端露出。

c. 露瓣期：花萼绽开，花瓣开始露出。

d. 初花期：全树 5% 的花开放。

e. 盛花期：全树 25% 的花开放为盛花始期，50% 花开放为盛花期，75% 的花开盛花末期。

f. 落花期：全树有 5% 的花正常脱落花瓣为落花始期，95% 的花脱落花瓣为落花终期。

g. 坐果期：正常受精的果实直径约 0.8cm 时为坐果期。

h. 生理落果期：幼果开始膨大后出现较多数量幼果变黄脱落时为生理落果期。

i. 果实着色期：果实开始出现该品种应有的色泽，无色品种由绿色开始变浅。

j. 果实成熟期：全树有 50% 果实从色泽、品质等具备了该品种成熟的特征，采摘时果梗容易分离。

② 填写项目观察记载表，见表 3-3-1。

表 3-3-1　桃树开花、结果物候期记载表

项目日期\品种	花芽膨大	露萼期	露瓣期	初花期	盛花期	落花期	坐果期	生理落果	果实着色	果实成熟

（3）生长结果习性观察

① 观察时间：开花期及果实成熟期。

② 观察项目

a. 调查桃的萌芽力、成枝力，一年分枝次数，观察其枝条疏密度及不同树龄植株的发枝情况，找出其生长及更新的规律。

b. 明确桃的长、中、短果枝及花束状果枝的划分标准。观察各种果枝的着生部位及结果能力，不同树龄植株结果部位变动的规律。

c. 观察桃纯花芽内花数，叶芽和花芽排列的方式。对比桃的长、中、短果枝、花束状果枝上叶芽和花芽的排列方式。

d. 观察桃花的类型和结构。

③ 重要项目观察记入表 3-3-1。

【注意事项】

1. 任务可分 2 次进行，一次在休眠期，一次在果实成熟期。花期观察可结合其他任务时进行，如果实成熟期差别较大，也可集中在室内进行。

2. 每个品种特征很多，以掌握各品种的主要特征为主，识别出品种为目的。

理论认知

桃素有"仙桃""寿桃"的美称，是深受广大消费者喜爱的传统水果之一。桃的果实

不仅外观艳丽，肉质细腻，而且营养丰富，含糖、有机酸、蛋白质、脂肪和维生素等营养物质。桃果实除鲜食外还可作糖水罐头、桃脯、桃汁、桃酱、速冻桃片、果冻等。桃耐旱力强，在平地、山地、沙地均可栽培，栽培上桃有早结果、早丰产、早收益等优点。

桃原产中国，在河南南部、云南西部、西藏南部都有野生桃分布。栽培历史已有 4000 多年，我国北起黑龙江，南到广东，西自新疆库尔勒，西藏拉萨，东到滨海各省和台湾地区都有桃树。世界各国的桃先后从中国引入，如今已经遍布各地。我国桃目前已经形成了南部、西南、西北、东北和华北五大产区。

一、桃主要种类

桃属于蔷薇科李属（*Prunus*）植物，我国野生种类主要有：山桃、光核桃、新疆桃、甘肃桃、陕甘山桃，栽培的种类有普通桃、蟠桃、油桃、寿星桃、碧桃。根据生态型栽培品种可分为两大品种群，即北方品种群、南方品种群。同一品种群内的品种具有大致相同的分布区域，相同的生态习性。生产上，将桃划分为普通桃、油桃、蟠桃、加工桃和观赏桃等 5 个类型。

1. 北方品种群

泛指分布在河北、山东、河南、陕西、山西等地的桃子品种，这些地区夏季降雨较少，年降雨量 400～800mm，冬春季气温低而干燥，因此形成该品种群具有高度的耐旱性和抗寒性。本品种群的主要特点是树势直立，发枝较少，基部易空虚，短果枝结果可靠，单花芽多，进入始果期与盛果期稍晚。果顶有尖状突起，缝合线较深。代表品种有肥城桃，深州蜜桃等。

2. 南方品种群

泛指分布在我国长江流域的华东、华中、西南地区的桃品种，这些地区夏季降雨量较大，年降雨量 1000～1400mm，形成夏季高温多湿、冬季温暖湿润的气候特点，因此该品种群具有耐高温多湿，抗旱、抗寒力差的特性。本品种群主要特点是树姿开张，发枝力强，以中、长果枝结果为主，复花芽多，进入始果期与盛果期较北方品种群早。果实圆形平顶。代表品种有雨花露、大久保、砂子早生等。

二、桃主要优良品种

1. 春艳

青岛市农业科学研究所育成。特早熟普通桃品种。果实近圆形，平均单果重 150g，最大单果重 250g。果实底色乳白至黄色，着鲜红色。果肉乳白色，硬溶质，风味甜，可溶性固形物含量 10%～12%，粘核。郑州地区 6 月初果实成熟，果实发育期 65d。长沙以北地区均可种植。该品种有花粉。

2. 霞晖一号

江苏农业科学院园艺研究所育成。早熟普通桃品种。果实圆形至椭圆形，平均单果重 130g，最大单果重 210g。果皮底色乳黄，着玫瑰红晕。果肉乳白色，软溶质，风味甜，可溶性固形物含量 9%～11%，粘核。郑州地区 6 月中旬果实成熟，果实发育期 70d。长沙以北地区均可种植。花粉败育，需配置授粉品种。

3. 豫甜

河南农业大学育成。中熟普通桃品种。果实近圆形，平均果重 180g，最大果重 865g。

果皮底色黄白，缝合线两侧及阳面着鲜红色晕。果肉乳白色，硬溶质，风味浓甜，可溶性固形物含量12%～14%，粘核。郑州地区7月中旬果实成熟，果实发育期100d左右。该品种有花粉，丰产。

4. 丰白

大连市农业科学研究所育成。中、晚熟普通桃品种。果实近圆形，平均单果重425g，最大单果重620g。果皮底色绿白，阳面和果顶着鲜红色或暗红色。果肉白色，硬溶质，风味甜，可溶性固形物含量10%～13%，离核。郑州地区7月底至8月初果实成熟，果实发育期110～120d。该品种无花粉，不宜在花期阴雨天气较多的地区栽植。

5. 有明白桃

韩国品种。晚熟普通桃品种。果实近圆形，平均单果重190～200g。果皮底色乳白，果面50%～80%着红晕。果肉白色，硬溶质，风味浓甜，可溶性固形物含量12%～14%，粘核。郑州地区8月上中旬果实成熟。适宜长江以北地区栽植。该品种丰产性好，注意疏花疏果。

6. 黄水蜜

河南农业大学育成。黄肉鲜食品桃品种。果实椭圆形至卵圆形，平均果重160g，最大果重264g。果皮底色金黄，着鲜红至紫红色晕。果肉金黄色，硬溶质，风味纯甜，可溶性固形物含量12%以上，离核。郑州地区6月下旬～7月上旬成熟，果实发育期80d左右。有花粉，可自花结实，丰产。

7. 千年红

中国农业科学院郑州果树研究所育成。极早熟油桃品种。果实椭圆形，平均单果重80g，最大单果重135g。果皮底色乳黄，果面75%～100%着鲜红色。果肉黄色，硬溶质，风味甜，可溶性固形物9%～10%，粘核。郑州地区5月25日左右果实成熟，果实生育期55d左右；适宜淮河以北地区种植和北方保护地种植。

8. 中油桃4号

中国农业科学院郑州果树研究所育成。早熟油桃品种。果实短椭圆形，平均单果重148g，最大单果重206g。果皮底色浅黄，全面着鲜红色。果肉黄色，硬溶质，风味甜，可溶性固形物14%～16%，粘核。郑州地区6月10日至12日果实成熟，果实发育期74d。适宜保护地和长江以北地区种植。

9. 双喜红

中国农业科学院郑州果树研究所育成。早熟油桃品种。果实圆形，平均单果重180g，最大单果重220g。果皮底色橙黄，果面80%～100%着鲜红色至紫红色。果肉黄色，硬溶质，果实风味浓甜，可溶性固形物13%～15%，离核。郑州地区6月20日至25日成熟，果实发育期90d左右。该品种适合长江以北地区栽培和北方保护地栽培。

10. 满天红

中国农业科学院郑州果树研究所育成。观赏鲜食兼用品种。郑州地区观花期为4月上中旬，花重瓣，蔷薇型，花蕾红色，花红色，花径4.4cm，着花状态密集；果实7月25日左右成熟，平均单果重127g，果面着红色，果肉白色，软溶质，粘核，风味甜，可溶性固形物含量12%左右。

三、桃生物学特性

（一）生长特性

1. 根系

桃属浅根系果树，其根系多是由砧木的种子发育而成。

桃根系在土壤中的分布状态依砧木种类、土壤的物理性质不同而有差异。毛桃砧木根系发达，耐瘠薄的土壤；山毛桃砧木主根发达，须根少，但根系分布深，耐旱、耐寒；毛樱桃砧木的根系浅，须根多，耐瘠薄土壤，并对植株具有矮化作用。土壤黏重，地下水位高或土壤瘠薄处的桃树，根系发育小，分布浅；而土质疏松、肥沃、通气性良好的土壤中，根系特别发达。

年生长周期中，桃根在早春生长较早。当地温 5℃ 左右时，新根开始生长，7.2℃ 时营养物质可向上运输。新根生长最适宜的温度为 15～22℃，超过 30℃ 即生长缓慢或停止生长。桃根系生长有两个高峰，5～6 月份是根系生长最旺盛的季节；9～10 月份新梢停止生长，叶片制造的大量有机养分向根部输送，根系进入第二个生长高峰，新根的发生数量多，生长速度快，寿命较长，吸收能力较强。11 月份以后，地温降至 10℃ 以下，根系生长即变得十分微弱，进入被迫休眠时期。

2. 芽

桃芽按性质可分为叶芽、花芽、潜伏芽。

（1）叶芽　桃叶芽瘦小而尖，呈圆锥形或三角形，着生在枝条的叶腋或顶端。叶芽具有早熟性，一般一年可抽生 1～3 次梢，幼年旺树一年可抽生 4 次梢。桃树的萌芽力和成枝力均较强，抽生枝多，故幼树成形快，结果期早；且分枝角常较大，故干性弱，层性不明显。

（2）花芽　桃花芽为纯花芽，肥大呈长卵圆形，只能开花结果。着生在枝条的叶腋，春季萌发后开花结果。一节着生一个花芽或叶芽的称单芽，着生两个以上的芽称为复芽，通常为花芽与叶芽并生（图 3-3-1）。

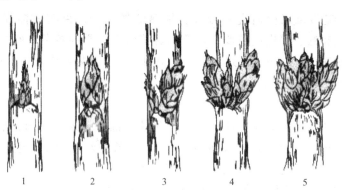

图 3-3-1　桃树的芽

1—单叶芽；2—单花芽；3—复花芽（1 叶芽 1 复芽）；

4—复花芽（2 花芽 1 叶芽）；5—复芽（3 花芽）

（3）潜伏芽　桃的多年生枝上有潜伏芽，但数量较少，寿命较短。因此树体更新能力弱。

此外，在枝的基部和生长不充实的二次枝或弱枝上，只有节上的叶痕，而无芽，称为盲节。

3. 枝

桃枝按其主要功能可分为生长枝与结果枝两类。

(1) 生长枝　又叫营养枝。按其生长势不同，可分为发育枝、徒长枝、叶丛枝。

① 发育枝：一般着生在树冠外围光照条件较好的部位，组织充实，腋芽饱满且生长健壮。长度 50cm 左右，粗度 0.5cm 左右，较粗壮的发育枝会发生二次枝，有时形成数量较少的花芽。发育枝的主要作用是形成主枝、侧枝、枝组等树冠的骨架，使树冠不断扩大。

② 徒长枝：多由树冠内膛的多年生枝上处于优势生长部位的潜伏芽萌发形成。直立性强，生长旺，长达 1m 以上，节间长，组织不充实，其上多分生二次枝，甚至三、四次枝，对树体的营养消耗量大，极易造成树体早衰。因此，一般生长初期彻底剪除，树冠空缺部位也可改造成结果枝组。

③ 叶丛枝：又叫单芽枝。这种枝条多发生在树体的内膛，由于营养不足或光照不足造成的。极短，1cm 左右，只有一个顶生叶芽，萌芽时只形成叶丛。

(2) 结果枝　叶腋间着生花芽的枝条叫结果枝，按其生长状态和花芽着生情况分为 5 种类型（图 3-3-2）。

① 徒长性果枝：长势较旺，长 60～80cm 以上，粗 1.0～1.5cm。叶芽多、花芽少，有单花芽和复花芽，但花芽的着生节位较高。此果枝的上部都有数量不等的副梢，有些副梢会形成一定数量的花芽，但一般花芽质量较差，结实率低。

② 长果枝：长 30～60cm，粗 0.5～1.0cm，一般无副梢。多着生于树冠上部及外围侧枝的中上部，基部和上部常为叶芽，中部多为复花芽，结果可靠，且结果同时形成新的长果枝、中果枝，保持连续结果的能力，是多数品种主要结果枝。

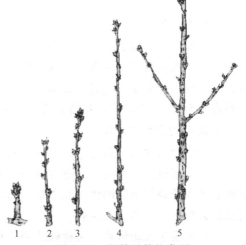

图 3-3-2　桃结果枝的类型
1—花束状果枝；2—短果枝；3—中果枝；
4—长果枝；5—徒长枝

③ 中果枝：长 10～30cm，粗 0.4～0.5cm。多着生于侧枝中部，枝较细，长势中庸，枝条中部多单花芽或复芽，结果后只能抽生短果枝，更新能力和坐果率不如长果枝。

④ 短果枝：长 5～15cm，粗 0.4cm 以下。多着生于侧枝中下部，生长弱，其上多为单花芽。组织充实的短果枝，结果同时顶芽抽生新短果枝连年结果。但比较弱的果枝，1 次结果后常常会枯死，或变成更短的花束状果枝。

⑤ 花束状果枝：长 3～5cm，节间甚短，其上除顶芽为叶芽外，其余各节多为单花芽，结果能力差，易于衰亡。

桃树因品种差异，不同结果枝的比例不同。一般成枝力强的南方水蜜桃和蟠桃品种群的品种多形成长果枝。发枝力相对较弱的北方品种群的品种则多以短果枝结果为主，如肥城桃等。此外，因树龄不同主要结果枝类型也有变化。幼树期以长果枝和徒长性结果枝为主，而老树及弱树则以短果枝、花束状果枝为主。

（二）结果特点

1. 花芽分化

花芽分化属夏秋分化，河南地区在 7～8 月份，整个花芽形成均需 8～9 个月。

花芽分化的质量和数量与环境条件及栽培管理条件密切相关。如日照强，温度高，雨量少，促进花芽分化，有利于枝条充实和养分积累；幼树和初结果树在形成后应控制施氮肥，增施磷、钾肥，促进花芽分化。生长旺的树花芽分化比弱树晚，幼树比成年树晚，长果枝比短果枝晚，副梢比主梢晚。

2. 开花

大多数桃品种为完全花，一个雌蕊和多个雄蕊组成，均能自花结实。但有的品种无花粉或花粉败育现象，常称为雌能花。如"丰白""砂子早生"等。

桃树开花的早晚与春季日平均气温有关。当气温稳定在 10℃以上，即可开花，适宜温度为 15～20℃。河南郑州地区桃花期在 3 月底到 4 月上旬。正常年份同一品种的花期可延续 7～10d，遇干热风天气，花期可缩短至 2～3d，遇寒流、低温可延续至 15d 左右。

不同品种花期早晚有差异。同一果枝上不同节位花开放也有先后，顶部花比基部花早，早开的花结的果实大。

3. 授粉受精

雌蕊保持受精能力的时间一般为 4～5d。花期遇干热风，柱头在 1～2d 内枯萎，缩短了授粉时间。授粉受精与花期气候条件有密切关系，开花期气候稳定，有利于自花授粉和昆虫授粉；花期气候异常，对花期偏早的品种和花粉败育的品种影响较大。如果发生倒春寒，花期温度降至－1℃左右时，花器会发生冻害。

4. 果实的发育与成熟

桃果实生长曲线属双 S 形，果实发育可分为三个时期。

（1）幼果迅速膨大期　指落花后子房开始膨大到果核核尖呈现浅黄色木质化。此期主要细胞的迅速分裂使果实的体积和重量迅速增加，不同成熟期的品种这个阶段的增长速度和时间长短大致相似，为 40d 左右。

（2）果实生长缓慢期　又称硬核期，自果核开始硬化到果核长到品种固有大小，达到一定硬度。此期果实增长缓慢，这个时期的长短因品种差异很大。极早熟品种几乎没有这个时期，一般早熟品种 15～20d、中熟品种 25～35d、晚熟品种 40～50d、极晚熟品种可达 100d 左右。

（3）第二次果实迅速膨大期　从果核完全硬化到果实成熟。此期果实发育是靠果肉细胞体积迅速增长，使果实的体积增大、重量增加。

（三）环境条件

1. 温度

桃树对温度的适应范围较广，适于年均温度 13～15℃的地区栽培。桃具有一定的耐寒力，一般品种冬季可耐－25～－22℃的低温；但开花期对低温的抵抗力较弱，－2～－1℃即受冻害。桃的各个器官及同一器官在不同时期耐寒力均不一致，叶芽抗寒力比花芽强，枝条比根系抗寒强；花芽休眠期在－18℃易受冻害，花蕾期间能耐－6℃的低温，花期温度低于 0℃时就会受到冻害。

桃冬季需要一定量的低温才能正常生长。通常以 7.2℃以下小时数的总和，称为需冷量。一般栽培品种的需冷量为 450~1200h，600h 以下的为短低温品种，800h 以上为长低温品种，多数品种的需冷量为 750h 才能完成休眠，例如大久保、京春的花芽需冷量为 850~900h，庆丰、曙光为 700h，瑞光、早花露为 770h。

2. 水分

桃树较耐干旱。生长期土壤含水量 20%~40% 生长正常，当降到 15%~20% 时叶片萎蔫，低于 15% 时会出现严重旱情。桃园水分不足，则新梢生长不良，养分积累少，落花落果严重。

桃树不耐涝，桃园短期积水，就会造成叶片黄化、脱落，甚至引起植株死亡。因此，地下水位高的桃园，应注意排水。

3. 光照

桃喜光，生产上必须合理密植，选用合理的树形，运用修剪技术等，以创造良好的通风透光条件。光照不足会出现枝叶徒长，花芽分化少且质量差，落花落果严重，果实品质差，树冠内部易光秃等现象。然而，直射光过强，土壤干旱时，枝干易发生日灼。

4. 土壤

桃树适于生长在土质疏松排水通畅的沙质壤土。黏重和过于肥沃土壤易于徒长，易生流胶病、颈腐病。桃对土壤的酸碱度要求：以微酸性最好，土壤 pH 在 5~6 最佳，当土壤的 pH 低于 4.5 或者高于 7.5 时，则严重影响正常生长，在偏碱性的土壤中，易发生黄叶病。此外，桃树忌重茬栽培。

【知识链接】

桃树品种的分类

桃品种繁多，除植物学分类外，生产上还根据成熟期的早晚和用途分为许多类型。

① 桃品种依成熟期早晚分为极早熟（≤60d）、早熟（61~90d）、中熟（91~120d）、晚熟（121~160d）、极晚熟（≥161d）。

② 桃根据果肉的颜色分为白肉、黄肉、红肉三类。

③ 根据果实用途分为鲜实、加工、兼用桃。

④ 根据肉质特性分为溶质、不溶质、硬肉桃。

⑤ 根据果肉和果核的粘离度分为离核、粘核和半离核品种。

⑥ 根据果实特性分为普通桃、油桃、蟠桃。

任务 3.3.2 ▶▶ 桃树的生产管理

任务提出

以三主枝自然开心形为例，选择当地主栽桃品种为材料，完成桃幼树的整形修剪。

任务分析

桃为喜光性较强的果树，生产上应根据其特性在建园、整形修剪中采取合适的技术，以满足生长发育要求。

任务实施

【材料与工具准备】

1. 材料：不同树龄的桃树。

2. 工具：修枝剪、绑扎材料等。

【实施过程】

1. 确定修剪的桃树：根据实际情况确定修剪的品种和数量。

2. 整形修剪过程

① 第一年

夏季管理：主要包括除萌、立支柱、及时定干、选留三大主枝和主枝摘心。

冬季修剪：主要是主枝延长枝的修剪及侧枝的选择和修剪。

② 第二年

夏季修剪：主要选择主枝延长枝、侧枝的修剪和其他枝条的处理。

冬季修剪：主要是对主、侧枝延长枝、一般的枝条和大型徒长枝的修剪。

③ 第三年

夏季修剪：主要是对已坐果枝条和没坐果的长花枝修剪。

冬季修剪：重点是要疏枝，要对徒长枝、结果枝和发育枝有针对性的修剪。

三年生桃树已经成形，从第四年开始，随着树龄的增长，结果增多，树势开始转缓，修剪技术与一般的桃树栽培修剪技术相同。

【注意事项】

1. 整个任务实施可集中安排 3～4 次。以夏季修剪为主，冬季修剪可结合基本训练进行。

2. 修剪时应遵循先观察后操作，由下向上、由里往外的原则进行修剪。

理论认知

一、建园

1. 园地的选择

桃树在海拔 400m 以下的地区均可种植，但以交通方便、大气质量好，水源清洁无污染，土壤中无大量容易富集的重金属，附近无大型排污工厂，距主要交通干道在 100m 以上、水源方便、自然排水流畅、土层深厚的沙质壤土的地区建园最好。

2. 品种的选择

（1）适地适树　根据品种特性和当地的自然条件，选择适合当地的品种。

（2）品种配套　注意早、中、晚熟品种配套，其比例一般为 4：3：3；但同一果园内的品种不宜过多，一般 3～4 个最好。

（3）授粉树选择与配置　授粉树要选择花量大花粉多，与品种树花期一致或相近，自身果实品质好的品种。按与主栽品种树 1：（4～6）的比例中心式配置。

3. 栽植密度

（1）一般桃园的栽植密度　土、肥、水较好的平原栽植密度为株行距 4m×5m 或 3m×6m；土地瘠薄的丘陵、山地栽植密度为株行距 3m×4m 或 2m×5m。

（2）高密桃园的栽植密度　利用矮化砧木或生长抑制剂多效唑进行控制，并选择适于密植的树形，栽植密度为株行距 2m×3m 或 1m×3m。

① 多效唑的施用方法：土施法、喷雾法、涂干法等三种。

② 多效唑的使用对象：高密植桃园，两年或两年以上初结果树和结果少的旺树均可使用多效唑，而弱树则不宜用多效唑。

③ 多效唑的使用时间：土施应在秋季和早春进行，叶面喷施应在 5 月上旬到 6 月中旬进行。

④ 注意事项：黏性较大的土壤，应尽量避免土施。使用量过大的桃树，应在早春萌芽后，及时对全树喷布 25～50mg/kg 赤霉素 1～2 次，可有效地恢复生长势，促进树体健壮。

二、土肥水管理

1. 土壤管理

包括深耕、中耕、除草、间作等工作。

① 深耕宜在桃树落叶后结合施基肥进行，也可在早春解冻后进行，翻深 25～30cm。

② 中耕常与灌水相结合。早春灌水后中耕宜深 8～10cm；硬核期灌水后宜浅耕约 5cm；采收后全园中耕松土深 5～10cm。

③ 间作可用豆类、瓜类、薯类，绿肥以苜蓿、三叶草为佳。

2. 施肥

桃果肥大，对营养元素敏感，需求量高。桃树施肥一般有以下几个时期。

① 秋施基肥：基肥宜在落叶前后结合秋翻进行，以有机肥为主。

② 萌芽前追肥：春季化冻后进行，以速效氮肥为主，补充上年树体贮藏营养的不足，促进根系和新梢的前期生长，保证开花和授粉受精的营养需要，提高坐果率。

③ 花后追肥：落花后进行，以速效氮肥为主，配合磷、钾肥。主要是补充花期对营养的消耗，促进新梢和幼果的生长，减少落果，有利于极早熟品种的果实膨大。树势旺的这次可以不施。

④ 硬核期追肥：果实硬核期开始进行，以钾肥为主，配合适量氮、磷肥，促进花芽分化和核的发育，提高产量，是全年最重要的一次追肥。

⑤ 采收后追肥：主要是对中、晚熟品种或弱树，而幼旺树不宜施采后肥。果实采后追施，应以氮肥为主，配合磷肥，用以补充树体营养消耗，增强叶片的光合作用和营养物质的积累。

⑥ 根外追肥：根外追肥以叶面喷施为主，应在晴天的上午 10 时以前、下午 4 时以后进行。一般整个生长季喷 0.3%～0.4% 尿素 3～4 次，0.3%～0.5% 磷酸二氢钾 2～3 次，春秋两季喷 1～2 次 0.2%～0.5% 硼砂和 0.1%～0.3% 硫酸锌加 0.5% 氢氧化钙。

3. 水分管理

桃树对水分敏感，不耐涝，田间最大持水量 60%～80% 为宜。应注意掌握灌水时期、灌水量，注意排水防涝。根据桃树生长结果特性灌水分以下几个时期。

① 萌芽前：促进萌芽开花展叶和新梢生长。

② 开花前：使花期有足够的土壤水分，提高授粉率。

③ 硬核期：促进果实发育，新梢生长，提高叶片光合作用。

④ 果实成熟前：适量灌水，使果实生长良好，个大质优，因此也叫"催果水"。

⑤ 封冻水：入冬前进行，提高树体养分积累，安全越冬。

三、整形修剪

1. 丰产树形

(1) 自然开心形（图 3-3-3）

主干高 30～50cm，树冠呈开心状，主干上着生 3 个主枝，各主枝保持 120°左右，主枝与垂直方向的夹角 45°～60°。每个主枝两侧配置 2～3 个侧枝，侧枝的分生角度 60°～80°，第一个侧枝距主干 60cm，各侧枝之间距离 40～50cm。

图 3-3-3 三主枝自然开心形

(2) "Y" 形

主干高 40～50cm，两主枝基本对生，夹角 80°～90°，即主枝开张角度 45°左右。株距小于 2m，不需配备侧枝，主枝上直接着生结果枝组；株距大于 2m 时，每个主枝上培养 2～3 个侧枝，侧枝间距 50～60cm。这种树形成形快，光照条件好，开花结果早，产量高，品质好。

(3) 主干形

干高 30～40cm，中心干强而直立，中心干上直接分生大型结果枝组。苗木 60cm 处定干，选留生长健壮、东西向延伸、长势相近的两个新梢作为永久骨架枝培养，角度 50°～60°。定干后最上面的第 1 个枝条作为中央领导干，让其向上生长，长到 60cm 摘心。总高度 1.8～2.5m 的范围内（保护地内总高度 1.2～1.5m）每 20～30cm 选择长势好、不重叠、以螺旋状上升的永久性结果枝组 6～8 个（图 3-3-4）。

这一树形适于密植果园，一般每公顷 1500～2000 株。此形一般都架设立架，将中心干和部分大型枝组绑缚在架上。

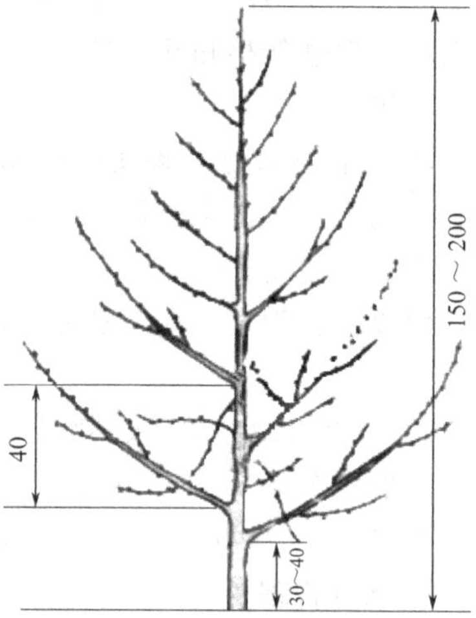

2. 修剪特性

(1) 喜光性强、干性弱 桃树中心干弱，枝叶密集，内膛枝迅速衰亡，结果部位外移，产量下降。

(2) 萌芽率高、成枝率强 桃树萌芽率很高，潜伏芽少而且寿命短，多年生枝下部容易光秃，更新困难；成枝力强，成形快，结果早，但易造成树冠郁闭，必须适当疏枝和注重夏季修剪。

图 3-3-4 主干形树体结构

(3) 顶端优势较弱、分枝多 桃的顶端优势较弱，旺枝短截后，顶端萌发的新梢生长量大，但其下还可以萌发多个新梢，有利于结果枝组的培养。但培养骨干枝时，下部枝条多，明显削弱先端延长头的加粗生长，因此要控制延长头下竞争枝的长势，保证延长头的健壮生长。

(4) 耐剪、但剪口愈合差 桃树疏除强枝不会明显削弱其上部枝的生长势，但伤口较大时不易愈合，剪口的木质部干枯到深处，影响寿命。因此，修剪时伤口小而平滑，更不能"留橛"；对大伤口要及时涂保护剂，以利尽快愈合。

（5）易成花、坐果率高 桃树一次枝上的花芽饱满，坐果率高，适时摘心促发健壮的二次枝即能结果。

3. 整形过程

以芽苗栽植的三主枝开心形为例，桃树砧木上只有一个品种桃接芽的苗木叫芽苗。培育芽苗的嫁接时间8月中旬至9月中旬，当年不剪砧，接芽不萌发，成为带有芽片的苗木，定植后剪去砧木。芽苗上品种接芽饱满，第二年萌发后，芽条长势旺；同时芽苗的体积小，便于运输，是目前桃生产上应用最多的一种苗木。现以三主枝自然开心形为例，将整形修剪措施阐述如下。

（1）栽植当年的夏季管理

定植当年的夏季管理，主要有以下几个方面（图3-3-5）。

① 彻底除萌：春季连续3～4次彻底除去砧木上的萌芽，以保证接芽旺盛生长。

② 立支柱：接芽的芽条长到20～30cm时靠近苗木竖立支柱，绑扶芽条，予以保护。

③ 及时定干：当芽条长到30cm左右，其叶腋间逐渐发出分枝。距地面40cm以下的分枝，要随时剥除，保留叶片；距地面40cm以上发出5～6个分枝后，即可剪去顶梢。

④ 选留三大主枝：当大部分分枝长到30～40cm后，可以从中选出长势均衡、方位适当、上下错落排列的3个枝条作为三主枝培养。三主枝选后剩下的2～3个分枝，

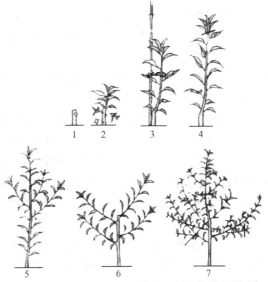

图3-3-5 芽苗栽植三主枝自然开心形的整形图
1—剪砧；2—除萌；3—立支柱；4,5—摘心定干；
6—选留三主枝；7—压角枝的处理

主枝以下的要疏除；疏除整形带中间长势旺、与主枝竞争养分的枝条；生长较弱的小枝扭梢，辅养树体，当年即可形成花芽，提早结果。

⑤ 留好压角枝：三主枝以上1～2个分枝应留20cm进行短截，修剪后再生的分枝仍留20cm摘心，控制生长。

⑥ 主枝摘心：选出的三大主枝长至60cm后摘心，促其发生分枝。分枝长至30cm时，选择合适方向和角度的枝条作为主枝的延长头，并除去其竞争枝，直立枝。

（2）一年生树的冬季修剪

① 主枝延长枝的修剪：对主枝延长枝留2/3左右短截，如果2/3处为盲节，可向下短截到饱满芽处。

② 侧枝的选择和修剪：距主枝基部40～50cm处选方向、角度适宜的枝条作为第一侧枝；在第一侧枝的相反方向、距第一侧枝50～60cm处再选适宜的枝条作第二侧枝，选出的侧枝留40cm左右短截，三主枝上的同层侧枝，最好偏向同一方向，避免相互交叉。

（3）二年生树的修剪

① 夏剪：二年生树夏剪的目的是促进树冠扩大，改善通风透光条件，形成大量花枝，保证三年生树有较高的产量。

a. 选择主枝延长枝：当主枝延长枝剪口下发出的分枝长至 30cm 以上时，选方向、角度适宜的分枝作为新的延长枝，当延长枝长至 60cm 时进行摘心。延长枝附近的直立枝要剪除，其他分枝发出二次枝后要缩剪。

b. 侧枝的修剪：侧枝延长枝每长 30～40cm 摘心一次，促使下部发生分枝。

c. 其他枝条的处理：主干上和主枝上部的直立性徒长枝要彻底疏除；主枝中部的可保留一部分，留长 20～30cm 短截，培养大中型枝组。对其余的枝条，特别是斜生、平生、下垂的枝条，未生分枝前放任生长，出现分枝后留 2～3 个分枝缩剪。

② 冬剪

a. 主、侧枝延长枝：主枝、侧枝延长枝短截 1/3，或缩剪到方向、角度适宜的分枝处。

b. 一般的枝条：仍按一年生树的"有花缓，无花短"原则进行。

c. 大型徒长枝：少数大型徒长性枝组，可疏去其中无花分枝，保留全部花枝，并不加短截，任其结果。结果后再看其具体情况彻底剪除或改造成中型枝组。

（4）三年生树的修剪

① 夏剪：三年生树的夏季修剪除了仍按照二年生树的夏剪原则对各类枝条进行处理外，应特别注意在 5 月中旬到 6 月上旬处理冬季缓放的中、长花枝。

a. 已坐果枝条的修剪：对下部坐果，上部没有坐果的枝条，在结果部位以上留 2～3 个分枝缩剪；没有分枝的可在结果部位以上留 10 片以上叶剪截。

b. 没坐果的长花枝修剪：对没有坐果的长花枝留 20～30cm 剪截；已有分枝的留 2～3 个分枝缩剪。

② 冬季修剪：各级骨干枝仍按二年生的冬剪原则进行，但已结果的三年生树的树势已经缓和，长放的结果枝已经变弱，不能再按"有花缓，无花短"原则处理枝条，因此三年生树冬季时应注意以下几点。

a. 疏枝：应注意疏除主枝先端过多的发育枝，削弱顶端优势，防止上强下弱。

b. 徒长枝的修剪：内膛中生长的粗大徒长枝根据具体情况，有的彻底疏除，有的缩剪重剪培养成适当的枝组。

c. 已结过果长果枝的修剪：结过果的长果枝，多数已经衰弱，应留长 20～30cm 在壮枝或饱芽处短截。

d. 结果枝的修剪：30～60cm 长的长果枝短截 1/3～1/2，15～30cm 长的中果枝短截 1/3；15cm 以下的短果枝，放任不剪。

e. 发育枝的修剪：无花或花芽很少的发育枝短截 1/3～1/2；生长靠近的几个发育枝，需同时短截的要有长有短，长短相间。

三年生桃树已经成形，从第四年开始，随着树龄的增长，结果增多，树势开始转缓，修剪技术与一般的桃树栽培修剪技术相同。

四、不同年龄时期修剪（以自然开心形为例）

1. 幼树期的修剪

定植后 4～5 年内幼树生长逐渐转旺，形成大量发育枝、徒长性果枝、长果枝和副梢果枝。修剪的主要任务：尽快扩大树冠完成基本树形，缓和树势促进早丰产。

（1）骨干枝修剪 以适度轻剪长放为原则，并结合调整骨干枝开张角度和均衡生长势。

① 主枝修剪：剪截长度随生长势强弱而定，幼树和初结果树树势逐渐转旺，剪留长度应相应由短加长，例如粗度为 1.5～2.5cm 剪留长度为 35～70cm。为调节主枝间的平衡，对强枝要短留、弱枝长留。

② 侧枝修剪：剪留长度比主枝短，剪留长度为主枝剪留长度的 2/3～3/4。

（2）枝组培养和修剪 主侧枝外围及其两旁培养中大枝组，可将壮枝留 30～40cm 剪截，使发生健壮新梢逐年扩大，占据空间。但应注意不能超过侧枝生长势。

培养内膛中大型枝组有两种方法。

① 先放后截：即将徒长性果枝或徒长枝长放，并压弯扭伤，缓和生长，翌年冬剪再缩剪至基部果枝处；

② 先截后放：即冬剪时留 20～30cm 重短截，第二年夏季摘心控制，冬剪时去强留弱、去直留斜，以培养枝组。

（3）结果枝修剪：果枝适当长留或缓放以缓和枝势。徒长性果枝、长果枝剪留 30～40cm，或缓放不剪，待结果下垂后部发枝时再缩剪。中短果枝可不截。疏除无用直立旺枝和过密枝。尽量利用副梢果枝结果，提高初果期产量，也是缓和树势的有效方法。

2. 盛果期的修剪

定植后 6～7 年进入盛果期。该时期的修剪主要任务：维持树势，继续调节主、侧枝生长势的均衡，更新枝组，保持其结果能力，防止枝组衰老、内膛光秃；调节果枝、果实数量，缓和生长与结果间的矛盾。

（1）骨干枝修剪

① 主枝修剪：主枝剪截程度随生长势的减弱而加重，粗度为 1～1.5cm，剪留长度为 30～50cm。

② 侧枝修剪：各侧枝间可上压下放，即对上部侧枝短截剪截较重，对下部侧枝要较轻，以维持下部侧枝的结果寿命。侧枝前强后弱时，应疏除先端强枝，开张枝头角度，以中庸枝当头，使后部转强。侧枝前后都弱时，可缩剪延长枝，选健壮枝当头，抬高枝头角度，疏除后部弱枝，减少留果量，促使恢复生长。

（2）枝组修剪 盛果期对枝组的修剪应注意培养与更新相结合。

内膛大、中型枝组出现过高或上强下弱现象时，可采用轻度的缩剪，以降低其高度，并以果枝当头限制其扩展。

小枝组衰老早，多采用缩剪，使其紧靠骨干枝，以保持生长势。过弱的小枝组自基部疏除。如果枝组并不弱，又不过高时，则可只疏强枝不必缩剪。

（3）结果枝修剪 适度短截，稀疏树冠，注意更新。

① 长果枝：剪留长度 5～10 个节、中果枝保留 3～5 个节。但在以下情况下可适当长留：花芽节位偏高，节间较长的果枝；当年结果少，下年将是大午时；位于树冠外围或枝组上部的果枝，成熟期较早和果形偏小时；落果重，有冻害的品种；罐藏加工品种等可稍长留。

② 短果枝：短果枝结果后发枝力很弱，而且除顶芽为叶芽外大多数为花芽，因此不可随便短截，只有当中下部确有复芽或叶芽时才短截。

③ 花束状果枝：除顶芽外全为单花芽。着生在 2～3 年生枝背上或旁侧的花束状果枝易

于坐果，朝下生长和在通风透光条件不良部位的落果重，一般多予疏除。过密的中果枝和短果枝应疏除以保持树冠内通风透光。

结果枝更新的方法有二种：即单枝更新和双枝更新。

a. 单枝更新：即不留预备枝的更新，修剪时，将中、长果枝留 3～5 个饱满芽适当重剪，使其上部结果，下部萌发新梢作为下年结果枝。冬剪时，将结过果的果枝剪去，下部新梢同样重剪。如此反复，维持结果（图 3-3-6）。

b. 双枝更新：即留预备枝更新，修剪时，同一母枝上选留基部相邻的 2 个果枝，上部的果枝剪用以结果，而下部的果枝重截（弱枝剪留 1～2 个节，壮枝剪留 3～5 节）使其抽生新梢，预备下一年结果。这种重截果枝即为"预备枝"。预备枝上的果枝下年冬剪时将已结过果的果枝剪除，另一个又重截作预备枝（图 3-3-7）。

图 3-3-6　单枝更新　　　　　　　　　　　图 3-3-7　双枝更新

3. 衰老期的修剪

本期修剪的主要任务是：重剪、缩剪、更新骨干枝，利用内膛徒长枝更新树冠，维持树势，保持一定产量。

（1）骨干枝修剪　骨干枝缩剪比盛果期加重，依衰弱程度可缩剪到 3～5 年生部位，缩剪的次数相应增加。缩剪骨干枝仍然要保持主侧枝间的从属关系。

（2）结果枝组修剪　重缩剪，加重短截，疏除细弱枝，多留预备枝，使养分集中于有效果枝。

【知识链接】

长梢修剪

长梢修剪技术是一种以疏枝、回缩和长放为主，基本不使用短截的修剪技术。长梢修剪技术操作简单、节省修剪用工、树冠内光照好、果实品质优良、利于维持营养生长和生殖生长的平衡、树体容易更新等优点，已得到了广泛的应用，并取得了良好的效果。长梢修剪技术可应用于以下三个方面。

1. 以长果枝结果为主的品种

对于以长果枝结果为主的品种，把骨干枝先端多余的细弱结果枝、强壮的竞争枝和徒长枝疏除，选部分健壮或中庸的结果枝缓放或轻剪，达到"前面结果，后面长枝，前不旺，后强壮"的立体结果目的。这样的品种有大久保、雪雨露等。

2. 中、短果枝结果的品种

利用长果枝长放，促使其长出中、短果枝，再利用中、短果枝结果。如丰白、仓方早生、安农水蜜等品种。

3. 易裂果的品种

利用长梢修剪，长果枝中上部结果，果实成熟后，便将枝条压弯、下垂，果实生长速度缓和，减轻裂果。适宜品种有华光、瑞光 3 号、丰白等。

采用长梢修剪时，也应及时进行夏剪。疏除过密枝条和徒长枝，并对内膛多年生枝上长出的新梢进行摘心，实现内膛枝组的更新复壮；长梢修剪之后，同样要疏花疏果，及时调整负载量。

任务 3.3.3 ▶▶ 桃树的病虫害防治

任务提出

以当地主栽桃品种为例，完成桃树病虫害的识别与防治技术的学习。

任务分析

桃树的病为害较多，对桃树的为害也较严重，生产上应采取综合措施做到防重于治。

任务实施

【材料与工具准备】

1. 材料：学校实训基地、桃园、多媒体教学设备、桃树病害标本。

2. 工具：显微镜、体视显微镜、多媒体教学设备、放大镜、挑针、解剖刀。

【实施过程】

1. 桃常见病害症状观察

（1）叶部病害的诊断识别　观察桃细菌性穿孔病、桃真菌性穿孔病、桃缩叶病、桃白粉病等病斑的大小、颜色、形状及病叶的状态（是否穿孔、皱缩、增厚、有无粉状物等）。

（2）果实病害的诊断识别　观察桃褐腐病、桃炭疽病、桃黑星病、桃灰霉病等被害病果的特征，注意菌丛、菌核、小黑点（轮纹斑）、疮痂、灰霉的有无。

（3）枝、根部病害的诊断识别　观察桃腐烂病、桃流胶病、桃根癌病症状特点，注意病变部位的形状、位置、是否有小黑点等。

2. 桃常见害虫形态和为害特征观察

（1）观察桃蚜、桃粉蚜、桃瘤蚜等卷叶情况的异同，观察害虫的体色、有无蜡粉、触角、腹管、尾片等特征。

（2）观察桑白蚧、朝鲜球坚蚧、桃皱球蚧、日本球坚蚧等介壳虫的嗜食寄主的种类，各种介壳的大小、形状、体表的刻点、有无蜡粉、壳点的位置等。

（3）观察桃潜叶蛾成虫的体色、大小、翅端的斑纹，幼虫的为害状，化蛹时结茧的位置及形态，产卵的位置。

（4）观察桃蛀螟、梨小食心虫、桃小食心虫等幼虫体色、毛片、腹足趾钩、为害状及成虫的大小、翅的斑纹。

（5）观察桃红颈天牛、小蠹等成、幼虫的特征及为害状。观察成虫产卵的位置。

3. 桃树主要病虫害防治

（1）调查了解当地桃树主要病虫害的发生为害情况及其防治技术和成功经验。

（2）配制并使用 2～3 种杀菌剂、杀虫剂防治当地桃主要病虫害，调查防治效果。

理论认知 👆

桃树病虫害种类繁多，但每年发生和对生产造成影响的仅 10 余种。主要有细菌性穿孔病、白粉病、炭疽病、流胶病、褐腐病、根癌病等病害和蚜虫、桃小食心虫、山楂红蜘蛛、桃蛀螟等害虫。

一、主要病害

1. 桃细菌性穿孔病

该病在桃树栽培区均有发生，尤其在排水不良、盐碱程度较高的桃园。多雨年份为害较重。

（1）症状特点　主要为害叶片，也侵害枝梢和果实。叶片多于 5 月份发病，初发病叶片背面为水浸状小点，扩大后成圆形或不规则形的病斑，紫褐色到黑褐色。幼果发病时开始出现浅褐色圆形小斑，以后颜色变深，稍凹陷，潮湿时分泌黄色黏质物，干燥时形成不规则裂纹。

（2）发生规律　该病原在枝条病组织内越冬，第二年春天病斑扩大并释放出大量细菌，借风力或昆虫传播，侵染叶片、枝条、果实。5 月份开始发病，而以 7～8 月份的雨季发病较重。树势弱、排水、通风不良、虫害严重的桃园发病较重，致使早期落叶，树势衰弱，影响来年产量。

（3）防治方法

① 综合防治：加强桃园综合管理，增强树势，提高抗病能力。园址切忌建在地下水位高的地方或低洼地；土壤黏重和雨水较多时，要筑台田，改土防水；冬夏修剪时，及时剪除病枝，清扫病落叶，集中烧毁或深埋。

② 药剂防治：芽膨大前期喷布 5°Bé 石硫合剂或 1∶1∶100 波尔多液，杀灭越冬病菌；展叶后至发病前喷布 65％代森锌可湿性粉剂 500 倍液 1～2 次，或 72％农用链霉素可湿性粉剂 3000 倍液。

2. 白粉病

该病一般在温暖干旱气候下严重发生，在温室中也容易蔓延，主要侵染叶片和果实，苗木也容易受害，常造成早期落叶。

（1）症状特点　叶片染病后，叶正面产生褪绿性边缘极不明显的淡黄色小斑，斑上生白色粉状物，病叶呈波浪状。夏末秋初时，病斑上常生许多黑色小点粒，病叶常提前干枯脱落。幼果较易感病，病斑圆形，被覆密集白粉状物，果形不正，常呈歪斜状。

（2）发病规律　病菌菌丝在桃树芽内越冬，第二年桃树发芽到展叶期，开始侵染。一般年份幼苗发病较多、较重，大树发病较少、较轻。

（3）防治方法

① 落叶后至发芽前彻底清除果园落叶，集中烧毁。发病初期及时摘除病果深埋。

② 发病初期及时喷洒 50％硫黄悬浮剂 500 倍液或 50％多菌灵可湿性粉剂 800～1000 倍液，20％粉锈灵乳油 1000 倍液、均有较好防效。

3. 炭疽病

炭疽病又叫硬化病或木守病，主要为害果实，也可为害枝叶。

（1）发生症状　成熟期果实染病，初呈淡褐色水浸状病斑，渐扩展，红褐色，凹陷，呈同心环状皱缩，并融合成不规则大斑，病果多数脱落。

（2）发生规律　病菌主要在病梢上越冬，也可在树上僵果内越冬，翌年春季侵染新梢和果实。桃的果实从幼果期到成熟期都能发病，花期和幼果期低温多雨有利于发病，果实成熟期温暖、多雨的年份，以及土壤黏重，排水不良，通风透光不良的桃园发病严重。

（3）防治措施

① 加强栽培管理，多施有机肥和磷、钾肥，适时进行夏季修剪，改善树体结构，通风透光。

② 药剂防治。萌芽前喷 3～5°Bé 石硫合剂加 80％的五氯酚钠 200～300 倍液。开花前喷布 80％炭疽福美可湿性粉剂 800 倍液或 80％甲基硫菌灵可湿性粉剂 1500 倍液。药剂最好交替使用。

4. 褐腐病

褐腐病又叫灰腐病、灰霉病、菌核病，主要为害果实，也可为害花、叶和新梢。

（1）发生症状　被害果实、花、叶干枯后挂在树上，长期不落。果实从幼果到成熟期至贮运期均可发病，但以生长后期和贮运期果实发病较多、较重。果实染病后果面开始出现小的褐色斑点，后扩大成圆形褐色大斑，果肉呈浅褐色并很快全果腐烂。

（2）发生规律　病菌在僵果和被害枝的病部越冬，翌年春借风雨和昆虫传播。多雨、多雾的潮湿气候有利于发病。病菌由气孔、皮孔伤口侵入，引起初次侵染，由被侵染的花再蔓延到新梢。病果在适宜条件下长出大量的分生孢子，引起再次侵染。贮藏果与病果接触也能引发病害。

（3）防治措施

① 治虫：及时防治椿象、象鼻虫、食心虫、桃蛀螟等蛀果害虫，减少伤口。

② 药剂防治：谢花后 10d 至采收前 20d 喷布 65％代森锌 400～500 倍液，或 70％甲基硫菌灵 800 倍液，或 50％克菌丹可湿性粉剂 800～1000 倍液。

5. 流胶病

流胶病又称树脂病，主要为害枝干，也为害果实和叶片。病因十分复杂，难以彻底防治，易造成树势衰弱，果实品质下降，甚至枝干枯死。弱树、旺树、旺枝是主要为害对象。

（1）发生症状　此病多发生于树干处。初期病部略膨胀，逐渐溢出半透明的胶质，雨后加重。其后胶质渐成冻胶状，失水后呈黄褐色，干燥时变为黑褐色。严重时树皮开裂，皮层坏死，生长衰弱，叶色变黄，果小苦味，甚至枝干枯死。

（2）发生规律　该病病因不明，凡能影响桃树正常生长发育的因子均能引起流胶，如机械伤口、病斑、枝干、果实的虫伤，土壤过于黏重等。病菌为害时，病菌孢子借风而传播，从伤口和侧芽侵入。树体因非侵染性病害发生流胶后，容易再感染侵染性病害，尤其以雨后发病严重。

（3）防治措施

① 剪锯口、病斑刮除后涂抹 843 康复剂。

② 落叶后，树干、大枝涂白，防止日灼、冻害，兼杀菌治虫。涂白剂配制方法：优质生石灰 12kg，食盐 2～2.5kg，大豆汁 0.5kg，水 36kg。先把优质生石灰化开，再加入大豆汁和食盐，搅拌成糊状。

6. 根癌病

根癌病又叫冠瘿病、根头癌肿病，该病主要发生在根颈部，也发生于主根、侧根、支根，感病后树势衰弱，严重时整株死亡。

（1）发生症状　桃树根癌病是根癌农杆菌。癌变主要发生在根颈部，也发生于主根、侧根。发病植株水分、养分流通阻滞，地上部分生长发育受阻，树势日衰，叶薄、细瘦、色黄，严重时干枯死亡。

（2）发生规律　该病原菌存活于癌组织皮层和土壤中，可存活一年以上，靠雨水、灌溉水、地下害虫等传播。病菌主要从伤口和气孔侵入寄主，入侵后即刺激周围细胞加速分裂，形成癌瘤。病菌从入侵到癌瘤形成，短的几个星期，长的一年以上。

（3）防治措施　定植后的果树上发现病瘤时，先用快刀彻底切除癌瘤，然后用稀释100倍硫酸铜溶液或50倍抗菌剂402溶液消毒切口，再外涂波尔多液保护；也可用5°Bé石硫合剂涂切口，外加凡士林保护，切下病瘤应随即烧毁。

二、主要虫害

1. 桃蛀螟

（1）症状特征　是桃树的重要蛀果害虫。幼虫孵化后多从果蒂部或果与叶及果与果相接处蛀入，蛀入后直达果心。被害果肉和果外都有大量虫粪和黄褐色胶液。幼虫老熟后多在果柄处或两果相接处化蛹。

（2）发生规律　该虫在河南每年发生2～3代，以老熟幼虫在树缝、果园土块、向日葵花盘、被害僵果、玉米秆等处越冬，翌年5月下旬羽化为成虫。成虫白天静伏于叶背暗处，但夜间则有较强的趋光性，晚间8～10时交尾产卵于桃果上，粒粒分散，而不集结。卵经7d孵出幼虫。幼虫自果实梗洼附近、两果连接处、果实肩部蛀入果实，而后直达核周围，能将果实的果肉大部分吃空，以后再转移到附近相连接的果实中继续食害。幼虫15～20d后老熟，在果肉、果间与枝叶贴接处化蛹，经8d左右即7月上旬羽化为成虫。继续产卵为害晚熟桃果，也开始为害玉米、向日葵等。

（3）防治措施

① 诱杀成虫：设置黑光灯诱杀成虫。

② 各代卵期喷洒50％杀螟松乳剂1000倍液，或90％晶体敌百虫1000倍液，或20％杀灭菊酯乳剂3000倍液等。

③ 桃园内不可间作玉米、高粱、向日葵等作物，减少虫源。

2. 梨小食心虫

（1）发生症状　蛀食桃多为害果核附近果肉。多从上部叶柄基部蛀入髓部，向下蛀至木质化处便转移，蛀孔流胶并有虫粪，被害嫩梢渐枯萎，俗称"折梢"。

（2）发生规律　一年发生3～7代，因地域而异。河南每年发生4～5代，以老熟幼虫在翘皮下，树干基部土缝里等处结茧越冬。越冬幼虫一般3月份开始化蛹，4月上旬成虫羽化，在新梢中上部的叶背面产卵，卵期8～10d，孵化出幼虫，蛀入新梢为害。第二代成虫出现在6月中下旬，第三代成虫则出现在7月下旬到8月上旬，第四代在8月下旬到9月上旬，9月中旬开始出现第五代成虫。7月份以后有世代重叠现象，即卵、幼虫、蛹、成虫可在同期找到。成虫对糖醋液趋性很强。

第一、第二代幼虫主要为害桃的嫩梢，第三以后各代幼虫既为害新梢也为害果实。幼虫孵化后，约经2h就能蛀入新梢和果实。在桃梢上多从顶部第二、第三片叶的基部蛀入，向下蛀食，直到新梢硬化部分为止，然后脱出转移到其他新梢为害。蛀入孔有粪便排出。受害梢常流出大量树胶，梢顶端的叶片先萎缩，然后新梢下垂。幼虫入果多在两果相接的地方。

(3) 防治措施

① 诱捕成虫：在成虫发生期，以红糖5份、醋20份、水80份的比例配制糖醋液放入园中，每间隔30m左右一碗；也可用梨小性引诱剂诱杀成虫，每50m置诱芯水碗一个。

② 药剂防治：加强虫情测报，当卵果率达0.5%～1%时，即当喷药防治，用20%杀灭菊酯乳剂3000倍液或2.5%溴氰菊酯乳剂3000倍液，或50%杀螟松乳剂1000倍液，每10～15d喷一次，连喷2～3次，都有较好效果。

3. 桃小食心虫

(1) 发生症状　幼虫蛀入桃、苹果、梨、枣、李、海棠等果树的果实为害，先在皮下潜食果肉，使果实变形形成"猴头果"，继而深入果实，纵横串食，在果实内排粪，造成"豆沙馅"。

(2) 发生规律　该虫每年发生1～2代，以老熟幼虫在树冠下及贮果场地下4～10cm深的土中做茧越冬。翌年5月下旬到6月上旬幼虫从越冬茧钻出，雨后出土最多，越冬幼虫出土后，在地面吐丝缀合细土粒做茧，经10余天化蛹，羽化成虫，产卵于果实表面或叶背基部。卵期7d左右，幼虫孵化后蛀入果实，并有水珠状果胶从蛀孔流出，干后呈白色蜡质状。幼虫在果肉内蛀食25d左右即咬蛀圆形脱果孔脱出果外，第一代卵盛期在6月下旬到7月上旬，第二代卵盛期在7月下旬到8月上旬。9月份脱果的幼虫多入土结茧越冬。

(3) 防治措施

① 生物防治：土施芜菁夜蛾线虫、异小杆线虫和白僵菌防治桃小食心虫。

② 药剂防治：成虫产卵期和幼虫孵化期及时喷洒苏云农杆菌乳油300～600倍液杀死初孵幼虫，或50%杀螟松乳剂1000倍液，或40%水胺硫磷1000倍液，15～20d喷一次。

4. 蚜虫

又叫桃赤蚜、烟蚜、蜜虫、腻虫等，是桃树的主要害虫。

(1) 发生症状：主要以刺吸口器吸吮桃树叶片和嫩梢中的叶液，被害叶片卷缩，影响新梢和果实生长，严重时造成落叶，影响整个植株生长。蚜虫的种类较多，为害桃树的主要有桃蚜、桃粉蚜、桃瘤蚜三种。被害的叶片呈现出黑色、红色或黄色小斑点，使叶片逐渐变白卷缩，严重时引起落叶，削弱树势，影响桃树的产量和花芽形成。

(2) 发生规律：一年可发生10～20代，以卵在寄主枝梢芽腋、裂缝、小枝杈越冬。第二年3月下旬开始孵化，群集芽上为害。5月份繁殖最快，也为害最大。6月份以后产生翅蚜，迁移到其他植物为害，10月份有翅蚜又迁回桃树上，有性蚜交尾产卵越冬。

(3) 防治措施

① 保护天敌：保护瓢虫、食蚜蝇、草蜻蛉等蚜虫天敌，尽量不喷广谱农药，避免天敌多的时间喷药。

② 药物防治：可用50%辟蚜雾3000～4000倍或50%辛硫磷乳油1500倍液、或20%杀灭菊酯（速灭杀丁）乳剂3000倍、或2.5%溴氰菊酯乳剂3000倍液（敌杀死）、或吡虫啉（蚜虱一遍净）3000～3500倍液、或50%灭蚜松可湿性粉剂1000倍液。

5. 桃红颈天牛

(1) 发生症状　幼虫在皮层和木质部蛀隧道，造成树干中空，皮层脱离，树势弱，常引起树死。蛀道内充塞木屑和虫粪，为害重时，主干基部伤痕累累，并堆积大量红褐色虫粪和蛀屑。

（2）发生规律　每 2 年发生一代，以幼虫在树的枝干皮层下或木质部蛀道内越冬。3～4 月份幼虫又开始为害，老熟的幼虫在蛀道内作茧化蛹，成虫 6～7 月份出现，交配产卵于桃树主枝基部及主干树皮裂缝处，初孵幼虫即在皮下蛀食为害，当年就在其虫道内越冬。第二年幼虫长达 30mm 左右时蛀入木质部为害，深达枝干中心，并噬咬排粪孔，将红褐色锯屑状粪便排出孔外，粪孔外常有黏胶物。

（3）防治方法

① 夏季成虫出现期，捕捉成虫。

② 幼虫孵化后，经常检查枝干，发现虫粪时，即将皮下的小幼虫用铁丝钩杀，或用接枝刀在幼虫为害部位顺树干纵划 2、3 道杀死幼虫。

③ 虫孔施药。幼虫蛀入木质部新鲜虫粪排出蛀孔外时，清洁一下排粪孔，将 1 粒磷化铝塞入虫孔内，然后取黏泥团压紧压实虫孔。

6. 山楂红蜘蛛

（1）发生症状　成、若、幼螨刺吸芽、果的汁液，叶受害初呈现很多失绿小斑点，渐扩大连片。严重时全叶苍白枯焦早落，常造成二次发芽开花，削弱树势，不仅当年果实不能成熟，还影响花芽形成和下年的产量。

（2）发生规律　一年的发生代数因地区而异。在黄河故道地区一年发生 8～9 代，而在兴城则一年发生 5～6 代。以受精雌成螨在树皮缝隙中越冬，大发生年代还可以在树干基部的土缝中、枯草中越冬。翌年 3 月初花芽膨大时开始出蛰活动，多集中在花、嫩芽、幼叶等幼嫩组织上为害，随后在叶背面吐丝结网产卵，卵期 11d 开始孵化，若螨群集于叶背吸食为害。这时越冬雌螨大部分死亡，而新出的雌螨尚未产卵，是药物防治的有利时期。6～7 月份繁殖最快，如果天气干旱，为害严重，常引起大量落叶。一般年份 9 月上旬前后冬型的雌成螨就开始入蛰越冬。

（3）防治方法

① 保护和引放天敌，食螨瓢虫、草蛉蛉等。

② 发芽前喷洒 5°Bé 石硫合剂或 45% 晶体石硫合剂 20 倍液。

③ 花前或花后喷洒 50% 硫黄悬浮剂 200 倍液；第一代卵孵化结束后，喷洒 0.2% 的阿维菌素 2500 倍液，或 73% 克螨特 2000 倍液。几种农药交替使用。

任务 3.3.4 ▶▶ 桃树的周年生产

任务提出 🎴

以当地主栽桃品种为例，完成制订周年管理方案。

任务分析 📚🖱

以掌握桃整形修剪、病虫害防治以及其他管理技术为基础，对桃树进行周年管理，总结出周年管理技术要点。

任务实施 🪄

【材料与工具准备】

1. 材料：盛果期桃树。

2. 工具：修枝剪、手锯、复合肥、尿素等。

【实施过程】

1. 查阅文献。

2. 分组讨论。

3. 根据课程所学总结制订桃周年管理历。

【注意事项】

1. 整个任务实施可根据周年历选择适当物候期项目进行。

2. 教师先现场示范讲解后进行两人一组分别操作。

3. 整个任务实施过程应定人定树，有始有终，中间不换人。

理论认知 👆

1. 休眠期

（1）防治病虫害

① 清园：落叶后解除草把，剪除病虫死枝，清扫枯枝落叶，并集中烧毁。

② 防治流胶病：清理胶状物后用升汞水消毒伤口，再涂石硫合剂或沥青保护，刮除介壳虫。

（2）土肥水管理落叶后进行深翻，然后在土壤封冻前灌冻水。

（3）其他管理　包括制订生产计划，准备生产资料，整形修剪，在封冻前和解冻后分别进行树干涂白。

2. 萌芽期

（1）抹芽　3月底开始抹芽、除萌。

（2）肥水管理　3月上旬开始追施以氮肥为主的花前肥，配以磷肥，并结合灌水。

（3）病虫害防治　全园喷布石硫合剂进行消毒；3月中旬喷5°Bé、下旬喷3°Bé石硫合剂，杀虫灭菌。3月中旬在旧剪锯口涂敌敌畏防治害虫，杀死越冬卷叶幼虫。

（4）3月下旬大树可以进行枝接。

3. 开花坐果期

（1）夏季修剪。

（2）肥水管理　花后追肥，以速效氮肥为主，配以磷、钾肥并结合灌水一次。每隔15d喷一次叶面肥，以优质尿素、磷酸二氢钾的0.2%～0.3%溶液为宜。即将展叶时喷2%～3%的硫酸锌溶液防治小叶病。沙地桃园易缺硼，花期喷0.2%～0.3%的硼砂或硼酸。灌水后中耕除草保墒，中耕深度5～10cm。

（3）病虫害防治　注意防治金龟子、象鼻虫。花后防治蚜虫、梨小食心虫。

（4）疏花疏果　对坐果率高的品种，初花期开始按照要求疏花疏蕾，中旬疏果，疏除并生果、畸形果、小果、病虫果。

4. 果实膨大期

（1）土肥水管理　叶面追肥，喷施0.3%磷酸二氢钾。追肥，催果肥。中、晚熟品种在果实成熟前15d，追氮肥、钾肥。浅耕除草或施用除草剂。

（2）病虫害防治　6月初、中、下旬均防治红蜘蛛，捕捉红颈天牛成虫，防治椿象、介壳虫。7～8月份红蜘蛛为害严重时，用2000～3000倍液扫螨净或螨死净等防治红蜘蛛。用

80％代森锌 600～800 倍液防治褐腐病。

（3）夏季修剪　可进行摘心，疏除过密枝等。中、晚熟品种盛果期大树进行吊枝，撑枝。

5.采收及落叶期

（1）土肥水管理　果实采收后，追以磷、钾肥为主的采后肥，促进花芽分化。9 月下旬开始秋施基肥，以有机肥为主，配以氮、磷肥。秋季深翻，深度 20cm 左右。10 月下旬灌水，灌深灌透。

（2）病虫害防治　8 月份主要防治刺蛾、卷叶蛾、叶蝉等虫害。9 月份防治椿象、浮尘子等，主干、主枝上绑草把，诱集红蜘蛛等越冬害虫。

（3）采收。

复习思考题

1. 简述桃的枝芽类型和特性。
2. 简述桃自然开心形的整形步骤和方法。
3. 简述桃的花果管理技术。
4. 论述桃园土肥水周年管理技术要求。

项目四 葡萄的生产技术

▶▶ 知识目标

了解葡萄生物学特性的规律，葡萄常用架势、树形和基本修剪方法，熟悉葡萄主要病虫害和周年生产管理技术。

▶▶ 技能目标

掌握当地主栽品种的生长结果习性，能对葡萄进行整形修剪和周年管理。

任务 3.4.1 ▶▶ 识别葡萄的品种

任务提出 👤

从植物学性状和生长结果习性上来识别当地主栽品种。

任务分析 📚🖱

葡萄品种不同，生长结果习性也有很大差别，通过观察，找出品种的特殊性状，便于生产管理。

任务实施 ✨

【材料与工具准备】

1. 材料：当地栽培的葡萄结果树5~10个品种，果实实物或标本。

2. 工具：卡尺、水果刀、放大镜、卷尺、托盘天平、记载表及记载用具。

【实施过程】

1. 选定调查目标

每品种3~5株的结果树，做好标记。调查东方品种群、西欧品种群、欧美杂交种的代表品种。

2. 确定调查时间

生长季观察以下内容。

（1）卷须 连续性，间歇性。

（2）叶片

① 裂刻：有无裂刻，三裂或五裂，裂刻深浅。

② 叶缘锯齿：粗短，细长。

③ 叶片：形状（V形，U形等）。

④ 叶片：大、小。

⑤ 叶背茸毛：多少，颜色（黄、浅黄、白色），茸毛，绒毛。

（3）果实

① 果穗：大小，穗形（有无复穗），松紧。

② 果粒：颜色，形状（圆形、椭圆形、鸡心形），大小，果粉多少。

③ 果肉：颜色，果肉与果皮是否易剥离。

④ 种子：有无，多少，种子与果肉是否易剥离。

⑤ 风味：甜，酸甜，甜酸，酸，有无玫瑰香味和草莓香味。

3. 调查内容

（1）葡萄品种特征记载表 1 份，见表 3-4-1。

（2）试述本次认识的几个葡萄品种的来源。

表 3-4-1　葡萄品种特征记载表

调查项目＼品种	品　种 1	品　种 2	品　种 3	品　种 4
卷须 叶片 裂刻 叶缘锯齿 叶片大小 叶背茸毛				
果实　果穗 果粒 果肉 种子 风味				
主要特征描述				

理论认知 👆

一、葡萄种类及品种群

葡萄属于葡萄科、葡萄属。本属引入栽培的有 20 多个种，按照地理分布的不同可分别归属于 3 个种群：欧亚种群、东亚种群、北美种群。

1. 欧亚种群

经过冰川期后仅存留 1 个种，即欧亚种葡萄，起源于欧洲、亚洲的西部和北非。目前广泛分布于世界各地的优良品种多属于本种。其栽培历史悠久，已形成数千个栽培种，其产量占世界葡萄总产量的 90% 以上。该种适宜日照充足、生长期长、昼夜温差大、夏干冬湿和较温暖的条件。抗寒性较差，抗旱性强，对真菌性病害抗性弱，不抗根瘤蚜。根据亲缘关系和起源地不同大致可分为 3 个生态地理品种群。

（1）东方品种群　分布于中亚和中东及远东各国，主要为鲜食和制干品种。生长势旺，叶面光滑，叶背面无毛或仅有刺毛。穗大松散呈分枝形，果肉肉质或脆质，抗热、抗旱、抗盐碱，但抗寒性、抗病性较弱，适于在雨量少、气候干燥、日照充足、有灌溉条件的地区栽培。代表品种有白鸡心、无核白、无核黑、牛奶、龙眼、白木纳格等。

（2）西欧品种群　原产于法国、意大利、英国等西欧各国，大部分为酿造品种。生长势中庸，生长期短，叶背有茸毛，较抗寒。果穗较小，果粒紧密多汁。果枝率高，果穗多，产量中等或较高。代表品种有赤霞珠、白诗南、雷司令、黑比诺、法国蓝等。

（3）黑海品种群　原产于黑海沿岸和巴尔干半岛各国。多数为鲜食、酿造兼用品种，少数为鲜食品种。如白羽、晚红蜜等。鲜食品种如花叶白鸡心等。

2. 东亚种群

约有 40 多个种，分布于中国、朝鲜、韩国、日本等地，绝大多数处于野生状态。不少种是优良的育种材料。比较重要的有山葡萄和蘡薁。

（1）山葡萄　分布在东北长白山、兴安岭和华北等山区，主要特点是抗寒力极强，根系可抗−16～−14℃的低温，成熟枝条可抗−40℃以下的低温。目前从中选育出的优良株系长白山 9 号、长白山 6 号、通化 1 号、通化 2 号、通化 3 号等；经杂交育出的品种有北红、北玫、公酿 1 号、公酿 2 号等。

（2）蘡薁　野生，分布于华北、华南和华中的山区。结实力强，果实黑色，粒小穗小，可酿酒入药。

3. 北美种群

源于美国和加拿大东部，约有 28 个种，在栽培上有价值的主要有两种。

（1）美洲葡萄　植株生长旺盛，抗寒、抗病、抗根瘤蚜能力强。叶桃红色，被毡状茸毛，卷须连续性。果肉有草莓味，与种子不易分离。巨峰、康拜尔、白香蕉等均为本种与欧亚种的杂交种。

（2）河岸葡萄　耐热耐湿，抗寒抗旱，高抗根瘤和真菌病害，扦插易成活，与欧洲葡萄嫁接亲和力好，一般作为抗根瘤蚜砧木。

二、葡萄优良品种介绍

1. 乍娜（绯红）

欧亚种，引自阿尔巴尼亚，属早熟品种，从萌芽到果实充分成熟生长期为 115～125d。果穗大，长圆锥形，平均果穗重 680g。果粒近圆形或短椭圆形，着生较紧密，平均粒重 8.8g，果皮紫红色、中等厚，果粉薄，果肉细脆，可溶性固形物含量 13.5%～16%，酸度低，有清香味，品质上等。

植株生长势较弱，果枝率 53%～60%，结果系数 1.2～1.4，早果性强，较丰产，耐运输。幼树不耐寒易受冻害，对霜霉病抵抗力较强，多湿地区易染黑痘病。果实成熟前遇雨易裂果，对裂果不及时处理易引起穗腐病。棚架、篱架均可，宜中短梢修剪。目前京、津、河北、山东、宁夏、新疆等地均有栽培。

2. 矢富罗莎

欧亚种，又名粉红亚都蜜、兴华一号。果穗大，圆锥形，平均穗重 700～800g，果粒大，平均粒重 12g，椭圆形，皮色深红，肉脆汁少，口感好，7 月中旬成熟。生长势强，结实力较强，丰产，抗病性较强，是欧亚种中较好的早熟大粒品种，也是设施促成栽培较理想的品种。目前山东、河北、辽宁等地均有栽培。

3. 京秀

欧亚种，北京植物园选育而成。果穗圆锥形，平均穗重 420g，果粒椭圆形，平均粒重 5～6g，鲜紫红色，果肉脆，味甜微酸，品质上等，7 月上中旬成熟。生长势中等，适于中梢修剪，丰产，耐运输。适于华北、东北和西北等地区栽培，也是设施促成栽培的优良品种。

4. 无核白鸡心

无核白鸡心又名世纪无核、森田尼无核，欧亚种，1983年沈阳农业大学从美国引入，属早熟品种，从萌芽到果实充分成熟生长期为110～125d。果穗大，平均穗重500g以上。果粒着生中等紧密，平均粒重6g，鸡心形，绿黄色或金黄色，果皮薄而韧，果肉硬而脆，略有香味，可溶性固形物含量16%，含酸量0.6%，味甜，无籽，品质极上。该品种树势旺，果枝率52%，结果系数1.2，适应性强，较丰产。抗病力中等，较抗霜霉病，但不抗黑痘病和白粉病。棚架栽培，中、短梢混合修剪。目前辽宁、河北、山东、京津地区、新疆等地均有栽培。

5. 巨峰系

巨峰系葡萄是巨峰及与巨峰有亲缘关系的一类品种，包括巨峰、峰后、藤稔、先锋等系列品种，欧美杂交种，多为中熟品种，我国南北方均有栽培。巨峰系品种果穗圆锥形，平均穗重多在400～550g。果粒近圆形或椭圆形，平均粒重在9g以上，完熟时呈黑紫色或紫红色。果皮厚韧，果肉肥厚而多汁，有草莓香味，品质中上等。果枝率65%～85%，结果系数1.6～1.8，丰产性强。适应性强，抗病，耐湿，对黑痘病、霜霉病、白粉病抵抗力均强。树势强旺，新梢粗壮，适宜于高篱架或小棚架栽培，宜中短梢修剪。有的品种落花落果重，成熟后易落粒，不耐贮运，大小粒也严重，栽培时应注意控制负载量，多施有机肥和磷、钾肥，改善通风透光条件。

6. 里扎马特（玫瑰牛奶）

欧亚种，20世纪80年代由日本引入，属中熟品种，从萌芽到果实充分成熟生长期为128～135d。果穗大，平均重800g，果粒为牛奶型或束腰型，平均粒重10g左右，果皮底色黄绿，半面紫红色，美观，皮薄肉脆多汁，可溶性固形物含量11.5%～14%，含酸量0.5%～0.6%，味酸甜爽口，品质上等。生长势强，果枝率30%～32%，结果系数1.2，丰产性中等。抗病力中等，易染黑痘病、霜霉病，果实成熟期遇雨易裂果。宜棚架栽培，中长梢修剪。喜排水良好的土壤。抗寒性差，北方要注意埋土防寒。目前辽宁、河北、山西、山东、宁夏、新疆等地有栽培。

7. 红地球

红地球又名晚红、美国红提等，沈阳农业大学从美国引入。欧亚种，属晚熟品种。果穗长圆锥形，平均穗重800g，果粒圆形或卵圆形，平均粒重12g以上。果皮中厚，鲜红色，色泽艳丽，果肉硬而脆，可削成薄片，酸甜适口；可溶性固形物含量16%～19%，品质上等，果刷粗长，不脱粒，极耐贮藏和运输。

植株树势强，丰产性强。抗病力弱，易染黑痘病、白腐病、炭疽病、霜霉病。适宜小棚架或篱架栽培。幼树宜长中短梢混合修剪，成年树以短梢修剪为主。幼树易贪青生长，新梢成熟较晚，生产中要及时摘心和处理副梢，副梢多留叶片，严格控制产量，及早疏穗疏粒。目前新疆、陕西、山西、山东、河北、辽宁、京津等地区发展较快，尤其适于在我国北方较干旱无霜期较长的地区栽培。

8. 木纳格

欧亚种，原产于中国新疆，有红木纳格和白木纳格两种类型，属晚熟品种，从萌芽到果实充分成熟生长期为150d左右。果穗圆锥形，较松散，平均穗重560g。红木纳格果粒长椭圆形，浅红色，平均粒重 7.8g；白木纳格果粒椭圆形，绿黄色，平均粒重 9g。果皮较厚，肉脆汁多，无香味，可溶性固形物含量 17%～19%，品质上等。果刷长，果实极耐贮运，可贮藏至翌年 5 月份，但过晚采收易落粒。植株树势强，丰产性中等，耐盐碱和瘠薄，适应性强，抗病力弱。宜小棚架栽培，中短梢修剪。适宜栽培区的有效积温应在 4500℃ 以上，无霜期 220d，年降雨量 500mm 以下，年日照时数 2800h 以上。目前新疆阿图什、和田、喀什等地栽培较多。

9. 美人指

欧亚种，属晚熟品种。从萌芽到果实成熟需 145～150d，果穗圆锥形，均重 480g，果粒长椭圆形，中等紧密，均粒重 10～12g，最大 18g，颜色自顶至下由鲜红色逐渐变淡。果皮薄，果粉厚，果肉脆甜，可溶性固形物含量 16%～19%，该品种外观极美，品质极佳。植株生长势强，极性强，幼树抗寒力差，易得白腐病。由于抗病力较差，栽培时应做好防治病虫害及采取果实套袋和避雨栽培等措施，适宜在华北、西北、辽宁等地发展。

10. 龙眼

欧亚种，又名秋紫、紫葡萄，原产中国，是我国的古老品种之一，属晚熟品种，从萌芽到果实充分成熟生长期为 160d 以上。果穗圆锥形或双歧肩圆锥形，平均穗重 650～800g。果粒近圆形或椭圆形，红紫色，平均粒重 5.6g，可溶性固形物含量 13%～17%，味酸甜，品质上等。该品种树势强，适应性和丰产性强，抗干旱，抗病力较弱，易染黑痘病。宜棚架栽培，长中短梢混合修剪。果实极耐贮运，可贮藏到翌年 5 月份，适宜在我国北方干旱、半干旱地区栽培。同时该品种也是优良的酿酒品种。

11. 阳光玫瑰

欧美杂种，果粒平均重 12～14g，平均穗重 500g，最大穗重 1000g。绿黄色，坐果好。成熟期与巨峰相近，易栽培。肉质硬脆，有玫瑰香味，可溶性固形物含量 20% 左右，鲜食品质优良。不裂果，盛花期和盛花后用 25μL/L 赤霉素处理可以使果粒无核化并使果粒增重 1g；耐贮运，无脱粒现象。抗病，可短梢修剪，外形美观。适应性广，可进行大面积推广。是中熟品种中极其优秀的最新玫瑰香型品种。

12. 白罗莎里奥

属欧亚种。果穗圆锥形，无副穗，穗均重 600g。果粒短椭圆形。鲜绿色，粒均重 12g。果皮薄而韧，无涩味，果粉厚，果肉质厚爽脆、无肉囊、多汁、纯甜。有淡玫瑰香味。可溶性固形物含量 19%～22%，鲜食品质极上。果粒含种子多 2 粒。种子与果肉易分离。在昌黎地区，果实 9 月中旬成熟，果实发育期 145d 左右。植株生长势强，枝条易成熟，隐芽萌发力差，芽眼萌发率 60%～70%。夏芽副梢结实力强，丰产，果实耐贮运，适应性广。抗各种真菌病害能力比其他欧亚种葡萄强。

13. 魏可

魏可又名温克，欧亚种品种。果穗圆锥形，较大，平均穗重 450g，果穗大小整齐，果粒着生较松。果粒卵圆形，果皮紫红色至紫黑色，果粒大，平均粒重 10.5g，有小青粒现象，果皮中厚，具韧性，果肉脆，无肉囊，多汁，果汁绿黄色，味甜，可溶性固形物含量 20% 左右，品质优良。植物生长势强，芽眼萌发率 90%，成枝率 95%，结果枝率 85%，每果枝平均 1.5 个果穗。隐芽萌发力强，且所萌枝条易形成花芽。丰产性强，抗病性强。果实成熟后可挂在树上延迟采收。

14. 圣诞玫瑰

圣诞玫瑰又名秋红，圣诞红。欧亚种。果穗大，长圆锥形，果穗长 30cm，宽 24cm，穗重 800g 左右；浆果着生较紧，果粒大，长椭圆形，紫红色，平均粒重 7.5g，果皮中等厚，肉硬而脆，味甜美适口；含糖量 17%，含酸量 0.55%，每果粒有种子 1~2 粒，种子中等大，红棕色。植株生长势强，芽眼萌发率高，结果枝率 78%，每结果枝平均有花序 1.4 个。副梢结实力中等，产量高。抗病力较强，但植株幼嫩部分易感黑痘病。在华北地区，4 月上旬萌芽，5 月下旬开花，9 月下旬至 10 月初成熟，从萌芽至果实成熟，生长日数 160d 以上，晚熟品种。果实耐贮藏运输。

三、葡萄生物学特性

（一）生长特性

1. 根

葡萄属深根性果树，垂直分布深达 60~100cm，由于生产上多采用扦插繁殖，一般栽培的葡萄无真根茎和主根，只有根干及根干上发出的水平根及须根。

葡萄的根为肉质根，能贮藏大量营养物质，因其导管粗、根压大，故较耐盐碱，但春季也易出现伤流。葡萄根系水平分布与架势有关。篱架根系分布呈现左右对称，棚架则偏向架下生长。葡萄根系的再生能力较强，还含有较多的单宁，能保护伤口。

葡萄根的生长与葡萄种类、土壤温度有关。欧洲种葡萄的根在地温达 12~14℃时开始生长，20~28℃时生长旺盛。全年有 2~3 个生长高峰，分别出现在新梢旺长后、浆果着色成熟期及采收后。

2. 枝蔓

枝蔓指葡萄各年龄的茎。可分为主干、主蔓、侧蔓，一年生枝（又称结果母枝），新梢和副梢等（图 3-4-1）。

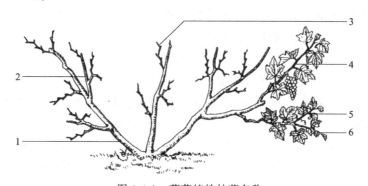

图 3-4-1　葡萄植株枝蔓名称
1—主蔓；2—侧蔓；3—结果母枝；4—结果枝；5—发育枝；6—副梢

从地面发出的茎称为主干，主蔓着生于主干上，埋土越冬的地区不留主干，主蔓从地表附近长出。主蔓上着生的多年生枝叫侧蔓，着生混合芽的一年生蔓叫结果母枝。结果母枝上的芽萌发后，有花序的新梢叫结果枝，无花序的叫营养枝。新梢叶腋间有夏芽和冬芽，夏芽当年萌发形成的二次枝称副梢。葡萄新梢由节和节间构成。节部膨大处着生叶片和芽眼，对面着生卷须或花序。节的内部有横隔膜，无卷须的节或不成熟的枝条多为不完全的横隔，新梢因横隔而变得坚实。节间的长短因种、品种及栽培条件而异。

葡萄新梢生长量大，每年有两次生长高峰，第一次以主梢生长为代表，从萌芽展叶开始，随气温升高，花前生长达到高峰。第二次为副梢大量发生期（7～9月份），与夏季高温多湿有关。新梢开始生长时的粗度，反映了树体贮藏营养水平的高低，贮藏营养丰富，新梢开始生长粗壮，有利于花芽分化和果实发育。葡萄新梢不形成顶芽，全年无停长现象。

3.芽

葡萄芽的种类有三种，即冬芽、夏芽和隐芽。

（1）冬芽　是复杂的混合芽，其外披有一层具有保护作用的鳞片，鳞片内生有茸毛，芽内含有一个主芽和3～8个预备芽（副芽）。主芽居中，四周着生预备芽，主芽较预备芽分化深，发育好。秋季落叶时主芽具有7～8节，而预备芽仅3～5节。在节上一侧着生叶原始体，另一侧为花序或卷须或光秃（图3-4-2）。大多数品种，春季冬芽内的主芽先萌发，预备芽则很少萌发。当主芽受到损伤或冻害

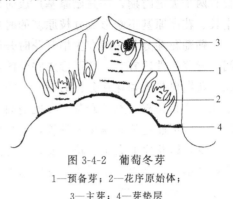

图 3-4-2　葡萄冬芽
1—预备芽；2—花序原始体；
3—主芽；4—芽垫层

后，预备芽也萌发。有的品种主、预芽同时萌发，在同一节上可出现双芽梢或三芽梢。冬芽中的预备芽多数无花序。生产上为了集中养分保证主芽新梢的生长，应及时抹去副芽萌发的新梢。冬芽在主梢摘心过重、副梢全部抹去、芽眼附近伤口较大时均可当年萌发，影响下年正常生长，但冬芽当年萌发可形成二次结果。

（2）夏芽　在新梢叶腋形成，不带鳞片，为裸芽，具早熟性，在形成的当年萌发成副梢。及时控制多余的副梢，可节省营养消耗和改善架面光照。苗圃或幼树阶段，可利用副梢繁殖接穗或直接压条育苗和快速整形。大量副梢势必消耗养分，故处理副梢是葡萄夏季修剪的重要任务。

（3）隐芽　着生于多年生枝蔓上的潜伏性芽，葡萄的隐芽寿命较长。受刺激后能萌发新梢，多数不带花序。

4.叶

葡萄叶为单叶互生、呈掌状，大部分为5裂，也有3裂和全缘叶，叶片较大，叶柄也较长（图3-4-3）。叶面或叶背着生茸毛，直立的叫刺毛，平铺呈绵毛状的叫茸毛。葡萄的叶片表面覆盖较厚的角质层，可防止叶片水分的蒸发，是其抗旱力较强的重要原因。叶片的形状、裂刻的多少与深浅、叶缘锯齿、叶柄洼的形状以及叶上茸毛的有无与多少都是鉴别品种的重要依据。

图 3-4-3　葡萄叶
1～5—主脉；6—叶柄洼；7—上侧裂刻；
8—下侧裂刻；9—叶柄

在植株不同的生长阶段，叶片的表现及作用也有差异。新梢下部的叶片（1～8叶），是在年前的冬芽内形成的，展开后叶面积较大，其光合产物转化以单糖、氨基酸为主，有利于细胞的分裂和生长；而上部的片（第8片叶以上）是由新梢顶端生长点在当年分化发生的，一般叶面积较小，光合产物转化以双糖、蛋白质为主，有利于养分的积累。

叶片的光合能力强弱与叶面积的大小、叶色深浅和叶龄有关，单叶的光合能力随叶片的生长而增强，又随叶片的衰老而减弱，一般展叶后30d左右的叶及叶色深绿的叶光合能力最强。因此，夏季修剪保留一定量的副梢叶，有利于提高树体营养。

（二）结果习性

1. 花芽分化

葡萄的花芽由上一年新梢叶腋间的芽经花芽分化而形成，约需一年时间。葡萄花芽的发育有两个关键时期，一是始原基形成时期，是决定芽发育成花芽或叶芽的临界期；二是花芽生长、花序原基不断形成分枝原基的时期，是决定花序的分枝程度和大小的临界期。

葡萄花芽分化一般在主梢开花时开始，于花后两个月左右完成花序原基的分化，在此期间，营养条件适宜时，便可形成完整的花序原始体，否则，花序就不完整或者形成卷须。因此，花期也是葡萄花芽分化的第一个临界期。第二年春季芽萌动时，花序原始体继续分化和生长，渐趋完善，直至开花。在此期间，若营养物质充足，可促进花序分化增大，若营养不足时，则可能迫使其退化为卷须，这是葡萄花芽分化的第二个临界期。花序原始体分枝分化的多少，即花序的大小，花蕾发育是否完全，取决于这一时期的营养状况。如果在此期间营养条件不良，则上一年形成的花序原基轻则分化不良，胚珠不发育，并造成大量落花，重则花序原基全部干枯脱落。

冬芽中的预备芽也可能形成花芽，但分化的时间较主芽晚，西欧品种的预备芽形成花芽的能力较强，而东方品种群则较低。

夏芽的分化时间较短，一般几天之内即可完成。但花序的有无和多少，因品种和农业技术措施的不同而有差异。大多数葡萄品种，通过对主梢摘心能促使夏芽副梢上的花芽加速分化；通过对主梢摘心并控制副梢的生长，可促使冬芽在短期内形成花序，从而实现一年结两次果。

2. 花和花序

葡萄花有三种类型，即两性花、雌能花和雄花。多数栽培品种为两性花，具有发育良好的雌蕊，雄蕊具有可育性花粉，而雌能花往往雄蕊发育不良，其高度低于柱头或花粉没有受精力（不育性）。野生葡萄雌雄异株，雌株雄花退化，雄株仅有雄花（图3-4-4）。

图 3-4-4 葡萄花的种类

1—两性花；2—雌能花；3—雄花

葡萄的花序为复总状花序，由200～1500朵花组成。每朵花由花梗、花托、萼片、花冠、雄蕊和雌蕊组成。花冠呈帽状（图3-4-5）。花序在主轴上生出各级分枝，由于分化、发育过程及环境的影响，品种特性的制约，形成各级分枝力强弱不等，果粒长大后使果穗形成多种形状。

葡萄的花芽一般着生于结果母枝的第3～11节，以第5～7节最多。欧美杂交种的花芽着生节位更低，从第二节即有花芽。花芽萌发后抽生的每个结果枝可着生1～3个花序，多数位于第3～7节。结果枝平均着生的果穗数称为结果系数。

欧亚种葡萄花期的最适温度为25～30℃，花序基部和中部的花蕾先开，质量好，副穗和穗尖的花蕾后开。开花时，花冠基部5个裂片反卷脱落，露出雌雄蕊。花药开裂散出黄色花粉，借风力和昆虫传播花粉。花期长短随品种和气候而异，单个花序一般开花 5～7d，单株一般为 6～10d。

葡萄的卷须和花序是同源器官，均为茎的变态。欧洲种葡萄的卷须是每连生两节，间隔一节无卷须，称间歇性。美洲种的卷须是连续着生的。

3. 果实发育

葡萄的果实富含汁液，谓之浆果。除 65%～88% 的水分外，其余为糖分、干物质及各种有机酸。葡萄开花后，经过授粉受精，花序发育成果穗，子房发育成浆果，花序梗发育成穗梗。果粒由果梗、果蒂、果刷、果皮（外果皮）、果肉（中果皮）、果心（内果皮）和种子组成。果刷的长短与果实的耐贮性有密切的关系，果刷长的不易落粒，耐贮运。多数品种果皮均附有一层果粉，果皮的厚度因品种而异，二次果的果皮往往较一次果厚，所以较耐贮运。

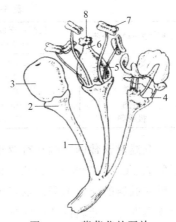

图 3-4-5 葡萄花的开放
1—花梗；2—花萼；3—花冠；
4—蜜腺；5—子房；6—雌蕊；
7—花药；8—柱头

果粒中含种子 1～3 粒，种子较小，为扁圆形，外有坚实的种皮，内部组织疏松，含有丰富的脂肪、蛋白质和乳白色胚乳及位于喙部的胚。

葡萄果实的生长发育分为三个时期：第一期在坐果后 5～7 周，果实迅速生长；随后进入第二期生长缓慢，持续 2～3 周；再进入第三期浆果后期膨大期，含糖量迅速提高，含酸量减少，果肉变软，持续 5～8 周，直到果实成熟。

葡萄有一个生理落果时期，一般在开花后一周左右开始。产生生理落果的原因，一是品种自身的生物学特性决定的；二是由于营养不足造成落果。

（三）葡萄对环境条件要求

葡萄在生长发育过程中，对外界环境条件中的温度、光照、水分和土壤等因素有一定的要求，生产中也是以此为依据来选择品种、制订栽培技术措施。世界上葡萄栽培有一个特定的"黄金地带"，北半球是北纬 30°～50°之间，多数集中在北纬 40°左右，我国较好的葡萄栽培区也多集中在北纬 40°左右地区。

1. 温度

温度是影响葡萄生长和结果的最重要的因素，主要体现在日平均温度、积温和低温 3 个方面。日平均温度影响葡萄物候期的起止时间及进程，欧亚种葡萄当气温达 10℃ 时开始营养生长，当日平均气温达到 12℃ 左右时，芽开始萌发。新梢生长和花芽分化最适温度为 25～30℃，浆果成熟适温为 18～32℃。积温影响光合作用及营养积累，并最终影响葡萄的生长发育与果实质量。由于欧洲种葡萄在日平均气温达到 10℃ 左右即开始萌芽，所以 10℃ 以上的温度称为葡萄的有效温度。将某地区一年内昼夜平均气温高于 10℃ 的天数的温度全部相加的总和，即为该地区的年有效积温。将葡萄开始萌芽期至浆果完全成熟期内全部的日有效积温加起来，即为该品种所要求的有效积温。葡萄经济栽培要求等于或大于 10℃ 的有效积温一般不小于 2500℃，相当于无霜期在 150～160d 以上的地区。不同品种从萌芽到果实充分成熟所需≥10℃ 的有效积温不同（表 3-4-2）。所以生产上必须根据当地有效积温选择品种。在具体应用时，还应考虑小气候和管理水平的影响，可使有效积温有 200℃ 左右的变化幅度。

表 3-4-2　不同成熟期品种对有效积温的要求

品种（按成熟期分类）	从萌芽至成熟所需的有效积温/℃	代表品种	从萌芽至成熟所需时间/d
极早熟	2100～2500	早红、沙巴珍珠	<120
早熟	2500～2900	京秀、乍娜	120～140
中熟	2900～3300	巨峰、玫瑰香	140～155
晚熟	3300～3700	红地球、白羽	155～180
极晚熟	3700 以上	龙眼、秋红	>180

低温对葡萄的影响具有双重性。一方面葡萄需要一定量的低温以完成休眠，通常欧洲种葡萄 7.2℃以下 800～1200h。另一方面低温对葡萄也有伤害。冬季休眠期间，不同种类的葡萄耐受低温的能力不同。欧亚种葡萄的芽在冬季休眠期可忍受−20～−18℃的低温，但枝条的成熟度差，低温持续时间长，一般在−10℃时芽眼即可受冻，若−18℃低温持续 3～5 天，不仅芽眼受冻，枝条甚至较粗的枝蔓受冻害，若此低温来得较早，植株越冬休眠准备不足往往较粗主蔓也会冻伤。休眠期成熟枝蔓耐受低温的能力为：欧洲种−18～−16℃、美洲种−22～−20℃、山葡萄−50～−40℃；根系耐受低温的能力为：欧洲种−7～−5℃、美洲种−12～−11℃、山葡萄−16～−14℃。一般认为，冬季绝对低温低于−15℃的地区即需要埋土越冬，其中低于−21℃的地区应加覆盖物后再埋土或加大埋土的厚度。冬季 50cm 深土层地温在−5℃以下的地区，最好选用抗寒砧木，进行嫁接栽培。

2. 水分

葡萄的根系发达，吸水能力强，既耐旱又耐涝，但幼树抗性差。由于其原产地气候为冬春雨量充沛，夏秋相对较干燥，而我国多数葡萄产区，春旱夏涝，年降水量多集中在 7～9 月份。为此，必须做好前期灌溉，后期除少数干旱和半干旱地区外，还应做好排水。葡萄一般在萌芽期、新梢旺盛生长期、浆果生长期内需水较多。花期阴雨或潮湿天气则影响正常开花、授粉受精，引起严重的落花落果；浆果成熟期降雨量大，会影响着色，引起裂果，加重病害发生，降低品质，还会导致贮运性能下降。葡萄生长后期雨水过多，新梢生长结束晚，枝条成熟度差，不利于越冬。因此，生长后期应注意控制水分和果园排水。

3. 光照

葡萄是喜光植物，光照条件好，花芽分化加强，果实着色好，糖度高，风味浓。葡萄叶片的光饱和点为 3×10^4～5×10^4lx，光补偿点为 10^3～2×10^3lx。光照条件不足时，枝条细弱节间长，组织不充实，花芽分化不良，产量低，品质差。葡萄对光的反应十分敏感，直接见光的外层叶可吸收 90%～95%的光合有效辐射（380～710nm），光合作用达最高峰，而第二层叶的光照只有光饱和点的约 1/3，光合作用仅为高峰的 1/4，当光线达第三层叶时，光合有效辐射只有约 1%了，此时叶片光合产物的增加为零。因此，栽培时应在架式、架向、株行距等方面注意创造良好的光照条件，并采用正确的整枝修剪技术。但光照过强，果穗易发生日灼，在管理上应适当利用叶片进行果穗遮光或果穗套袋。

4. 土壤

葡萄对土壤的适应性很强，除了极黏重的土壤和强盐碱土外，一般土壤均可种植。但以土层深厚肥沃、土质疏松、通气良好的砾质壤土和沙质壤土最好。沙地葡萄的含糖量较淤土地高 1%～2%，提前成熟，色泽鲜艳，香味也浓。戈壁石砾和河滩沙地，经过改良，多施有机肥，勤追肥多浇水，因其质地疏松，透气性好，早春温度回升快，昼夜温差大，因此，葡萄成熟早，色泽鲜艳，含糖高。

葡萄在土壤 pH 为 6～7.5 时生长良好，超过 8.3～8.7 时，易发生缺素性黄叶病或叶缘干焦，需要施以硫酸亚铁校正，才能正常结果。土壤含盐量达 0.23％时开始死亡，故重盐碱地栽葡萄前要先行改良土壤，还要注意洗碱排盐。

欧洲葡萄喜富钙土壤，而美洲葡萄在含钙多的土壤上，易得失绿病，应选砾质土及排水良好的沙质土。

【知识链接】

葡萄品种的生产类型

葡萄品种繁多，除植物学分类外，生产上还根据成熟期的早晚和用途分为许多类型。

1. 根据葡萄品种成熟期早晚分类

可分为以下 5 种。

（1）极早熟品种　从萌芽到果实成熟在 110d 以内的品种称为极早熟品种。代表品种如：早玫瑰、早红、京早晶。

（2）早熟品种　从萌芽到果实成熟在 110～125d 的品种称为早熟品种。代表品种如京亚、京秀、乍娜、无核白鸡心、凤凰 51、香妃、早玛瑙、无核早红、粉红亚都蜜、奥古斯特、维多利亚、京玉、京优等。

（3）中熟品种　从萌芽到果实成熟在 125～145d 的品种称为中熟品种。代表品种如峰后、里扎马特、先锋、白香蕉、红瑞宝、红富士、龙宝、黑奥林等。

（4）晚熟品种　从萌芽到果实成熟在 145～160d 的品种称为晚熟品种。代表品种如红地球、美人指、木纳格、无核白、红宝石无核、克瑞森无核、高妻、黑大粒等。

（5）极晚熟品种　从萌芽到果实成熟在 160d 以上的品种称为极晚熟品种。代表品种如龙眼、秋红、秋黑。

2. 根据葡萄果实用途分类

可分为以下几种。

（1）鲜食品种　应具备较好的内在品质和外观品质。穗形美观，果粒着色均匀、着生疏密适当，甜酸适口（可溶性固形物含量 15％～20％，含酸量 0.6％～0.9％）。如红地球、巨峰系等。

（2）制汁品种　制汁品种要求有较高的含糖量和较浓的草莓香味，出汁率 70％以上。如康克、康拜尔、卡巴克等。

（3）酿造品种　酿造品种比较注重内在品质，可溶性固形物含量要求达到 16％～17％，出汁率 70％以上，具有特殊香味和不同的色泽。如赤霞珠、梅露辄、霞多丽、雷司令、法国蓝、黑比诺等。

（4）制干品种　要求无核、肉厚、含酸量小，可溶性固形物含量要求达到 20％以上。如新疆的无核白品种。

任务 3.4.2　▶▶ 葡萄枝蔓的管理

任务提出 👤📖

以当地主栽葡萄品种，按葡萄枝蔓生长的特性进行夏季田间管理。

任务分析 📚

葡萄为蔓性果树，枝蔓柔软且生长旺盛，与其他乔木果树有显著不同，生产上应根据其特点进行管理。

任务实施 🖊

【材料与工具准备】

1. 材料：成年期葡萄树。

2. 工具：修枝剪、绑扎材料等。

【实施过程】

1. 确定修剪的葡萄树

根据实际情况确定修剪的品种和数量。

2. 按生长发育过程进行对应的修剪。

（1）萌芽期：抹芽。

（2）花序出现期：疏花序、掐花序尖、摘心。

（3）开花期：副梢处理。

（4）新梢开始成熟期：除卷须、新梢引缚、疏梢。

3. 进行检查修剪，避免漏检或错剪。

【注意事项】

1. 整个任务实施可集中安排 4 次。

2. 教师先现场示范讲解，待学生能准确识别后，进行独立操作或两人一组分别在架的两边相互配合进行操作。

3. 整个任务实施过程应定人定树，有始有终，中间不换人。

理论认知 👆

一、架式

葡萄属蔓性果树，除少数品种枝条直立性较强，可以采取无架栽培外均需设架，才便于管理。架式可分为篱架、棚架和柱式架（图 3-4-6）

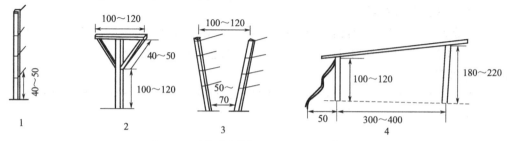

图 3-4-6　葡萄的主要架式类型（单位：cm）

（引自：马俊《果树生产技术》）

1—单壁篱架；2—宽顶篱架；3—双壁篱架；4—小棚架

1. 篱架

架面垂直于地面，葡萄分布在架面上。沿行向（一般为南北向）每隔 6～8m 设一根立柱,上拉数道铁丝引缚枝蔓。国内外大面积生产中应用较多。这种架式通风透光好,管理简便,适合机械化生产,适于平地、缓坡地采用。篱架又可分为单壁篱架、双壁篱架、宽顶篱架等。

2. 棚架

有大棚架、小棚架之分。其中倾斜式大棚架架长 6m 以上,6m 以下为小棚架。小棚架用料少,密植早丰产,便于寒冷地区下架埋土防寒,但机械耕作不便;漏斗式大棚架,葡萄栽在架中央,支架向四周伸展呈漏斗式圆形,外高内低,直径 10～15m。仅在河北宣化等地庭院中采用;水平式棚架,架面高 3m 以上,病害轻,适于高温多湿不防寒的地区使用,也可以实行机械化耕作,但抗风能力较差;独龙架多在干旱丘陵地采用,架材容易就地取材;拱形棚架一般在观光葡萄园、庭院中,形成葡萄长廊,造价高,管理不便。所以,在大面积生产中很少采用。

3. 柱式架

国外不防寒地区用得较多。它以一根木棍支持枝蔓,植株一般采用头状整枝或柱形整枝,结果母枝剪留 2～3 芽,新梢在植株上部向下悬垂。当主干粗度达 6cm 以上,能直立生长时,可以把木棍去掉,成为"无架栽培"。柱式架简单,省架材,但通风透光较差。

葡萄栽培中架式较多,各种架式的性能详见表 3-4-3。

表 3-4-3　葡萄主要架式性能表

(引自:马骏《果树生产技术》)

架式名称	特点	存在问题	采用树形	适用条件
单壁篱架	通风透光、早果丰产、管理方便、利于密植,果实品质好	架面小,不适宜生长旺盛的品种,结果部位易上移	扇形、水平形、龙干形、U 形整枝	密植栽培、品种长势弱、温暖地区
双壁篱架	架面扩大、产量增加	费架材,不便作业,病害重,着色差,对肥水条件和夏季植株要求较高	扇形、水平形 U 形整枝	小型葡萄园
宽顶篱架(T 形架)	有效架面大、作业方便、产量增加、光照条件好、品质好	树体有主干,不便埋土防寒,在埋土防寒地区不宜采用	单干双臂水平形	适合生长势较强的品种,不需要埋土越冬的地区
小棚架	早期丰产、树势稳定、便于更新	不便机耕	扇形、龙干形	适合生长势中等品种,需要冬季埋土的地区
倾斜式大棚架	建园投资少,地下管理省工	结果晚,更新慢,树势不稳	无主干多主蔓扇形、龙干形	寒冷地区、丘陵山地、庭院栽培、品种长势强

二、整形修剪

葡萄枝梢生长量大,蔓性强,叶大喜光,做好整形修剪十分重要。其目的是使枝蔓、叶片和果穗均匀分布于架上,从而可以获得更好的光照、温度、湿度,有效地促进生长及时控制营养消耗,达到优质、高产之目的。

合理的树形能充分利用树体的内在因素和环境条件,使树形与生长结果统一,实现方便管理,降低成本,提高经济效益。整形成败的关键是蔓要伸展顺畅,结果部位分布均匀,并能得到不断更新复壮。

生产上常用的树形大致可分为三大类。

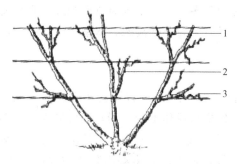

图 3-4-7　多主蔓自然扇形
1—主蔓；2—侧蔓；3—结果母蔓

1. 扇形整枝

扇形整枝为葡萄产区采用较多的一种树形。依主干有无可分为有主干和无主干多主蔓扇形。无主干扇形又分为两种，主蔓上留侧蔓的自然扇形（图3-4-7）和不留侧蔓的规则扇形（图3-4-8）。在冬季埋土防寒地区，植株每年需要下架和上架，枝蔓要细软些，以便压倒埋土防寒，多采用无主干多主蔓扇形。其基本结构是植株由若干较长的主蔓组成，在架面上呈扇形分布。主蔓上着生枝组和结果母枝，较大扇形的主蔓上还可分生侧蔓。

篱架式栽培通常采用无主干多主蔓扇形，其主蔓数量由株距确定。在架高2m、行距1.5m的情况下，每株留3～4个主蔓，每个主蔓上留3～4个枝组。该树形单株主蔓数量较多，成形快，能充分利用架面，达到早期丰产，同时主蔓更新复壮容易，便于埋土防寒。在修剪时应注意两点：一是要灵活掌握"留强不留弱"和"留下不留上"原则。因为结果好的强枝往往在架面上部，而下部枝往往生长细弱，如果过分强调当年产量而使上部强枝留得较多，则极易造成枝蔓下部光秃，所以修剪中应注意上部强枝不能全留，修剪手法上要"堵前促后"，并以较强的枝留作更新预备枝，使结果部位稳定，主蔓不易光秃。二是要适时更新主蔓，尽量少留侧蔓，一般6～8年要轮流更新一次主蔓，使主蔓保持较强的生产能力。

无主干多主蔓扇形的基本整形过程如下。

第一年春天苗木留3～4个芽短截后定植。萌芽后选留3～4个壮梢培养，其余全部除去。当新梢达80cm以上时，留50～60cm摘心，以后对新梢顶端发出的第一副梢留20～30cm摘心，并疏除其余副梢。同样对副梢上发出的二次副梢留3～5片叶摘心，三次副梢留1～2片叶摘心。冬剪时，对壮枝留50cm短截，成为主蔓。弱枝留30cm短截，下一年继续培养主蔓。

第二年夏季，主蔓上发出的延长梢达70cm时，留50cm左右摘心，其余新梢留30cm摘心，以后可参照第一年的方法摘心。冬剪时主蔓延长蔓留50cm短截。其余枝条留2～3个芽短截，培养结果枝组。上一年留30cm短截的待培养主蔓，当年可发出2～3根新梢，夏季选其中1根壮梢在其长到40cm时留30cm摘心，其上发出的健壮的副梢作主蔓延长梢处理，冬剪留50cm，其余副梢按培养枝组的方法处理。

第三年继续按上述原则培养主蔓和枝组，直到主蔓具备3～4个结果枝组为止。

多主蔓规则扇形（图3-4-8）的各主蔓和结果部位呈规则状扇形分布。如多主蔓分组扇形，多主蔓分层扇形。前者是以长、短梢结果母枝配合形成结果部位（枝组），适于生长势较强的品种和肥水条件较好的葡萄园；后者主要以短梢结果母枝形成结果部位（枝组），对于树势中庸的品种较适合。规则扇形与自由扇形相比较，结果部位严格分层，修剪技术简单，工作效率高。

2. 龙干整枝

我国河北、辽宁等北方各葡萄产区常用的一种整形方式。适于棚架和棚篱架。该整枝方式技

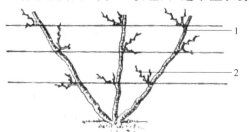

图 3-4-8　多主蔓规则扇形
1—主蔓；2—枝组

术简单易行,结果部位也较稳定,产量稳定,果实品质好。

龙干形有一条龙(干)、二条龙(干)和三条龙(干)之分(图3-4-9)。龙干结构是从地面直接选留主蔓,引缚上架,在主蔓的背上或两侧每隔20~30cm着生1个似"龙爪"的结果枝组,每个枝组着生1~3个短结果母枝,多用中短梢修剪。修剪时一要掌握好龙干的间距(50~70cm),肥水足,生长势强的品种,间距宜大些,反之,则可小些;二要严格控制夏季修剪,防止空蔓,并经常注意留好结果部位的更新枝。

二条龙干形的基本整形过程如下。

第一年,定植时留2~3个芽剪截,萌发后选健壮新梢用以培养主蔓。当新梢长至1m以上时摘心,其上副梢可留1~2片叶反复摘心。冬剪时,主蔓剪留10~16个芽。

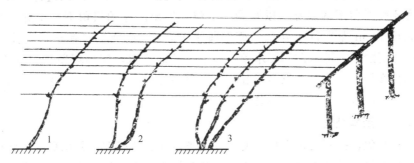

图3-4-9 龙干整枝
1——一条龙;2——二条龙;3——三条龙

第二年,主蔓发芽后,抹去基部35cm以下的芽,以上每隔20~30cm留一壮梢,夏季新梢长到60cm以上时,留40cm摘心。以后对其上的副梢继续摘心,冬剪时留2~3个芽短截。对主蔓延长梢可留12~15节摘心,冬剪剪留10~15个芽(长1~1.4m)。

第三年,在第二年留的结果母枝上,各选留2~3个好的结果枝或发育枝培养枝组,方法是在9~11片叶时摘心,及时处理副梢,并使延长蔓保持优势,继续延伸,布满架面。

冬剪时可参考上年方法。一般3~5年完成整形任务。

3. 水平整枝

水平整枝在篱架上应用较多。冬季不下架防寒地区多采用有主干水平整枝,其树形可分别采用单臂、双臂、单层、双层、低干、高干等多种形式(图3-4-10)。冬季埋土防寒地区则必须使用无干水平整枝。

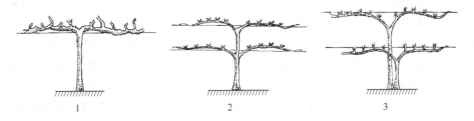

图3-4-10 水平整枝
1—双臂单层水平树形;2—双臂双层水平树形;3—双层双干树形

双臂单层水平整形是在定植当年留1个新梢作主干培养,当新梢长至25~30cm时摘心,摘心后留顶端2个副梢继续延伸,待新梢达10片叶后再摘心,培养为两个主蔓。冬剪时各留8个芽短截。第二年夏季抹芽定枝时,新枝蔓上每米留6~7个结果新梢,间距

15cm。冬剪留2～3芽短截成为结果母枝。第三年夏季结果母枝发芽后，选留2个新梢分别作为结果枝和预备枝培养结果枝组，冬剪时分别留2～3个芽和4～6个芽。以后每年对结果枝组更新修剪。

三、基本修剪方法

1. 抹芽、定枝

当芽已萌动尚未展开时，对芽进行选择性的去留，称为抹芽。而新梢长达10cm左右，能看出新梢强弱，花序有无及大小时，对新梢进行选择性的去留，叫作定枝。抹芽、定枝的作用主要是节省营养消耗，确定合理的新梢负载量。生产中一般分两次进行，第一次主要是抹除畸形芽和不需要留下的隐芽，以及同一节位上发出多芽的只留下一个芽；第二次为定枝，一般篱架按10cm左右留一新梢，棚架每平方米留10个左右新梢。定枝时一般掌握"四少、四多、四注意"，即地薄、肥水差、树弱、架面小时，应少留新梢；反之，则多留。一要注意新梢分布均匀；二要注意多留壮枝；三要注意主蔓光秃处利用隐芽发出的枝填空补缺；四要注意成年树选留萌蘖培养新蔓。

2. 新梢摘心与副梢处理

即掐去新梢嫩尖，抑制延长生长，使开花整齐，叶、芽肥大，分化良好。新梢摘心与副梢处理是葡萄夏季修剪的基本内容，其主要目的是控制枝梢生长，改善架面光照条件，促进养分积累，保证花果发育。具体方法因枝梢类型而异。

结果枝摘心应在开花前3～5d进行，在花序上留4～6片叶摘心，具体可选择达到成年叶1/2大小叶片的节间作为摘心部位。对副梢的管理常采取以下方法处理：先端1～2个副梢留3～4片叶反复摘心，其余的穗上副梢留1～2片叶反复摘心，或留1片叶摘心并掐去叶腋芽防止萌发二次副梢。对于果穗下的副梢则应全部除去。发育枝摘心应根据其具体作用而分别对待。培养主蔓、侧蔓的发育枝可在生长达到80～100cm时摘心，以后先端1～2个副梢及二次副梢均留4～6片叶摘心，其余副梢可参照结果枝果穗以上副梢的处理方法。培养结果母枝的新梢可留8～10片叶摘心，预备枝上的新梢也应根据需要摘心，它们发出的副梢亦按上述方法处理。此外，易发生日灼病的地区采用篱架栽培时，还要保留花序处及其上的1个副梢，留2片叶反复摘心，可为果穗遮阴，以减少日灼。

3. 疏花序、掐花序尖和疏果

在花前进行疏花序和掐花序尖，在花后2～4周进行疏果，一般用于大穗型的鲜食葡萄品种。对于巨峰葡萄一般经过疏果后，每穗仅保留35～40个果粒，单粒重保持10～12g。中国农业大学在牛奶葡萄上的初步试验表明，牛奶葡萄在花序整形的基础上通过花后疏果，疏去1/4～1/2量，使每穗果粒保持在80～100粒，能显著地改善果穗与果粒的外观。对于瘠薄沙地上栽培的玫瑰香葡萄，于花期掐去1/4～1/3花序尖，可提高穗重，增产3%～9%。对成熟期易裂果的乍娜葡萄采取果穗与新梢比为1∶2时，再配合水分管理，可明显减少裂果。

4. 短截

短截是葡萄冬季修剪中使用最多的剪法，往往是"枝枝短截"。根据结果母枝的剪留芽的多少，可将短截分为五种基本剪法。即超短梢修剪（剪留1个芽）、短梢修剪（剪留2～4个芽）、中梢修剪（剪留5～7个芽）、长梢修剪（剪留8～12个芽）、超长梢修剪（剪留12个芽以上）。具体又可根据品种特性、架式树形、夏季摘心强度等灵活运用。一般长梢或超长梢修剪方法适合于结果部位较高、生长势旺盛的东方品种群葡萄，多用于棚架。它能保留较多的结果部位，形成较高产量，但萌芽和成枝率较低，结果部位外移快。因此，在生产上采用长（或超长）梢修剪时，必须注意配备预备枝，以便回缩结果部位。而短梢修剪，萌芽和成枝率极高，枝组形成和结果部位稳定，适于结果部位低的西欧品种群和黑海品种群及篱架栽培。中梢修剪的效果介于两者之间，多在单枝更新时使用。

5.绑缚枝蔓

按树形要求将枝蔓定向、定位绑缚在架面铁丝上，使其在架面上均匀分布，充分利用光能。通过控制绑蔓的方位，可有效调节枝蔓生长势。如扇形整枝，将生长势较弱的主蔓绑缚于正中，使其转强，而生长势较强的绑缚于两侧。

对中、长梢修剪的结果母枝可适当绑缚，采用垂直、倾斜、水平、弓形绑缚等方式，可抑强扶弱，对弱枝垂直或倾斜绑缚，对强枝水平或弓形绑缚，可有效地防止结果部位的上移。短梢修剪的结果母枝不必绑缚。新梢长到 40～50cm 长时进行引缚固定，使其均匀分布于架面。除长势较弱的新梢和用于更新骨干枝的新梢可直立向上绑缚外，一般要保持一定倾斜度，切忌紧贴密挤架面。长势强的新梢，拉成水平状绑缚。部分新梢可自由悬垂。新梢上除靠近铁丝的卷须可以引导利用外，其余均应疏除。

绑缚材料可用马蔺、麻绳、布条或塑料绳。结扣要既死又活，使绑扎物一端紧扣铁丝不松动，另一端在枝蔓、新梢上较松，留有枝蔓加粗生长的余地。

6.更新复壮

枝组的更新有单枝更新和双枝更新两种方法。对于以短梢为主的单枝更新法，结果母枝一般剪留 3～4 节，将母枝水平引缚，使其中上部抽生的结果枝结果，基部选择一个生长健壮的新梢，培养为预备枝，如预备枝上有花序应摘除。冬剪时，将预备枝以上部位剪去，以后每年反复进行。此法适用于母枝基部花芽分化率高的品种。对于双枝更新法，其修剪方法指在一个枝组上通常由一个结果母枝和一个预备枝组成，结果母枝长留（采用长、中梢修剪），另一个母枝作预备枝短留（留 2～3 个芽）。结果母枝抽梢结果后，冬剪时将其缩剪掉，留下预备枝上两个健壮的一年生枝，上面一个用作结果母枝，采用长、中梢修剪，下面一个作预备枝，剪留 2～3 个芽，每年反复更替进行。此外，生产上还应注意衰弱的主蔓及植株的更新复壮。

任务 3.4.3 ▶▶ 葡萄的病虫害防治

任务提出

以当地主栽葡萄品种为例，完成葡萄的综合防治。

任务分析

葡萄栽植密度大，通风透光差，果实成熟期又集中在高温多雨的夏季，病虫害发生很重，生产上应采取综合措施做到防重于治。

任务实施

【材料与工具准备】

1. 材料：教学葡萄园。

2. 工具：喷雾器。

【实施过程】

1. 现场调查：通过实地调查，使学生了解当前葡萄生产中主要的病虫害种类及其发生规律和为害程度。将调查结果填入表 3-4-4 中。

表 3-4-4　葡萄病虫害种类调查记录表

调查地点：　　　　　　调查人：　　　　　　日期：

病虫害种类＼项目	地势	果园名称	土壤性质	水肥条件	品种	苗木来源	生育期	发病率	备注

2. 观察记录：观察并记录病虫种类及其为害症状等，并会用专业术语准确描述。

3. 防治方案制订：通过了解其发生规律，科学分析后制订出切实可行的防治方案，并实施防治。

【注意事项】

选择病虫害发生较重的葡萄或植株，将学员分成小组在葡萄生长前、中、后期以普查的方式，利用网捕、手采、诱集等方法，采集病害、虫害及为害状标本，并带回室内，进行保存和鉴定。

理论认知 🖑

一、主要病害

1. 葡萄白腐病

葡萄白腐病又叫腐烂病、水烂、穗烂病。分布于各葡萄产区，老园发病尤为严重，一般年份果实损失率在 15％～20％，流行年份损失率可达 60％以上。

（1）症状特点　该病主要为害果穗，也可为害新梢和叶片。病果呈褐色、水渍状，后期软化腐烂，干枯成僵果，极易脱落；病枝蔓皮层与木质部分离、纵裂；病叶产生近圆形或不规则淡褐色病斑，后期呈不明显的环纹大斑并干枯脱落。天气潮湿时，发病部位表面密生灰白色至褐色小粒点。无论病果还是病蔓都有一种特殊的霉烂味。

（2）发生规律　病菌主要以分生孢子器及分生孢子随病果、病枝等病残组织散落在土壤中越冬，成为第二年初侵染的主要来源。病菌借风雨、昆虫传播，自穗轴、小果梗及枝蔓伤口或自然孔道（蜜腺、气孔等）入侵，以植株下部近地面的果实易感病。一般 6 月中下旬开始发病，7 月下旬至 8 月上旬为发病盛期。夏季高温多雨，果园地势低洼、管理粗放、通风透光不良的果园发病严重。

（3）防治方法

① 选用抗病品种。例如峰后、先锋、藤稔等巨峰系品种，红富士等欧美杂交种品种。

② 加强果园管理。结合修剪及时去除病枝病果，搞好果园卫生，清除病源。生长季节及时摘心、修剪副梢和中耕除草，使之通风透光。采取果实套袋栽培，可防止病菌侵染。果园应及时排水降湿，合理施肥，调节负载量，增强树势，提高树体抗病力。适当提高果穗离地表距离，可减少病菌侵染。

③ 药剂防治。春天发芽前对树体及地面喷施 5°Bé 石硫合剂；发病始期可选用 50％多菌灵可湿性粉剂 800～1000 倍液，或 75％百菌清可湿性粉剂 600 倍液，或 50％退菌特可湿性粉剂 600～800 倍液，或 70％代森锰锌可湿性粉剂 800～1000 倍液等轮换喷雾防治，10～15d 喷 1 次，连喷 3～5 次，效果较好。

2. 葡萄炭疽病

葡萄炭疽病又称晚腐病，是葡萄的重要病害之一，我国葡萄产区普遍发生，在多雨年份发病严重，病穗率可达 50％以上，对产量影响很大。

（1）症状特点 炭疽病菌主要侵害葡萄果实，也能侵染新梢、叶片、果梗、穗轴等。果实发病，开始在果面上发生水浸状、淡褐色斑点或雪花状病斑，逐渐扩大呈圆形深褐色病斑，病斑处着生许多黑色小粒点，为病原菌的分生孢子盘，在空气潮湿时，小粒点上溢出粉红色黏胶状分生孢子团，后期病斑凹陷，病粒逐渐失水皱缩，振动时易脱落。

（2）发生规律 葡萄炭疽病菌有潜伏侵染特性，该病菌以菌丝体在结果母枝或挂在架面上的病残体上越冬，第二年 5～6 月份条件适宜时，带菌枝上产生分生孢子，借风雨传播。该病一般在 6 月中下旬发生，7～8 月份达盛期。果实初发病的早晚与 6 月份降雨时间的早晚和降雨量的大小有密切关系。

此病在多雨年份发病重。凡地势低注、排水不良、管理粗放、清园不彻底的果园发病均重。炭疽病也是贮藏期间病害，带病或潜伏带病果穗用于贮藏，也会出现病症，导致果实腐烂。

（3）防治措施

① 消灭越冬菌源：结合冬季修剪，把植株上的穗柄、架面上的副梢、卷须剪除干净，集中烧毁或深埋。春天葡萄芽萌动后展叶前，喷 5°Bé 石硫合剂，或 50％退菌特 200 倍液等铲除剂。重点喷结果母枝，以消灭越冬菌源，减轻病害发生。

② 果穗套袋：于 5 月下旬至 6 月上旬幼果期（田间分生孢子出现前），对果穗进行套袋。套前可喷 600 倍退菌特或 800 倍多菌灵液，然后将纸袋套好扎紧。

③ 药剂防治：5 月中下旬枝蔓上出现分生孢子前开始喷杀菌力强的药剂，重点喷结果母枝，抑制或杀死病原菌的产生和萌发侵入。常用药剂有 50％福美双 500～600 倍液，多菌灵-井冈霉素 800～1000 倍液，或 75％百菌清 500～800 倍液，或科博 500 倍液等，连喷两遍。以后每隔 10～15d 喷一次，重点喷果穗和结果母枝，半量式波尔多液与上述杀菌剂间隔使用，可控制该病的发生蔓延。

3. 葡萄霜霉病

葡萄霜霉病在国内外分布普遍，是叶片上的重要病害之一，高温高湿季节发病尤为严重。易造成早期落叶，影响树势和苗木的正常生长发育。

（1）症状特点 葡萄霜霉病主要为害叶片，也能侵染新梢、花序和幼果。叶片受害，叶面最初产生半透明、边缘不清晰的多角形斑块。空气潮湿时，病斑背面产生一层白色的霉状物，即病原菌的孢囊梗和孢子囊，后期病斑变褐焦枯，病叶易提早脱落。花及幼果感病，呈暗绿色至深褐色，并生出白色霜状霉层，后干枯脱落。果实长到豌豆粒大时感病，最初呈现红褐色斑，然后僵化开裂。果实上浆后不再感病。

（2）发病规律 葡萄霜霉病菌以卵孢子在病叶、病枝等病残组织中越冬，第二年在适宜的环境条件下萌发产生孢子囊，孢子囊萌发产生 6～8 个游动孢子，借雨水飞溅到寄主上，从气孔侵入组织内，经 7～12d 的潜育期，又产生孢子囊，进行再次侵染。在葡萄整个生长期内，只要环境条件适宜，病菌不断产生孢子囊，进行重复侵染，使病害流行。

温度、湿度、雨水是诱发该病的主要条件。在适宜的温度条件下，孢囊孢子的形成、萌发和卵孢子及游动孢子的萌发侵染，都是需要在有水的条件下才能进行。因此，南方春季梅雨季节和北方秋季低温多雨，易引起该病的发生和流行。另外，果园地势低洼、排水不良、管理粗放、通风透光差，都有利于发病。山东多发生在秋季，一般 7～8 月份开始发病，8 月下旬至 9 月份达盛期。

（3）防治措施　药剂保护：波尔多液是防治此病的良好保护剂，发病前可喷半量式 200 倍波尔多液，以后可喷等量式 160～200 倍波尔多液，每 15～20d 一次，喷 3～5 次可控制此病为害。还可喷 72％克露 600 倍液，78％科博 500 倍液，10％绿得保 500 倍液，都是防治霜霉病的特效药。

4. 葡萄黑痘病

黑痘病又叫疮痂病或鸟眼病，是分布广、为害严重的病害之一。春、夏两季多雨潮湿的地区发病最为严重。

（1）症状特点　黑痘病主要侵染植株的新梢、嫩叶、叶柄、卷须、幼果、果梗等幼嫩部分。嫩叶感病，叶面呈现红褐色针头大小的斑点，扩大后呈圆形或不规则形，中部为浅褐色或灰褐色，边缘为深褐色病斑，后期病斑干枯破碎，常形成穿孔。幼果感病，初为深褐色斑点，逐渐扩大后其中部变成灰白色、边缘紫褐色、稍凹陷的病斑，形似鸟眼状。

（2）发病规律　病原菌以菌丝体在病枝、病叶、病果及染病的冬芽等病组织中越冬，次年 5 月份条件适宜时，产生分生孢子，借风雨传播，侵染嫩叶、新梢，进行初次侵染；以后病部再产生分生孢子，陆续对果穗等其他幼嫩部分，不断进行多次重复侵染，导致病害流行。

多雨、高湿有利于分生孢子的形成、传播和萌发侵染。南方的梅雨季节发病重。山东济南一般 5 月中下旬发病，7～8 月份雨季病情显著加重，10 月份停止发病。一般寄主组织木质化程度越高，抗病性越强，生长期中不断长出的嫩梢、多次果易发病。天旱年份和少雨地区发病显著减轻。

（3）防治措施

春天芽萌动时，可喷一遍 5°Bé 石硫合剂，或硫酸亚铁硫酸液（10％硫酸亚铁＋1％粗硫酸），也可喷 10％～15％硫酸铵溶液，以铲除枝蔓上的越冬菌源。

在葡萄开花前后，可喷 10％绿得宝 500 倍液，也可用 50％退菌特 800 倍液，50％多菌灵 800～1000 倍液，75％百菌清 500～600 倍液，可兼治白腐病、炭疽病。

5. 葡萄白粉病

葡萄白粉病在全国葡萄产区均有分布。流行年份常遭受较大损失，影响产量和品质，有时造成早期落叶，影响树势及抗寒能力。

（1）症状特点　葡萄白粉病为害葡萄所有的绿色部分。果粒发病，果面产生一层白色粉质霉层，即病原菌的菌丝体、分生孢子梗及分生孢子，粉斑下产生褐色网状花纹，果实停止生长，畸形、不能成熟。叶片受害，叶面上长出白色粉斑，可蔓延到整个叶表面，影响光合作用，最后叶片卷缩、焦枯。新梢、穗轴、果梗、叶柄受害，表面呈现黑褐色网状花纹，其上生稀少的白粉层。受病的穗轴、果梗变脆，极易折断。

（2）发生规律　白粉病菌以菌丝在枝蔓的芽鳞片内或被害组织内越冬，第二年春天产生分生孢子，借风力传播侵入寄主。菌丝在寄主表面蔓延，致使被害组织表面产生黑褐色网纹。高温干旱的夏季、闷热多雨的天气最有利于病害的发生和流行。一般7月上中旬开始发生，7月下旬到8月份发病达盛期，9～10月份停止发展。此外，栽植过密、绑蔓摘心不及时、偏施氮肥、枝蔓徒长、通风透光不良等均有利于发病。

(3) 防治措施　药剂防治：对重病园或易感品种必须加强药剂防治。石硫合剂、甲基硫菌灵、硫黄胶悬剂等硫制剂都是防治白粉病比较理想的药剂。春天葡萄芽萌动后，喷3～5°Bé石硫合剂，可铲除越冬病菌。生长期可喷0.2～0.3°Bé石硫合剂或50%托布津可湿性粉剂500倍液，或喷70%甲基硫菌灵可湿性粉剂1000倍液，也可喷1∶1∶180～200倍波尔多液等，连喷2～3次，均可控制该病发生。

6. 葡萄扇叶病毒病

葡萄是受病毒病侵染较重的树种之一。扇叶病毒病又称传染性退化症，包括扇叶病、黄叶病和黄脉病3种形式，这3种症状在我国葡萄产区发生也很普遍。

(1) 症状

① 扇叶形：叶片皱缩、畸形、叶柄开张很大，叶主脉由原来的5条变成6～10条，呈扇状，叶缘锯齿变尖锐，枝条发育异常，常见双生枝、扁平枝，节间长短不一，有时两节极为靠近。感病植株矮小细弱，落花落果重，结果少，产量低，果味酸。

② 黄叶形：叶片上出现许多油浸状黄斑或环斑，有时整个叶片黄化。在炎热的夏季，刚生长出的嫩叶保持绿色，而感病的成叶褪绿明显。

③ 黄脉形：一般出现在夏初至盛夏，叶形正常但叶脉褪绿变黄。

(2) 病原及发病规律　葡萄扇叶病毒是一种直径30nm（纳米）的病毒粒子，存活于植株体内及残根中。土壤中的剑线虫、意大利剑线虫是其重要传播媒介。线虫取食带毒的根即可获毒，再刺吸健康植株即能传毒。嫁接、机械损伤携带的汁液可传毒，带毒苗木是远距离传播的重要途径。

(3) 预防措施　最好用专业机构提供的无病毒苗木，在未种过葡萄的土地上建园。发现病毒植株要及时清除烧毁，并对该穴及其周围土壤进行消毒，以杀灭可能带毒的剑线虫。并注意刀剪的消毒以避免人为传播。

二、主要虫害

1. 葡萄二黄斑叶蝉

葡萄二黄斑叶蝉属同翅目叶蝉科。分布在华北、西北和长江流域，是葡萄的重要害虫之一。

(1) 症状特征　全年以成虫、若虫聚集在葡萄叶的背面吸食汁液，受害叶片正面呈现密集的白色小斑点，严重时叶片苍白，致使早期落叶，影响枝条成熟和花芽分化。

(2) 发生规律　北方每年发生3～4代，以成虫在枯叶、杂草等隐蔽场所越冬。次年3月份越冬成虫出蛰，先在园边多种花卉和杂草上为害，4月下旬迁移到葡萄上为害。5月中旬第一代若虫出现，5月底至6月初第一代成虫发生，以后各代重叠，全年以成虫、若虫在叶背为害，直到葡萄落叶，随气温下降，逐渐隐蔽越冬。

(3) 防治措施　掌握第一代若虫盛发期是药剂防治的关键时期，一般喷50%久效磷乳油2000倍液，或90%敌百虫800～1000倍液，或50%辛硫磷乳油3000倍液，均有良好的防治效果。

2. 葡萄十星叶甲

葡萄十星叶甲属鞘翅目，叶甲科。在辽宁、河北、山东、山西、陕西等省均有发生。

（1）症状特征 以成虫及幼虫啃食葡萄叶片或芽，造成叶片穿孔、导致生长发育受阻。成虫每个翅鞘上各有圆形黑色斑点5个。

（2）发生规律 北方一年发生1代，以卵在枯枝落叶下或根部附近越冬。翌年4～5月份孵化为幼虫，初孵幼虫先集中在近地面的叶上为害，以后分散到上部叶片上。6月上旬为发生盛期，8月份幼虫老熟入土化蛹。8～9月份蛹化为成虫，继续为害叶片，并交尾产卵，以此卵越冬。

（3）防治方法

① 农业防治。冬季清园和翻耕土壤，杀灭越冬卵；利用成、幼虫的假死性清晨振动葡萄架，使成虫和幼虫落下，集中消灭。

② 药剂防治。4～5月份在卵孵化前施药，用50％辛硫磷乳油处理树下土壤，每公顷7.5kg制成毒土，撒施后浅锄；低龄幼虫期和成虫产卵树冠喷10％高效氯氰菊酯乳油3000～4000倍液防治。

任务 3.4.4 ▶▶ 葡萄的周年生产

任务提出 📖

以当地主栽葡萄品种为例，完成制订周年管理方案。

任务分析 📚

葡萄在不同时期树体发育及对水肥的需求不同，应根据葡萄物候期制订周年管理方案。

任务实施 ✨

【材料与工具准备】

1. 材料：葡萄树。

2. 工具：修枝剪、手锯。

【实施过程】

1. 查阅文献。

2. 分组讨论。

3. 根据课程所学总结制订葡萄园周年管理技术要点，见表3-4-5。

表 3-4-5 葡萄园周年管理技术

月份	物候期	主要管理内容
3～4月份	萌芽期	1. 撤去防寒土。 2. 上架：葡萄刚出土时枝条柔软，应尽快上架。按树形要求绑好枝蔓。 3. 灌水追肥：上架后发芽前追施催芽肥，施量占全年的10％～15％，施肥后灌一次透水，如春旱4月下旬再灌水一次。灌水后中耕。 4. 喷药：萌芽前，喷3～5°Bé石硫合剂，防治黑痘病、毛毡病、白腐病及红蜘蛛、介壳虫等病虫害。 5. 抹芽：展叶初期进行第一次抹芽。老蔓上萌发的隐芽、结果母枝基部萌发的弱枝、副芽萌发枝除留作更新外的地面发出的萌蘖枝，都全部除去

月份	物候期	主要管理内容
5月份	花期	1. 绑梢定枝：新梢长到40cm左右时要绑缚，结合这次绑梢进行定枝、去卷须，以后根据新梢生长随时绑缚。 2. 追肥灌水：花前肥。2年生的树喷1～2次磷酸二氢钾或尿素，3年生以上的树每株施硫铵或硝铵100～150g、硫酸钾100～200g或氯化钾50g，穴施，施后灌透水，中耕除草。 3. 喷药：开花前喷1：(0.3～0.5)：240倍石灰少量式波尔多液或500～700倍代森锰锌。 4. 结果枝摘心和副梢处理：对易落花落果的品种，如巨峰、玫瑰香等应在花前摘心，同时对副梢进行处理，一般在花前4～7d进行。果穗紧密品种落花后摘心。 5. 疏穗和掐穗尖：树势弱、花序多的树可疏除过多的花序，较弱枝的双穗果可疏去一个花序；对容易落花和出现大小年的品种，可在花前1周左右掐去穗长1/5～1/4，并剪掉歧肩和副梢。 6. 掐穗尖：对容易落花和出现大小年的品种，可在花前3～5d掐去花序末端1/5～1/4，并剪掉歧肩和副梢。 7. 喷硼：花前3～5d喷0.2%硼砂液
6月份	幼果期	1. 夏剪：摘心、绑缚、疏花序、掐穗尖、去卷须等。 2. 喷药：6月上旬落花坐果后，每15～20d即喷200倍石灰少量式波尔多液或与500倍多菌灵轮换喷施，直至采前一个月停喷。结合喷药进行0.2%磷酸二氢钾根外喷肥。 3. 追肥灌水：落花后10d左右施复合肥，每株可施硫铵500g、磷矿粉500g。施肥后灌水，再中耕除草。 4. 灌水：6月中下旬如果雨少、土壤干燥时，应灌水，灌水后及时中耕除草
7月份	果实膨大期	1. 7月上中旬追施磷、钾肥。每株可施硫酸钾200～300g。施肥后灌小水，遇大雨则不灌，并要及时排水。 2. 喷药：7月中旬喷药，内容同6月下旬。白腐病为害的果园应用800倍退菌特液和波尔多液交替使用，隔10d一次。 3. 除草：7月上中旬到8月份不进行中耕松土，以免土温升高，但要及时拔草，带出园外沤肥。 4. 摘心：7月下旬对发育枝、预备枝、所留的萌蘖枝都进行摘心，对副梢留1～2片叶进行摘心。多雨时及幼龄树可适当晚些摘心
8～9月份	着色成熟期	1. 喷药：8月上旬防霜霉病喷乙磷铝300倍或瑞毒霉800倍。退菌特应在采收前15～20d停止使用。 2. 摘叶：8月中旬果实着色后，摘除果穗周围遮光叶片促进着色。 3. 采收：如市场需要，巨峰、玫瑰香等鲜食品种果实达八成熟时即可采收上市。 4. 采后追肥灌水：9月中旬果实采收后，高产园应施秋肥，以鸡粪作为秋肥较好，也可每株施硫铵100～150g，如土壤干燥，应灌水并及时中耕除草
10月份至翌年2月份	落叶休眠期	1. 施基肥：10月中下旬施基肥，以有机肥为主，过磷酸钙和硫酸钾也同时施入，并施入少量氮肥。施肥后灌封冻水。 2. 冬季修剪：10月下旬至11月上旬埋土防寒前完成。 3. 刮皮：6年生以上的老树，刮除老翘皮，集中烧掉。 4. 下架防冻害：下架后，寒冷地区埋土清园

【注意事项】

1. 整个任务实施可根据周年历选择适当物候期项目进行。

2. 教师先现场示范讲解后学生进行两人一组分别操作。

3. 整个任务实施过程应定人定树，有始有终，中间不换人。

理论认知 👆

一、葡萄土、肥、水管理

1. 土壤管理

目前大部分葡萄园的土壤耕作制度仍以清耕法为主，一年内根据杂草发生和土壤进行几次中耕。在幼龄葡萄园可进行间作，一般认为甘薯是较好的间作物，由于它栽种时间晚，前期生长缓慢，对葡萄的早期生育影响较小。常见间作物还有花生、绿豆和草莓。生长季土壤管理膜覆盖技术。

2. 施肥

葡萄是一种喜肥水的果树，且生长量大，对肥水反应敏感，葡萄生长发育需要多种元素，有氮、磷、钾、钙、镁、硼与锌等，钾和钙尤其不可少，所以称为钾质、钙质果树。施肥应掌握以有机肥为主，化肥为辅，以秋施基肥为主，配合生长期追施速效肥料。

秋季基肥施用量比较大，每公顷 75000kg，以有机肥加草木灰和钙、镁、磷肥为好，也可用炕土、老墙土和鸡粪等。秋施基肥多用沟施（离植株 50cm 以外，在防寒地区常在防寒取土沟内施入基肥，深 40～70cm，以当地葡萄细根大量分布深度为准）或撒施（应结合耕翻，不浅于 15cm，但长期撒施，易引起根系上移，不抗旱）。挖穴栽植的及篱架栽培的幼树应先在株间开沟施肥，以后再进行行间开沟施肥。棚架栽培的葡萄大部分根系分布于架下，所以施肥的重点部位应放在架下。无论是篱架或棚架至少要间隔 2～3 年才可在同一施肥部位再施入基肥。

葡萄开花期是年生育过程中需肥最多的时期，也是肥水矛盾最剧烈的时期。必须追施以氮为主的尿素（每公顷 300kg）及根外喷施 0.2%～0.5% 的硼砂。浆果生育期也是需要大量肥料的重要时期，在浆果生育期可地下追施腐熟人粪尿或复合化肥加过磷酸钙，并辅以根外追肥。"绿色"葡萄食品生产施肥应以有机肥为主，配合生物肥，重视施用磷肥和钾肥。尽量少用氮素化肥，生长期间不用尿素等氮素化肥，防止肥料分解形成亚硝酸盐等有害物质。

3. 水分管理

葡萄浆果中含水分量高达 80% 以上，栽培中合理浇水可促进生长，减少落果，防止日灼和裂果，可使浆果色泽鲜艳，穗重、粒重加大，提高产量和品质。葡萄生长前期和 6 月份浆果迅速膨大期对水分的反应最为敏感。前期缺水，新梢生长不良，叶小，花小，坐果率降低，浆果膨大初期缺水，果粒明显滞长，即使过后有充足的水分供应，也难以使浆果达到正常大小，直接影响当年产量和质量。一般认为，葡萄是比较耐旱的。但当水分供应不足时，叶片上气孔关闭，光合能力下降。严重缺水时，新梢梢尖呈直立状，卷须先端干枯，叶缘发黄、出现萎蔫，老叶黄落，浆果皱缩。在果实成熟期轻微缺水可促进浆果成熟和提高果汁中糖的浓度，但严重缺水则会延迟成熟，并使浆果颜色发暗，甚至引起日灼。浆果成熟期水分过多，会导致含糖量和品质的降低，部分品种还会引起裂果。我国北方早中熟品种成熟时正值雨季，如雨量过大应采取相应的排水措施。

葡萄的需水量受多种因素制约，一般掌握为田间最大持水量的 60%～80%，下降 60% 以下时就应浇水。无灌溉条件的果园应注意保墒，可地面覆盖或加强中耕松，使园地经常保持疏松无草状态。

灌水方法从节水及利于果树生长方面来看，采用滴灌为好，有些地区已开始应用，滴灌也是以后果树灌溉发展的方向。

二、葡萄周年生产技术要点

1. 树液流动期

一般早春 30～40cm 以下土壤温度为 6～9℃时，树液开始流动，根的吸收作用也逐渐加强，从春季树液开始流动到萌芽为止这段时期称为树液流动期，华北地区在 3 月下旬至 4 月上旬。此时植株的主要特征是从伤口分泌伤流液，若折断或剪截枝蔓，易从伤口流出透明树液，影响生长结果。这一时期葡萄园的生产目标是清除越冬病虫，土壤提温保湿，促进根系生长。

（1）适时出土上架　出土过早根系尚未开始活动，枝芽易被抽干；出土过晚则芽在土中萌发，出土上架时很容易被碰掉。葡萄出土最好一次完成，在有晚霜为害的地区应分两次撤除防寒物。出土时要求尽量少伤枝蔓。

出土后将主蔓基部的松土掏干净，刮除枝蔓老皮，并将其深埋或烧掉，以消灭越冬病原和虫卵。枝蔓上架时要均匀绑在架面上，主侧蔓应按树形要求摆布，注意将各主蔓尽量按原来的生长方向拉直，相互不要交错纠缠，并在关键部位绑缚于架上。

（2）喷药保护　出土后至萌芽前，喷 1 次 3～5°Bé 的石硫合剂加助杀剂 1000 倍液，以防治各种越冬病虫。

（3）施肥灌水

① 补充基肥：如果秋季未施基肥，应在此期施入基肥。

② 催芽肥：葡萄是喜肥水的果树，且生长量大，对肥水反应敏感。第一次追肥在芽萌动期进行，宜追施尿素、碳酸氢铵等，并配合少量磷、钾肥。

③ 及时灌水：若此时持水量低于田间持水量的 60％，可在萌芽前、萌芽后各灌一次水。

2. 萌芽与新梢生长期

萌芽与新梢生长期从芽眼膨大、鳞片裂开露出茸毛到新梢加快生长，开花前为止。这一时期葡萄对肥水的需求量大，是奠定当年生长、结果的关键阶段。

（1）抹芽　是葡萄发芽后的第一项夏剪工作。一般要分 2～3 次进行，以节省养分并为定梢打下基础。葡萄的芽萌动后 10～15d，对芽眼发出的双生芽、三生芽等，每芽选留一个饱满芽，其余的全部抹除。10d 左右以后再进行 1 次。同时，追施复合肥，一般每公顷可施氮、磷、钾复合肥 250～300kg，最迟在花前 1 周施入。追肥后灌水并进行中耕除草。

（2）定梢定果　当新梢长至 10～15cm，能辨认出有无花序和花序大小时进行定梢。一般可根据枝蔓长势定梢，长势一般的结果母蔓可留 1～2 个新梢，健壮的留 3～4 个新梢。棚架采取长梢和极长梢修剪的可留 7～8 个，甚至 10 个以上新梢。新梢的间距，以不小于 10cm 为宜。新梢达到 20cm 以上时开始疏花序定果，即按负载量要求疏花序，一般壮枝留 1～2 个花序，中庸枝留 1 个花序，延长枝及细弱枝不留花序。

（3）花序整形　花序整形的主要内容是掐穗尖和疏副穗，可在花前 5～7d 与疏花序同时进行。对花序较大的品种，要掐去花序全长的 1/5～1/4；对副穗明显的品种，应将过大的副穗剪去，从而使果穗紧凑，果粒大小均齐一致。

（4）摘心去卷须　开花前 3～5d 开始摘心，结果枝在花序上留 4～8 片叶摘心，同时要及时摘除卷须。

（5）病虫害防治　此期主要防治黑痘病、白腐病、霜霉病、绿盲蝽、瘿螨等病虫害。可喷 50％多菌灵可湿性粉剂 600～800 倍液，25％甲霜灵可湿性粉剂 700～1000 倍液，或 20％甲氰菊酯乳油 2000～2500 倍液等。

3. 开花期

葡萄开花期短而集中，消耗营养多，因而花期是全年管理的关键时期。生产上常利用新梢摘心控制新梢生长，缓和营养供求矛盾。

（1）新梢摘心　新梢摘心的时间，对落花落果重的品种，要求在开花前一周进行，对坐果率高的品种可在始花期或花后一周进行。对结果枝在花穗以上留 7～9 片叶摘心；对发育蔓的摘心应根据整形需要来定，作为延长蔓的可留 15～20 片叶摘心；作为明年结果母蔓的可留 8～12 片叶摘心；对幼龄树的强旺新梢可留 4～5 片叶重摘心。

（2）花期喷硼　落花落果严重的品种，在开花前两周喷 0.3％的硼砂，隔 1 周再喷 1 次，可提高坐果率。

4. 果实发育期

果实发育期从子房开始膨大到浆果着色前为止。此期延续时间差异很大，一般早熟品种需要 35～60d，中熟品种需要 60～80d，晚熟品种需要 80d 以上。

这一时期浆果迅速生长，植株营养矛盾突出，落果严重，环境高温高湿，病虫害发生频繁，生产管理的主要任务是提高树体营养水平，改善通风透光条件，及时控制枝梢生长，集中防治病虫害。

（1）疏果套袋　花后 20d 左右疏果粒，疏除小粒果、畸形果、病虫果、碰伤果，然后将果穗摆顺。一般小粒果、着生紧密的果穗，以穗重 250～300g 为标准；中粒果、松紧适中的果穗，以 300～400g 为标准；大粒果、着生稍松散的果穗，以 400～500g 为标准。

疏粒结束后，全园喷 1 次杀菌剂，如代森锰锌或石灰半量式波尔多液，重点喷布果穗。待药液干后即可开始套袋。套袋应根据果穗大小、果实颜色选择不同规格的葡萄专用袋，先用手将纸袋撑开，然后由下往上将整个果穗装进袋内，再将袋口绑在穗梗或穗梗所在的结果枝上，用封口丝将袋口扎紧，防止害虫及雨水进入袋内。注意套袋时不能用手揉搓果穗。

（2）追肥灌水　花后一周左右追施壮果肥，一般每公顷施尿素 250kg，钾肥 150kg，硫酸钾复合肥 400kg 效果较好，施肥后灌水。同时结合防病喷施 0.2％尿素叶面肥或喷施 0.2％～0.3％的磷酸二氢钾，连续喷施 3～4 次，对提高果实品质有明显作用。

（3）病虫害防治　病虫害发生频繁，重点防治黑痘病、霜霉病、褐斑病、炭疽病、白粉病、螨类、叶蝉、十星叶甲、透翅蛾等。

① 果粒膨大期喷 80％代森锰锌可湿性粉剂 600～800 倍液，防治黑痘病、霜霉病、褐斑病。在白粉病发病初期喷三唑酮或甲基硫菌灵等，每隔 10d 连喷 2～3 次，可兼治霜霉病、褐斑病、炭疽病等。

② 如有害虫发生，喷布 50％辛硫磷乳油 1000～1500 倍液，或 20％甲氰菊酯乳油 1500～2000 倍液，或 10％高效氯氰菊酯乳油 3000～4000 倍液等杀虫剂防治。

5. 果实成熟期

果实成熟期一般是从有色品种开始着色、无色品种开始变软起到果实完全成熟为止。此期果粒不再明显增大，浆果变得柔软有光泽，有色品种充分表现出其固有色泽，白色品种呈金黄色或白绿色，果粒略呈透明状，同时果肉变软而富有弹性，达到该品种固有的含糖量和风味。这一时期的生产管理任务主要是改善光照条件，防止后期徒长，防治病虫，保护叶片，提高浆果品质。

（1）熟前追肥　在晚熟品种成熟前，要控制氮肥，增施磷、钾肥。可在着色初期每亩施磷肥 60kg、钾肥 40kg，浅沟或穴施均可，施肥后覆土灌水。同时喷 2～3 次 0.2％～0.3％的磷酸二氢钾、氨基酸钙以提高品质和耐贮运性。

（2）摘袋增色　无色品种套袋后可不摘袋，带袋采收。有色品种可根据品种着色特性确定是否带袋采收。如果袋内果穗着色良好，已经接近最佳商品色泽，则不必摘袋，否则会着色过度。若袋内果穗着色不良，可在采收前 10d 左右将袋下部撕开，以增加果实受光，促进良好着色。去袋后适当疏掉遮光的枝蔓和叶片，促进果实着色和新梢成熟。

（3）枝蔓管理　及时处理结果枝、营养枝上的副梢，顶部副梢留3~4片叶反复摘心，其余副梢作"留一叶绝后"处理，以促进枝蔓成熟。

（4）病虫害防治　重点防治白腐病、炭疽病、霜霉病、褐斑病。80%代森锰锌可湿性粉剂600~800倍液对这4种病害均有效果。对白腐病、炭疽病有效的药剂有50%福美双可湿性粉剂600~800倍液，50%退菌特可湿性粉剂600~800倍液。对白腐病、炭疽病、霜霉病有效的药剂有70%甲基硫菌灵800~1000倍液，或使用甲霜灵、百菌清、多菌灵等。以上杀菌剂应交替使用。

（5）采收　鲜食葡萄一般在浆果接近或达到生理成熟时就应及时采收。生理成熟的标志是有色品种充分表现出该品种固有的色泽，无色品种呈黄色或白绿色，果粒透明状。同时大多数品种果粒变软而有弹性，达到该品种的含糖量和风味。酿造用葡萄一般根据不同酒类所要求的含糖量，按酿造部门要求，测定糖酸比进行采收。

6. 落叶休眠期

葡萄自落叶开始即进入休眠期，一直到第二年春季树液开始流动时为止。北方葡萄的休眠期多在11月上旬至4月下旬，即气温下降到8~10℃时就进入休眠。此期气候寒冷干旱，树体生理活动极为微弱，欧洲种葡萄经过7.2℃以下800~1200h的低温可通过自然休眠，然后转入被迫休眠。在该期主要进行的管理工作包括：秋施基肥、冬季修剪和埋土防寒。

（1）秋施基肥　基肥在葡萄采收后及早施入，通常用腐熟的有机肥如厩肥、堆肥等作为基肥，并加入少量速效性肥料如尿素和过磷酸钙、硫酸钾等。基肥施用量占全年总施肥量的50%~60%。

（2）冬季修剪　一般在落叶后至封冻前进行。需埋土防寒地区，应在土壤封冻前结束，下架埋土；不需防寒的葡萄也可推迟到2月底前结束。

（3）越冬防寒　葡萄枝蔓、芽眼可耐-19~-15℃低温，根系抗寒力比枝芽差，遇-7~-5℃低温就要受冻。一般认为，年绝对低温的多年平均值为-15℃等值线是葡萄冬季埋土越冬还是露地越冬的分界线。种植在-15℃等值线以北的地区需埋土保护越冬。

埋土防寒的时间应在落叶后至土壤封冻前。埋土方法分地下埋土防寒、地上埋土防寒和半埋土防寒三种。方法是先将下架葡萄枝蔓尽量拉直，不得有散乱的枝条，除边际第一株倒向相反外，同行其他植株均顺序倒向一边，后一株压在前一株之上，如此株株首尾相接，形成一条龙，捆扎稳固，以便埋土和出土。无论采用何种防寒法，埋土时都应在植株1m以外取土，以免冻根。土堆的宽度与厚度根据当地气候条件决定。埋土时土壤应保持一定湿度。

复习思考题

1. 简述葡萄的枝芽类型和特性。
2. 论述葡萄品种生长习性、架式和整形修剪之间的关系。
3. 简述葡萄多主蔓扇形、龙干形的整形步骤和方法。
4. 简述葡萄的花果管理技术。
5. 论述葡萄园土肥水周年管理技术要求。
6. 论述葡萄冬季防寒技术的要点。

模块四 特色果树生产技术

项目一 李子的生产技术

▶▶ 知识目标

了解李子优良的栽培品种，掌握标准化李子建园和管理的核心技术和主要环节。

▶▶ 技能目标

能根据当地环境条件选择优良品种，掌握科学建园和栽后管理的主要生产技术。

任务 4.1.1 ▶▶ 李子优良品种调查和选择

任务提出

通过田间和市场调查，了解当前本地区李子栽种的优良品种及其生长结果习性和对环境条件栽培技术等的要求，学会因地制宜合理选择品种。

任务分析

李子品种繁多，正确了解其形态特征是合理选择优良品种的关键。

任务实施

【材料与工具准备】

1. 材料：不同品种的李子结果树，枝、芽、果等实物或标本。
2. 工具：放大镜、记录工具等。

【实施过程】

1. 形态观察

认真观察各品种的生长结果习性和枝、芽特点。

2. 形态描述

区分并会用术语对各个品种的形态特征进行准确描述。

3. 记录与收集

优良品种树体结构和果实图片等，并标明各品种的名称。

【注意事项】

1. 当地李子品种尽量安排到田间树下实地观察，外地品种可通过网上科普视频或图片收集。

2. 观察记录时注意与其他树种的区别。

理论认知

一、主要种类

李子属于蔷薇科李属植物，在中国栽培的有以下几种。

（1）中国李　为我国栽培李的主要种。树为小乔木，适应性强，进入结果期早，产量高，耐贮运，久为世界各国所重视，唯花期较早，在寒冷地区易受晚霜为害。

（2）杏李　辽宁丹东地区有栽培，抗寒力较强，但抗病力不及中国李。本种为小乔木，属于本种的有：红李、荷包李等。

（3）欧洲李　我国仅在辽宁、河北、山东等地有零星栽培。本种为小乔木，根系较浅，不耐干旱，宜栽于地下水位不太深的肥沃土壤中。

（4）美洲李　久经栽培，有很强的抗寒力。仅在辽宁、吉林、黑龙江有少量栽培，其主要品种有牛心李、玉皇李及晚生玉皇李等。

二、主要优良品种

中国李的品种有 800 多个，主要栽培品种简介如下。

（1）香蕉李　香蕉李在辽宁大连栽培较多。果个大，平均单果重 50g，最大重 74g，果实扁圆形，缝合线浅，果皮底色黄，彩色红，短贮后变紫。果肉黄色，果粉多，果皮薄，汁多质脆，香味浓，酸甜适口，品质极上，核小离核。此品种树姿开张，树势中等，萌芽率高，成枝力强。结果枝连续结果能力强，坐果率高，1～4 年生枝段均能形成花芽。

香蕉李结果早，抗逆性强，耐瘠薄，自花坐果率高，不用配置授粉树也能连年丰产，适于在辽宁盖州市以南地区推广。

（2）秋李　是辽宁葫芦岛的名贵品种，在葫芦岛已有 50 多年的栽培历史。果实中大，平均单果重 30g，最大单果重 75g。果实缝合线明显，果面底色黄绿。阳面深红，充分成熟时呈紫红色，果粉厚，果皮薄，有光泽，果肉黄色，细软多汁，香味浓，酸甜适口，品种上等。核小，粘核或半粘核，果实较耐贮运，适于鲜食和加工。定植后 4～5 年见果，7～8 年进入盛果期。经济栽培可达 40 年。本品种抗寒耐旱，耐瘠薄，易管理，树冠矮小，适于密植，自花授粉率高，容易丰产。宜在辽宁锦州和鞍山以南地区发展。

（3）绥棱红（北方 1 号）　系黑龙江省绥棱果树实试验站用小黄李×台湾李杂交育成，在辽宁表现较好。果实圆形，个大而整齐，平均单果重 44g，最大单果重 50g，果实底色黄绿，有红晕，外观美丽。果肉黄色，肉厚多汁，有香气，粘核，品质上等，较耐贮藏。本品种具有抗寒抗病、丰产稳产等优点，抗李子红点病能力极强，是辽宁中北部的优良品种。

（4）长李15号 产于吉林长春，果实发育期70d左右。果实扁圆形，果顶略凹，两半部对称，平均单果重35g。果皮底色绿黄，成熟时鲜红艳丽，果肉浅黄色，肉质致密，汁多味香，酸甜适口，品质上等。半离核。该品种早期丰产性好，成熟早，产量高，自花不结实，可用大石早生、龙园秋李等作授粉树。

（5）龙园秋李 果实发育期115d。果实扁圆形，果顶平或微凹。平均单果重76.2g。果实底色黄绿，着鲜红色，肉质致密，汁多，味酸甜，微香，品质上等。早果性强，极丰产。自花不结实，可用长李15号、绥棱红作授粉树。

（6）朱砂红李 果实圆形，平均单果重60～70g，果实紫红色，果肉黄色，脆而香甜，品质上等，山东郓城7月上旬成熟。

（7）济源黄李 果实近圆形，平均单果重50g，果实深红色，果肉淡黄，汁多，品质上等，河南济源7月上旬成熟。

生产上常见的品种还有黑琥珀、安哥诺、美丽李、黑宝石、玉皇李等。

任务 4.1.2 ▶▶ 观察李子生长结果习性

任务提出

以当地常见的李子为例，通过观察李子生长结果习性，掌握李子生长发育的基本特点和规律。

任务分析

李子自花授粉结实率较低，不同品种结实习性差异很大，生产上应掌握其特性，为科学管理奠定基础。

任务实施

【材料与工具准备】

1. 材料：盛果期的李子树、幼年的李子树。

2. 工具：放大镜、卷尺、镊子、记录工具等。

【实施过程】

1. 生长期观察

（1）观察李树萌芽、开花状况和花期长短。

（2）枝、芽特点及新梢生长情况。

（3）授粉坐果及果实发育状况；落花落果现象。

2. 休眠期观察

（1）树势强弱及树体生长状况。

（2）树形结构是否合理及存在的问题。

【注意事项】

1. 记录观察结果，分析存在问题，找出解决方法。

2. 观察可根据生长情况分成几个时期，分组定树进行跟踪记录。

理论认知 ✍

一、生物学特性

1. 生长习性

李树为小乔木，中国李一般树高 4～5m，幼树生长迅速，呈圆头形或圆锥形，树冠随着年龄的增长而开张，寿命 30～40 年；欧洲李树势较旺，枝条直立，树冠较密集；美洲李树体矮，枝条开张角度大。美洲李和欧洲李寿命 20～30 年。

李树根系为浅根性，吸收根主要分布在 20～40cm 土层内。水平根的分布范围比树冠大 1～2 倍，但具体分布范围与种、品种及土壤有较大关系。如在土层深厚的沙土地，垂直根可达 6m 以上。砧木种类不同对根系分布也有明显影响。据调查，不同砧木对根系分布的影响结果见表 4-1-1。

表 4-1-1　李树不同砧木对根系分布的影响

砧木种类	分布土层/cm	占总根数/%	平均根数/条
毛樱桃	0～20	64.70	484.50
毛桃	0～20	49.30	148.00
山杏	0～20	28.10	236.00

李树的萌芽力强，成枝力中等。幼树一般剪口下能发 3～5 个中长枝，以下则为短果枝和花束状果枝。李树芽也具有早熟性，一年可抽生 2～3 次枝。李树的潜伏芽寿命很长，极易萌发，更新容易。

2. 结果习性

（1）枝　李树的枝条类型与桃相似。在幼树期新梢生长势较强，发育旺盛的新梢年生长量可达 1m 以上，并能进行二次生长。但进入结果期后，生长缓慢，长枝比例减少，中短枝比例增加，特别是花束状果枝数量猛增。据沈阳农业大学调查，进入盛果期的李树，各不同品种的花束状果枝比例均超过结果枝总量的半数。

李树枝条的坐果率与枝条类型有很大关系。一般中、长果枝上着生花芽比例小且坐果率低，而短果枝和花束状果枝花芽多且坐果率高。尤其是花束状果枝，每年顶芽延伸很短，并能形成新的花束状果枝，十余年其长度仅有 20cm 左右，短小粗壮，结实率高，故其结果部位外移较慢，且不易隔年结果。花束状果枝结果 4～5 年以后，当其生长势缓和时，基部的潜伏芽常能萌发，形成带分枝的二、三花束状结果枝群（图 4-1-1），大量结果，这是李树的丰产性状之一。但当营养不良生长势进一步下降时，则其中有的花束状果枝不能转化成花芽而转变成叶丛枝。当营养状况得到改善或受到某种刺激时，其中个别的花束状果枝也能抽出较长的新梢，转变成短果枝或中果枝。

（2）芽　李树的芽有花芽和叶芽之分。多数品种在当年枝条的顶端和下部形成单叶芽，而在枝条的中部形成复芽（包括花芽），李树的叶芽在两芽并生时多为一个叶芽一个花芽，也有两个均是花芽的。三芽并生时，一般是两个花芽在两侧，一个叶芽夹在中间；也有时是两个叶芽与一个花芽并列或三个花芽、三个叶芽并列（图 4-1-2）。

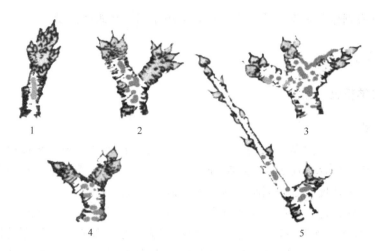

图 4-1-1　李的花束状果枝类型

（引自：姚德兴等《果树栽培学各论》）

1—花束状果枝；2—二花束状果枝；3—三花束状果枝并生；

4—花束状果枝与叶丛枝并生；5—花束状果枝与短果枝并生

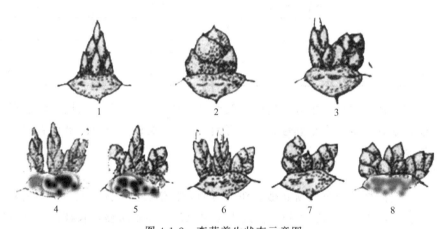

图 4-1-2　李芽着生状态示意图

（引自：姚德兴等《果树栽培学各论》）

1—叶芽（单芽）；2—花芽（单芽）；3～8—复芽

李树的花芽是纯花芽，但与桃、杏有别，每个花芽内包孕着 1～4 朵花，而桃杏每个花芽内仅含一朵花。中国李的自花结实率高，如香蕉李、秋李。但也有些品种自花结实率很低，如朱砂红李、绥棱红等。所以，建园时对自花坐果率低的品种要配置授粉树。

二、对环境条件的要求

1. 温度

李树对温度的要求因种类和品种而异，中国李较抗寒，如东北美丽、红干核、黄干核可耐−40～−35℃的低温。杏李原产于我国北部山地，其耐寒力也较强，美洲李则比较抗寒，在东北地区能安全越冬。欧洲李适于温暖地区栽培，抗寒力差。另外不同品种抗寒力也有差异，如绥棱红抗寒力较强，在辽宁各地均能正常生长，而香蕉李抗寒力较差，仅在辽宁 1 月份平均气温−12℃以南才能安全越冬。

2. 水分

李树是浅根性果树，抗旱性较差，对空气湿度和土壤湿度要求较高。但中国李的适应性强于欧洲李和美洲李，在干旱和潮湿地区均能正常生长，而欧洲李和美洲李对空气和土壤湿度要求较高。共砧抗旱性差，山杏砧抗旱性较强，毛樱桃砧不耐涝，辽宁抚顺的小黄李耐涝性强。

3. 土壤

李树对土壤要求不十分严格，尤其是中国李对土壤的适应性更强。但因其根系分布较浅，故以土层深厚的沙壤土至中壤土栽培较好。

4. 光照

李树对光照的要求不像桃那么严格。一般在光照不太强或稍隐蔽处也能生育良好。但李树也是喜光植物，光照好果实着色好，品质好。

任务 4.1.3 ▶▶ 李子的苗木生产

任务提出

以李树嵌芽接法为例，通过整个过程的操作训练，学会李树的苗木生产主要方法。

任务分析

李树由于枝条皮层软，"T"字形芽接取芽、插芽时表皮容易翘起，采用"T"字形芽接时会导致成活率较低。生产上主要采取嵌芽接来提高嫁接成活率。

任务实施

【材料与工具准备】

1. 材料：不同品种的李结果树枝、芽，毛樱桃砧木。

2. 工具：修枝剪、芽接刀、塑料条等。

【实施过程】

1. 嫁接时期

秋季芽接宜在8月上旬至9月上旬进行为宜。

2. 接穗采集

从品种纯正、品质优良、生长健壮、丰产、无病虫害的壮龄树上选取树冠外围发育枝，去叶后放在塑料袋或水桶中备用，也可置于湿沙中保湿。

3. 嫁接

按照嵌芽接的程序：切砧木——切芽片——插入芽片——绑扎。

4. 接后管理

接后第二年春及时剪砧、除萌。

【注意事项】

1. 接芽方位在砧木西南方向，防止有害风使苗木歪斜。

2. 李子秋季芽接不宜过早，否则接芽当年易萌发不成熟，不利于安全越冬。

李子常用毛樱桃做砧木。生产中李子主要采用嫁接繁殖培育苗木，其砧木苗的培育与桃相似，李树嫁接可用枝接和芽接等方法。但李树枝条皮层较薄，"T"字形芽接芽片表皮易翘起，接芽形成层又容易氧化变褐，影响嫁接成活率。采用嵌芽接（带木质部芽接）可以明显提高嫁接成活率，节省优良品种接穗，延长嫁接适期。另外，李子秋季芽接不宜过早，否则接芽当年易萌发不成熟，不利于安全越冬，所以，秋季芽接宜在 8 月上旬至 9 月上旬进行为宜。

任务 4.1.4 ▶▶ 李子的生产管理

任务提出 👤

以当地主栽李子为例，完成整形修剪、花果管理的任务。

任务分析 📚

李子干性弱，自花授粉结实率很低，不耐涝，使得建园、修剪和花果管理都具有特殊性，尤其修剪和花果管理生产管理中的关键环节，对能否取得李子优质丰产具有重要意义。

任务实施 🪄

【材料与工具准备】

1. 材料：不同树龄李树。
2. 工具：修枝剪、锯、高枝剪。

【实施过程】

1. 整形

李树树形主要有自然开心形和疏散分层形。

疏散分层形干高 30～40cm，主枝 5～6 个，第一层主枝 3 个，第二层主枝 2～3 个，层间距 40～80cm，在第二层主枝上开心落头。第一层主枝上配备 2～3 个侧枝（两侧一垂），这种树形树冠较大，有利于提高单产，对生长势较强、树姿直立的品种及土质肥沃、管理条件较好的果园可以采用。

2. 修剪

李幼树修剪一般比桃树修剪量小。李幼树修剪要坚持以整形为主，轻剪缓放、促冠早果为辅的原则。对各级骨干枝的延长枝进行中截，培养骨架，扩大树冠，骨干枝以外的枝条，过密的疏除，直立的控制其变成斜生，其余枝条多进行缓放，以缓和树势，促其早果，以果压树，对内膛空间较大部位的枝条中截或重截培养成大、中型枝组，占领空间。另外，李幼树生长量大，要配合夏剪，控制竞争枝，利用副梢整形，疏除徒长枝和萌蘖。结果期树修剪主要是调节生长和结果的关系，缩小大小年幅度，保持中庸健壮树势，要坚持以"疏枝为主，短截为辅"的原则。特别是中国李，成枝力较强，如不适当修剪，常会造成枝条过密，影响产量。首先对衰弱冗长枝组要去弱留强，去老留新，适当回缩。对下垂枝、重叠枝、交叉枝全部疏除。其次，对主侧枝上着生过多的短果枝和花束状果枝要适当疏除，以免影响树势。李衰老树要以疏除过密弱枝为主，及时回缩更新枝组到较大分枝处。修剪时，注意抬高枝头角度，并保持骨干枝间的从属关系。充分利用回缩后萌发的新枝更新枝组和树冠。

3.配置授粉树

对自花授粉结实不良的品种，建园时必须配置授粉树，花期喷硼砂也能提高坐果率。如朱砂红李自花结实率低，可用小核李做授粉树。自花结实的品种，配置授粉树也能提高坐果率。

【注意事项】

1.各校可以根据实训基地情况选择自然开心形和疏散分层形其中一种树形进行修剪。

2.实施时要分组定树进行修剪，剪完后进行集中评比打分。

理论认知 👆

一、建园技术特点

根据李树对光照要求不严、根系分布浅、要求湿度较高等特点，可适当加大栽植密度。栽植方式以长方形栽植为好。在立地条件较好的果园，栽植距离可用（5~6）m×（3~4）m，每亩44~27株；而在土质瘠薄的果园可用（4~5）m×（2~3）m，每亩83~44株。

二、土肥水管理特点

李树较耐粗放管理，但要获得高产仍需加强土肥水管理。李园的土肥水管理，基本上与桃相似，只是对钾的需要量较大。据报道，李幼龄结果树氮、磷、钾的吸收率以钾为最多，即氮∶磷∶钾＝3.4∶1.0∶4.3。所以李园要强调施钾肥，能明显提高产量和品质。在施基肥基础上注意花前和采收后的两次追肥。

李树生育前期需肥水较多，北方大部分地区春旱严重，应及时灌水，以促进开花，提高坐果率，增大果个，但雨季和成熟期应注意排水。

三、李树主要病虫害及防治

1.李子小食心虫

李子小食心虫是为害李子果实最严重的害虫。被害的李果在虫孔处流出泪珠状果胶，被害果实不能继续发育，渐渐变成紫红色而脱落。被害果虫道内积满了红色虫粪，果农称"豆沙馅"。

防治方法：李子小食心虫防治的关键时期是在各代成虫盛期和产卵盛期及第一代越冬成虫出土期进行防治。

① 培土压茧：在越冬成虫羽化出土前，即4月下旬进行培土。在树干周围45~60cm地面培10cm厚的土层并塌实压紧，使羽化的成虫不能出土而窒息死亡。但应在越冬代成虫羽化完成后，结合松土锄草，将培土撤除。

② 地面喷药：在越冬代成虫羽化前，或在第一代幼虫脱果前树冠下面喷布25%对硫磷微胶囊，每亩0.8~1.0kg喷洒，洒后用耙子耙匀，使药、土混合均匀。

③ 树上喷药：成虫发生期即李树落花末期（95%落花）小果有麦粒大小时，喷第一次药，可用50%杀螟松乳剂1500倍液、2.5%溴氰菊酯乳油3000~4000倍液，每隔7~10d喷1次。从综合防治的角度考虑，可用生物制剂进行树冠下土壤处理，如白僵菌等。秋后应把落果扫尽，减少来年虫源。

④ 诱杀：利用李小食心虫成虫的趋光性和趋化性，可用灯光和糖醋液诱杀。

2. 李子红点病

此种病在李树栽培区均有发生，开始为害叶片，后期则为害果实。为害叶片时在叶片上产生红色圆形微隆起的病斑，其边缘与健部界线清晰，病斑上密生暗红色小粒点，即分生孢子器。发病严重时，叶片上病斑密布，病叶发黄早落。果实被侵染时，在果面上也产生红黄色圆形隆起的病斑，病果生长不良且易脱落。由于各地气温不同，降雨量不等，发病时期也不同。低温多雨年份或植株和枝叶过密的李园发病较重。

防治方法：①萌芽前喷 5°Bé 石硫合剂，展叶后喷 0.3～0.5°Bé 石硫合剂。②在李树开花期及叶芽萌发期，喷 1∶2∶200 式波尔多液或 50％琥胶肥酸铜可湿性粉剂 500 倍液，或 14％络氨铜水剂 300 倍液，进行预防保护。

3. 细菌性穿孔病

细菌性穿孔病又称李黑斑病、细菌性溃疡病。该病在病果果皮上先以皮孔为中心产生水渍状小点，扩展到 2mm 时，病斑中心变褐色，最终形成近圆形，暗紫色，边缘具水渍状晕环，中间稍凹，表面硬化粗糙，呈现不规则裂缝的病斑，达 35mm 左右。湿度大时，病部可出现黄色溢腕，病果早期脱落。高温高湿有利于病菌侵染，使病势加重。树势弱、排水通气不良或过多施氮肥的果园发病较重。

防治方法：①加强果园综合管理，增施有机肥，提高树体抗病能力。不与杏、桃等核果类果树混栽，以免传染病害。建立新李园时选用无病毒苗木和抗病品种。②土壤黏重和地下水位高的果园，要注意改良土壤和排水。进行合理整形修剪，创造通风透光的良好条件。③早春刮除枝干上病斑，并用 25～30°Bé 石硫合剂涂抹伤口，减少初侵染源。④药剂防治：喷一次 4～5°Bé 石硫合剂或 1∶4∶240 倍硫酸锌消石灰液，也可用 65％福美锌可湿性粉剂 500 倍液，每 10～15d 喷一次，共喷 2～3 次，效果更好。

四、李树周年管理技术要点

见表 4-1-2。

表 4-1-2　李树周年管理技术

物候期	周年管理技术要点
休眠期	1. 李树休眠期管理主要有修剪、清洁果园、喷石硫合剂和施肥灌水等任务。幼树以整形为主，同时注意大、中型枝组的培养；盛果期注意疏除部分花束状果枝。结合休眠期修剪除病梢。 2. 在萌芽前(开花前 10d)对树体贮藏营养不足的李树每株追施 0.25～0.5kg 的尿素，提高坐果率，促进新梢生长。追肥后有条件的灌一次透水。 3. 春季萌芽前喷施一次 5°Bé 的石硫合剂预防李子红点病等病虫害
开花期	1. 李树多数品种能自花授粉，需要配置授粉树、果园放蜂和必要的人工辅助授粉方能提高坐果率。 2. 李树开花较早，容易遭受晚霜为害，如能延迟开花，躲过晚霜也能提高坐果率，选育晚熟品种、春季灌溉降低土温、枝干涂白降低树体温度、喷青鲜素等生长调节剂，均能收到一定效果。在李树花期有出现晚霜的危险时，可熏烟防霜减轻霜害
果实发育期	1. 李树花量大，为了增大果个，增进品质，节省营养，栽培上要进行疏果。留果标准是小果品种一个短枝上留 1～2 个果，坐间距 4～5cm；中型果品种每个短果枝留 1 个果，强壮枝可留 2 个果，间距 6～8cm；大果品种，每个短枝上留 1 个果，间距 8～10cm。 2. 李树保果可用 25～50mg/kg 的 2,4,5-三氯苯氧乙醚溶液，于李果硬核期喷洒果面，有减少落果，增大果个的作用。 3. 开花期在树冠下面喷施 25％辛硫磷微胶囊水悬浮剂 200～300 倍液，防治李实蜂、李小食心虫等地下害虫

续表

物候期	周年管理技术要点
果实采收 及落叶期	1. 李子不耐贮运,极易腐烂,因此,采收及搬运时要特别注意防止碰压和果皮破裂,并应尽可能保护果粉,以保持果实的鲜度和柜台寿命,提高商品价值。 2. 中国李成熟期不尽一致,为了提高产量和品质,最好分期分批采收。另外,不同用途的果实,采收时期也不一样,远途运输或当地加工的果实,可在七、八分成熟时采收;而当地鲜食的果实,可在充分成熟时采收。 3. 果实采收后要施有机肥,每亩施有机肥 2000～2500kg。施肥后灌一次透水。 4. 继续加强枝叶保护,及时清除病果、病叶,及时防治褐腐病、穿孔病和李子红点病,防止早期落叶

复习思考题

1. 李树常见的病虫害有哪些?

2. 李树的生长结果习性与仁果类有什么主要区别?

3. 为什么李子"T"字形芽接成活率较低?

4. 嫁接时如何选择李子的砧木?

5. 李树对水分要求有什么特点?

项目二 杏树的生产技术

▶▶ 知识目标

了解本地区杏树生产现状和优良的栽培品种，掌握标准化杏树建园和管理的核心技术和主要环节。

▶▶ 技能目标

能根据当地环境条件选择优良品种，掌握科学建园和栽后管理的主要生产技术。

任务 4.2.1 ▶▶ 杏树优良品种调查和选择

任务提出

通过田间和市场调查，了解当前本地区杏栽种的优良品种及其生长结果习性和对环境条件栽培技术等的要求，学会因地制宜合理选择品种。

任务分析

杏品种繁多，正确了解其形态特征是合理选择优良品种的关键。

任务实施

【材料与工具准备】

1. 材料：不同品种的杏结果树，枝、芽、果等实物或标本。

2. 工具：放大镜、记录工具等。

【实施过程】

1. 形态观察

认真观察各品种的生长结果习性和枝、芽特点。

2. 形态描述

区分并用术语对各个品种的形态特征进行准确描述。

3. 记录与收集

优良品种树体结构和果实图片等，并标明各品种的名称。

【注意事项】

1. 当地杏品种尽量安排到田间树下实地观察，外地品种可通过网上科普视频或图片收集。

2. 观察记录时注意与其他树种的区别。

理论认知 👆

一、主要种类

杏属蔷薇科。我国主要种类有杏（普通杏）、东北杏（辽杏）、山杏、西伯利亚杏及其变种和自然杂交种。

杏也称普通杏。栽培品种绝大多数属于本种。该种为乔木，树冠开张，一年生枝浅红褐色，有光泽。果实圆形、扁圆形及长圆形；果实汁液多，味酸甜；有离核、半离核及粘核之分，核面光滑，仁味苦或甜。本种树势强健，适应性强。东北杏可作抗寒砧木及抗寒育种材料，山杏可作南方杏的砧木，也是暖地杏的育种原始材料。西伯利亚杏一般用于砧木或抗寒育种原始材料。

二、主要优良品种

1. 大银白杏

主产辽宁义县，果实扁圆形，平均单果重 54g，最大单果重 80g。果皮黄白色，缝合线较浅，片肉不对称，果肉厚、白色，成熟后柔软多汁，甜酸适口，微有香味，粘核，仁苦，果实不耐贮运，适于鲜食。该品种抗寒、抗旱、耐瘠薄。

2. 骆驼黄杏

果实发育期 55d。果实圆形，平均单果重 49.5g，果皮橙黄色，果肉橘黄色，汁中多，肉质细软，味酸甜，品质上等。粘核，甜仁。该品种较抗寒耐旱，适应性强，较丰产，适宜辽宁南部和华北地区栽培，但自花不实，可用华县大接杏、麻真核等作授粉树。

3. 串枝红杏

果实发育期 90d。果实卵圆形，果顶微凹，两半部不对称，平均单果重 52.5g。果皮底色橙黄色，3/4 着紫红色。果肉橙黄色，肉质硬脆，汁少，味酸甜，品质中上。离核，仁苦，极丰产稳产，是鲜食和加工兼用品种，适宜华北和辽宁南部地区发展。

4. 华县大接杏

果实发育期 79d，果实圆形，果顶平微凹，两半部对称，平均单果重 84g。果皮黄色，散生小红果点。果肉橙黄色，肉质致密，汁多，味酸甜，有香气，丰产稳产，品质极上。适宜西北、华北和辽宁南部等地发展。

5. 关爷脸

果实发育期 75d。果实扁卵圆形，平均单果重 66g，片肉不对称。果皮橙黄色，果肉橘黄色，肉质致密，纤维细、少、汁中多，酸甜适口。半离核，甜仁。该品种抗寒、抗旱、适应性强，果大色美，是鲜食、加工、仁用兼用品种，适宜辽宁、陕西、河北等省发展。

我国鲜食和加工杏品种资源极其丰富，各地区均有地方优良品种，近年来又从国外引进部分优良品种，如金太阳、凯特杏等。另外我国还特有仁用杏品种资源，生产上栽培较多的有龙王帽、一窝蜂、白玉扁、超仁、丰仁、国仁、油仁等品种。

任务 4.2.2 ▶▶ 观察杏树生长结果习性

任务提出

以当地常见的杏树为例，通过观察杏树生长结果习性，掌握杏树生长发育的基本特点和规律。

任务分析

杏树生长结果特点与李子有别，生产上应掌握其特性，为科学管理奠定基础。

任务实施

【材料与工具准备】

1. 材料：盛果期的杏树、幼年的杏树。

2. 工具：放大镜、卷尺、镊子、记录工具等。

【实施过程】

1. 生长期观察

（1）观察杏树萌芽、开花状况和花期长短。

（2）枝、芽特点及新梢生长情况。

（3）授粉坐果及果实发育状况；落花落果现象。

2. 休眠期观察

（1）树势强弱及树体生长状况。

（2）树形结构是否合理及存在的问题。

【注意事项】

1. 记录观察结果，分析存在问题，找出解决方法。

2. 观察可根据生长情况分成几个时期，分组定树进行跟踪记录。

理论认知

一、生长结果习性

1. 生长习性

杏树树冠大，根系深，寿命长。在一般管理条件下，盛果期树高达 6m 以上，冠径在 7m 以上。寿命为 40～100 年，甚至更长。

杏树根系强大，能深入土壤深层，一般山区杏的垂直根可沿半风化岩石的缝隙伸入 6m 以上。杏树的水平根伸展能力极强，一般可超过冠径 2 倍以上。杏树根系对空气的需求量很大，黏重低洼地积水时间长时根系易腐烂死亡。

杏树生长势较强，幼树新梢年生长量可达 2m。随着树龄的增长，生长势渐弱，一般新梢生长量 30～60cm，在年生长期内可出现 2～3 次新梢生长高峰。

杏树的叶芽具有明显的顶端优势和垂直优势，具有早熟性，当年形成后，如果条件适宜，特别是幼树或高接枝上的芽，很容易萌发抽生副梢，形成二次枝、三次枝。杏树新梢的顶端有自枯现象，顶芽为假顶芽。每节叶芽有侧芽 1～4 个。但杏越冬芽的萌芽率和成枝力较弱，是核果类果树中较弱的树种。一般新梢上部 3～4 个芽能萌发生长，顶芽形成中长枝，其他萌发的芽大多只形成短枝，下部芽多不能萌发而成为潜伏芽。杏树潜伏芽寿命长，具有较强的更新能力。所以杏树的树冠内枝条比较稀疏，层性明显。

2. 结果习性

杏树 2～4 年开始结果，6～8 年进入盛果期。在适宜条件下，盛果期比桃树要长，十年生以上的大树一般单株产量在 50kg 以上。

杏花芽较小，纯花芽，单生或 2～3 芽并生形成复芽。每个花芽开一朵花，但紫杏和山杏中的个别品种一个花芽中有 2 朵花的现象。在一个枝条上，上部多为单芽，中下部多为复芽。单花芽坐果率低，开花结果后，该处光秃。复芽的花芽和叶芽排列与桃相似，多为中间叶芽，两侧花芽，这种复花芽坐果率高而可靠。

杏树较容易形成花芽，一二年生幼树即可分化花芽，开花结果。据观察，兰州大接杏的花芽分化开始于 6 月中下旬，7 月上旬花芽分化达到高峰，9 月下旬所有花芽进入雌蕊分化阶段。大多数杏品种以短果枝和花束状果枝结果为主，但寿命短，一般不超过 5～6 年。由于花束状果枝较短，且节间短，所以结果部位外移比桃树慢。

杏树普遍存在发育不完全的败育花，不能够受精结果。雌蕊败育与品种、树龄和结果枝类型有关。据观察，仁用杏品种雌蕊败育花的比例明显低于鲜食、加工品种，如仁用杏品种白玉扁的雌蕊败育花仅占 10.73%，而鲜食加工品种则高达 25.73%～69.37%；幼龄树易发生雌蕊败育，如仰韶黄杏 14～15 年生大树雌蕊败育率为 45.7%～58.7%，而四年生幼树则高达 67.7%；各类结果枝中以花束状结果枝和短果枝雌蕊败育花的比例小，中果枝次之，长果枝较多。这与枝条停止生长有关，停止生长早，花芽分化早，有利发育成完全花。

杏树落花落果严重，一般在幼果形成期和果实迅速膨大期各有一次脱落高峰，据调查，杏的坐果率一般为 3%～5%。

二、对环境条件的要求

1. 温度

杏树的耐寒力较强。在我国普通杏从北纬 23°～48°，海拔 3800m 以下都有分布。主产区的年平均气温为 6～14℃。杏休眠期间能抵抗 −40～−30℃ 的低温，如龙垦 1 号可抵抗 −37.4℃ 低温，但品种间差异较大。杏的适宜开花温度为 8℃ 以上。早春萌芽以后，如遇 −3～−2℃ 低温，已开的花就会受冻，受冻花中雌蕊败育的比例较高。在杏的主产区花期经常发生晚霜为害。杏果实成熟要求温度 18.3～25.1℃。在生长期内杏树耐高温的能力较强。

2. 光照

杏树喜光。在光照充足条件下，生长结果良好，退化花少。光照不良则枝叶徒长，雌蕊败育花增加，严重影响果实的产量和品质。

3. 水分

杏树抗旱力较强，但在新梢旺盛生长期和果实发育期仍需要一定的水分供应。杏树极不耐涝，对土壤空气要求较高，如果土壤积水 1～2d，会发生落叶，甚至全株死亡。

4. 土壤

杏树对土壤、地势要求不严，较耐瘠薄。但是为了保证产量和品质，尽可能选择肥沃的土壤和背风向阳的坡面栽植。

任务 4.2.3 ▶▶ 杏树花期防霜害

任务提出

以杏树在开花期遇到霜害为例，掌握防治霜害的技术。

任务分析

杏树开花早，易遭受春季晚霜为害。春季果园防霜是保证丰产的前提条件，对能否取得杏优质丰产具有重要意义。

任务实施

【材料与工具准备】

1. 材料：进入结果期的杏树、柴草、木屑等。
2. 工具：定时器、锹、木棍、打火机等。

【实施过程】

1. 烟熏

可在清晨 2 点气温将达到 0℃时，在园内多点同时点燃堆积的湿柴草、木屑熏烟，防止冷空气下沉，通过烟粒吸收湿气，使水汽凝成液体而放出热量，对提高气温有一定作用。

2. 推迟

花芽萌动期避免晚霜，可在杏树芽膨大期喷布青鲜素（又叫抑芽丹）500～2000mg/L 溶液，推迟开花 4～6d，也可以在萌芽前灌水降低地温和采用树干涂白减少对太阳辐射热的吸收，推迟萌动。

【注意事项】

1. 提醒学生注意用火安全。
2. 点火时要多点同时点燃，派专人观察温度变化情况。

理论认知

一、建园技术特点

杏树建园时要考虑花期的晚霜为害，因此在山地建园时要避开风口和谷地，选择坡度在 25°以下、土层较厚、背风向阳的阳坡或半阳坡为宜。在平地建园要避开低洼地，排水不良和土壤黏重地不宜建杏园。杏树株行距以（2～3）m×（5～6）m 为宜，平肥地株行距可大，瘠薄地可小，仁用杏株行距（2～3）m×（4～5）m 为宜。

二、育苗技术特点

杏树芽接与李树相似，但枝接（劈接、腹接）较芽接成活率高。

三、树体保护与清理果园

在落叶后要采取树体保护措施，如树干涂白、捆草或埋土等，在春季温度回升后要及时撤除。盛果期大树应在萌芽前刮除主干和主枝的老翘皮，以消灭越冬害虫，同时要及时清理果园中病虫枝、老翘皮及枯枝落叶，集中烧毁深埋，在芽萌动前喷布 3～5°Bé 石硫合剂以消灭越冬害虫。

四、整形修剪技术特点

目前，杏生产上多采用自然圆头形，但整形期可多留辅养枝，以增加结果部位；也可采用自然开心形。杏幼树修剪要注意树形的培养，对主侧枝及中心干的延长枝短截至饱满芽处，剪留长度一般在50～60cm，对竞争枝、直立枝采取拉枝、摘心或扭梢等方法控制形成枝组。保持骨干枝间的协调平衡关系。坚持"细枝多剪，粗枝少剪；长枝多剪，短枝少剪"的原则，多用拉枝、缓放方法促生结果枝，待大量果枝形成后再分期回缩，培养成结果枝组，修剪量宜轻不宜重（图4-2-1）。

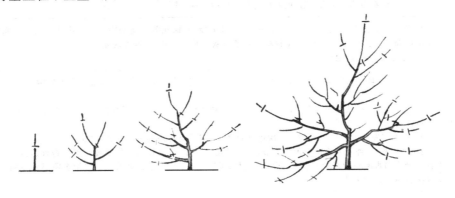

图 4-2-1　杏幼树冬剪树形培养

五、主要病虫害及防治

1. 杏仁蜂

幼虫在落杏核内或在枝条上的杏核内越冬，雌成虫在核皮与杏仁之间产卵，果面的产卵孔不明显，稍呈灰绿色，凹陷，有时产卵孔有杏胶流出，卵期约10d。孵化的幼虫在核内食害杏仁，造成大量落果。大约在6月上旬老熟，即在杏核内越夏越冬。

防治方法：①捡拾落果，摘除树上果，集中深埋或烧毁，消灭越冬幼虫。②进行深翻深耕土地（深度要求15cm）将虫果翻入土下，使成虫不能羽化出土（幼虫在3.5cm深的土层中仍能正常羽化出土）。③在加工杏仁时，将杏核放入水中进行水选，选出的虫核集中烧毁。④5月上旬成虫羽化盛期喷洒90％晶体敌百虫1000倍液。

2. 褐腐病

褐腐病为害杏树的花和果实，贮运期间的果实也可受害。花器受害产生褐色的斑点，并在潮湿时产生灰色霉层，形成花腐。果实受害，初为褐色圆形病斑，几天内很快扩展到全果，果肉变褐软腐，表面生灰白色霉层。病菌通过花梗和叶柄向下蔓延至嫩枝，并进一步扩展到较大枝上，形成灰褐色长圆形溃疡病斑，病斑上生灰色霉丝。

防治方法：①及时防治虫害，减少果实伤口，防止病菌从伤口侵入。②早春萌芽前喷一次5°Bé石硫合剂或1：2：120波尔多液。在杏树开花70％左右时及果实近熟时喷布70％托布津或50％多菌灵1000～1500倍液。③果实采收后可用500mg/kg噻苯咪唑浸果1～2min，晾干后再装箱贮藏和运输。果实采收后用氯硝铵（浓度2.1～5.25mg/L）或苯来特（浓度为0.7～1.75mg/L）溶液处理，可以减轻贮藏期果实腐烂。

六、杏树周年管理技术要点

见表 4-2-1。

表 4-2-1　杏树周年管理技术

物候期	周年管理技术要点
休眠期	1. 幼树以整形为主，同时注意大、中型枝组的培养；盛果期注意更新复壮，疏除部分花束状果枝。结合休眠期修剪剪除病梢。 2. 在萌芽前(开花前 10d)对树体贮藏营养不足的杏树每株追施 0.25～0.5kg 的尿素，提高坐果率，促进新梢生长。追肥后力求灌一次透水，以利肥料的吸收。 3. 春季萌芽前喷施一次 5°Bé 的石硫合剂。成龄大树每隔 1～2 年刮一次树皮
萌芽及开花期	1. 萌芽开花期管理任务主要有防霜冻、人工辅助授粉、保花等。花期霜冻是杏生产的主要限制因子。常用的防霜措施：熏烟法、喷水法、花芽露白时喷石灰浆等延迟花期，躲避晚霜。 2. 防治天幕毛虫、卷叶虫等
果实发育期	1. 疏果：一般短果枝留一个果，中果枝留 2～3 个果，长果枝留 4～5 个果，每亩产量控制在 1000～1500kg 为宜。 2. 追肥 2 次，在幼果膨大期追施一次氮、磷、钾复合肥，在果实生长后期追一次磷、钾肥。全年氮、磷、钾比例控制在 2∶1∶3 为宜。 3. 在果实发育期间每半月喷洒一次甲基硫菌灵、多菌灵等杀菌剂，防治褐腐病等。 4. 适时采收：杏的成熟正值天热季节，果实又柔软多汁，采收技术非常重要。鲜食杏外运以 7～8 分熟为宜。制作糖水罐头和杏脯的杏果，当绿色褪尽、果肉尚硬，即 8 分熟时采收。仁用杏需果面变黄，果实充分成熟自然开口时采收
新梢生长期	1. 抹除竞争枝和剪锯口处萌发的新梢。 2. 6 月份后对幼树和初果期树的骨干枝进行拉枝开角。 3. 对背上直立强旺梢摘心，促发分枝，培养结果枝组
果实采收后	1. 秋施基肥：特别是立地条件不好的杏园，可结合秋施基肥进行扩穴深翻，同时修好树盘积蓄雪水。 2. 保护叶片：防止因病虫为害造成过早落叶，影响花芽继续分化和养分积累。 3. 越冬保护：落叶后将病枝、病叶、病果集中深埋，主干和主枝涂白保护，土壤封冻前灌一次透水，提高树体越冬性

复习思考题

1. 杏树修剪有什么特点？常用树形是什么？

2. 如何防止杏树花期霜冻？

3. 生产上常见的鲜食杏和仁用杏品种有哪些？

4. 杏树的生长结果习性与李子有什么主要区别？

项目三 樱桃的生产技术

▶▶ 知识目标

了解樱桃品种，掌握标准化樱桃建园和管理的核心技术和主要环节。

▶▶ 技能目标

能根据形态特征判断樱桃品种，掌握樱桃的压条繁殖方法、嫁接繁殖方法、组织培养法，掌握樱桃的栽植技术要点，熟练掌握樱桃的整形修剪措施。

任务 4.3.1 ▶▶ 识别樱桃的品种

任务提出

从植物学性状、生态学性状和生长结果习性上来识别当地主栽樱桃品种。

任务分析

不同樱桃品种，生长结果习性也有很大差别，通过观察，找出品种的特殊性状，便于生产管理。

任务实施

【材料与工具准备】

1. 材料：当地栽培的结果樱桃 5～10 个品种，果实实物或株体标本。

2. 工具：卡尺、水果刀、放大镜、卷尺、托盘天平、记载表及记载用具。

【实施过程】

1. 选定调查目标

每品种 3～5 株，做好标记。

2. 确定调查时间

生长季观察如下内容。

（1）叶片

① 叶缘锯齿：粗短，细长。

② 叶片外观：形状、大小。

③ 叶背茸毛：多少，颜色，茸毛。

（2）果实

① 外观：大小，颜色，形状。

② 果肉：颜色，口感，硬度。

③ 种子：大小，是否易于分离。

3. 调查内容

樱桃品种特征记载表 1 份，见表 4-3-1。

表 4-3-1　樱桃品种特征记载表

项目	品种 1	品种 2	品种 3	⋯
叶片				
芽				
花				
枝条				
树干				

理论认知

　　樱桃果实色泽鲜艳，玲珑晶莹，肉嫩多汁，味甜而芳香，营养丰富，外观和内在品质皆佳，被誉为"果中珍品"和享有"春果第一枝"的美誉。中医药认为，樱桃味甘，性温，无毒，具有调中补气、祛风湿的功能；种核味苦、辛，性平，具有透疹、解毒的功效，因此，也用于治疗咽喉炎、因风湿引起的腰腿痛、关节麻木和瘫痪等，樱桃还可加工制成糖水樱桃、樱桃酱和樱桃酒等产品。

一、主要种类和品种

（一）主要种类

　　樱桃为蔷薇科樱桃属植物，本属植物种类甚多，分布在我国的约 16 个种，主要栽培的有 4 个种。

1. 中国樱桃

　　灌木或小乔木，树高 4～5m。叶片小，叶缘齿尖锐，花白色稍带红色，总状花序，2～7 朵簇生，果实多为鲜红色，皮薄，果小，重 1g 左右，果肉多汁，肉质松，不耐贮运，中国樱桃品种众多，我国各地广泛栽培。

2. 欧洲甜樱桃

　　欧洲甜樱桃又称甜樱桃、西洋樱桃、大樱桃。乔木，株高 8～10m，生长势旺盛，枝干直立，极性强，树皮暗灰色有光泽。叶片大而厚，黄绿或深绿色，先端渐尖；叶柄较长，暗红色，有 1～3 个红色圆形蜜腺；叶缘锯齿圆钝。花白色，总状花序，2～5 朵簇生。果实大，单果重 5～10g，色泽艳丽，风味佳，肉质较硬，贮运性较好，以鲜食为主，也适宜加工，经济价值高，是世界各地及我国已栽培并正在大量发展的一个品种。

3. 酸樱桃

　　本种原产于欧洲东南部和亚洲西部。灌木或小乔木，树势强健，树冠直立或开张，易生根蘗。枝干灰褐色，枝条细长而密生。叶小而厚，叶质硬，具细齿，叶柄长。果实中等大，少数品种果实较大。果实红色或紫红色，果皮与果肉易分离，味酸，适宜加工，还可提取天然色素。耐寒性强，结果早，我国栽培量不大。

4. 毛樱桃

　　别名山樱桃，梅桃，山豆子。原产我国，落叶灌木，一般株高 2～3m，冠径 3～3.5m，直立、开张均有，为多枝干形，干径可达7cm，单枝寿命5～15年。叶芽着生枝条顶端及叶腋间，花芽为纯花芽，与叶芽复生，萌芽率高，成枝力中等，隐芽寿命长。花芽量大，先花后叶，白色至淡粉红色，萼片红色，坐果率高，花期4月初。果实5月下旬至6月初成熟，果梗短。核果圆或长圆，鲜红或乳白，果皮上有短茸毛，味甜酸。抗寒、丰产性好。生产上常作育种原始材料。

（二）主要品种

我国栽培的樱桃品种主要有中国樱桃品种和甜樱桃品种，中国樱桃适应性广，有许多地方良种，较有名的有江苏南京的垂丝樱桃，浙江诸暨的短柄樱桃，山东泰安的泰山樱桃，安徽太和的太和樱桃等，中国樱桃果实较小，可溶性固形物含量高；甜樱桃果实较大，色泽鲜艳，多年来，先后从欧美及日本引进众多甜樱桃品种，并通过杂交育种，培育出一些适宜我国发展的甜樱桃优良新品种，目前，生产上应用较多的樱桃品种有以下几种。

1. 大鹰嘴

大鹰嘴又名"大鹰紫甘桃"，中国樱桃品种，是太和樱桃的主要栽培品种，果柄细长，果较大，色泽紫红，为心脏形，先端有尖嘴；果肉淡黄，肉厚汁多，味道甜香，果皮较厚，易于果肉分离，4月底成熟，是优良生食品种。

2. 二鹰红仙桃

二鹰红仙桃又名"二鹰嘴"，中国樱桃品种，也是太和樱桃中的优良品种，色泽鲜红，形似心脏，肉厚色黄白，汁液较多，味道甜酸，4月底成熟，是生食中熟品种。

3. 诸暨短柄樱桃

它是中国樱桃中的优良品种，树冠开张，呈圆头形，叶广卵形至长卵形，先端渐尖，边缘有粗锯齿，总状花序，花3～6朵，果大，扁圆球形，果肉细而多汁，酸甜适度，皮薄，果柄短，生食品种。

4. 超早红

中国樱桃早熟品种，果实扁圆球形，果形端正，果柄长，果皮鲜红色，富有光泽，果肉粉红色，溶质，味甜，可溶性固形物含量高、品质极上，核小，半粘核，可食率高。生长势强，萌芽率高，成枝力强，初结果树以中、长果枝结果为主，有腋花芽结果习性，盛果期树以中、短果枝和花束状果枝结果为主。抗逆性、抗病性强。

5. 南京垂丝樱桃

中国樱桃品种，果柄细长，向下垂挂，果型大，汁多味甜，肉质细腻，果色鲜艳，早熟丰产。

6. 那翁

那翁又名黄樱桃、黄洋樱桃，为原产欧洲甜樱桃品种。树势强健，树冠大，枝条生长较直立，结果后长势中庸，树冠半开张。叶形大，椭圆形至卵圆形，叶面较粗糙。萌芽率高，成枝力中等，枝条节间短，花束状结果枝多，可连续结果20年，果实中等大小，果形心脏形或长心脏形，果顶尖圆或近圆，缝合线不明显，有时微有浅凹，果形整齐。果梗长，与果实不宜分离，落果轻。果皮乳黄色，阳面有红晕，偶尔有大小不一的深红色斑点，富有光泽，果皮较厚韧，不易离皮。果肉浅米黄色，肉质脆硬，汁多，甜酸可口，品质上等。果核中大、离核，鲜食、加工兼用。6月上中旬成熟，自花授粉结实力低，栽培上需配植授粉品种。适应性强，在山丘地，砾质壤土和沙壤土栽培，生长结果良好，花期耐寒性弱，果实成熟期遇雨较易裂果，降低品质。

7. 大紫

大紫又名大红袍、大红樱桃。原产俄罗斯，是一个古老的甜樱桃品种。树势强健，幼树期枝条较直立，结果后开张。萌芽率高，成枝力强，枝条较细长，不紧凑，树冠大，结果早。叶片特大，呈长卵圆形，叶表有皱纹，深绿色。果实较大，心脏形至宽心脏形，果顶微下凹或几乎平圆，缝合线较明显，果梗中长而细，果皮初熟时为浅红色，成熟后叶紫红色，充分成熟时为紫色，有光泽；果皮较薄，易剥离，不易裂果；果肉浅红色至红色，质地软，汁多，味甜；果核大。果实发育期40d，5月下旬至6月上旬成熟。果实柔软不耐贮运。

8. 红灯

甜樱桃品种，树势强健，枝条直立、粗壮，树冠不开张；叶片特大、较宽、椭圆形，叶柄较软，新梢上的叶片呈下垂状，叶片深绿色，质厚，有光泽，基部有2～3个紫红色肾形大蜜腺。芽萌发率高，成枝力较强，直立枝发枝少，斜生枝发枝多。果实大，果梗短粗，果皮深红色，充分成熟后为紫红色，富光泽；果实呈肾形，肉质较硬，酸甜可口，半粘核。成熟期5月下旬至6月上旬，较耐贮运。

9. 佐藤锦

日本品种，甜樱桃品种，树势强健、直立，树冠接近自然圆头形。果实中等大小，短心脏形；果面底色黄，有鲜红色红晕，光泽美丽；果肉白色，脆硬，核小肉厚，酸味少，甜酸适度。丰产，品质好，耐贮运。适应性强，在山丘地砾质壤土和沙壤土栽培生长结果良好。

10. 雷尼

美国品种，甜樱桃品种，树势强健，枝条粗壮，节间短，树冠紧凑，枝条直立，分枝力较弱，以短果枝及花束状枝结果为主，花量大，是很好的授粉品种。果实大型，心脏形，果皮底色黄色，富鲜红色红晕，在光照好的部位可全面红色，十分艳丽、美观；果肉白色，质地较硬，风味好，品质佳；离核，核小。丰产，抗裂果，耐贮运，生食加工皆宜。6月上旬成熟。

11. 烟台1号

烟台1号是那翁的芽变品种，该品种生长结果习性和那翁相似。树势强，直立。叶片大而长，叶缘锯齿大而钝。花极大，果实较大，果面颜色、果形和那翁相似；果肉脆而硬，果汁多，并且极甜，品质极佳，明显超过那翁；果核小，可食部分比例高。幼树结果偏晚，采前遇雨易裂果。

12. 拉宾斯

加拿大品种，甜樱桃品种。树势健壮，树姿较直立。花粉量大，能自花授粉结实，也易作其他品种的授粉树。果实为大果型，深红色，充分成熟时为紫红色有光泽，美观；果皮厚韧；果肉肥厚、脆硬、果汁多，风味佳，品质上等。早实性和丰产性很突出，耐寒，6月中下旬成熟。

13. 斯坦勒

加拿大品种，甜樱桃品种。该品种树势强健，枝条节间短，树冠属紧凑型。能自花授粉结实，花粉量多，也是良好的授粉品种。果实较大，心脏形，果梗细长，果面紫红色，光泽艳丽，果肉淡红色，致密而硬，汁多，酸甜爽口，风味佳，果皮厚而韧，耐贮运。该品种早果性和丰产性突出，6月中下旬成熟。

二、生物学特性

(一) 生长习性

1. 根系

樱桃主根不发达，主要由侧根向斜侧方向伸展，一般根系较浅，须根较多。不同种类有一定差别，中国樱桃根系较短，主要分布在 5～30cm 深的土层中，用作砧木的毛樱桃根系比较发达。砧木繁殖方法不同，根系生长发育的情况也不同。播种繁殖的砧木，垂直根比较发达，根系分布较深。用压条等方法繁殖的无性系砧木，一般垂直根不发达，水平根发育强健，须根多，固地性强，在土壤中分布比较浅。

土壤条件和管理水平对根系的生长也有明显的影响。沙质土壤，透气性好，土层深厚，管理水平高时，樱桃根量大，分布广，为丰产稳产打下基础；相反，如果土壤黏重，透气性差，土壤瘠薄，管理水平差时，根系则不发达，也影响地上部分的生长和结果。嫁接的中国樱桃、酸樱桃和毛樱桃树根系易发生根蘖苗，常围绕树干丛生出大量根蘖苗，实际上这也是嫁接亲和力较差的表现，可做砧木或者更新换冠。

2. 芽

樱桃的芽单生。分叶芽和花芽两类。枝的顶芽均为叶芽，一般幼树或成龄树旺枝上的侧芽多为叶芽。成龄树上生长势中庸或偏弱枝上的侧芽多数为花芽。从形态上看叶芽瘦长，呈尖圆锥形，花芽较肥胖，呈尖卵圆形，两者有较明显的差别。结果枝上的花芽通常在果枝的中下部，花束枝除中央是叶芽外，四周均为花芽。

一个花芽内簇生 2～7 朵花，花芽内花朵的多少与其着生的部位有关，在树冠上部或外围枝条上花芽内的花朵多。樱桃的侧芽都是单芽，即每个叶腋间只形成一个叶芽或花芽，因此，在修剪时必须认清叶芽和花芽，短截部位的剪口芽必须留在叶芽上，才能保持生长力，若剪口留在花芽上，一方面果实附近无叶片提供养分，影响果实发育，品质差，另一方面该枝结果后便枯死，形成枯枝。樱桃侧芽的萌发力很强，1 年生枝上的叶芽多数都能萌发，只有基部极少数侧芽有时不萌发而转变成潜伏芽（隐芽）。即使是直立的枝条其侧芽也都能萌发，这个特点有利于樱桃的修剪管理，容易达到立体结果。

樱桃潜伏芽大多是由枝条基部的副芽和少数没有萌发的侧芽转变而来。副芽着生在枝条基部的两侧，形体很小，通常不萌发，只有在受刺激时，如重回缩或机械损伤，伤口附近副芽即萌发抽出新枝。

3. 枝

樱桃树的枝根据生长习性和结果特点可以分为营养枝和结果枝（图 4-3-1）。

(1) 营养枝 又称发育枝或生长枝，幼龄树和生长旺盛的树一般都形成发育枝，叶芽萌发后抽枝展叶，是形成骨干枝，扩大树冠的基础。其顶芽和侧芽都是叶芽，进入盛果期或树势较弱的树，其营养枝基部部分侧芽变成花芽，此时营养枝既是营养枝，又是结果枝，称之为混合枝。

(2) 结果枝 枝条上有花芽、能开花结果的枝条称结果枝，按其长短和特性可分为混合枝、长果枝、中果枝、短果枝、花束状果枝。

① 混合枝：长度在 20cm 以上。中上部的侧芽全部是叶芽，枝条基部几个侧芽为花芽。这种枝条能发枝长叶，扩大树冠，又能开花结果。这种枝条上的花芽发育质量差、坐果率低、果实成熟晚、品质较差。

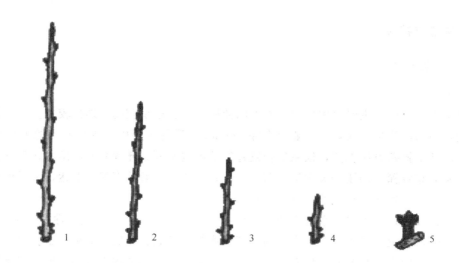

图 4-3-1　樱桃树枝条

1—营养枝；2—长果枝；3—中果枝；4—短果枝；5—花束状果枝

②长果枝：长度为 15～20cm。除顶芽及其邻近几个侧芽为叶芽外，其余侧芽均为花芽。结果后中下部光秃，只有顶部几个芽继续抽生出长度不同的果枝。初期结果的树上，这类果枝占有一定的比例，进入盛果期后，长果枝比例减少。

③中果枝：长度为 5～15cm。除顶芽为叶芽外，侧芽全部为花芽。一般分布在 2 年生枝的中上部，数量不多，也不是主要的果枝类型。

④短果枝：长度在 5cm 以下。除顶芽为叶芽外，其余芽全部为花芽。通常分布在 2 年生枝中下部，或 3 年生枝条的上部，数量较多。短果枝上的花芽，一般发育质量较好，坐果率也高，是樱桃的主要果枝类型之一。

⑤花束状果枝：是一种极短的结果枝，年生长量很小，仅为 1～2cm，节间很短，除顶芽为叶芽外，其余均为花芽，围绕在叶芽的周围。花芽紧密成簇，开花时好像花簇一样，故称花束状果枝。这种枝上的花芽质量好，坐果率高，果实品质好，是盛果期樱桃树最主要的果枝类型。花束状果枝的寿命较长，一般可达 7～10 年，那翁品种甚至长达 20 年。一般壮树壮枝上的花束状果枝花芽数量多，坐果率也高，弱树、弱枝则相反。由于这类枝条每年只延长一小段，结果部位外移很缓慢，产量高而稳定。

以上几类结果枝因树种、品种、树龄、树势不同所占的比例也不同。中国樱桃在初果期以长果枝结果为主，进入盛果期之后则以中、短果枝结果为主，甜樱桃在盛果期初期有些品种以短果枝结果为主，与树龄和生长势有关，在初果期和生长旺的树中，长、中果枝占的比例较大，进入盛果期和偏弱的树则以短果枝和花束状果枝结果为主。

4. 叶

樱桃叶为卵圆形、倒卵形或椭圆形。先端渐尖，基部有腺体 1～3 个，颜色与果实颜色相关。一般中国樱桃叶较小而甜樱桃叶较大，另外叶缘锯齿中国樱桃多尖锐，甜樱桃锯齿比较圆钝。叶的大小、形状及颜色，不同品种有一定差异。

（二）结果习性

1. 花及花序

樱桃的花为总状花序，每花序有花 1～10 朵，多数为 2～5 朵。花未开时，为粉红色，盛开后变为白色，先开花后展叶。花瓣 5 枚，雄蕊 20～30 枚，雌蕊 1 枚。樱桃花的授粉结实特性，不同种类区别较大，中国樱桃与酸樱桃花粉多，自花结实能力强。欧洲甜樱桃除拉宾斯、斯坦勒、斯塔克、艳红等少数品种有较高的自花结实外，大部分品种都有明显地自花不结实现象，而且品种之间的亲和性也有很大不同。因此，建立甜樱桃园时要特别注意配制好授粉品种，并进行放蜂或人工授粉。

2. 果实

樱桃的果实较小，中国樱桃平均单果重仅 1g 左右，欧洲甜樱桃单果重一般 5～10g 或更大一些。果实有扁圆形、圆形、椭圆形、心脏形、宽心脏形、肾形；果皮颜色有黄白色、有红晕或全面鲜红色、紫红色或紫色；果肉有白色、浅黄色、粉红色及红色；肉质柔软多汁；有离核和粘核，核椭圆形或圆形，核内有种仁，或者无种仁。中国樱桃、毛樱桃成仁率高，可达 90%～95%，欧洲甜樱桃的成仁率低。

（三）年生长周期及其特点

樱桃一年中从花芽萌动开始，通过开花、萌叶、展叶、抽梢、果实发育、花芽分化、落叶、休眠等过程，周而复始，这一过程称为年生长周期。了解这一生长发育规律，可以采取相应的栽培管理措施，满足樱桃生长发育需要的条件，达到优质、丰产、高效的目的。

1. 萌芽和开花

樱桃对温度反应比较敏感，当日平均气温达到 10℃左右时，花芽开始萌动，日平均气温达到 15℃左右开始开花，整个花期约 10d，一般气温低时，花期稍晚，大树和弱树花期较早。同一棵树，花束状果枝和短果枝上的花先开，中、长果枝开花稍迟。同一朵花通常开 3d，其中开花第一天授粉坐果率最高，第二天次之，第三天最低。中国樱桃的花期比欧洲甜樱桃早 15d 左右。

2. 新梢生长

叶芽萌动期，一般比花芽萌动期晚 5～7d，叶芽萌发后有 7d 左右是新梢初生长期。开花期间，新梢基本停止生长。花谢后再转入迅速生长期。以后当果实发育进入成熟前的迅速膨大期，新梢则停止生长。果实成熟采收后，对于生长势比较强的树，新梢又一次迅速生长，到秋季还能长出秋梢。生长势比较弱的树，只有春梢一次生长。幼树营养生长比较旺盛，第一次生长高峰在 5 月上中旬，到 6 月上旬延缓生长，或停长，第二次在雨季之后，继续生长形成秋梢。

3. 果实发育

樱桃属核果类，果实由外果皮、中果皮（果肉）、内果皮（核壳），种皮和胚组成。可食部分为中果皮。果实的生长发育期较短，从开花到果实成熟 35～55d。

4. 花芽分化

甜樱桃花芽分化时间较早，在果实采收后 10d 左右便开始生理分化，而后转入形态分化。从解剖镜观察，开始形成苞片而后形成花原基，再进入花萼形成期，花瓣形成期及雄蕊和雌蕊原基形成期等 5 个时期，历时 1 个多月。

5. 落叶和休眠

我国北方地区樱桃落叶一般在初霜开始时，大约在 11 月中旬。在管理粗放的情况下，由于病虫为害及干旱引起的早落叶，对树体营养积累、安全越冬会有不良影响，并且会引起第二年减产。落叶后即进入休眠期，树体进入自然休眠后，需要一定的低温积累，才能进入萌发期。大樱桃在 7.2℃ 以下需经过 1440h，中国樱桃需要经过低于 7.2℃ 低温 80～100h 才能完成花芽分化。也就是说在 7.2℃ 以下需两个月才能通过休眠，了解自然休眠需要的冷量，对大棚果树栽培具有重要的意义。

（四）对环境条件的要求

1. 温度

樱桃是喜温而不耐寒的落叶果树，中国樱桃原产于我国长江流域，适应温暖潮湿的气候，耐寒力较弱，故长江流域及北方小气候比较温暖地区栽培较多。甜樱桃和酸樱桃原产于西亚和欧洲等地，适应比较凉爽干燥的气候，在我国华北、西北及东北南部栽培较宜。但夏季高温干燥对甜樱桃生长不利。冬季最低温度不能低于－20℃，过低的温度会引起大枝纵裂和流胶。另外花芽易受冻害。在开花期温度降到－3℃以下花即受冻害，所以在发展樱桃时，不宜选择过分寒冷的地区。

2. 水分

樱桃对水分状况很敏感，既不抗旱，也不耐涝。中国樱桃的栽培区，除南方省份雨水充沛外，北方多选择山坡沟谷小气候较湿润的地区栽培。

樱桃和其他核果类一样，根系要求较高的氧气，如果土壤水分过多，氧气不足，将影响根系的正常呼吸，树体不能正常地生长和发育，引起烂根、流胶，严重将导致树体死亡。如果雨水大而没及时排涝，樱桃树浸在水中 2d，叶子即萎蔫，但不脱落，叶子萎蔫不能恢复甚至引起全树死亡。

3. 光照

樱桃是喜光树种，尤其是甜樱桃，其次是酸樱桃和毛樱桃，中国樱桃比较耐阴。光照条件好时，树体健壮，果枝寿命长，花芽充实，坐果率高，果实成熟早，着色好，糖度高，酸味少。光照条件差时，树体易徒长，树冠内枝条衰弱，结果枝寿命短，结果部位外移，花芽发育不良，坐果率低，果实着色差，成熟晚，质量差。因此建园时要选择阳坡、半阳坡，栽植密度不宜过大，枝条要开张角度，保证树冠内部的光照条件，达到通风透光。

4. 土壤

甜樱桃是适宜在土层深厚，土质疏松，透气性好，保水力较强的沙壤土或砾质壤土上栽培。在土质黏重的土壤中栽培时，根系分布浅，不抗旱，不耐涝也不抗风。樱桃树对盐渍化的程度反应很敏感，适宜的土壤 pH 为 5.6～7，因此盐碱地区不宜种植樱桃。

5. 风

樱桃的根系一般比较浅，抗风能力差。严冬早春大风易造成枝条抽干，花芽受冻；花期大风易吹干柱头黏液，影响昆虫授粉；夏秋季台风，会造成枝折树倒，造成更大的损失。因此，在有大风侵袭的地区，一定要营造防风林，或选择小环境良好的地区建园。

任务 4.3.2 ▶▶ 樱桃的生产管理

任务提出

到市场和樱桃种植园调查走访，熟知樱桃的全套种植管理技术措施。

任务分析

熟知樱桃的管理措施特别是整形剪枝技术是樱桃丰产稳产的关键。

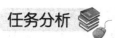

任务实施

【材料与工具准备】

1. 材料：樱桃园。
2. 工具：切刀、刀片、卡尺、皮尺、记录及绘图用具。

【实施过程】

1. 形态观察

认真观察樱桃树体的树形结构及其枝、芽类型与特点及不同品种樱桃果实的特征。

2. 形态描述

区分樱桃树不同类型芽及枝的形态并进行准确描述和绘图。

3. 实践操作

针对樱桃的树形结构特点和不同生长时期，进行相应的修剪。

【注意事项】

1. 学会识别樱桃各种芽和各种枝条的特征，了解樱桃根、茎、芽、枝的特性。
2. 培养结果枝组。在初果至盛果期，结合品种特征利用截、放、疏等修剪技术培养延伸型枝组和分枝型枝组。

理论认知

一、樱桃种苗繁育技术

（一）苗圃地选择与整地施肥

选择土地平整、土层深厚、土质疏松、光照充足、地下水位 1m 以下、排灌方便的沙质壤土做苗圃地。结合深翻整地施有机土杂肥 75000kg/hm²，第二年春季做畦和做好灌排渠道，育苗前 5d 灌足底水。

（二）繁育方法

为保证品种固有优良性状，减少变异，多采用无性繁殖法育苗。

1. 压条分株法

早春在树干基部培湿土 30cm 左右，促使萌蘖枝条基部生根。冬季落叶后到次年春季萌芽前将已生根的萌蘖苗切离母株，形成独立的苗木即可栽植。

也可采用埋干压条分株法。选择粗壮母苗，斜栽于宽 40cm、深 20cm 的沟内，株距与苗高相等，栽后灌水踏实，待萌芽抽梢至 15cm 时，将母苗苗干水平固定于沟底，按 15cm 间距抹芽定梢，分 3 次结合施有机肥培土，最终培成高垅，浇透水。起苗时将母干斩断，每段独立成一株栽植苗即可。

2. 扦插法

（1）绿枝扦插　多用于繁殖樱桃砧木苗。6～7 月份选择半木质化、直径大于 3mm 的当年生枝，剪成长 15cm 左右枝段做插穗。剪去插穗下部叶片，上部 2 叶片各剪去 1/2，插穗下部斜剪，蘸上生根粉后斜插入苗床内，深度以露出 5cm 左右为好。保持适宜温湿度，每周喷一次杀菌剂，成活后加强肥水管理和病虫害防治，第二年即可嫁接。

（2）硬枝扦插　整地、施基肥、做高畦、覆盖地膜。春季时采用母株外围的一年生发育枝，粗度 0.5～1cm，剪成长 15cm 左右枝段做插穗，上端平剪，下端斜剪，蘸生根粉后斜插入土内，深度以露出一芽为宜。注意追肥浇水防治病虫害。一般当年秋季即可达到嫁接或出圃要求。

3. 嫁接法

（1）芽接　生产上常用带木质部芽接，在春、夏、秋三季均可进行。

① 嫁接前 3d 对砧木苗圃地浇透水。

② 取芽片：选择生长健壮、芽均匀饱满的一年生枝条，去掉叶面，保留叶柄，标明品种。在接穗芽下边 0.5cm 处横斜切深达木质部约 0.3cm，在芽上方距芽 1.5cm 处向下斜切至下边切口处，取下带木质部的芽。

③ 切砧木：在砧木基部距离地面 15cm 光滑处按上述方法切取同等大小切口。

④ 嫁接：将切芽嵌入砧木切口，对齐形成层，用塑料条自下而上绑紧，注意露出芽。

⑤ 加强土肥水管理和病虫害防治。

（2）枝接　生产上常用劈接，多在春季萌芽前进行，砧木较粗时多用此法。

① 削接穗：选择成熟度好，芽饱满，粗 0.5～1cm 的一年生枝条做接穗，对接穗保留 2～3 个芽的短截，上部平剪，下部双侧削成长 2cm 平滑斜面后呈楔形。

② 切砧木：砧木距地面 20cm 处剪断，自顶部向下劈 2～3cm。

③ 对接：对齐形成层插入接穗，用塑料条绑紧并封实接口，10d 左右去除塑料条。

④ 接后加强土肥水管理和病虫害防治。

4. 组织培养法

组织培养法培育樱桃苗，繁育速度快，繁育的苗木无毒，生长健壮，结实率高，品质好，是未来樱桃规模化育苗的发展方向。

（1）配制培养基　配好 MS 培养基，加入 6-BA（细胞分裂素）0.5mg/L，蔗糖 30g/L，装入培养瓶高压消毒灭菌后备用。

（2）取外质体接种消毒　取樱桃当年生枝条，剪去叶片，用自来水冲洗干净，剪成一芽一段置于烧杯中，在超净工作台上 70%酒精浸泡 3s 后用 0.1%升汞液消毒 5～10min，再用无菌水冲洗 3 遍，无菌条件下剥去鳞片、叶柄，取出带叶原基茎尖。

（3）初代培养　将上述获得的材料接种到配好的培养基上，每培养瓶接种 5～7 个茎尖。接种后，在 26℃的恒温、光强 1000lx、每天光照 8～10h 的条件下进行培养，使之分化出芽，进而长成无根小植株丛。

（4）继代培养　把上述无根小植株丛按上述方法分植到新的营养瓶内，进行继代培养繁殖，使新芽不断增殖，加速生长。25d 左右，可获得接种数 5～6 倍的芽丛，芽丛中有的抽生新茎，并有正常叶片。此步多次进行即为多次继代培养，直到达到理想苗量。

（5）生根培养　芽长到 3cm 左右时，撤除上述促进生芽的培养基，换成生根培养基（多为 1/2MS 培养基加生根激素，如吲哚丁酸）。此时无根植株不再增殖，而是生出许多不定根，可得到成批完全小植株。

（6）移植　将上述完全小植株栽植到容器内置于温室条件下炼苗 7～10d，移植到繁殖圃内。加强土、水、肥管理，即可获得成批生产用苗。

二、建园

（一）园址选择

樱桃根系不发达，抗风能力弱，应选择背风向阳的山坡或地块；因樱桃不抗旱、不耐涝，所以应选择雨季不积水，地下水位低，土壤肥沃、疏松，保水性较好的沙质壤土建园；因樱桃开花早，易受晚霜为害，应选择地形较高、空气流通的山坡，春季温度回升较缓慢，可推迟开花期，避开霜冻为害；考虑到樱桃鲜果采摘运输方便，应选择交通便利的大城市郊区，能结合旅游业发展观光果园最好。

（二）品种选择和配置

1. 品种选择

选择早熟、果实大、色泽艳丽、肉质硬、味甜少酸、风味好、丰产、抗裂果、耐低温、耐运输，鲜食加工兼用的优良品种，但是生产上往往不能兼顾，要根据实际需要决定取舍。

为延长樱桃市场供应，可选择早、中、晚熟品种搭配，一般品种的比例可以考虑为 6∶2∶2；在色泽方面，为满足国人对深色品种的偏爱，应以种植深红色品种为主。对于黄色品种，品质好的也可适当发展；在果实大小方面，风味好的前提下尽量选择大型果品种。

2. 配置授粉品种

甜樱桃多数为异花授粉品种，自花结实能力很差，有些甚至自花授粉不能结实，所以生产上一定要配置足够的授粉树。成片的樱桃园，授粉品种不能少于 1/4，最好选择 2～3 个主栽品种混栽，主栽品种间可互相授粉。另外中国樱桃能自花授粉结实，种植时不需要配置授粉树，特别适合田边、地头、村旁、道旁孤植。

（三）苗木选择

应选择苗高 1m 以上，地径 0.8cm 以上，饱满芽 6 个以上，根系发达，无病虫害，生长健壮，发育充实的苗木；跨县调运的还需有苗木检疫合格证。

（四）定植

1. 栽植密度

栽植密度应充分考虑立地条件、砧木种类、品种特性及管理水平。一般立地条件好，乔化砧品种生长势强，栽培密度要小一些；山地果园，矮化砧，品种生长势弱则栽植密度要大一些。高度密植果园管理水平要求高。樱桃园应适当密植，株行距应为 3m×5m 或 2m×4m。

2. 栽植时期

北方冬季低温、干旱、多风，容易将树苗吹干，所以适合于春栽。在南方，可以秋栽，于落叶后 11 月中下旬栽植，也可以春栽。适时栽植的具体时期各地不同，以物候期为标准，即在樱桃苗的芽将要萌动前种植，华北地区在 3 月中下旬。

3. 栽植方法

山地果园以及土壤贫瘠的平原，最好在栽植前一年挖直径 1m、深 0.8～1m 的定植坑，再将土杂肥、复合肥与坑周围的表土混合，回填入坑内至坑平。土壤肥沃土层深厚的平原地区，整地成高垄后，可挖直径 0.5m、深 0.5m 的穴，施入有机肥和复合肥后，用表土填平。栽苗前在原来挖坑填土的中央，挖一个与根系大小相适应的小穴，树苗放在穴正中，填入疏松表土后提动苗子，使根系与土壤密接，同时使根系伸展，而后再填土踏实，此时树苗的栽植深度和树苗在苗圃中的深度相同。在树苗四周筑起土埂，整好树盘，随即浇水。

（五）土壤管理

樱桃大部分根系分布在土壤表层，不抗旱，不耐涝，不抗风，要求土壤肥沃，水分适宜，通气良好。生产上要加强土壤管理，为丰产、稳产、优质奠定基础。

1. 深翻扩穴

在幼树定植后的头五年内，从定植穴的边缘，向外挖宽约 0.5m、深 0.6m 的环状沟，每年或隔年向外扩展，逐步扩大至两树间深翻沟相接。一般秋末冬初深翻，落叶后结合秋冬施肥进行最好，深翻扩穴有利于根系向外延展。

2. 中耕松土

通常在灌水后及下雨后进行，可切断土壤毛细管，保蓄水分，促进土壤通气，防止土壤板结；还可以消灭杂草。

3. 果园间作

幼树期间，为充分利用土地、阳光，增加收益，可在樱桃行间间作经济作物。间作作物要选矮秆且能提高土壤肥力的作物，例如花生、豌豆等豆科植物，不宜间作小麦、玉米、高粱、白薯等耗肥力强的作物。间作要留足树盘，树行宽要留出 2m。间作以不影响樱桃树体生长为原则。

4. 树盘覆盖

山地果园，将割下的杂草、麦秸秆、玉米秸秆、稻草等物覆盖于树下土壤表面，如果草源不足，可只覆盖树盘，覆草的厚度为 20cm 左右。一般在雨季之前进行，草被雨水压实固定，避免被风吹散，同时雨水可促进覆盖物腐烂。树盘覆盖可保墒减少地面水分蒸发，保持土温稳定，抑制杂草，还可以增加土壤有机质，促进土壤微生物活动，改变土壤的物理化学性质，有利根系生长。

（六）合理施肥

1. 施肥时期

樱桃不同树龄对肥料要求不同。3 年生以下的幼树需氮量多，应以施氮肥为主，辅助施适量磷肥，促进树冠形成。3～6 年生和初果期幼树，为了使树体由营养生长转入生殖生长，促进花芽分化，要注意控氮、增磷、补钾。7 年生以上树进入盛果期要补充钾肥，以提高果实产量与品质。

樱桃在 1 年中不同时期对肥料要求不同。树体需在秋季积累营养满足早春生长开花需要，所以秋季要施足基肥；春夏要展叶、开花、果实发育成熟，树体对养分需求大而急迫，因此应注意春季追肥。

2. 秋施基肥

一般在 9 月份～10 月下旬树体落叶前进行。基肥施用量占全年施肥量的 70%，施肥量应根据树龄、树势、结果量及肥料种类而定。每棵幼树施土杂肥 25～50kg，盛果期大树每棵施 50～10kg。施肥方法是对幼树可用环状沟施法，在树冠的外围，投影处挖宽 0.5m、深 40～50cm 的沟将肥料施入。对大树最好用辐射沟施肥，即在离树干 0.5m 处向外挖辐射沟，要里窄外宽，里浅外深，靠近树干一端宽度及深度 30cm，远离树干一端为 40～50cm，沟长超过树冠投影处约 20cm，沟的数量一般为 4～6 条，每年施肥沟的位置位移。

3. 追肥

（1）土壤追肥　是主要方式，每年可在开花和采果后追肥两次。开花前追肥，可促进开花和展叶，提高坐果率，加速果实增长；盛果期大树每株可追施复合肥 1.5～2.5kg，或人粪尿 30kg，开沟追施，施后浇水；采果后，此时花芽分化，树体需要补充营养，每棵可施腐熟人粪尿 60～70kg，或复合肥 2kg，穴施。

（2）根外追肥　是对土壤施肥的有效补充。第一时间段为开花后到果实成熟前，此时追肥可提高坐果率，增加产量，提高品质。可在花前喷 0.3％ 的尿素，花期喷 0.3％ 的硼砂，果实膨大到着色期喷 0.3％ 磷酸二氢钾 2～3 次。第二时间段在秋季落叶前半个月，可喷 2％ 的尿素，此时叶片厚，气温低，在尿素浓度高时也不会发生药害，秋天晚上有露水，有利于叶面吸收。樱桃在落叶之前会把叶中的营养分解成可溶解状态，而后运输到枝条及根部，提高抗寒能力，利于花芽分化。叶面喷肥应该在下午近傍晚时进行，喷洒部位以叶背面为主，便于叶片气孔吸收。

（七）灌水和排水

樱桃树对水分状况反应敏感，不抗旱不耐涝。因此，要根据其生长发育中的需水特点和降雨情况适时浇水和及时排水。

1. 适时浇水

樱桃生产上一般在以下几个阶段，如果土壤供水不足需进行灌水。

（1）花前水　主要是满足发芽、展叶、开花、坐果以及幼果生长对水分的需要。还可以降低地温，延迟开花期，有利于避免晚霜的为害，可以结合施肥进行灌水。

（2）硬核水　在果实生长的中期进行，在灌水 1 周后，中耕松土，使土壤水、气、热均达到最佳状态，促进果实膨大，达到最大单果重，提高产量和品质。

（3）采后水　果实采收后，雨季未到，雨水少，而气温高，日照强，水分蒸发量很大，需进行灌水，促进树体恢复和花芽分化。

（4）封冻水　落叶后至封冻前，结合深翻扩穴秋施基肥后灌水，使树体吸足水分，有利于安全越冬。

一般采用畦灌和树盘灌，在有条件的地方，还可采用喷灌、滴灌和微喷灌。

2. 及时排水

樱桃怕涝，在栽植时可采用高垄栽植和地膜覆盖，防止幼树受涝；对于大树，在行间中央挖深沟，沟中的土堆在树干周围。形成一定的坡度，使雨水流入沟内，顺沟排出。对于受涝树，天晴后要深翻土壤，加速土壤蒸发和通气，尽快使根系恢复生机。

三、整形修剪

整形修剪应因树修剪，随枝造形，统筹兼顾，合理安排开张角度，促进成花为原则。

（一）树形选择

樱桃生产上所采用的树形包括：自然开心形、主干疏层形、篱壁形等。

1. 自然开心形

这种树形无中央领导干，干高 30～40cm，全树培养 3～4 个主枝，开张角度 30°～40°，每个主枝上留有 2～3 个侧枝，向外侧伸展，开张角度 70°～80°，主枝和侧枝上再培养大小不同的结果枝组。

2. 主干疏层形

主干疏层形又叫改良主干形，中心领导干优势明显，干高50～60cm，其主干上配备10多个单轴延伸的主枝，可以分层或不明显分层，呈螺旋形着生在主枝上，角度呈水平，在主枝上着生大量的结果枝组，树高一般3m左右。

3. 篱壁形

将樱桃的枝条绑在铁丝架上，形成篱壁，枝条角度开张，光照条件好。由于控制了顶端优势，下部结果枝形成早，发育好，能提早结果，丰产和稳产，品质优良，同时结果部位集中，采摘省工。

（二）不同树龄的修剪措施

1. 初结果期的修剪

（1）继续整形　樱桃栽植3～4年进入初结果期，对还没有形成理想树形的树体继续冬剪造型，对中心干或主枝进行中截，培养新的主枝和侧枝。当主枝之间生长不平衡时，拉大生长较旺的主枝角度，并适当清除一些发育枝；拉小生长差的主枝角度，多留发育枝，冬季进行中截，多发枝条，促进弱枝长强。

（2）培养结果枝组　结合品种特征利用修剪技术培养延伸型枝组和分枝型枝组。延伸型枝组是枝组上有延伸型中轴，长度50～100cm，中轴上着生多年生花束状果枝和短果枝。这类枝组主要通过大枝缓放，改变角度，对其先端强枝进行摘心和疏除。对中下部的多数短枝缓放至第二年，形成花束状果枝或短果枝，第三年开花结果。分枝型枝组是一类枝轴有较多、较大分枝的枝组，一般枝轴短，分枝级次较多。这类枝组多数对中长枝进行短截，然后有截、有放、有疏，结合夏季摘心培养而成。这类枝组上除有花束状果枝和短果枝外，以中、长果枝为主，混合枝也有一定数量，枝组本身的更新能力较强。

2. 盛果期树的修剪

一般树体初结果期经过2～3年后逐渐进入盛果期。此期的修剪任务是要保持中庸健壮的树势，防止多头延伸，维持合理的树体结构，稳定枝量和花芽量。盛果期壮树的标准为：全树枝条长势均衡，外围新梢年生长量30cm左右，枝条充实，芽体饱满，花束状果枝及短果枝上有叶片7片左右，叶片大而深绿。

防止多头延伸，使果园覆盖率稳定在75%左右，不超过80%，在修剪上若结果枝组和结果枝长势好，结果能力强，则外围选留壮枝继续延伸，扩大结果面积；反之，结果枝组和结果枝长势弱，则外围枝要选留偏弱的枝延伸甚至外围不留枝，回缩结果枝轴，保持中庸树势，促进内部萌生结果枝。对局部旺长部位要清除旺枝，去强留弱，去直留平，抑制生长。

3. 衰老期的修剪

樱桃树寿命一般在25年左右。进入衰老期，树冠呈现枯枝，缺枝少叉，结果部位远离母枝，生长结果能力明显减退，产量下降。此时期的修剪任务主要是及时更新复壮，重新恢复树冠。因为樱桃的潜伏芽寿命长，大、中枝经回缩后容易发生徒长枝，对引发的徒长枝选择合适部位进行培养，2～3年内便可重新恢复树冠。

（1）地上部分更新　长势衰退的大枝，若适当部位有生长正常分枝，对大枝在分枝前端短截回缩更新，促进分枝的生长，同时可保留一定结果部位。对回缩部位萌生的新枝，选择一个长势健壮、方位适宜的留作更新枝，并及时调整好角度。抹除多余萌枝以促进更新枝的生长。更新枝长到50cm长时摘心，促发二次枝，一般枝条延伸2年后，前端生长延缓，后部枝即开花结果，花束状果枝、短果枝比幼树容易形成。对于更新的老树一般不考虑树形，只需尽早恢复树冠，延长结果年龄。

（2）地下部分更新　挖沟施肥时有目的地切断部分根系，促使老根长出新根，并增施肥水，以利根系的更新生长，根系吸收能力提高后又能促进地上部分生长。

（三）不同时期的修剪措施

1. 冬剪

冬剪又叫休眠期修剪，目的是促使局部生长势增强，削弱整个树体的生长。一般每年11月中下旬落叶开始到第二年3月中下旬均可进行，但最佳时期是早春萌芽前。常用的方法有短截、缓放、回缩、疏枝等。

（1）短截　剪去1年生枝一部分即为短截，此法促进新梢的生长，增加长枝的比例，减少短枝的比例，促进树冠扩大。短截可分为轻、中、重和极重4种。剪去枝条1/4～1/3称为轻短截，剪去枝条1/2的称中短截，剪去枝条2/3的称重短截，剪去枝条3/4～4/5的称极重短截。

（2）缓放　又叫甩放、长放，多在幼龄树的营养枝上应用。对1年生枝不进行剪截，任其自然生长，称为缓放。

（3）回缩　将多年生枝剪除或锯掉一部分即为回缩。多用于连续结果多年的母枝。回缩可加强留下枝条的生长势，更新复壮，促进回缩部位以下的枝条生长。

（4）疏枝　把一年生枝或多年生枝从基部剪去或锯掉的修剪措施。主要疏除树冠外围的多余一年生枝、徒长枝、轮生枝、过密枝。

2. 夏剪

夏剪又叫生长季修剪，多在4～8月份生长旺季进行。目的是调节树体生长与结果的关系，减少无效生长，促进早开花、早结果。方法有刻芽、摘心、剪梢、扭梢、拉枝、环割、环剥等。

（1）刻芽　用锯条在芽的上方横拉，深达木质部，刺激该芽萌发成枝的方法。在芽顶变绿尚未萌发时进行。

（2）摘心及剪梢　在夏季新梢木质化前，摘除或剪去新梢先端部分即为摘心，对木质化新梢摘除或剪去新梢先端部分即为剪梢。早期操作在花后7～10d进行，生长旺季操作在5月下旬～7月中旬进行。此法可控制旺枝，增加小枝量，利于提早结果。同时由于枝条生长充实，冬季不容易抽条。

（3）扭梢　在新梢半木质化时，用手捏住新梢的中部反向扭曲180°，别在母枝上，伤及木质和皮层而不扭断，以控制其营养生长，促进花芽形成。

（4）拿枝　用手对旺梢自基部到顶端逐段捋拿，伤及木质部而不折断的操作即为拿枝。可抑制营养生长。在5～8月份皆可进行。

（5）开张角度　开张角度方法有拉枝、捆枝、撑枝等，最好在生长期进行，一般在3月下旬以后或6月底樱桃采收以后进行。此法可迅速扩大树冠，增加内膛光照，削弱枝条顶端优势，促进下部小枝发育，提早形成花芽和开花结果。一般在幼树阶段进行。

（6）环剥、环割　为抑制生长过旺，促进花芽形成，采用此法。对生长旺盛二年生枝条，从基部剥去一圈韧皮部的措施即为环剥，宽度为枝条直径的1/10。剥皮后不用手触摸，立即用纸或塑料包扎保护。环割指在枝干光滑部位割断一圈或几圈皮层。

四、花、果及其他管理

（一）提高坐果率的措施

1. 放养蜂群

为促进授粉，提高坐果率，在花期按每十亩一箱的标准放养蜜蜂。遇到早春温度低，蜜蜂活动率低的年份，可放养壁蜂。

2. 人工授粉

生产上可采用棍式授粉器，即选用一根长 1.2～1.5m、粗约 3cm 的棍式竹竿，在上端缠上长塑料条，外包一层洁净的纱布即可。用棍式授粉器的上端在不同品种的花朵上滚动，速度要快。也可用鸡毛掸子代替棍式授粉器。人工授粉一般进行 2～3 次，重点在盛花期，可明显提高坐果率。

3. 施用植物激素

花期及落花后喷 2 次 40～50mg/L 的赤霉素有助于授粉受精，能明显地提高坐果率。

4. 施用营养液

花期树体喷 5％糖水或喷 0.3％尿素＋0.3％硼砂＋600 倍液的磷酸二氢钾 2 次，都可显著提高坐果率。

（二）提高果实品质的措施

1. 疏花疏果

疏花在开花前及花期进行。疏去细弱枝上的弱花、畸形花，每个花束状短果枝留 2～3 个花序。疏花后可改善保留花的养分供应，提高坐果率和促进幼果的生长发育。疏果在坐果稳定后进行，主要在结果过密处，疏去小果、畸形果及光线不易照到、着色不良的下垂果。

2. 防止和减轻裂果

加强土壤管理，保持土壤湿度稳定，特别是临近果实成熟时，不能灌水。

3. 防治鸟兽为害

国内外预防鸟类的方法较多，如在樱桃园内悬挂稻草人或用塑料制作的猛兽形象挂在树上，吓跑害鸟；在果园内敲锣打鼓，或用扩音机播放鸟类惨叫的录音，惊吓鸟类；日本采用架设防鸟网的方法，把树保护起来，效果最好，但耗资较大。

五、果实的采收、分级及贮运

1. 适时采收

采收时期主要根据果面着色而定。黄色品种一般在果皮变黄，并有着色的红晕时采收；红色或紫色品种果面全面红色或紫色时采收。生产上最直观的判断为樱桃果实最鲜艳美观的时期即为最佳采收时期。同一棵树上的果实成熟期也不尽一致，树冠上部及外围开花早果实成熟早，树冠下部及内膛开花迟果实成熟晚。在采收时要分期分批采收。

2. 采收方法

樱桃果实不耐机械损伤，主要靠人工采摘。采摘时手拿果梗，顺着生长方向轻轻摘下即可。切忌手拉果梗逆向往下拉，损伤结果枝，影响来年产量。

六、病虫害防治

为害樱桃树枝、叶、果实的病害主要有樱桃根癌病、叶片穿孔病、枝干干腐病、流胶病等；虫害主要是红颈天牛、金缘吉丁虫、桑白介壳虫、金龟子类等。其中几种主要病虫害的症状及防治要点见表 4-3-2。

表 4-3-2　樱桃主要病虫害防治一览表

名称	症　状	防治要点
介壳虫类	多以雌成虫、若虫刺吸枝干、叶、果实的汁液，造成树势衰弱，降低产量和品质	1. 人工防治：果树休眠期用硬毛刷刷掉枝条上的越冬雌虫，剪除受害严重的枝条，烧除。 2. 药物防治：冬季喷洒 5% 的柴油乳剂。芽膨大期喷布 45% 晶体石硫合剂 30 倍液或含油量 4%～5% 的矿物油乳剂
金龟子类	苹毛金龟子与东方金龟子，主要以成虫在花期啃食大樱桃树的嫩枝、芽、幼叶、花蕾和花。苹毛金龟子幼虫取食虫体的幼根。成虫常害期 1 周左右，花蕾至盛花期受害最重。严重时，影响树体正常生长和开花结果。铜绿金龟子在 7～8 月份为害叶片	1. 人工防治：利用成虫的假死性，早、晚在树下铺塑料膜后震落成虫捕杀。刚定植的幼树于虫害发生时起用纱网套袋效果最好。 2. 药物防治：地面撒药：10% 的辛硫磷颗粒剂，3kg/亩撒施；或 25% 对硫磷胶囊剂或 50% 辛硫磷乳油 0.5kg/亩，稀释 500 倍液均匀喷洒地面或兑 30kg 细土拌匀撒在树冠下，施用药后，及时浅耙，以防光解，杀死潜土成虫
大樱桃根癌病	病菌从伤口侵入，形成瘤肿，多为圆形，大小不一，患病的苗木或树体早期地上部分不明显，随病情扩展，肿瘤变大，细根少，树势衰弱，病株矮小，叶色黄化，提早落叶，严重时全株干枯死亡	1. 禁止调入带病苗木，选用无病苗或抗病砧木。定植前，用 K84 菌处理根系防治根癌病效果很好。感病植株刮除肿瘤后，用 K84 涂抹病部和根系，并用其菌水灌根，效果较好。 2. 加强果园管理，增强树势提高抗病能力，增施有机肥料。耕作时，不要创伤根茎部及根茎部附近的根
大樱桃干腐病	多发生在主干、主枝上。发病初期，病斑暗褐色，不规则形，病皮坚硬，常溢出茶褐色黏液，后病部缩凹陷，周缘开裂，表面密生小黑点，可烂到木质部，枝干干缩枯死	1. 加强管理，多施有机肥料，增强树势，涂药保护伤口，防止冻害。发芽前喷机油乳剂或 30 倍的石硫合剂，可铲除各种越冬病菌。5～6 月份喷 1：2：240 倍波尔多液 2 次进行树体保护。 2. 及时检查并刮治病斑，刮治后涂药保护：托福油膏或腐必治 20 倍（沸水冲开）或油脂剂或 30% 甲基硫菌灵糊剂、菌敌（9281）4～5 倍液、抗生素 S-921　20～30 倍液
穿孔病	细菌性穿孔病：主要为害叶片，初为水渍状半透明淡褐色小病斑，后发展成深褐色，周围有淡黄色晕圈的病斑，边缘发生裂纹，病斑脱落后形成穿孔或一部分与叶片相连；褐斑穿孔病：叶片初发病时，有针头大的紫色小斑点，以后扩大并相互联合成为圆形褐色病斑，直径 1～5mm，病斑上产生黑色小点粒，最后病斑干缩，脱落后形成穿孔	1. 施药防治：果树发芽前，喷施 4～5°Bé 石硫合剂；对细菌性穿孔病，用农用链霉素 50～100mg/L 防治；对真菌性霉斑穿孔病，可用 70% 甲基硫菌灵可湿性粉剂 1000 倍液，或 50% 多菌灵可湿性粉剂 800 倍液防治。发病严重的果园要以防为主，可在展叶后喷 1～2 次 70% 代森锰锌 600 倍液或 75% 百菌清 500～800 倍液，或 3% 克菌康可湿性粉剂 1000 倍液。 2. 冬季结合修剪，彻底清除枯枝落叶及落果，减少越冬菌源

七、樱桃园周年管理技术要点

见表 4-3-3。

表 4-3-3　樱桃园周年管理技术

时间	作业项目	管理内容
11 月中旬至 3 月上旬（休眠期）	防寒越冬	培土防冻、灌封冻水、喷防冻蜡
	清扫枯枝落叶	清扫园地、烧毁枯枝落叶、减少越冬虫源、病原
	整形修剪	根据不同品种、树龄、树势采取相应修剪措施

续表

时间	作业项目	管理内容
3月中旬至4月初 （萌芽期）	补栽	建园初期缺株及时补栽
	浇水	全园浇水,促进萌芽
	防病	全园喷布5°Bé石硫合剂,消灭穿孔病、介壳虫
4月上旬至4月下旬 （开花期）	浇水	开花前灌水,推迟花期,避免晚霜为害
	促进授粉	放蜂和人工辅助授粉
	喷肥	叶面喷施0.1%～0.2%硼砂+0.3%磷酸二氢钾
5月上旬至5月下旬 （果实膨大期）	浇水	此期需水量大,适时浇水保持土壤湿润
	施肥	落花后开始追肥,每株追施速效氮肥0.5kg
	喷药	喷药防治穿孔病、红蜘蛛、蚜虫、介壳虫等
	修剪	摘心培养结果枝组、扭梢促花芽分化
5月下旬至7月上旬 （采收期）	排水	适当排水,防止裂果
	防治鸟兽为害	配置稻草人或播放恐怖音乐防治鸟兽为害
	采收	带果柄,轻拿轻放,适当分级包装
	修剪	继续采取夏季修剪措施
	喷药	喷20%甲氰菊酯2000倍液杀介壳虫等
7月上旬至10月份 （恢复期）	喷药	10%溴虫腈悬浮剂1500倍液防治虫害,用倍量式 波尔多液和有机杀菌剂交替防治叶部病害
	施肥	果实采收后及时施足基肥促进树体恢复, 大树株施人粪尿50～100kg

复习思考题

1. 当地推广的优良樱桃品种有哪些？它们有哪些特性？
2. 樱桃枝条有哪些类型,分别有什么作用？
3. 樱桃树为什么结果后容易光秃？
4. 哪些措施能促使樱桃高产优质？

项目四 山楂的生产技术

知识目标

了解山楂的优良品种以及生长结果特性，掌握山楂生产关键技术。

技能目标

能根据当地实际条件选择优良品种，会制订促进生长和结果的措施，能运用栽培技术对山楂进行周年管理。

任务 4.4.1 ▶▶ 山楂优良品种识别和选择

任务提出

通过调查和观察，了解常见山楂品种，能因地制宜地选择适于当地栽培和发展的优良品种。

任务分析

我国山楂品种较为丰富，生长和生态学习性各异，通过调查和了解其生长结果习性是合理选择品种的关键。

任务实施

【材料与工具准备】

1. 材料：主要山楂树，果实实物或标本。
2. 用具：天平、卡尺、水果刀、镊子、记录工具、折光仪等。

【实施过程】

1. 品种调查和形态观察

通过树体观察和果实品尝，了解不同品种的生长结果习性和品质优劣，便于选择。

2. 形态描述

区分并用专业术语对各种山楂品种及形态进行准确描述。

3. 记录与选择

观察山楂不同品种的果实性状和品质等要素，填入表4-4-1，并依此作出合理选择。

表 4-4-1 山楂不同品种果实性状指标

	果重（范围）	果形指数	果皮颜色	果皮质地	口感
品种1					
品种2					
品种3					
...					

理论认知 👆

山楂（*C. pinnatifida* Bge.）别名山里红。原产中国、朝鲜和西伯利亚。山楂适应性强，抗寒、抗旱，结果早、产量高，便于管理，果实耐贮运，是受欢迎的内销和出口果品，山楂在山坡地生长良好，可结合山区建设，有计划地发展山楂生产，这对增加农民收入，发展山区经济具有很重要的意义。山楂既可鲜食又可以加工成各种产品，长期食用山楂能增强心肌功能，防止胆固醇增高和高血脂增多，可使血管软化，降低血压，对治疗脑血管、心血管疾病有较好的疗效。此外，山楂的根、茎、叶均可入药。因此，山楂的加工品可称为保健食品或医疗食品。

一、主要种类

山楂为蔷薇科、山楂属植物。我国约有 17 个种，主要有以下几种。

1. 山楂

本种产于吉林、辽宁、河北、河南、山东、山西、陕西、江苏等地。为落叶乔木，高 6～7m。树皮暗灰色，小枝无毛，叶片广卵形或三角状卵形，呈羽状 5～9 裂，叶片有不规则的粗锐锯齿，花白色，雄蕊 20 枚，花柱 2～5 个，果实近球形，直径 1～1.5cm，深红色，有浅色斑点。本种有两个变种。

（1）大山楂　又叫红果，果实直径 2.5～3cm。叶片大，分裂较浅，果肉厚，品质好，各地作为果树栽培的都以此变种为主。

（2）无毛山楂　叶片、花梗、总花梗均无毛，产于我国东北各省，朝鲜也有分布，多作砧木，果实小，可作加工用。

2. 云南山楂

产于云南、贵州、四川、广西。本种的特点是枝上无刺，叶片多卵状披针形，有圆钝锯齿，不分裂，果实扁球形，成熟时黄色带红晕，有稀疏斑点，云南中部的栽培品种有大白果、鸡油山楂等。可供鲜食及加工，并可入药。

3. 湖北山楂

产于湖北省，果实球形、暗红色，有明显的斑点，果肉肥厚，可鲜食，或作山楂糕及酿酒。

4. 野山楂

分布于我国中部、东部和南部的河南、湖北、江苏、江西，福建等省，通常为灌木，嫩枝有毛，枝条有刺，叶片顶部常有三裂，叶背有毛，果实小，呈红色或黄色，可供鲜食用，也可酿酒，制果酱，入药或供砧木用。据考察发现，野山楂种核有仁率达 60％～80％，可作为大山楂砧木，亲和良好，且有矮化核，提高结果的效果。

5. 阿尔泰山楂

产于新疆中部和北部，果实球形，金黄色，果胶含量高，种核小，有仁率达 50％以上，能抗－42.6℃严寒，在当地，种子层积一个冬天即可出苗。可作大山楂砧木，亲和良好，是优良的砧木资源。

二、主要品种

优良栽培品种很多，如伏山楂、集安紫肉、软籽、豫北红、辽红等（表 4-4-2）。

表 4-4-2 山楂主要优良品种

名称	原产或主产地	果形	单果重/g	果色	果肉	成熟期/月份/旬
伏山楂	东北地区	扁圆	2.5～3	浅红	粉红、细软稍绵、酸甜适口	8
集安紫肉	吉林集安	近圆	8	鲜紫	中厚、紫红、致密、味甜	10/中
软籽	辽宁	近圆	1.5～2	鲜红	粉红、细软、味甜	9/中
辽红	辽宁辽阳	长圆	8	深红	中厚、红或紫红、致密、甜	10/上
西丰红	辽宁西丰	近扁圆	10	紫红	紫红或红、较硬	10/上
马钢红	辽宁新城子	长圆	6.5	鲜红	粉红、致密、味酸、味浓	9/下
燕瓤红	河北西部、北部	倒卵圆	7.6	深红	厚、粉红、致密、酸甜适口	10/上
小金星	河北、北京	近圆	9	鲜红	粉红、酸甜适口	10/上
朱砂红	山东平邑	近圆	12.2	鲜红	米黄、致密、细、稍面、香	10/上
紫肉红子	山东平邑	扁圆	9.2	紫红	厚、紫红、细、硬、酸微甜	10/中
大歪把红	山东平邑	—	17.3	深红	乳白至粉红、细、软	10/下
五棱红	山东平邑	倒卵圆	16.6	红	粉红、致密、有香气	10/上
红棉瓤	山东福山	扁圆	12	深红	厚、粉红、致密、酸	10/中
敞口	山东青州	扁圆	9～9.5	深红	粉红、致密、酸、稍面	10/上
大金星	山东、江苏	扁圆	16	深红	厚、粉红、甜酸	10/中
豫北红	河南辉县	近圆	10	鲜红	粉红、松软、酸、稍面	10/上

【知识链接】

山楂产区分布

山楂在我国分布广泛，北起黑龙江，南到两广，东至江苏，西到新疆都有山楂资源，作为经济栽培，山楂主要产区可分为北方山楂和云贵高原云南山楂两大产区。北方山楂产区按品种及砧木对自然条件的适应性和栽培技术的差异分为鲁苏北栽培区、中原栽培区、冀京辽栽培区和寒地栽培区。该区的山楂品种资源丰富，果品质量优良，产量占全国总产量的90%以上。云贵高原云南山楂产区根据地理位置和云南山楂的自然栽培状况划分为滇中滇西、滇东黔南和滇南桂西三个主栽区。该区栽培管理粗放，果品多自产自销，用于入药、加工和鲜食。

任务 4.4.2 ▶▶ 观察山楂的生长结果习性

任务提出

以当地常见山楂品种为例，通过观察山楂生长结果习性，掌握山楂树生长发育的基本特点和规律。

任务分析

山楂是雌雄异花的树种，不仅花期往往不一致，而且芽复杂多样，生产上应掌握各自特性，为科学管理奠定基础。

任务实施

【材料与工具准备】

1. 材料：不同品种的山楂结果树，枝、芽、果等实物或标本。
2. 工具：放大镜、记录工具等。

【实施过程】

1. 形态观察

认真观察各品种的生长结果习性和枝、芽特点。

2. 形态描述

区分并会用术语对各个品种的形态特征进行准确描述。

3. 记录与收集

优良品种树体结构和果实图片等，并标明各品种的名称。

【注意事项】

1. 当地山楂品种尽量安排到田间树下实地观察，外地品种可通过网上科普视频或图片收集。
2. 观察记录时注意与其他树种的区别。

理论认知

一、生长习性

1. 根系

山楂为浅根性果树，主根不发达。根系多分布在地表下 10~60cm 土层内，易发生不定芽而形成根蘖，实生或自根树的根蘖苗可直接定植。一般多利用根蘖作砧木，进行嫁接繁殖，也可利用山楂根系易生不定芽的特点，采用根段扦插，繁殖苗木或砧木。

2. 芽

按性质分为叶芽和花芽。叶芽小而尖。同一枝条上的芽，顶芽较大。一般顶芽和枝条上部的芽比较饱满，翌年可以发枝，且生长势较强，枝条中下部的芽发枝较弱，或不发枝而成为潜伏芽，潜伏芽的寿命较长，有利于枝条的更新复壮。

山楂的花芽为混合芽，花芽肥大饱满，先端较圆。春季萌发后，抽生结果新梢，顶端着生花序，进入结果期的树，生长健壮的枝条大都能够形成花芽，长而粗壮的枝条可以形成十多个花芽，第二年形成结果新梢，开花结果。

3. 枝条

山楂的枝分为营养枝、结果枝和结果母枝。由叶芽萌发的枝条叫营养枝，营养枝按其长度可分为叶丛枝、短枝、中枝和长枝，一般和苹果的分法相同。由混合芽萌发的枝条称为结果枝，结果枝长度多在 15cm 以下，一般长而粗壮的结果枝开花结果多，细弱的结果枝开花少，坐果率低。

着生结果枝的枝条叫结果母枝，由上年营养枝转化形成的结果母枝较长，着生结果枝较多，初结果树这类母枝较多，由上年结果枝转化形成的结果母枝较短，着生结果枝较少，一般盛果期树这类母枝较多。

山楂为乔木，成枝力强，层性明显，树冠外围枝条容易郁闭，冠内通风透光不良、小枝生长弱，以致内部枯死枝逐年增多，各级大枝的中下部逐渐秃裸，结果部位外移。

由于连年在树冠外围结果，枝头生长势逐渐减弱，先端小枝枯萎，骨干枝下部的潜伏芽萌发形成强壮的徒长枝，代替原枝头进行更新。由于山楂树自然更新能力强，所以维持盛果期的年限长。

4. 叶

山楂各类枝条的叶片数，依着生部位不同而异，长发育枝的叶片多者达 20 片以上，而结果枝叶片多在 10 片以下。由于结果状况不同，其叶片的生长和分布也不一样，一般幼龄树树冠外围的枝条，叶片从基部向上依次由小变大，而成年树枝条上的叶片分布状况则与此相反，这主要是由于树体贮藏营养的多少所决定的。因此，生产中应注意秋季保护好叶片，加强土壤管理，增加树体贮藏营养，为来年的生长、结果打下良好基础。

5. 果实

山楂生长期 180～200d，从开花到果实成熟需 140～160d。花后常因营养不良和授粉的关系，落花落果较为严重。初花后 3～4d 开始落花，一周内形成高峰，初花后两周出现幼果脱落，集中脱落期约一周，以后基本稳定。

二、结果习性

1. 花芽分化

山楂花芽分化期较苹果、梨、桃晚，时间长。不同枝类开始分化时间不同，一般短枝定芽分化早，长枝较晚。但到分化后期各类枝条间差异不大，基本上在同一时期分化结束。

山楂花芽是在枝条停长后 3～4 个月才开始分化。此时，果实已接近成熟，花芽分化与枝条生长和果实发育交错进行，树体营养分配上矛盾较小，在养分供给上为花芽形成创造很有利的条件。

山楂的花芽分化和连续结果能力都很强。进入结果期后，除徒长枝、强旺的延长枝及细弱枝外，凡生长充实的枝条都可以形成花芽。顶芽和第一、二侧芽能形成花芽，条件良好时，第三、四、五侧芽也能形成花芽。健壮的结果新梢，花序下第一、二侧芽多形成花芽，营养充足时，第三、四侧芽也能形成花芽。但弱枝只能形成一个或不能形成花芽。

结果母枝长度、粗度和着生花芽数及每序花数有密切关系，母枝长而粗的，花序多，花数也多。随树龄增长，结果母枝长度逐年变短，但仍是长枝形成大花芽数多于短枝。果枝可连续结果 2～4 年，多的可达 10 年左右（图 4-4-1）。

图 4-4-1 山楂结果习性

1—结果母枝（上年的结果枝）；2—结果枝顶端花序下枯死部分；

3—结果枝；4—叶片；5—果实

2. 开花坐果

山楂为伞房花序，每序一般 15～30 朵花，多者近 50 朵。花芽萌发后，先抽生结果新梢，在新梢顶端出现花序。山楂有单性结实现象，不经授粉、受精能够结果，但没有种子。

开花后，由于授粉和营养等原因，会出现落花落果现象。初花后 3～4d 开始落花，一周内形成高峰，初花后两周出现幼果脱落，集中脱落期约一周，以后基本稳定。盛果期树较初结果树坐果率高，壮树较弱树坐果率高，结果母枝越长、越粗，则坐果率越高，果实也大。山楂从开花到果实成熟需 140～160d。

3. 果实发育

山楂果实的发育与核果类相似，分为三个时期：

① 幼果速长期：开花后一个月内，幼果生长迅速，纵径生长超过横径，果形呈长圆形。

② 硬核期：自 6 月中旬以后的两个月时间内，果实增长缓慢，核逐渐硬化，胚急剧生长。

③ 熟前速长期：8 月份后，果肉迅速生长，横径逐渐大于纵径，果形发生显著变化。

三、对环境条件的要求

1. 温度

山楂对温度的适应范围很广，年平均气温 4.7～16℃地方都能栽培，以 12～15℃为最适发展区。冬季能耐较长时间 -20～-18℃的低温，可较长时间忍耐 40℃高温，各地的气候条件不同，均有当地较适宜的类型和品种。

2. 水分

山楂对水分的要求不严格，具有一定的抗旱能力，耐旱性比苹果、梨、桃强，但是干旱会影响果实的发育。

3. 光照

山楂是喜光果树，对光的要求比较敏感，在光照良好的环境中，可明显提高坐果率，果实着色好，糖分高。当平均光照达 10000lx 时，结果良好，不足 5000lx 时，结果较差甚至不能孕花。每天利用光能达到 7h 以上时结果最多，5～7h 则结果良好，3～5h 基本不能结果，每天小于 3h 的直射光，则不能坐果或坐果很少。

4. 土壤

山楂是较耐贫瘠的果树，对土壤要求不严格。在山地、丘陵、平原、沙荒地均能栽植，但以沙质壤土最适宜。对土壤酸碱度的要求以中性为宜，在微酸、微碱土壤上也能生长良好。但盐碱地、地下水位太高的地方不宜栽培。

任务 4.4.3 ▶▶ 山楂的生产管理

任务提出

通过实践，学会山楂整形修剪方法，懂得营养均衡原则对整形修剪的意义。

任务分析

掌握山楂常见树形结构特点，灵活运用整形修剪技术。

任务实施

【材料与工具准备】

1. 材料：山楂幼树、初果期树。
2. 用具：修枝剪、拉绳等。

【实施过程】

1. 选幼年树（2~4年生），干高30cm，留三个主枝，其他枝条疏除。
2. 摘心、拉枝、捋枝。
3. 旺枝，开张角度、少留枝；弱枝，抬高角度、多留枝。
4. 分析总结修剪时的注意事项。

理论认知

一、育苗

1. 根蘖归圃育苗

在野生资源比较丰富的地方，将根蘖苗连根挖出，栽植苗圃，然后再进行嫁接。刨取根蘖以秋季土壤上冻前较好，较春季刨取的根蘖归圃萌芽早、生长快、成活率高。选择1~2年生根蘖苗，直径0.5~1cm，有3~4条侧根，须根较多，并及时分级，栽于苗圃，加强水肥管理。

2. 播种育苗

山楂种子一般需要两个冬季层积处理才能发芽。种子育苗有两种方法。

（1）常规育苗法 将野生山楂成熟的果实采收后，碾破果肉堆积发酵，果肉腐烂变软后，在水中淘洗出种子，准备沙藏。根据种子多少挖好沙藏沟，种子和河沙以1:5的比例混合拌匀，湿度以手握成团而不滴水为宜，放入沟中，上覆沙与地面平，覆土稍高于地面以免积水，第二年夏季将种子上下翻倒一次，并适当调节湿度。封冻前或第三年春解冻后取出、播种。

（2）快速育苗法 当果实开始着色时开始采收，脱去果肉，进行沙藏，第二年春季播种，或浸晒交替处理，即将新采收的种子在清水中浸泡一夜，白天暴晒，夜晚再浸泡，白天再暴晒，如此重复数次，当种子有50%以上出现裂缝时，即可进行沙藏，第二年春播。

3. 嫁接苗培育

（1）接穗采集 春季嫁接的接穗，可结合冬剪采集。要求接穗直径在0.5cm以上，具有5个以上的饱满芽，充实健壮。采后捆好，放入低温窖内，用湿沙埋藏。采下的枝条要立即剪去叶片，留下0.5~1cm的叶柄，短期用不完，应放阴凉处保存，接穗下端放入湿沙中埋藏。

（2）嫁接方法与接后管理 可参考苹果育苗，其操作方法基本相同。

除嫁接方法之外，繁育山楂苗木的方法还有扦插、组织培养等。

二、栽植

1. 对环境条件的要求

山楂栽培以年均温7~14℃的地区较好，果实发育以月均温20~28℃为宜。山楂要求光照充足，树冠外围较内膛坐果率高，山楂也比较耐阴，山区半阴坡栽培的山楂生长较好。山楂对土壤要求不严，但以深厚、肥沃、中性或微酸性的沙壤土为好。山楂在盐碱地中生长不良。

2. 栽前准备

山地栽培山楂应在 20°以下的缓坡地栽植，根据地形、坡度和土层厚度修成等高梯田、撩壕或鱼鳞坑等水土保持工程。定植穴最好能提前一个季节挖好，使土壤熟化，定植前施入腐熟的农家肥，并加入一定量的复合肥料。

3. 栽植时期

山楂树在春、秋两季均可栽植。冬季较温暖的地区，适宜秋季落叶后至土壤上冻前半月栽植；冬季风大、寒冷、干旱的地区大都在春季土壤化冻后至山楂萌芽前栽植，缺少水源的干旱山区，也可在夏秋雨季的阴雨天，随起苗，随栽植，省工省水，成活率较高。

4. 栽植密度

合理密植是增加早期产量，缩短投资时间，提早收益的重要措施，应根据果园的气候、土壤和管理水平等条件综合考虑。低温、干旱、土壤贫瘠、坡度较大、管理水平较低的果园应适当密栽，水源充足、土层深厚、土壤肥沃、地势平坦管理精细的果园应适当稀栽。

5. 新栽幼树的保护

秋季定植的幼树，在树干周围培一圆形土堆，高 20cm 左右，以利保墒、防寒和防止风吹动摇。在干旱风大的山地建园，为了保持土壤水分，提高早春地温，可覆地膜。

三、土、肥、水管理

1. 土壤管理

（1）深翻改土　定植时挖坑栽植的果园，栽后的几年内，从栽植坑边缘向外，每年扩大深翻，至株间全部挖空为止。土质不好的果园，应结合深翻换土，改良土壤结构，提高土壤肥力。

深翻时期以夏、秋较好。风大、春旱和寒冷地区不宜在春季进行，因为此时切断根系，对地上的生长不利。在夏季正值雨季、温度高、伤口愈合快，还可以结合绿肥在深翻时施入。结果树可于秋季进行深翻，此时正值根系第三次生长高峰，养分开始积累，伤口容易愈合，有利于早春的根系生长，枝条萌发和开花坐果。

（2）土壤耕作　山地果园在春天土壤解冻后到山楂树发芽前进行第一次刨树盘，秋季进行第二次。刨树盘可使土壤疏松，蓄水保肥，节约营养，促进根系向土壤深层伸展，以增强抗旱和吸收能力。

（3）培土　在水土流失严重或土层太薄的山地果园，可于秋季落叶后到春季萌芽前有计划地进行树冠下培土。培土可加厚土层，增强抗旱能力，减少根蘖生长，有利于山楂的生长发育。

（4）覆盖　在春季刨树盘后，在树下覆盖作物秸秆、杂草等，厚 10～25cm，可减少土壤水分蒸发，防止水土流失，抑制杂草生长，调节土壤湿度，提高土壤有机质含量，使土壤疏松、不板结。

（5）间作　幼龄山楂园可利用行间种植农作物，以充分利用土地，提高经济收入。

2. 施肥和灌水

基肥以有机肥为主，并适当加入速效氮肥、磷肥或复合肥料。追肥一般采用土壤追肥和根外追肥结合。基肥和追肥的方法和其他果树相同。

四、整形修剪

1. 整形

山楂树形可用自然开心形和变则主干形，最好是低干、矮冠的主干疏层形，新建园可试用纺锤形。

（1）主干疏层形　干高 30～60cm，树高 4m 左右，层间距 100～20cm，主枝 5～6 个，每个主枝上有侧枝 2～4 个，主枝开张角度 60°～70°，盛果期以后逐步落头开心成延迟开心形。

（2）自然开心形　干高 10～30cm，整形带 30cm 左右，全树 3 个主枝，每主枝上着生 3 个侧枝，其中两个斜侧，一个背下侧。主枝角度自然开张，主枝角度太小时，主要靠侧枝开张角度。

2. 修剪

幼树期在 2～4 年内，根据树体生长状况，本着旺树轻，弱树重的原则，对骨干枝延长枝实行轻短截或中短截（减去枝条长度的 50％），也可以缓放后早春刻芽，还可以生长期摘心，促进早分枝、早成形。非骨干枝中，强枝在有生长空间的地方，可在春秋梢交界处戴帽短截，萌芽数和成枝数最多；在不缺枝的地方用缓放、环剥、晚剪、生长期拉枝和摘心等方法处理，萌芽率高，成花容易；生长期及时进行摘心捋枝等处理，不使其形成过强枝。内膛细长枝在饱满芽处轻短截生长量最大，容易复壮。

初果期修剪要保持好各级骨干枝的从属关系，调节各主枝间的平衡，同时培养好结果枝组，初果树多以中、长结果母枝，其上部抽梢，下部芽多不萌发，出现"光腿"。在结果 1～2 年后，应轮流回缩，培养结果枝组，防止结果部位外移。可以进行中部环剥、弯枝、别枝等促进光秃带萌发枝条，或结果后逐步回缩。

盛果期尽量保持树冠内部通风透光，培养更新结果枝组，使结果枝比例占 50％左右，平均粗度 0.45cm 左右，叶面积系数 4～5。按培养的树形维持、调整好各级骨干枝，逐年分批处理辅养枝，保持健壮树势。衰老树回缩更新，进行复壮。

五、花果管理

山楂树进入结果期后，坐果率降低，落花落果严重。当树体营养不足，结果过多时，又容易出现大小年现象，除加强土肥水管理和合理整形修剪外，还可以采用以下措施，调节负载量，以达到连年优质丰产的目的。

1. 保花保果

山楂落花落果比较严重，应在保证单果重的前提下提高坐果率。除要加强土、肥、水管理和病虫害防治以提高树势之外，还要喷植物生长调节剂，如赤霉素和乙烯利。花期放蜂和人工授粉能提高山楂坐果率。

（1）赤霉素　经过多年试验和大面积生产应用证明，山楂盛花期喷布赤霉素，能提高坐果率，增加产量，提早成熟，浓度为 30～50mg/kg。使用赤霉素时，应加强综合管理，使树势健壮，才能起到较好的作用。

（2）乙烯利　据试验，对结果很少的山楂幼旺树，在新梢旺长前喷 800mg/kg 的乙烯利溶液，可抑制新梢生长，促进花芽形成，使山楂树早结果、早丰产。

2. 疏花疏果

主要是控制花序数量，疏除花序应在花序出现后至分离前进行，越早越好。通常一个结果母枝抽生 1～3 个结果枝，前部的长势强，后部的弱。抽生一个结果枝的尽量保留其上花序，2～3 个结果枝的，保持前部 1 个，疏除后部 1～2 个结果枝上的花序，使转化为营养枝（预备枝）。保留花序的结果枝，当年完成开花结果任务。疏除花序时力求疏留均衡，不要集中一点，但又要与枝组的营养状况相结合。冬季修剪时，将先端已结果的枝疏除，第二年春季再对预备枝转化成的结果母枝做花序的疏除工作。

【知识链接】

山楂的采收

山楂采收有竿打法、手摘法和药剂催落法。用作加工时可用竹竿敲打振落，然后拾取，部分果实会有损伤；手摘法适宜贮藏供鲜食，一般可用手摘或用剪子剪断果柄，保持果实完好。药剂催落法是在采收前一周，用 40% 乙烯利水剂，加水配成浓度为 600～800mg/kg 的溶液进行全树喷布，喷后 4～5d 即可采收。地面铺满苫布或塑料布，轻晃树枝干，即可脱落，一般脱落率达 95% 以上。此种方法工效高，果实质量好，对树体无明显不良影响，但注意严格掌握药剂浓度。

任务 4.4.4 ▶▶ 山楂的病虫害防治

任务提出

以一个山楂园作为群体，通过观察和分析常见病虫害，制订综合防治方案。

任务分析

由于果农认识落后和管理粗放，导致当前山楂病虫种类较多，为害严重，致使产量和品质低下。通过观察当地主要病虫害发生种类和为害程度，因地制宜采取措施综合防治。

任务实施

【材料与工具准备】

1. 材料：山楂园。

2. 工具：采集袋、放大镜、捕虫网、剪刀、广口瓶、标本夹、记录本等。

【实施过程】

1. 现场调查

通过实地调查，使学生了解当前山楂生产中主要的病虫害种类及其发生规律和为害程度。将调查结果填入表 4-4-3 中。

2. 观察记录

记录病虫种类及其为害症状等，并会用专业术语准确描述。

3. 防治方案制订

通过了解其发生规律，科学分析后制订出切实可行的防治方案，并实施防治。

表 4-4-3 山楂病虫害种类调查记录表

调查地点： 调查人： 日期：

病虫害种类 ＼ 项目	地势	果园名称	土壤性质	水肥条件	品种	苗木来源	生育期	发病率	备注

【注意事项】

选择病虫害发生较重的山楂园或植株，将学员分成小组在山楂生长前、中、后期以普查的方式，利用网捕、手采、诱集等方法，采集病害、虫害及为害状标本，并带回室内，进行保存和鉴定。

理论认知 👆

一、山楂的病虫害防治

山楂的病害主要有白粉病、花腐病等，虫害主要有白小食心虫、红蜘蛛等。主要病虫害的症状特点及防治技术参见表 4-4-4。

表 4-4-4 山楂主要病虫害防治一览表

名称	症 状	防治要点
山楂白粉病	新梢和叶片受害后表面出现白粉,新梢节间变短,生长柔弱,质硬而脆,受害严重时新梢枯死。果实被害后,幼果近果柄处出现白粉,逐渐扩大到果面,果形不正,着色不良	1. 加强栽培管理:肥水管理要合理,不偏施氮肥,园地土壤不能过分干燥,要合理疏花疏叶,增强树势,提高抗性。 2. 清扫苗圃、果园,烧毁病枝、病叶,及时减少病源。 3. 药剂防治:发芽前喷一次 5°Bé 石硫合剂,花蕾期和开花后各喷一次 50％可湿性多菌灵 600 倍液,或 50％可湿性托布津 800 倍液
山楂花腐病	主要为害叶片及幼果,初期在幼叶上出现褐色点状或短线条状病斑,逐渐扩展为红褐色至棕褐色	1. 春、夏季及时摘除被病菌侵染的叶、花、果、枝,秋季果实采收后,彻底清除病僵果,烧毁或深埋。 2. 用 15％粉锈宁可湿性粉剂 1000 倍液或 70％甲基硫菌灵可湿性粉剂 1000 倍液,于 50％叶片半展开及展开时,连续喷两次
白小食心虫	主要为害山楂果实,也为害幼芽和嫩叶。一年发生两次。以老熟幼虫在地面或树皮缝里作茧越冬。6 月份出现成虫,在叶背产卵。幼虫孵化后爬至萼洼、两果相接触处或果叶相贴处吐丝缀连,并蛀入果内。8 月下旬～10 月上旬,第二代幼虫陆续脱果越冬	1. 8 月份树干绑草把诱杀冬雌成虫,冬季解下草把烧毁。 2. 落叶后刮除树干、大枝上的粗皮、翘皮,清除枯枝落叶,集中烧毁。 3. 出蛰盛期喷布 0.3～0.5°Bé 石硫合剂。 4. 夏季大发生期,喷 20％三氯杀螨醇 800 倍液或内吸磷 2000 倍液。 5. 注意保护草青蛉、小黑瓢虫、六点蓟马等天敌昆虫
红蜘蛛	为害叶子背面,叶片受害后出现黄褐色斑点,于叶背面吐丝拉网,雌虫在枝条或主干裂皮或贴近主干基部和土缝里越冬,第二年 4 月份出蛰,能进行孤雌生殖,繁殖能力极强	1. 人工防治:刮除枝干老树皮,减少越冬螨,8 月中旬前在树干上绑缚草束,诱集成螨,然后冬季取下草束,消灭成螨。 2. 药物防治:在越冬螨出蛰前到孵化期,用 5％尼索朗乳油 1500～2000 倍液,或 50％螨克锡可湿性粉剂 1000～1500 液,或 20％三氯杀螨醇乳油 600～1000 倍液

二、山楂周年管理技术要点

见表 4-4-5。

表 4-4-5　山楂周年管理技术

物 候 期	管 理 要 点
休眠期	1. 上冻前解冻后翻树盘,特别是要求早春顶凌翻树盘,防治地下白小食心虫及其他地下害虫。 2. 萌芽前进行冬季修剪(一般为 2～4 月份进行)。结合修剪采集接穗以便嫁接。 3. 播种培育砧木苗。对新建园春季进行定植,半成苗进行剪砧。 4. 于芽萌动前进行大树优种改接,及苗圃地春季硬枝补接。 5. 土壤解冻后及时施基肥
萌芽期	1. 对幼树园进行定植、补植缺株。 2. 进行除萌蘖,对幼树进行拉枝整形,及刻伤定向发芽、发枝。 3. 萌芽时喷 0.8～1°Bé 石硫合剂,预防白粉病、花腐病、山楂红蜘蛛和枯梢病;展叶后喷布一次 0.3％尿素,同时进行花前追肥并进行灌水。 4. 育苗地及半成苗要及时除萌蘖、追肥灌水、松土除草
开花期	1. 根外追肥喷 0.3％尿素混以 0.2％硼砂。 2. 小年树花期喷布一次 50～60mg/kg"九二〇"(赤霉素)以提高坐果率,大年树在幼果期喷一次"九二〇",花期不喷,以提高单果重
果实生长发育期	1. 嫁接树除萌、摘心、绑防风支棍。 2. 生理落果后追肥,以氮肥为主,喷尿素 0.3％加磷酸二氢钾 0.1％(7 月份一次,8 月份一次,以提高花芽分化质量和增加单果重)。 3. 7 月中旬开始芽接,同时解除春季嫁接口的绑缚物。 4. 为增加单果重及花芽分化量 8 月份应增施一次有机肥。 5. 夏季修剪主要是抹芽、摘心和短截。 6. 9 月份,早熟山楂采收,10 月份晚熟山楂陆续采收
落叶期	1. 采收后立即秋施基肥,结合秋施基肥进行果园深翻,同时施入一些蓖麻叶,以消灭部分地上害虫,同时也可以混入一些"阴阳灰"(即草木灰 1 份,石灰粉 3 份,每亩用量 30kg),可有效防治菌核病、白粉病、立枯病、炭疽病、根腐病。结合深翻施肥进行灌水。 2. 秋季建园,按不同密度的株行距进行整地并进行栽植,灌水后封冻。 3. 清除枯枝、落叶、虫果,集中烧毁。刮树皮,消灭越冬害虫。 4. 寒冷地区幼树培土防寒、树干涂白。 5. 育苗用种进行沙藏

复习思考题

1. 山楂具有营养价值高的特点,查询资料总结出山楂常见食用方式和加工方法。

2. 调查学校附近的山楂树形,如果不符合教材中的两个标准树形,你如何来改造,使其更符合主干疏层形或自然开心形?

项目五 柿树的生产技术

▶▶ **知识目标**

了解柿树的优良品种以及生长结果特性，掌握柿树生产关键技术。

▶▶ **技能目标**

能够掌握柿树土肥水管理及整形修剪技术。

任务 4.5.1 ▶▶ 识别柿树的品种

任务提出

从植物学性状、生态学性状和生长结果习性上来识别当地主栽柿树品种。

任务分析

不同柿树品种，生长结果习性也有很大差别，通过观察，找出品种的特殊性状，便于生产管理。

任务实施

【材料与工具准备】

1. 材料：当地栽培的结果柿树 3～5 个品种，果实实物或标本。
2. 工具：卡尺、水果刀、放大镜、卷尺、托盘天平、记载表及记载用具。

【实施过程】

1. 选定调查目标：每品种 3～5 株的结果树，做好标记。

2. 确定调查时间：生长季观察以下内容。

（1）叶片

① 叶缘锯齿：粗短、细长。

② 叶片外观：形状、大小。

③ 叶背茸毛：多少、颜色、茸毛。

（2）果实

① 外观：大小、颜色、形状。

② 果肉：颜色、口感。

③ 种子：有无、多少、种子与果肉是否易剥离。

3. 调查内容

（1）柿树品种特征记载表 1 份。

（2）试述本次认识的几个柿树品种特征。

理论认知

柿原产我国，已有 3000 多年的栽培历史，是柿科、柿属落叶大乔木，树冠庞大，柿果扁圆形或圆锥形，橙黄色或黄色，味甜多汁，营养丰富，有润肺、清热、化痰、止咳，解酒，降血压，健脾养胃，使人延年益寿之功效。柿树是一种栽培广、易管理、寿命长、适应性强、产量高的果树。柿木材质致密，纹理美丽，是制造贵重器具的重要原料。

一、主要种类和品种

（一）栽培种类

柿属于柿科柿属植物，柿属植物在全世界约有 250 种，大多为热带或亚热带植物，温带较少。原产我国的柿属植物有 49 种，其中供果树栽培及砧木用的主要有以下三个种。

1. 柿

柿为主要栽培种，落叶乔木，高达十余米，树冠为自然半圆形或圆头形。叶片厚，倒卵形、广椭圆形或椭圆形。花有雌花、雄花和两性花。栽培种大多仅具有雌花，少数为雌雄同株而异花。花冠钟状，肉质，呈黄白色。萼片大，四裂。雌花中有退化的雄蕊 8 个，子房 8 室；花柱有不同程度的联合。果实为扁圆、长圆、卵圆或方形，常具有 4～8 道沟纹或一道缢痕。成熟时果皮橙红色或黄色。种子 1～8 粒，大多无种子。果实 9～11 月份成熟。

2. 君迁子

君迁子又名黑枣、软枣（河北、河南、山东）、豆柿、牛奶柿、丁香柿（湖南）。原产我国黄河流域、土耳其及阿富汗。为落叶乔木，树高十余米。花多单性花。雌雄异株或同株。雄花 2～3 朵簇生。花冠红白色，有短梗，雌花单生，花冠绿白色。果实较小，直径 1～2.5cm，果长圆形、圆形或稍扁，初为黄色，后变为黑色或紫褐色，或黑褐色。多数品种有种子，少数品种无种子。果可供食用。为北方柿的砧木。

3. 油柿

油柿又名油绿柿，漆柿或柿。原产我国中部和西南部。为落叶乔木，树高 6～7m，树冠圆形。新梢密生黄褐色短毛茸；叶长卵形或长椭圆形，表面及背面均密生灰白色毛茸。花单性，雌雄花同株或异株。雌花单生或与雄花同一花序上，而位于花序的中央；雄花序有花 1～4 朵。果为大型浆果，圆形或卵圆形，果面分泌黏液，布短柔毛，果实橙黄色或淡绿色，常有黑色斑纹。种子较多，果实可供生食，但主要用于提取柿漆（柿涩）。也可作柿树砧木。

（二）主要品种

我国柿品种很多，据不完全统计已达 800 种以上。分类及命名方法各地虽不统一，依成熟时果实能否自然脱涩分为两种：涩柿，果实正常采收时仍有涩味，需经人工脱涩方可食用。我国多数品种属涩柿系统。甜柿（甘柿），果实在树上能自然脱涩，采下后即可食用。如罗田县甜柿，日本的富有、次郎等，从分布上来看，可分为南、北两种类型。南型类的品种耐寒力弱，喜温暖气候，不耐干旱；果实较小，皮厚，色深，多呈红色。北型类品种则较耐寒，耐干旱；果实较大，皮厚，多呈橙黄色。

1. 磨盘柿

磨盘柿又名大盖柿（河南、山西）、盒柿（山东）、腰带柿（湖南）等。主产河北太行山北段及燕山南部；湖南、湖北、山西、陕西、山东、安徽、浙江也有分布。果实磨盘形，缢痕深而明显，位于果腰，将果肉分为上下两部分，形若磨盘而得名。平均单果重 241g，最大达 500g 以上；橙黄色；软后水质，汁特多，味甜，无核。品质中上。宜脱涩鲜食，也可制饼，但不易晒干。在 10 月中下旬成熟。该品种单性结实力强，生理落果少，较抗寒抗旱，鲜柿较耐贮运。

2. 十月红

树势中庸，树形开张，树冠半圆形。叶片较大，具光泽，呈椭圆形。花较大，只有雌花，自花结实率 60% 以上。果实扁圆形，果顶微凸，果实多为 4 棱形或 5 棱形，果皮橘红色，种子多数退化为肉核，果肉汁多，味甜，纤维少，含糖量高，品质上等。10 月下旬至 11 月上旬成熟。果皮略厚，耐贮运。具有早实、丰产、稳产等优良特性，特别是成熟晚，可较迟上市，从而延长柿子的供应期，获得较好的经济效益。

3. 镜面柿

果圆形，萼洼深，果橘红色，汁多而甜，品质极佳，宜生食及制柿饼。树势强，树冠开展。主产于山东菏泽。著名的曹州"耿饼"主要是用该品种的果实制成。

4. 尖柿

果实呈圆锥形，橙红色，果顶尖形，果汁浓而味甜。树势强健，寿长而丰产，每株产量达 500～1000kg，抗逆性强，不易落果。主产于陕西富平县。

5. 鸡心黄

果呈圆锥形，果顶钝尖，橙黄色，甜而多汁。树性强健，寿长，丰产。果实脱涩后果肉硬实而不软，是著名品种之一。主产于陕西省三原县。

6. 牛心柿

果呈心脏形，橙红色，略具白色蜡粉，汁多味甜，品质上等。为河南省三门峡市渑池的特产，是良好的生食品种。

7. 富有

原产日本。果实扁圆形，平均单果重 200g，果皮红黄色，完熟后为浓红，10 月中下旬成熟。肉质松脆细嫩，汁中等，味甜，品质上，褐斑少，种子 2～3 粒，耐贮，属完全甜柿。

8. 次郎

原产日本。果实扁方形，平均单果重 154g，最大单果重 193g，橙红色，10 月中下旬成熟。肉质脆而稍密，略带粉质。汁液多，味稍甜，种子 1～2 粒，品质中上。属完全甜柿。

9. 罗田甜柿

产于湖北省罗田县。果实扁圆形，果小，平均单果重 62.9g，橙红色。着色后不需脱涩即可食用。果肉致密，味甜，品质中上，有种子 4～6 粒，10 月上中旬成熟。供鲜食或制柿饼皆可，是唯一原产我国的甜柿品种。

二、生物学特性

柿树多数品种在嫁接后 3～4 年开始结果，10～12 年达盛果期，实生树则 5～7 龄开始结果，结果年限在 100 年以上。

（一）生长发育特点

1. 根系

柿树是深根性树种，根系由主根、侧根及须根 3 部分组成。根系比地上部生长晚，一般在展叶后，新梢即将枯顶时才开始长出。一年中有 2～3 次生长高峰期，分别是新梢停止生长与开花之间、花期之后、7 月中旬～8 月上旬等 3 个时期，以花期之后这一时期总生长量最大，时间最长。柿根含鞣酸较多，受伤后不易愈合，恢复较慢，发根也较难。

2. 干性与极性生长

幼树骨干枝生长旺盛，新梢的生长长度和粗度都比较大，常发生二次梢；顶端优势明显，分枝能力强，分枝角度小，树势强健；树冠直立，层性明显，有较强的中心干；开始结果后，骨干枝逐渐形成，树冠迅速扩大，枝条的开张角度逐渐加大，营养生长减弱，生殖生长增强；随着树龄的增长和结果数量的增加，大枝逐渐弯曲，树冠下部枝条和大枝先端下垂。柿的芽萌发力不强，成枝力较强，通常在一个生长枝上，其先端 1～3 芽能抽生长枝，其枝条中部的芽多抽生中短枝，中部以下芽往往不萌发。

3. 芽的类型及其特性

柿芽当春季萌发生长达一定长度后，顶端幼尖即自行枯萎脱落，使其下第一个侧芽成为顶芽，故柿无真正的顶芽，只有伪顶芽。从枝条顶端到下部，柿芽逐渐变小，根据其特性，可分为花芽、叶芽、潜伏芽、副芽四种。

（1）花芽　又称混合芽，着生在结果母枝顶部，肥大饱满，萌发成结果枝或雄花枝。粗壮的结果母枝上的花芽形成结果枝，细弱结果母枝上的花芽，只能形成雄花枝。

（2）叶芽　着生在结果母枝的中部或结果枝顶部，较花芽瘦小，可萌发成发育枝。

（3）潜伏芽　又称隐芽，着生在枝条的下部，小如粟粒，平时不萌发，在受到刺激如修剪或枝条受伤后能萌发，寿命长，可维持 10 余年之久，更新和成枝能力很强。

（4）副芽　位于枝条基部两侧的鳞片下，形大而明显，平时不萌发，当正芽受伤或枝条重截后便能萌发，寿命和萌发力比潜伏芽强，受刺激可产生预备枝或徒长枝，可用于更新。

4. 枝的类别及其特性

柿树当年萌发的枝条，可以分为生长枝、结果枝和雄花枝。

（1）生长枝　由一年生枝上叶芽或多年生枝受刺激后由隐芽或副芽萌发而来。根据其枝条长度及长势又可分为发育枝、徒长枝和细弱枝。

① 发育枝：位于骨干枝上，由一年生枝的顶部或多年生枝隐芽萌发而成。

② 徒长枝：为生长枝中生长旺盛的枝条，如不加控制，一般可达 1m 以上。

③ 细弱枝：多在一年生枝中部或多年生枝下部，由弱芽萌发。

（2）结果枝　由结果母枝上抽生。结果母枝的顶端及顶端以下几个侧芽可分化为花芽，一般每一结果母枝上可着生 2～3 个花芽，多者可达 6 个。花芽次年抽生结果枝，在结果枝由下向上第 3～7 节叶腋间开花结果。每一结果枝的开花数不等，一般为 1～5 朵，且以顶花芽（伪顶芽）抽生的结果枝生长势强，开花数多，结实力也强，其下侧芽所生结果枝依次减弱。

柿结果母枝是抽生结果枝的基枝，结果母枝的强弱与抽生的结果枝的强弱有关。

（3）雄花枝　某些品种尤其是播种所生的野生柿，除生雌花外，也有生雄花的。生雄花的枝虽开花而不结实，故称为雄花枝。着生雄花枝的母枝也称雄花母枝。雄花母枝不如结果母枝健壮粗大，一般为势力较弱的细弱枝。

（二）环境条件要求

1. 土壤

柿树的根系强大，喜深厚、肥沃、湿润、排水良好的土壤，适生于中性土壤，较耐瘠薄，抗旱性强，不耐盐碱土。

2. 温度

柿树喜温暖气候，在年均温 10～21.5℃的范围内都可以生长，以年均温 13～19℃的地方最适宜，冬季温度在－15℃时会发生冻害，－17℃时，枝条不充实的植株会冻死。但休眠期必须要有一定的低温才能完成休眠。

柿根系生长与土壤温度关系密切，根开始生长的土壤温度为 13～15℃，生长最适宜的温度为 21～24℃，温度在 25℃以上或 13℃以下根系停止生长。

3. 光照

柿树是阳性树种，日照不足，有机养分积累少，结果母枝很难形成，花芽分化不良或中途停止，开花量少且坐果率低。花期阴雨会影响访花昆虫的活动，授粉困难；幼果期阴雨过多生理落果增多，从而使产量大大下降。

光照对果实的品质影响极大，光照充足，果实发育良好，着色早而艳丽，味甜，成熟早；光照不足，色浅而暗，味淡，成熟晚，商品性差。

4. 水分

花期和幼果膨大期阴雨过多，容易引起生理落果，花芽分化不良，影响次年产量。成熟前阴雨过多，果实色浅味淡，风味不好，糖度会降低。久旱遇雨容易裂果；生长期过旱，果小、易落。

柿的根系呼吸量小，对缺氧环境忍耐力强，所以比较耐湿。但是，长期积水，根系窒息，也会出现生理缺水而引起凋萎或死亡，柿砧稍不耐涝。

任务 4.5.2 ▶▶ 柿树的生产管理

任务提出

以柿树整形修剪为例，完成通过对柿园的调查，掌握柿树的栽培管理技术。

任务分析

柿树在生产上大多是粗放管理，树形和修剪很不规范，通过细致的整形修剪提高果园的经济效益。

任务实施

【材料与工具准备】

1. 材料：柿树的初、盛果树。
2. 工具：修枝剪、锯、拉绳、锤子等。

【实施过程】

1. 确定树形

矮化密植柿树常用树形为自然开心形。

2. 不同年龄期修剪

（1）幼树的修剪　修剪时，按树形结构选留强枝培养骨架，开张角度，扩大树冠，要少疏多截，增加枝量，并冬夏结合。

（2）盛果期树的修剪　修剪时应调整骨干枝的角度，均衡内外生长势力。

3. 不同类型枝条修剪

（1）骨干枝的修剪　及时调整骨干枝的角度，以均衡内外生长势力，对前端已下垂骨干枝，回缩到弯曲部位，扶持后部更新枝，逐渐代替原头。

（2）枝组及结果母枝修剪　结果枝组密聚时，应进行疏剪，去弱留壮，保持一定距离。对过高过长的枝组应及时回缩，促使下部发出更新枝。对过密的结果母枝，适当疏去一部分，短截一部分，培养出预备枝，作为第二年的结果母枝，如果枝下有较好的发育枝，可逐年向下更新缩剪。利用回缩大枝发的新枝（包括徒长枝），适时短截，促其分枝，培养结果母枝。

（3）发育枝的修剪　将内膛或大枝上着生的细弱发育枝疏去，以利通风透光，减少养分消耗；对健壮发育枝，如部位适当又有空间，剪去先端 $1/3 \sim 1/2$，使其分生强健的新梢，培养枝组；生长中庸的发育枝极易转化为结果母枝，可甩放不剪。

（4）更新枝的修剪　对于徒长更新枝除过密者疏除外，一般应改造利用，适度短截，促其抽生结果母枝。此外，对于一部分二年生枝段下部生长细弱的枝群及密挤枝、交叉枝、丛生枝、病虫枯枝要疏去，以利通风透光。

理论认知 👆

一、果园建立

（一）苗木繁殖

柿树育苗以嫁接苗为主。

1. 砧木种类

君迁子为北方常用砧木，种子发芽率高，根群浅，细根多，能耐寒耐旱，嫁接苗木生长整齐健壮。一般播种后第二年即可嫁接；实生柿为南方柿的主要砧木，深根性，侧根较少，能耐湿，亦耐干旱，适于温暖多雨地区生长；油柿在江苏洞庭西山和杭州古荡地区作柿砧木。根群分布浅，细根多。对柿树具有矮化作用，能提早结果，但以此为砧木的柿树寿命较短。

2. 嫁接的时期和方法

嫁接的时期于春季砧木已萌芽而接穗尚未萌动时采用枝接方法进行（2月上旬～3月上旬），可用切接或劈接等方法。也可在生长季节用片芽接、"T"形芽接等方法。

柿含有单宁，易氧化形成隔离层，不论枝接或芽接，动作要迅速；枝接时最好用塑料薄膜将接穗顶端包护，或用熔化的石蜡涂于接穗的顶端，则成活率高；枝接应选粗壮、皮部厚而富含养分的接穗易成活。

（二）栽植技术

1. 园地选择

柿园应选择土层深厚、有机质丰富、通气性良好的壤土为宜，除应考虑适宜的环境条件外，还应考虑市场、交通等因素，以鲜食为目的的柿园宜建在交通方便的地区，以软柿供应的柿园更宜如此。

2. 品种选择及配置

一般城郊附近、交通方便的地方应选择鲜食品种；交通不便的山区应以加工品种为主，适当搭配鲜食品种。单性结实能力弱的品种最好配置授粉树，授粉品种雄花量要多，且与栽培品种花期相遇，授粉树的数量以 10% 左右为宜。

3. 栽植密度

平地或肥沃的土壤可按 4m×5m 的株行距定植，瘠薄土壤或山地的株行距可按 4m×4m。

4. 栽植时间及方法

可在苗木落叶后的 11～12 月份栽植，也可在春季的 2 月份进行；栽植深度以苗的根颈与地面稍高 10～20cm 为宜，栽后浇水、培土，及早定干。

栽植时注意，由于柿根含较多的单宁，受伤后较难愈合，细胞渗透压低，容易失水且不抗寒，起苗时应少伤根，起苗后严防根部干燥，栽植时注意根系舒展，与土密切接触，栽后充分灌水，以后保持土壤湿润，寒冷地区应多培土注意防寒。

二、柿园管理

（一）土、肥、水管理

1. 土壤管理

柿是深根性树种，耐湿、耐旱性强，但土壤过干、过湿，生长结果不良。柿园管理应通过增加土壤空隙度，使土壤保持适宜的水分。通过深耕，多施有机肥，并行覆草、生草等技术，改善土壤条件。

2. 施肥

（1）基肥　基肥应于秋后采果后施入为最佳，以有机肥为主，并可适当施入氮、磷、钾肥。基肥的施入量，氮肥 60%～70% 在基肥中施入，其余于生育期追施；磷肥全部在基肥中施入；钾肥容易流失，所以可在基肥和追肥中均匀施入。

（2）追肥　追肥应结合物候期进行。柿除新梢和叶片较早外，其他如根系生长、开花、坐果与果实生长等皆偏晚，因此追肥时期亦偏晚，肥水过早施入，由于刺激了枝梢生长，反而引起落蕾较多。

追肥时期应在花期前和生理落果后各进行 1 次，这两个时期追肥可避免刺激枝叶过分生长而引起落花落果，亦可提高坐果率及促进果实生长和花芽分化，追肥的施入量应根据品种、树龄、树势、产量和土壤本身营养状况来决定。

（3）叶面喷肥　一般在花期及生理落果期每隔半月左右喷 1 次尿素，后期可喷一些磷肥。

3. 灌、排水

柿喜湿润，土壤水分不足常导致果实萎缩，枝叶萎蔫，落花落果，土壤湿度过大时生理落果严重，灌水时期应视土壤墒情而定，要保证在发芽、开花和果实膨大 3 个关键时期土壤内有足够的水分，其他时期若土壤干燥或施肥后，也应酌情灌水，早春天气干旱，萌芽前适量灌水可促进枝叶生长及花器发育，开花前灌水有利坐果，防止落花落果，施肥后灌水有利肥效的发挥。

夏季雨水较多，应注意排水。

（二）树体调控

1. 主要树形

柿树的主要树形有主干疏层形、自然半圆形。

（1）主干疏层形　有明显的中央领导干，主枝分层分布于中央领导干上。第一层 3 个主枝，第二层 2 个主枝，第三层 1 个主枝，上下两层主枝错开分布，层间距离 60～70cm，同层上下主枝距离为 40～50cm。主枝上着生侧枝，侧枝间距离约 60cm，侧枝上再着生结果枝组。树冠呈圆锥形，主干高 60cm 左右，全树高 6～7m。为防止形成上强下弱局面，后期要控制上层枝条，不使生长过旺，必要时可以落头。此树形适于干性强、顶端优势显著、分枝少、树姿直立的品种，如磨盘柿、镜面柿等。

（2）自然半圆形　没有明显的中央领导干，在主干上端着生 4～6 个主枝，向斜上方自然生长，各主枝生长势大体均衡，主枝上分层着生侧枝，侧枝间互相错开，均匀分布，使树冠呈半圆形。此树形无明显层次，树冠开张，树体较矮，内膛通风透光良好，较丰产。

2. 不同龄期的整形修剪

（1）幼树的修剪　幼树生长旺盛，顶芽生长力强，有明显的层性，分枝角度一般偏小。修剪时，按树形结构选留强枝培养骨架，开张角度，扩大树冠，要少疏多截，增加枝量，并冬夏结合，对旺枝生长到 20～30cm 时摘心，促生二次枝，增加级次，为尽早结果作好准备；对无用的徒长枝应在夏季及时疏去，有空间、可利用的徒长枝，可改造成结果母枝和生长枝。

（2）盛果期树的修剪　调整骨干枝角度以均衡树势，修剪时应调整骨干枝的角度，均衡内外生长势力，对过多的大枝应分年疏除，改善内膛光照，促使内膛小枝生长健壮，开花结果，同时将生长衰弱的主枝原头逐年回缩，扶持后部更新枝向斜上方生长，逐渐代替原头，以抬高主枝角度，恢复主枝生长势。

生长枝类与结果枝的修剪，弱小枝宜尽先疏去，以节省养分。对长 20～40cm 的发育枝，除过密生的疏除外，其余的依其强弱剪去先端 1/3～1/2，促使分生强健的新梢，而成为结果母枝。

截缩结合以培养结果母枝，盛果期应注意多培养健壮的结果母枝，这是增产的关键。利用回缩大枝发的新枝，适时短截，促其分枝，培养结果母枝，同时将过多的结果母枝短截，培养出预备枝，作为第二年的结果母枝，具体方法为：第一年将多余的结果母枝短截，使之成为更新母枝，第二年抽出两个结果母枝，上枝结果，下枝短截成为更新母枝。

衰弱下垂大枝群的修剪，盛果后期，结果增多，树冠一部分的侧枝或大枝组因果实及其上所生枝叶的重量渐次下垂，同时自这些下垂枝的基部及附近隐芽抽生新的直立新梢，直立的新梢因其有优势地位，当年自顶部分枝开展，以致下垂枝被其荫蔽而更趋衰弱，直至枯死，最后由直立枝群来代替。

（3）衰老期树的修剪　可根据衰老程度进行回缩，一般可在五至七年生部位留桩回缩，甚至于主枝的部位回缩更新。

3. 夏季修剪

（1）抹芽　在新梢萌发后至木质化前进行。幼树将整形带以下的萌芽全部抹去；大树上主枝分叉处、锯口附近或大枝拱起部分，会萌发大量新梢，留下侧下方的新梢 1～2 个，培养结果母枝。

（2）摘心　对有利用价值的徒长枝，于 6～7 月份枝条长 20～30cm 时，在先端未木质化部位摘心，促使其发生 2 次枝，形成结果母枝。

（3）拉枝　无论是培养主枝或侧枝，当新梢方向合适，角度较小时，6 月份在新梢木质化前，按理想角度和方向拉枝，7～8 月份分别等新梢长至一定长度，再拉枝 1 次，使枝条按要求生长。

(三) 花果管理

1. 授粉

柿树有一定的单性结实能力，但富有等甜柿品种单性结实能力低，没有种子的果实小而易落果，且果形不整齐，果顶不丰满，商品性差；无核柿果也需要花粉刺激才能坐果，为了提高坐果率，必须充分授粉。

除在柿园配置授粉树外，为提高授粉树的作用，可在柿园花期放蜂，若花期遇低温、下雨，蜜蜂的活动受影响时，为确保授粉，可采用人工辅助授粉。

2. 疏蕾和疏果

疏蕾的最适期是在结果枝上第一朵花开放时开始至第二朵花开放时结束。除开花早的1～2朵花以外，结果枝上开花迟的蕾全部疏去。

疏果宜在生理落果即将结束时进行。疏果时应注意留下来的果实数与叶片数要有适当的比例，将发育不良的小果、畸形果、病虫果等先行疏去。保留侧生果或侧下生果，个大、匀称、深绿色、萼片大而完整的果实，尤其是萼片大的果实最容易发育成大果应尽量保留。

(四) 果实采收

1. 采收时期

根据用途不同，可在不同时期采收。作硬柿供食的柿果，可在果已达固有的大小，皮变黄色而未转红，种子已呈褐色时即可陆续采收。采收过早皮色尚绿，品质不佳，采收过晚果易软化。制饼用的柿果若采收过早则含糖量低，饼质不佳，采收过晚则果软化，在制作时不易削皮，在果皮黄色减退而稍呈红色时，为采收适期。作软柿用的果实，应在黄色减退而充分转为红色时采收，此时果含糖量高，色红，制出的烘柿色好味甜。

2. 采收方法

采收方法各地不一，主要有两种。折枝法，即用手或夹竿将柿果连同果枝上中部一同折下。这种方法的缺点是常把能连年结果的果枝顶部花芽摘去，影响了第二年的产量。优点是折枝后可促发新枝，可使树体更新及回缩结果部位。摘果法，即用手或摘果器将果逐个摘下。这种方法可不伤果树，有些连年结果的枝条得以保留，采收应以此法为主。

任务 4.5.3 ▶▶ 柿树的病虫害防治

任务提出 📖

以一个柿园作为群体，通过观察和分析常见病虫害，制订综合防治方案。

任务分析 📚🖱

由于果农认识落后和管理粗放，导致当前柿树病虫种类较多，为害严重，致使产量和品质低下。通过观察当地主要病虫害发生种类和为害程度，因地制宜采取措施综合防治。

任务实施 ✏️

【材料与工具准备】

1. 材料：柿园。

2. 工具：采集袋、放大镜、捕虫网、剪刀、广口瓶、标本夹、记录本等。

【实施过程】

1. 现场调查

通过实地调查，使学生了解当前柿生产中主要的病虫害种类及其发生规律和为害程度。将调查结果填入表 4-5-1 中。

2. 观察记录

记录病虫种类及其为害症状等，并会用专业术语准确描述。

3. 防治方案制订

通过了解其发生规律，科学分析后制订出切实可行的防治方案，并实施防治。

表 4-5-1 柿病虫害种类调查记录表

调查地点： 调查人： 日期：

病虫害种类 \ 项目	地势	果园名称	土壤性质	水肥条件	品种	苗木来源	生育期	发病率	备注

【注意事项】

选择病虫害发生较重的柿园或植株，将学员分成小组在柿生长前、中、后期以普查的方式，利用网捕、手采、诱集等方法，采集病害、虫害及为害状标本，并带回室内，进行保存和鉴定。

理论认知 👆

一、柿树的病虫害防治

为害柿树的害虫有多种，其中经常发生为害较大的有柿绵蚧、柿蒂虫等；为害柿树的病害比较严重的有柿圆斑病、柿炭疽病等。主要病虫害防治见表 4-5-2。

表 4-5-2 柿树主要病虫害防治一览表

名称	症　状	防治要点
柿绵蚧	主要为害柿树果实、嫩枝和新梢，为害部初呈黄褐色小点，后逐渐扩大为黑斑	1. 冬季结合果园管理，刮老树皮，或用钢丝刷刷除越冬若虫。 2. 落叶后发芽前喷 5°Bé 石硫合剂或 5% 柴油乳剂等，消灭越冬虫源。 3. 生长期药剂防治　在柿树展叶后至开花前期，若虫出蛰活动后和卵孵化盛期喷药进行防治
柿蒂虫	以幼虫蛀食柿果，使果实变黄软而脱落，盛期在 6 月上中旬，第二代幼虫危害盛期在 8 月中下旬	1. 农业防治：早春刮除柿树上的翘皮，摘除遗留在树上的柿蒂，消灭越冬幼虫。 2. 人工防治：于 6 月中下旬第一代幼虫为害盛期与 6 月份第二代幼虫为害期，摘除被害果、消灭当年的蛹。 3. 药剂防治：在两代幼虫发生期喷 20% 菊乐合酯乳剂 2000 倍液或 2.5% 功夫菊酯 3000 倍液
柿圆斑病	主要为害叶片、柿蒂。叶片染病，初生圆形小斑点，叶面浅褐色，后病斑转为深褐色，病叶变红，病斑周围现出黄绿色晕环，后期病斑上长出黑色小粒点，柿蒂病染病，病斑圆形褐色，病斑小，发病时间较叶片晚	1. 农业防治：冬季要清扫落叶，并远离柿树集中烧毁，消灭越冬病原菌。 2. 在 6 月上旬，喷洒 1：(2～5)：100 倍的波尔多液保护叶片，发病严重的半个月后再喷一次

续表

名称	症　　状	防治要点
柿炭疽病	果实发病初期,果面上出现深褐色或黑色斑点,病斑渐扩大,呈近圆形,凹陷,中部及四周密生白色、灰色至黑色颗粒,遍及果面形成"霉层"	1. 农业防治:结合冬季修剪,彻底剪除园中的落果、病枝;病叶应及时收集烧毁或深埋,并要注意在生长期中随时剪除病枝,以减少病菌传染来源。 2. 药剂防治:柿树发芽前喷射 5°Bé 石硫合剂一次。生长期间于 5 月中旬,6 月上旬各喷一次 1∶5∶400 波尔多液;8 月中旬,9 月中旬各喷一次 1∶3∶(240～320)波尔多液

二、柿树周年管理技术要点

见表 4-5-3。

表 4-5-3　　柿树周年管理技术

物候期	管理要点
落叶、休眠期	1. 清整果园,防治病虫。 2. 冬季修剪。 3. 春耕春刨。进入 3 月份,土壤逐渐解冻,应抓紧对柿园进行春耕,深度 15～20cm 不等。对零星果树,可采用刨树盘的办法,以改善根系生长条件。年前没有及时施肥的,可结合春耕春刨深施肥
萌芽期	追肥浇水,追施速效氮肥,促进生长
开花、坐果	1. 花期环剥或环割,对内膛的徒长枝,疏除或摘心控制。发育枝强摘心,减少养分消耗,可提高坐果率。 2. 疏花疏果。 3. 防治虫害:重点防治柿蒂虫、柿绵蚧
果实发育	1. 追肥:应追施第 1 次速效性肥料,以氮肥为主,配以钾肥。 2. 中耕:结合锄草进行中耕,中耕深度一般在 15cm 左右。 3. 喷布赤霉素:促进果实膨大
果实成熟、采收	1. 采收:分期分批采收。 2. 施基肥:以有机肥为主

复习思考题

1. 当地推广的柿树有哪些? 它们有什么特征?

2. 柿树枝条有哪些类型, 分别有什么作用?

3. 哪些措施能提高柿树产量和品质?

项目六 草莓的生产技术

▶▶ 知识目标

了解草莓主要品种和草莓的生长结果习性，熟悉草莓育苗方法和栽培管理措施。

▶▶ 技能目标

根据形态特征识别草莓品种，掌握草莓常用育苗方法，掌握草莓的全套栽培管理措施。

任务 4.6.1 ▶▶ 识别草莓的品种

任务提出 👤

从植物学性状、生态学性状和生长结果习性上来识别当地草莓品种。

任务分析 📚🖱

不同草莓品种，生长结果习性也有很大差别，通过观察，找出品种的特殊性状，便于生产管理。

任务实施 🪄

【材料工具准备】

1. 材料：当地栽培的草莓 3～5 个品种，果实实物或标本。

2. 工具：卡尺、水果刀、放大镜、卷尺、托盘天平、记载表及记载用具。

【实施过程】

1. 选定调查目标

每品种选择 10～20 棵，做好标记。

2. 确定调查时间

生长季观察以下内容。

（1）叶片

① 叶缘锯齿：粗短、细长。

② 叶片外观：形状、大小。

（2）茎　新茎、根状茎和匍匐茎的来源、特点、生长量。

（3）果实

① 外观：大小、颜色、形状。

② 果肉：颜色、口感。

3. 调查内容

草莓品种特征记载表 1 份，见表 4-6-1。

表 4-6-1　草莓特征记载表

项目	品种 1	品种 2	品种 3	…
叶片				
芽				
花				
枝条				
树干				

理论认知 👆

草莓，又叫红莓、洋莓、地莓等，属于蔷薇科，草莓属，多年生草本浆果植物。果实营养价值高，富含维生素 C，果实鲜食或加工罐头、果汁、果酱、果酒等。原产智利，现世界各地广泛栽培。

一、主要种类和品种

（一）主要种类

草莓属共 50 余种。主要分布于亚洲、欧洲和美洲。我国约有 7 个种，有经济价值的种类有：野生草莓、蛇莓、东方草莓、西美草莓、智利草莓、深红草莓、大果草莓等，目前栽培的优良品种大多数源于大果草莓或该种及其杂交种的变种。

（二）主要品种

草莓品种较多，现在国内栽培较多的品种有以下几种。

1. 红颜

又称红颊，是日本静冈县用章姬与幸香杂交育成的早熟优质大果型品种，因其植株基部红色，果实鲜红漂亮而得名，果个较大，果实圆锥形，种子黄而微绿，稍凹入果面，果肉橙红色，质密多汁，香味浓郁，糖度高，风味极佳，果皮红色，富有光泽，韧性强，果实硬度大，耐贮运。生长势强，植株较高，结果株径大，分生新茎能力中等；叶片大而厚，叶柄浅绿色，基部叶鞘略呈红色；匍匐茎粗，抽生能力中等；花序梗粗，授粉和结果性好，每个花序 4～5 朵花，花瓣易落，不污染果实，结果期长，产量高，但不抗白粉病，育苗困难。

2. 丰香

日本品种，植株中等直立，半开张，生长势强；叶片大，较厚，浓绿色有光泽，平展，叶背面绿色；抽生匍匐茎能力强，新茎分生能力强；花量大，花序低于叶面；果实圆锥形，果大，鲜红色；果面平整，有光泽，外观艳丽；果肉浅红色，硬度中等，髓心略空，细腻多汁，香味浓郁，甜酸可口，品质极佳；不耐长途运输；种子小，黄绿色或红色，稍凹于果面，分布均匀；萼片小于果径，附着力强，成熟果实花萼向后翻卷。早熟，休眠很浅，适合设施栽培，适应性强，但不抗白粉病，对灰霉病有一定的抗性，花期易受低温为害。

3. 章姬

日本品种，又称牛奶草莓，植株长势强，果柄特长，果实长圆锥形，外观较好，果肉细腻，香味浓，含糖量高，味道好，深受消费者喜爱，特别适合采摘鲜食；缺点是果皮薄，易破，硬度较小，不耐贮运，不抗白粉病。成熟早，产量高，适合市郊采摘发展。

4. 日本 1 号

中晚熟品种，根系特别发达，长势十分旺盛，几乎无生长衰退期。大型果，果实圆锥形、鲜橙红色、色泽鲜艳，果肉含糖量高，香味浓郁，品质特佳。果实硬度大，果皮坚韧耐贮运，极丰产。既耐高温，又抗寒，适应性强，抗病性能好，适宜我国南北各地栽培及各种栽培方式。

5. 天香

北京林果所自育品种，由"达赛莱克特"与"卡姆罗莎"草莓杂交育成。植株长势中等，果实圆锥形，果形正，外观整齐漂亮，大果，橙红色，光泽好，香味较浓，甜酸，硬度大，成熟早，耐贮运，适宜日光温室栽培，缺点是不抗白粉病，口感比日本品种淡，需多施有机肥。

6. 燕香

以日本品种"女峰"为母本、法国品种"达赛莱克特"为父本杂交选育而成，适合于日光温室栽培。植株生长势较强，株态较开张；叶圆形，绿色，叶片厚度中等，叶面平，叶尖向下，叶面质地较光滑，光泽度中等，花梗中粗，低于叶面。果实圆锥或长圆锥形，橙红色，有光泽；种子黄绿红色兼有，平或凸果面，种子分布中等；果肉橙红色；花萼单层双层兼有，主贴副离。果实大，果梗长，风味酸甜适中，有香味。

7. 全明星

植株生长势强，株态较直立，匍匐茎繁殖能力强；叶片较大，椭圆形，深绿色，有光泽，叶脉明显，叶面平展；果实圆锥形，果面鲜红色，有光泽，果个大，整齐美观，肉质细腻，风味酸甜；种子少，黄绿色凸出果面；萼片大、反卷。

休眠较深，中晚熟，丰产性强，适应性强，耐高温、高湿，抗病性强，较抗白粉病和灰霉病。适合露地栽培。

8. 星都 1 号和星都 2 号

星都 1 号草莓和星都 2 号草莓是以"全明星"为母本，"丰香"为父本杂交培育而成。星都 1 号植株长势强，株态较直立；叶椭圆形；果实圆锥形，果大，红色偏深有光泽，果肉深红色，风味酸甜适中，香味浓，肉质上等，果实硬度大，耐贮运；种子黄绿红兼有，分布均匀。早熟丰产、抗性强。

星都 2 号外观与星都 1 号无明显差别，果实成熟期比星都 1 号稍晚，果实较大，为晚熟品系。

9. 赛娃

美国品种。在条件适宜的情况下，一年四季可以开花结果，周年供应市场，以中秋至深秋季节产量较多，品质最佳。

植株高大，生长直立而紧凑，株丛多分枝；叶色浓绿，有光泽，叶柄粗、直立，叶缘向外卷；花序大，花量多，果面鲜红、光亮；果实长圆锥形或楔形，果顶扁平，有 3～5 条浅棱；果大，果肉深橙红色，硬度大，汁液多，风味酸甜适口，香味浓，品质甚佳，为四季草莓品种。丰产、稳产，抗白粉病，较抗寒、抗病，耐高温，耐贮运性较好，温室、露地栽培均可。

10. 甜查理

美国品种，植株生长势强，株形半开张，叶色深绿，椭圆形，叶片大而厚，光泽度强，果实圆锥形，大果型，外观整齐，香味较浓，甜酸，硬度大，休眠期浅、丰产、抗逆性强、早熟，抗白粉病，缺点是和日本品种相比口感偏酸、淡一些。

二、生物学特性

（一）生长习性

1. 根系

草莓的根系发生于短缩茎，是由根状茎和新茎上产生的须根组成，加粗生长较少，达到一定粗度就停止加粗生长。在土壤中分布较浅，主要分布在植株周围 10～15cm 宽、20～30cm 深的土层中。

随着植株年龄的增长，着生在根状茎上的不定根逐渐衰老死亡，着生在新茎上的不定根也随之升高，甚至露出地面，影响新根的产生，当表土水分不足时就会影响新根产生，草莓根系分布较浅，极不抗旱。

草莓根系 1 年约有 2 或 3 次生长高峰。早春在 2～3 月份开始生长，至 10cm 深处的土温稳定在 13～15℃时花序出现时，达到第 1 次生长高峰；随开花和幼果膨大土温达 15℃以上时，根系生长逐渐缓慢，有些早春新发的根甚至开始从顶端枯萎直至死亡；果实采收后，母株新茎和匍匐茎苗生长期，进入根系生长的第 2 次高峰；9 月中下旬到越冬前，随着叶片养分回流积累，形成生长第 3 次高峰。

根系生长高峰和地上部茎、叶、果实生长高峰大致相反。从萌芽到开花期间，地上部生长缓慢，根系生长旺盛，随后叶、果、茎生长旺盛，根系生长转入低潮，到果实采收结束，根群缩小。秋天地上部分生长缓慢直至停止生长，根系再度出现生长高峰。早春地下根比地上生长约早 10d，生长临界温度为 2～5℃，在 −8℃时会受冻害，−10℃时全株冻死，休眠期能耐 −10℃低温，生长适宜温度为 13～23℃，25℃以上生长缓慢，高于 36℃停止生长。春季 10℃以下有利于越冬根系生长，栽培上冬季尽量提高地温促进根系生长。反之夏季高温，在匍匐茎苗移栽后应采取降温措施，保证秧苗成活。

2. 茎

草莓的茎有三种，即新茎、根状茎和匍匐茎，见图 4-6-1。

（1）新茎　当年生茎即为新茎，呈平卧状态，生长缓慢，年生长量 0.5～2.0cm，着生密集轮生叶片。新茎上部轮生叶的叶腋部位形成一腋芽，当年有的萌发形成匍匐茎，有的发生新的茎分枝，新茎下部分枝在湿润疏松土壤中产生不定根，可以分化成新的草莓植株，是草莓的重要繁殖器官。

（2）根状茎　多年生茎即为根状茎。上一年的新茎是今年的根状茎。根状茎上着生许多初生根，木质化程度随年龄增加而提高。根状茎随年龄增加其生理功能逐渐减弱。2～4 年的根状茎运输储藏能力很差，并开始由积累营养转向消耗营养。

（3）匍匐茎　又称地上茎和走茎，由新茎的腋芽萌发形成，一般在坐果后期发生，是草莓的重要繁殖器官。草莓植株都具有抽生匍匐茎的能力，抽生匍匐茎的多少因品种、年龄的

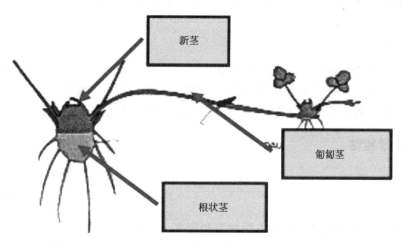

图 4-6-1　草莓植株

不同而异。匍匐茎都是从第 2 节的部位向上长出正常叶，向下形成不定根进入土壤形成新苗的根系，随后在第 4、6 偶数节处继续形成匍匐茎苗。匍匐茎的生长与日照长度和温度有密切关系，在日照长度低于 8h 及长于 14h 时不发生匍匐茎；在 17℃ 以上，日照长度在 10～14h 内时匍匐茎抽生数量随日照长度增加而增多；低温品种，只要满足低温要求，匍匐茎多而旺。

3. 叶

草莓的叶为奇数羽状复叶，多数 3 小叶，少数 5 小叶，叶柄细长，叶片着生于新茎上，互生。一年一株苗发生 20～30 片叶，寿命 80～130d，新叶形成后 40～60d 同化能力最强。

（二）结果习性

1. 花

花白色，能自花授粉结果。一个花序上可以生长 3～60 朵小花不等，一般 20 朵左右。花序上的花是按花序级次先后陆续开放，花期较长，同一花序上开花期较晚的花朵，坐果率低，结实个小。一般气温在 10℃ 以上时开始开花，一朵花持续 3～4d，整个花序开放持续 20d 左右。

2. 果实

草莓的果实是由花托膨大形成的假果，柔软多汁，果面呈红色，果肉有红、粉、白色，中间有髓，种子着生于果面。开花早的花结果个大，后开花的果实个小。从开花到果实成熟需 20～60d，一般 30d 左右。温度是果实成熟早晚的关键，温度低成熟晚，温度高成熟早。在适宜的低温下增加光照，果实品质好，维生素 C 积累多。

3. 种子

生产上通常说的草莓的种子实际上是植物学意义上的果实，称之为小瘦果，均匀着生于膨大的肉质花托上，有陷入花托、与果面平齐、突出果面三种情形；颜色有黑、褐、橙、白等。

（三）环境条件的要求

1. 温度

草莓适宜冷凉的气候条件，地上部在 -10～-5℃ 时经 3～5d 不会冻死，但时间过长叶片会枯死。草莓生长发育最适宜温度 18～25℃，夜间最低 12℃。当气温高达 30℃ 以上时，生长受到抑制，长时间气温过高植株会枯萎，老植株会死亡。

早春土壤温度达到 2℃ 时根系开始活动，10℃ 时开始形成新根，根系生长最适宜温度为 15～20℃，秋天温度下降到 7～8℃ 时生长减慢。

春季外界气温达到 5℃ 时，草莓植株开始萌芽，茎叶开始生长。地上部生长最适温度为 20～26℃。在开花期低于 0℃ 或高于 40℃ 时授粉受精均受到影响，影响种子的发育，导致畸形果。开花和结果期最低温应在 5℃ 以上。果实发育初期，如受到低温的影响，易产生畸形果，所以前期保温很重要。在果实发育期，要求 15～20℃ 的地温为宜，如温度过高会抑制果实发育。

2. 光照

草莓发育期需要充足的光照条件。光照充足，植株生长良好，光合作用旺盛，同化率高。碳水化合物向果实里提供的多，促进果实膨大，果内糖分积累多，品质好，在温室大棚栽培条件下，要经常清除灰尘，提高透光率。

草莓在不同发育阶段对光照要求不同，开花结果期和匍匐茎抽生期，需要 12～15h 的长日照，在花芽分化期则要求 10～12h 的中等日照。

3. 水分

草莓根系分布浅，叶面积大，蒸发量也大，草莓在开花结果期，旺盛生长时期和抽生大量匍匐茎时都需要大量水分。但植株在各个生长发育时期，所需水量各不相同；土壤水分充足、疏松湿润时幼苗易扎根，能保证幼苗数量和质量；在开花期，土壤持水量不能低于 70%；在果实膨大及成熟期，土壤含水量不低于 80%，否则坐果率低，果个小，品质差。在花芽分化期要求水量少，土壤持水量 60% 即可，在此期间，应适当干旱，促进花芽分化。

草莓不耐涝，植株生长发育期要求适量的水分。浇水后，一定要松土，使土壤通透性良好，有足够的空气；不能长时间积水，否则土壤里缺氧，影响根系呼吸，造成植株生长发育不良。在夏季雨水多时，要注意排水。

4. 土壤

草莓根系分布浅，又是喜水、喜肥的作物，所以要求保肥保水能力强、通气良好、质地疏松的中性沙壤土。地下水位应在 1m 以下。土壤酸碱度（pH）为 5～7 草莓生长良好，pH8 以上不适合生长。施足有机肥，使土壤里含有多种营养元素，以满足草莓生长发育需求，从而达到优质、丰产的目的。

【知识链接】

匍匐茎的控制生长

草莓匍匐茎的发生始期，一般在果实肥大期。大量发生期是在果实采收之后。早熟品种发生早，晚熟品种发生晚。发生时期的早晚还与日照条件及母株经过低温时间的长短有关。通过控制匍匐茎的生长在生产上具有重要意义。

为了加速繁殖促进匍匐茎发生。在满足低温量要求之后，长日照、高温促进匍匐茎发生。赤霉素有一定的促进作用，一般使用浓度为 30～50mg/kg。疏除花果，带土移植母株，保证母株有充足的营养面积，加强肥水管理等措施，均可促进匍匐茎的发生。

为了提高果实的产量和品质抑制匍匐茎发生。匍匐茎发生过多过旺，会降低果实的产量和品质；降低子株质量；还易造成生长过密而引起病虫害加重。选择匍匐茎发生少的品种，适时上棚保温，防止棚内高温，及早人工摘除，使用生长延缓剂或生长抑制剂等措施，都可抑制匍匐茎的发生。

多效唑对草莓匍匐茎的发生数量和生长长度均有明显的抑制作用，对植株高度和叶柄长度也有明显的抑制作用。一般于6月中旬开始，间隔1周，叶面喷布2次250mg/kg的多效唑，是抑制匍匐茎生长、提高草莓产量有效的化学控制措施，基本上可代替人工摘除匍匐茎。赤霉素具有解除多效唑对草莓抑制作用的效果，叶面喷布20mg/kg后，1周左右即可见效。经赤霉素处理后，长期受多效唑严重抑制的草莓，植株明显增高，叶柄也显著加长。另据试验，于5~6月份喷4%的矮壮素，也可抑制匍匐茎发生，提高翌年产量。

任务 4.6.2 ▶▶ 草莓的生产管理

任务提出

以匍匐茎繁殖法为例，通过整个过程的操作训练，学会草莓的苗木管理主要方法。

任务分析

由于草莓新茎腋芽萌发的匍匐茎节上形成的秧苗能从母株上分离，形成独立的苗木，生产上利用这种方法快速繁殖，生产质量好的种苗，为草莓生产打下良好基础。

任务实施

【材料与工具准备】

1. 材料：草莓。
2. 工具：肥料、耙子、铁锹、灌水工具等。

【实施过程】

1. 选地

选地势平坦，土壤肥沃、疏松，排灌和交通方便地块。

2. 消毒施肥

每公顷施50%多菌灵可湿性粉剂15kg，撒于床面，浅翻3~5cm；每公顷施有机肥60000~75000kg，二铵或复合肥450~600kg，钾肥225~300kg。

3. 整地作床

整平土地，耙细、做床，床宽80cm，长10m，床间距20~25cm，床高20~30cm。

4. 母株定植

根据生产要求选择合适的定植时间。栽植时株行距40cm×30cm，每床2行。

5. 繁殖圃管理

（1）灌水。

（2）松土除草。

（3）越冬防寒。

（4）追肥。

（5）除花序。

（6）匍匐茎苗管理。

理论认知 👆

一、育苗技术

优质的草莓苗应该是叶片肥厚，叶柄短，植株矮，具有 4～5 个成龄叶，茎粗 0.5cm 以上，单株重 9g 以上。生产上草莓繁殖方法主要有匍匐茎分株法、母株分株法和组织培养法。

（一）匍匐茎分株法

将草莓新茎腋芽萌发的匍匐茎节上形成的秧苗从母株上分离的繁殖方法即为匍匐茎分株法，此法繁殖的秧苗质量好，是生产上常用的主要方法之一。这种方法的关键是建立育苗田培育匍匐茎苗，可以用栽培地生产后改造而成。

1. 选地

选地势平坦，土壤肥沃、疏松，排灌和交通方便，远离草莓生产田的地块作繁殖圃。

2. 消毒施肥

每公顷施 50% 多菌灵可湿性粉剂 15kg，撒于床面，浅翻 3～5cm；每公顷施有机肥 60000～75000kg，二铵或复合肥 450～600kg，钾肥 225～300kg。

3. 整地作床

整平土地，耙细、做床，床宽 80cm，长 10m，床间距 20～25cm，床高 20～30cm。

4. 母株定植

栽植时间是 8 月 1 日～9 月 1 日，如果是特别为温室生产育苗，也可在春季 5 月初栽植。栽植时行距 40cm，株距 30cm，每床 2 行。栽植时首先去掉成龄叶片，深度要求上不埋心、下不露根，栽后先小水穴浇，2～3d 后可大水浇灌。

5. 繁殖圃管理

（1）灌水 生长季干旱要及时灌水。

（2）松土除草 匍匐茎发生前或灌水后及时松土，距母苗 15cm 以外进行。结合松土，全园进行除草。

（3）越冬防寒 秋季上冻时灌一次封冻水，然后用玉米秸或稻草盖严，上压少量土即可安全越冬。第二年 4 月中旬，去除防寒物，然后浇水缓苗。

（4）追肥 草莓长出 2～3 片新叶时追肥，每床 1～1.5kg 尿素，同时去掉茎基部的老叶。

（5）除花序 母株成活后及时去除产生的花序。

（6）匍匐茎苗管理 引压匍匐茎，向有生长位置的床面引导抽生的匍匐茎。当匍匐茎抽生幼叶时，前端用少量细土压向地面，外露生长点，促进发根，当每个植株长出 10～15 个匍匐茎苗时，将多余匍匐茎去掉，以确保匍匐茎苗有充足的生长空间，生长健壮。

（二）母株分株法

母株分株繁殖又叫分墩繁殖，就是利用母株上产生的新茎分枝进行繁殖。草莓在生长旺盛期，除了抽生大量匍匐茎外均能发出数个新茎分枝，这些新茎分枝在基部能产生新根，与母株分离后可形成独立植株。分株繁殖适于一年一栽制的草莓园，即果实采收后全部挖掉，第二年再种植新苗。用这种方法繁殖可以省去育苗的过程，省工省力。但同匍匐茎苗繁殖相比，繁殖系数低，苗的质量不如匍匐茎苗，产量较低，并且容易带病。目前生产上除了急需用苗时，一般不采用此法。

方法是在生产园的果实采收后，加强对植株的管理，7月中旬至8月上旬新茎分枝长出5～6片复叶，并有较多不定根时，即可移栽。移栽时，先将母株成墩挖出，剪掉地下衰老变黑的根茎，并与母株分离，使每株新茎分株苗带有一定数量的白色新根，分离后立即定植于生产园。

（三）组织培养法（脱毒苗繁殖法）

草莓生产上种苗易受病毒侵染而导致品种退化，采用组织培养法可以培养出脱毒草莓苗。脱毒草莓苗与普通草莓苗相比，其植株生长健壮，繁殖子苗能力强，比普通苗繁殖子苗系数提高1倍以上，产量高，无毒苗比普通苗产量提高20％～50％，浆果品质可保持其品种的突出特色，抗逆性提高，病害少，是草莓规模化种植育苗的发展方向，但脱毒苗成本较高。

1. 脱病毒原种的保存

获得无毒原种不易，若保存不好会很快重新感染病毒。为防止再度感染，应在隔离条件下保存。方法有隔离种植保存和离体保存。脱毒苗经鉴定后，选择无病原种株系，回接于试管内即为离体保存，此法可长期保存脱毒原种，是最理想的保存方法。

2. 脱毒苗的繁殖

（1）配制培养基　配好MS培养基，装入培养瓶高压消毒灭菌后备用。

（2）采取茎苗　在6月份选取刚扎根的匍匐茎苗，剥去外叶后洗净消毒，无菌条件下剥取茎尖生长点0.5mm左右。

（3）初代培养　将上述获得的材料接种到配好的培养基上，每培养瓶接种5～7个茎尖。接种后在26℃的恒温、光强2000lx、每天光照6h的条件下进行培养，使之分化出芽长成无根小植株丛。

（4）继代培养　把上述无根小植株丛按上述方法分植到新的营养瓶内，进行继代培养繁殖，使新芽不断增殖，加速生长。3～4个星期后，可获得30～40个腋芽形成的芽丛，芽丛中有的抽生新茎，并有正常叶片。此步多次进行即为多次继代培养，直到达到理想苗量。

（5）生根培养　撤除上述促进生芽的培养基，换成生根培养基［加生根激素如吲哚丁酸（IBA）等］。此时无根植株不再增殖，而是生出许多不定根，可得到成批完全小植株。

（6）移植　对容器内培养土消毒后种上培养苗置于温室内，温度保持20～25℃，移植后的14d内要用薄膜遮阴，待外界气温适合时，再移植到繁殖圃内。要注意防治蚜虫等，加强田间水、肥管理，可喷两次50mg/kg赤霉素，促进抽生匍匐茎。新抽生的匍匐茎苗为原种苗，经多次、多量繁殖，即可获得成批生产用苗。

二、栽培技术

（一）园地建立

1. 园地选择和规划

草莓园应选光照充足，地势稍高、地面平坦、灌排方便、土壤肥沃疏松、前茬作物为豆类或葱蒜类蔬菜地为宜。

2. 园地整理

（1）结合整地对土壤消毒　园地应先行除杂草、灭地下害虫。可用50％辛硫磷乳油

1000 倍液喷洒（湿润土层 5～6cm），防治蛴螬、蝼蛄、地老虎。

（2）施肥　1 周后，亩施优质腐熟农家粪肥 5000kg，过磷酸钙 100kg、氯化钾 50kg。

（3）做畦　结合深翻园地，精细整地，做成高 20cm，宽 50cm 的畦面，畦沟宽 30cm，长 20m 左右。

（二）品种选择和配置

1. 品种选择

品种选择方面，各地应根据当地的气候特点和生产目的及消费者喜好，选用不同的品种。国内目前栽培品种以丰香、红颜、章姬等日本品种为主。

2. 品种配置

选 3～4 个品种混合种植，提高草莓的优良性状，还可错开上市时间。

（三）栽植

1. 栽植时期与时间

栽植时期一般为 8 月上中旬至 10 月上旬，北方宜早，南方稍迟。选择在阴天全天或晴天下午四点以后进行栽植，避免阳光曝晒。

2. 秧苗选择与处理

种苗大小分级种植便于后期管理。最理想种苗质量是根茎粗 0.8～1.2cm，四叶一心，无病虫害症状，成活率好，缓苗期短。

定植前在距离种苗 2～3cm 处剪断匍匐茎，去掉病叶、老叶，不能直接扯断匍匐茎，造成较大的伤口流出大量伤流液，并疏除黑色的根状茎及部分须根，以刺激新根发生。整理好的草莓种苗可用 5～10mg/kg 的萘乙酸溶液浸根 2～6h，或将种苗根须部位浸入 25% 阿米西达 3000 倍溶液中，蘸一下即可，可防治草莓各种病菌浸入，并促发新根，提高成活率。

3. 栽植密度和技术

栽植密度因地、因品种而异，一般采用每畦双行栽植，栽植行距 25cm，株距 15～20cm，亩定植 10000～12000 株。

栽植深度是草莓苗成活的关键，草莓新茎很短，栽植时要严格掌握深度，合理的栽植深度应使苗心的茎部与土表平齐，与原来植株生长情况一致。若栽植过深苗心被土埋住，易造成烂心死苗；栽植过浅，根茎外露，不易产生新根，易使苗干枯死亡。栽植时注意秧苗的方向，因草莓新茎略呈弓形，而花序通常由弓背方向伸出，所以栽培时使弓背朝向畦两侧，便于蜜蜂授粉、垫果、采果及管理。

栽植时要使根系舒展，与土壤密切接合。

（四）栽后管理

1. 水分管理

草莓属于浅根性植物，抗旱能力差，所以在生长季节中应充分保证水分供应，才能保证植株和果实的生长。

草莓栽后立即灌水，必须灌透，叫定根水，栽后头 4d 每天浇水，之后 2～3d 浇一水，以保持田间湿润；生长期若天旱，应 5～7d 灌水 1 次；在开花与浆果生长初期，分别灌水 1 次；秋季多雨时，应及时排水，草莓园四周应早做排水沟道，使畦沟水能排尽。在果实发育期和着色期，水分多会引起浆果发软，同时易发生灰霉病，造成果实腐烂，因此，此期可适当控水。

宜用沟灌，使水灌到沟高 2/3 处为好，让水渐渐渗入畦土，沟内余水排出，有条件的地方可采用滴灌，或用橡胶管前端套上一段金属管进行穴灌，既节约水资源，又防止浆果沾泥，防止果实腐烂。

2. 查苗补苗

草莓定植灌水后应及时检查秧苗，对淤心苗及露根苗，立即进行扒出和培土，缺苗应及时补苗。

3. 中耕培土与施肥

中耕除草能改善土壤通气状况和土壤微生物活动，促进有机物质分解，增加土壤养分，促进根系生长；中耕深度为 3～4cm，注意不要损伤根系。因草莓根系生长过程中不断上升，应结合中耕松土除草时进行培土。11～12 月份应浅中耕 3 次。

初花期与坐果初期各追肥 1 次，追肥氮、磷、钾复合肥为主，畦上双行草莓中间开沟施入，然后结合灌水，亩施尿素 10kg，磷肥 20kg，氯化钾 10kg，或三元复合肥 35kg，或将肥料溶解于水，浓度为 0.5%，浇在草莓根部或叶片上，促进草莓生长和开花结果。

4. 植株管理

（1）除枯叶、弱芽　草莓是常绿植物，一年中新叶不断发生，老叶不断枯死。生长季节摘除部分已枯死的老叶，病叶，同时结合对植株上生长弱的侧芽及时疏除，可节省养分，促进植株健壮生长。一般每株保留 1～2 个粗壮的侧芽，抹去弱芽。由于顶花序开花早，侧花序开花晚，留侧芽可以补偿顶花芽"不时出蕾"或花期低温冷害、霜害所造成的产量损失，过弱的侧芽由于抽生花序细弱，花朵数少，果实小而少，应及早疏去以节省营养。当植株上的叶柄茎部开始变色，叶片呈水平状并且变黄时应及时去除，每株保持 5～6 片叶即可。除枯叶和除弱芽在草莓的生长季节要经常多次进行，可将其结合在一起进行。

（2）疏花、蔬果、垫果　一株草莓通常可抽生 1～3 个花序，少数品种可抽生 4 个以上花序。每个花序上一般有 10～40 朵花。在现蕾期及早疏去高级次小花蕾或植株下部抽生的细弱花序，可节省植株营养，增大果个，提高果实整齐度，促进果实成熟。在疏蕾时，一般大果型品种以留第一和第二级花序为主，适当少留一些第三级花序；小果型品种留第一、第二和第三级花序的花蕾，摘去第四、第五级花序的花蕾。在青色幼果时期，及时疏去畸形果、病虫果，以提高商品果率。草莓坐果后，随着果实生长，果穗下垂，浆果与地面接触，施肥浇水均易污染果面，这不仅极易感染病害，引起腐烂，同时还影响着色，因此，对采用地膜覆盖的草莓园，应在开花后 2～3 周，用麦秸或稻草垫于浆果下面。垫果有利于提高浆果商品价值，对防止灰霉病也有一定的效果。生产上也有在花序抽生的一侧拉上线绳，将花柄蓬于线绳上，这样花果悬空，利于果实着色、果面干净和减少病害的发生。

（3）除匍匐茎　匍匐茎的生长，消耗母株营养。尤其是覆膜或土壤条件差的情况下，匍匐茎发出以后，其节上形成的叶丛不易生根，其生长完全靠母株供应养分，如不及时摘除势必影响母株生长和果实的产量，栽培中应将匍匐茎及时全部摘除。

（五）采收、包装

采收与包装：草莓开花后 30d 左右浆果成熟。采收期可延续 20d 左右，在采收期每隔 1～2d 采收一次。每次采摘时要将适宜成熟度的浆果全部采净，以免延至下一次采收时由于过熟造成腐烂。一天中以露水干到炎热来临前采收为宜。晒热的浆果或露水未干采收下的浆果均易腐烂。草莓浆果特别柔嫩，采收时必须轻放，用大拇指和食指轻捻住草莓果，用中指轻轻顶一下果梗，即能摘下果实，不能硬采硬拉，不要损伤花萼，更不要碰伤浆果。对病虫果、畸形果应单独另放，不可混装。采收的果实应装入塑料盒内或木条盒内然后装入木箱或塑料箱内，摆放的层次要少，相互之间不挤压。采收包装是保证草莓质量的最后一道重要工序，要认真做好采收包装工作，达到使果实不挤、不碰、耐运输的目的。

（六）更新换茬

草莓栽培应是一年一栽，结果的草莓母株，应拔除扔掉，用新育的苗木进行重新栽植。一个品种栽种 5～6 年以后应进行无毒处理，或重新引入无毒苗进行栽植，否则退化严重。草莓栽培不能重茬，再栽植时应进行换茬。没有换茬条件的，草莓拔除后要进行土壤消毒，消毒的目的是杀死土壤中的病原菌，防止草莓退化。

三、病虫害防治

为害草莓枝、叶、果实的病害主要有叶斑病、白粉病、黄萎病等。其中几种主要病虫害的症状及防治要点见表 4-6-2。

表 4-6-2　草莓主要病虫害防治一览表

名称	症　状	防治要点
叶斑病	又称蛇眼病，主要为害叶片、叶柄、果梗、嫩茎和种子。在叶片上形成暗紫色小斑点，扩大后形成近圆形或椭圆形病斑，边缘紫红褐色，中央灰白色，略有细轮，使整个病斑呈蛇眼状，病斑上不形成小黑粒	及时摘除病叶、老叶。发病初期用 70%百菌清可湿性粉剂 500～700 倍液，10d 后再喷一遍。或用 70%代森锰锌可湿性粉剂，每亩 200g 兑水 75kg 进行喷雾
白粉病	主要为害叶片，也侵害花、果、果梗和叶柄。叶片上卷呈汤匙状。花蕾、花瓣受害呈紫红色，不能开花或开完全花，果实不膨大，呈瘦长形；幼果失去光泽、硬化。近熟期草莓受到为害会失去商品价值	在发病中心株及其周围，重点喷布 0.3°Bé 石硫合剂。采收后全园割叶，喷布 70%甲基硫菌灵 1000 倍液或 50%退菌特 800 倍液及 30%特富灵 5000 倍液等
灰霉病	从下部叶开始，叶缘变成红褐色，逐渐向上凋萎，以至枯死。支柱在中间开始变成黑褐色而腐败，根的中心柱呈红色	草莓移栽前用 40%芦笋青粉剂 600 倍液，浇于畦面，然后覆土，整平移栽，以有效杀死土壤中的病菌，降低田间菌源基数，减少传染机会
黄萎病	该病是土壤病害，主要症状是幼叶畸形，叶变黄、叶表面粗糙无比。随后叶缘变褐色向内凋萎，直到枯死	严格引入无病植株种植；缩短更新年限；用氯化苦 13.5～20L 或太阳能覆盖薄膜灌水进行土壤消毒；拔除烧毁已发病者

四、草莓周年管理技术要点

见表 4-6-3。

表 4-6-3　草莓周年管理技术

物候期	管理要点
3 月下旬～4 月上旬	1. 撤除防寒物：为草莓撤除防寒物应分两次进行，第一次在 3 月下旬土地解冻后，第二次在 4 月 10 日前后。撤除防寒物时，要用花铲轻轻地铲，露出草莓苗，要防止碰伤苗子。 2. 清扫落叶：撤除防寒物之后，待土地稍干，要将畦内残存的枯蔓、烂叶清除并集中烧毁，防止病虫蔓延

续表

物候期	管理要点
4～6月份	1. 追肥灌水：在草莓返青露芽至开花前，要灌施一次腐熟的粪稀，随后浇一次透水。 2. 松土：追肥、灌水之后，待土地稍干，应及时松土保墒和防止地表板结。 3. 追肥：在草莓的浆果形成之后，应灌一次腐熟的粪稀，以促进果实膨大，提高草莓的产量和质量。 4. 松土压蔓：种植草莓的果园，要经常保持土壤疏松和畦内无杂草。生长健壮的草莓苗，在栽植后的第二年5月上旬就能产生匍匐茎，要在缺苗断垄的空闲地上进行压蔓，促使生根，增加有苗株数。 5. 覆草：从草莓的浆果开始着色成熟到采收结束的20～25d之内，应在畦内地面上覆盖干草，以防果实接触地面，保持果面清洁。 6. 采收：5月下旬应每隔一天采收一次。要做到轻采轻放，保证果品质量。 7. 灌水：在采收果实期间不便浇水，故一般在采收后土壤比较干旱时，应该浇一次水
7～8月份	1. 匍匐茎的处理：采收果实之后，是草莓大量发生匍匐茎的季节。匍匐茎上新生的秧苗，在其生长初期，主要靠母株供给养料，它直接影响母株的花芽分化和第二年的产量。因此，应该根据不同的生产目的，决定对匍匐茎和秧苗的取舍。如果没有繁殖秧苗的任务，以提高母株的产量为目的，就要把匍匐茎摘除，避免消耗母株的养分。如果既要保持母株的产量又要繁殖秧苗，在采收草莓之后就要立即加强肥、水管理，促使它多生匍匐茎；但及时压蔓，以便新生的秧苗扎根和苗壮生长，也能减少母株的养分消耗。 2. 育苗：草莓在连续结果3年就需要换茬，否则其产量将显著下降。一般应该建立草莓繁殖圃。对圃中的草莓母株，除比一般的草莓加强肥、水管理之外，还应该加大株行距（行距以40cm左右，株距20cm左右为宜），使匍匐茎有充分的生长空间，新生的秧苗，离母株越近生根越早，生长也越健壮，当年就能形成花芽，移栽的翌年便能开花结果。所以，在繁殖圃中育苗，要尽量选留靠近母株的壮苗，集中栽植，以达到早结果、早丰产的目的。 3. 栽培：栽苗的时间一般在7月下旬至8月上旬。大面积生产多用畦栽，畦宽2m，长6m，株距20cm，行距40cm。栽后要及时浇水，使土地保持潮湿。苗子成活后，要灌水一次以利缓苗。 4. 假植：北莓南栽的品种，进行假植。
9～10月份	1. 松土除草：使草莓在越冬前积累足够的养分。 2. 培土：为促进新苗多生根和防止老苗的根外露，应在苗根处培一次土、以保护苗根。 3. 冷藏：北莓南移的苗木进行起苗冷藏，完成其低温阶段。北莓南移的苗木，应在10月上旬运抵南方栽植
11月上旬	埋土防寒：在土地开始结冻、早晨地面出现硬皮时，用马粪将草莓盖住，马粪的厚度为5cm左右，使草莓苗免受旱害和冻害，安全越冬

复习思考题

1. 当地主要栽植的草莓品种有哪些？

2. 草莓有哪些育苗方法？分别有什么优缺点？

3. 生产上可采取哪些措施提高草莓的产量和品质？

项目七 石榴的生产技术

▶▶ 知识目标

了解石榴的优良品种以及生长结果特性；掌握石榴生产关键技术。

▶▶ 技能目标

能根据当地实际条件选择优良品种；会制订促进生长和结果的措施；能运用栽培技术对石榴进行周年管理。

任务 4.7.1 ▶▶ 识别石榴的品种

任务提出

从植物学性状、生态学性状和生长结果习性上来识别当地主栽石榴品种。

任务分析

不同石榴品种，生长结果习性也有很大差别，通过观察，找出品种的特殊性状，便于生产管理。

任务实施

【材料与工具准备】

1. 材料：当地栽培的结果石榴 3～5 个品种，果实实物或标本。

2. 工具：卡尺、水果刀、放大镜、卷尺、托盘天平、记载表及记载用具。

【实施过程】

1. 选定调查目标

每品种 3～5 株的结果树，做好标记。

2. 确定调查时间

生长季观察以下内容。

（1）叶片

① 叶缘锯齿：粗短、细长。

② 叶片外观：形状、大小。

③ 叶背茸毛：多少、颜色、茸毛。

（2）果实

① 外观：大小、颜色、形状。

② 果肉：颜色、口感。

③ 种子：有无，多少，种子与果肉是否易剥离。

3. 调查内容

（1）石榴品种特征记载表 1 份，见表 4-7-1。

表 4-7-1　石榴特征记载表

项目	品种 1	品种 2	品种 3	…
叶片				
芽				
花				
枝条				
树干				

（2）试述本次认识的几个石榴品种特征。

理论认知 👆

石榴原产伊朗、阿富汗、中亚细亚一带，在我国大约有 2000 年的栽培历史。主要分布于亚热带及温带地区，比较集中的栽培区域有豫鲁皖苏栽培区，陕晋栽培区，金沙江中游栽培区，滇南栽培区，三江栽培区，三峡栽培区，太湖栽培区，和田及叶城、疏勒栽培区等。

一、石榴的优良品种

石榴为石榴科石榴属植物，作为栽培的只有一个种，各地选育出许多优良栽培品种，按风味可分为：酸石榴、甜石榴两大类；按颜色可分为：青皮类、红皮类、白皮类和紫皮类；按果实大小可分为：大型果类（单果重 250g 以上）、中型果类（单果重 150g 以上）、小型果类（单果重 50～100g）；按用途可分为：食用石榴、观赏石榴、食赏兼用石榴和药用石榴。现有品种约 200 个，其中结实品种 140 个，观赏品种及其变种 10 个以上。主要栽培优良品种有：大青皮软籽甜石榴，大红皮软籽甜石榴，大马牙软籽甜石榴，黑籽甜石榴，枣庄红石榴，突尼斯软籽石榴，大红甜石榴、粉红甜石榴等。

1. 大马牙软籽甜石榴

晚熟品种，中型果，果实扁圆形，果肩陡，果面光滑，青黄色，果实中部有数条红色花纹，上部有红晕，中下部逐渐减弱，具有光泽，萼洼基部较平或稍凹。一般单果重 450g 左右，最大者达 1400g，心室 14 个。籽粒粉红色有星芒，透明、特大，味甜多汁，形似马牙，故名马牙甜。可溶性固形物含量 16% 左右，核较硬。树体高大，树姿开张，自然生长下多呈自然圆头形。萌芽力强，成枝力弱，针刺状枝较多，枝条瘦弱细长，中长枝结果，骨干枝扭曲严重。抗病虫害能力强，较耐瘠薄干旱，果实较耐贮运。易丰产，品质极高，适应性强。

2. 大青皮软籽甜石榴

晚熟品种，大型果，果实扁圆形，果肩较平，果面光滑，表面青绿色，向阳面稍带红褐色。梗洼平或突起，萼洼稍凸。一般单果重 630g 左右，特大果重 1580g，心室 8～12 个，籽粒鲜红或粉红色、透明。可溶性固形物含量 11%～16%，甜味浓，汁多，核较硬。树体较高大，树姿半开张，在自然生长下多呈单干或多干的自然圆头形。萌芽力中等，成枝力强。骨干枝扭曲较重。抗病虫害能力强，耐干旱、瘠薄，果实耐贮运。果型特大，色艳味美，品质极上，适应性强，丰产性能好。

3. 大红皮软籽甜石榴

又名大红袍，属早熟品种，大型果，果实呈扁圆形，果肩齐，表面光亮，果皮呈鲜红色，向阳面棕红色，并有纵向红线，条纹明显，梗洼稍凸，有明显的五棱，萼洼较平，到萼筒处颜色较浓。一般单果重750g左右，最大者可达1250g，有心室8～10个。籽粒呈水红色、透明，含可溶性固形物为16%左右，汁多味甜，初成熟时有涩味，存放几天后涩味消失。树体中等，干性强较顺直，萌芽力、成枝力均较强。主干和多年生枝扭曲，面干旱，果实艳丽，品质极佳，丰产，但抗病虫害能力弱，果实成熟遇雨易裂果，不耐贮运。可适当发展。

4. 突尼斯软籽石榴

属早熟品种，中型果，近圆球形，果个整齐，平均单果重406.7g，最大的达750g以上。果皮薄而红、间有浓红断续条纹、光洁明亮。籽粒紫红色，特软，早实、丰产、抗旱、抗病，适应范围广。

5. 红如意软籽石榴

成熟早，果实近圆球形，果皮光洁，外观漂亮，浓红色，红色着果面积可达95%，裂果不明显，果个大、平均单果重475g，最大1250g，籽粒紫红色，汁多味甘甜，出汁率87.8%，核仁特软，可食用，含可溶性固形物15.0%以上，风味极佳。适应性非常强，抗旱，耐瘠薄，抗裂果。

6. 大果黑籽甜石榴

皮鲜红，果面光洁而有光泽，外观极美观，平均单果重700g，最大单果重1530g，籽粒特大，百粒重68g，仁中软，不垫牙，可嚼碎咽下，籽粒黑玛瑙色，呈宝石状，颜色极其漂亮吸引人，汁液多，味浓甜。皮薄，可用手掰开，出籽率85%，出汁率89%，籽粒可溶性固形物含量32%，一般含糖量16%～20%，品质特优，适应性更强，适宜温暖气候，喜光照，抗旱耐瘠薄，抗寒性强，耐涝力一般。

7. 泰山红石榴

果实个大，平均单果重500g，最大750g。果实近圆形或扁圆形，果面光洁，呈鲜红色，外形美观，果实皮薄，籽粒鲜红、透明、粒大肉厚，核半软，平均百粒重54g。汁多、味甜微酸，可溶性固形物含量17%～19%，维生素C含量每百克含11mg，含糖量达19.1%，并含有多种其他维生素及微量元素，口感好，品质上等，风味极佳，耐贮运。适应性强，寿命长，耐瘠薄，抗旱。

二、生长发育特点

石榴为落叶性灌木或小乔木，幼树根系、枝条生长旺盛，枝条较直立，根际萌蘖枝条多，易形成丛状。随着树龄的增长，枝条逐渐开张，树冠不断扩大。从定植到开花结果，营养繁殖的苗木在3年左右，实生苗繁殖一般在5～10年。结果寿命可维持50年。

1. 根系

石榴的根系依其来源与结构，具有3种类型：茎源根系、根蘖根系、实生根系。分别为扦插、分株、种子繁殖所形成，根系中骨干根寿命很长，须根的数量多，寿命较短，容易再生，石榴根系水平分布集中在主干周围4～5m处的范围内，吸收根则主要分布在树冠外围

20～60cm 深的土层中。石榴的根系生长对温度的反应很敏感，开始生长早于地上部分 15～20d，当地上部分大量形成叶片后即进入旺盛时期。石榴的根系具有较强的再生能力，石榴根系生长的这一特征，在移栽苗木和扦插时应加以注意，以便更好地维护根系生长。

2. 枝、芽

石榴的芽可分为叶芽、花芽和隐芽。叶芽位于枝条的中下部，扁平、瘦小，呈三角形。花芽为混合花芽，生于枝顶，单生或多生。萌发后，抽生一段新梢，在新梢先端或先端下一节开花，石榴的花芽大、饱满。隐芽是不能按时萌发的芽。隐芽的寿命可高达几十年，如遇刺激才能萌发，隐芽可用于老树更新。

石榴的枝根据功能分为结果枝，结果母枝，营养枝，针枝、徒长枝等。依据枝的生长分为叶丛枝、短枝、中枝和长枝。

（1）叶丛枝　长度在 2cm 以下，只有一个顶芽。

（2）短枝　长度 2～7cm，节间较短。

（3）中枝　长度 7～15cm。

（4）长枝　长度在 15cm 以上，多数为营养枝。短枝、中枝当年易转化为结果母枝。

石榴的一般枝条在一年中往往只有一个生长高峰，即从发芽到花期结束为止。徒长枝除了这一高峰外，还有一个不明显的波峰，这一波峰发生在雨季，到九月中旬就趋于停止。徒长枝有的当年生长量可在 1m 以上，不仅能抽出二次枝，还能抽出三次枝，而生长较弱的枝芽，往往当年只长 3～4cm，其上叶片簇生，翌年易形成花芽。

3. 开花与结果

石榴树的结果方式是结果母枝上抽生结果枝而结果。结果母枝多为粗壮的短枝，或发育充分的二次枝。翌年春季其顶芽或腋芽抽生长 6～20cm 的短小新梢，在新梢上形成 1 至数朵小花。一般顶生花芽容易坐果，凡坐果者顶端停止生长（腋花芽除外）。

石榴的花为两性花，以一朵或数朵着生（多的可达 9 朵）在当年新梢顶端及顶端以下腋间。石榴的花根据发育情况分为完全花和不完全花（中间花）。完全花的子房发达上下等粗，腰部略细，呈筒状，又名"筒状花"，这种花的雌蕊高于雄蕊，发育健全，是结果的主要来源。不完成花子房不发育，外形上大下小，呈钟状，又叫"钟状花"。这种花胚珠发育不完全，雌蕊发育不完全或完全退化，因而不能坐果，还有中间花，雌蕊和雄蕊高度相平或略低，呈筒状。石榴从现蕾到开花一般需要 10～15d；从开放到落花一般需要 4～6d。其时间的长短与气温有很大的关系，气温高所需时间短，反之则长。石榴的花蕾形成是不一致的，所以花的开放期也是错落不齐，造成了花期长，一般长达 2 个月以上。正常花在受精后，花瓣脱落，子房膨大，并且子房的皮色也逐渐由红转变为青绿色。

石榴的落果一般有两个高峰，第一个高峰在花期基本结束后 7d 左右。另一个高峰在采收前一个半月左右。石榴的落蕾、落花、落果比较严重，主要受外界不良环境条件的影响。如果光照不足，雨水过大，病虫害严重，落蕾、落花、落果就会加重。

果实发育分为幼果期、硬核期、转色成熟期 3 个主要时期。在河南，石榴自开花坐果后，幼果从 5 月下旬至 6 月下旬出现一次迅速生长；6 月下旬至 7 月底为缓慢生长期；8 月上旬为硬核期；8 月下旬至 9 月上旬为转色期，此期又有一次旺盛生长。果实增长快慢与雨水有关，干旱时生长缓慢，雨后生长迅速。

石榴从开花到果实成熟一般需要 120～140d。

三、对环境条件的要求

1. 温度

石榴性喜光、喜温暖，较耐旱和耐寒，石榴生长发育的适宜气候条件是：年平气温在15℃以上，萌动和发芽的日平均气温在10～12℃，现蕾与开花的日平均气温在15～20℃，果实的生长期日平均气温在20～25℃，在生长期间的有效积温在3000℃以上，年极端低温不低于－17℃。在冬季休眠，则能耐低温，如果冬季气温过低，枝梢将受冻害或冻死。

2. 水分

石榴从发芽到开花需要较多的水分，开花期要求天气晴好，如果阴雨天过多，或有大雾容易造成授粉受精不良，还能造成病害蔓延，大量落花。果实的生长期需要充足的水分，干旱会造成果实瘦小，果皮粗糙，品质低劣；严重干旱会造成落叶、落果。在果实的生长后期如果雨水过大，则会造成大量的裂果和落果。石榴怕涝，地下水位小于1m，则生长发育不良，造成黄叶、落叶、落花、落果，甚至死亡。

3. 光照

石榴在光照不足时，叶片色淡质薄，落叶严重，枝条稀疏细弱，丛状枝少，花芽形成少，花芽分化不完全，授粉受精不良，落叶、落果严重。但是同一株树上的果实，阳光直接曝晒的，皮色紫红、粗糙、粒籽色淡、粒小，含糖量低，品质差，食之味淡、酸涩。此类果实，称之为"晒皮"。

4. 土壤

石榴对土壤要求不严，pH在4.5～8.2的地方均可以栽培石榴，宜在有机质丰富、排水良好的微碱性土壤生长，过度盐渍化或沼泽地不宜种植，重黏性土壤栽培影响果实质量。土壤过肥时，易导致枝条徒长，往往开花不结果或花多果少。

任务 4.7.2 ▶▶ 石榴的生产管理

任务提出

以石榴花果管理为例，完成石榴花期和果实发育的技术管理，为提高经济效益打下良好基础。

任务分析

石榴的花有完全花和不完全花，生产上落花落果严重，如何掌握其开花结果习性，提高坐果率，是实现石榴丰产栽培的关键。

任务实施

【材料与工具准备】

1. 材料：成年石榴果园。
2. 工具：修枝剪、卷尺、手锯等。

【实施过程】

1. 花蕾期环剥

5月上中旬花蕾初显时进行，对结果骨干枝从基部环剥。

2. 疏花

现蕾后，在可分辨筒状花时，摘除70%的败育花蕾。

3. 授粉

花期直接利用刚开放的钟花，对筒状花进行人工授粉或招引蜜蜂传粉。

4. 喷硼

初花期至盛期喷0.3%的硼砂液。

5. 疏果

去除病虫果、晚花果、双果、中小果可使果实成熟期一致。

理论认知 🖑

一、育苗与建园技术

1. 育苗技术

石榴可用播种、扦插、压条、分株、嫁接等方法进行繁殖，生产上常用扦插繁殖。方法是在春季3月下旬至4月上旬发芽前，选在丰产树内膛剪取一年生健壮、灰白色枝条，每段长30cm，斜插于已整好苗床上，入土深度为20cm左右，覆细土踏实浇足水，注意保湿，不久即可生根，培育一年，第二年移栽。

2. 建园技术

（1）园地选择　园地选择光照强、通风好的地方，对石榴生长有利，结果好，着色好，含糖量高。土壤要求以沙质壤土为宜，黄黏土、沙砾土需进行压换土改良。

（2）栽植时期及密度　定植时期以土壤解冻至石榴树萌芽前春栽为主，或在落叶后10月下旬～11月中旬秋栽，秋季定植都需埋土防寒，栽前施足基肥利于苗木生长。栽植密度为2.5m×2m或2m×3m，采用"三角形"配置，最好用南北行间，以利通风透光。

（3）栽培品种及授粉品种　各地应根据适地适树原则选择主栽品种，授粉树的配置应与主栽品种雌花花期相同，甜石榴和酸石榴互为授粉树，比例为1∶5，并配套人工授粉措施。

二、栽培管理技术

（一）树体管理

1. 石榴树的整形修剪

石榴有单干和多主干两种树形，均是自然半圆形。

（1）单干形　石榴苗木栽植后，在离地面80cm处剪截定干，第二年发枝后留3～4枝作主枝，其余剪掉，冬季再将各主枝留1/3～1/2剪顶，每主枝上选留2～3枝作副主枝，其余枝条也剪去。经过2～3年后，形成开心形树形，骨架大致完成。

（2）多干形　石榴常在根部萌生根蘖，第一年在基部萌蘖中选留2～3个作主干，其他根蘖全部去掉。以后在每个主干上留存3～4个主枝，向四周扩展，即可形成一个多主枝自然圆头形。

2. 初结果树的修剪

初果期的石榴树以轻剪、疏枝为主，冬剪时对两侧发生的位置适宜、长势健壮的营养枝，培养成结果枝组。对影响骨干枝生长的直立性徒长枝、萌蘖枝采用疏除、拧伤、拉枝、下别等措施，改造成大中型结果枝组。长势中庸、二次枝较多的营养枝缓放不剪，促其成花结果；长势中庸、枝条细瘦的多年生枝要轻度短截回缩复壮。

3. 盛果期树的修剪

（1）骨干枝修剪，衰弱的侧枝回缩到较强的分枝处，角度过小，近于直立生长的骨干枝用背后枝换头或拉枝、坠枝，加大角度。

（2）结果枝组修剪，轮换更新复壮枝组，回缩过长、结果能力下降的枝组；利用萌蘖枝，培养成新的枝组。

（3）疏除干枯、病虫枝、无结果能力的细弱枝及剪、锯口附近的萌蘖枝，对树冠外围、上部过多的强枝、徒长枝可适当疏除，或拉平、压低甩放，使生长势缓和。

4. 衰老树的修剪

（1）缩剪更新，对衰老的主侧枝进行缩剪，选留 2～3 个旺盛的萌枝或主干上发出的徒长枝，逐步培养为新的主侧枝，继续扩展树冠。

（2）利用内膛的徒长枝长放，少量短截，培养枝组。

（二）土、肥力管理

1. 土壤管理

春季发芽前应耕翻园地，6 月下旬至 8 月中旬，生长季节结合浇水中耕 2～3 次，松土保墒，果实成熟前保持树冠下无杂草丛生，10 月中旬采收后结合施肥耕翻一次。园地可间作小麦、薯类、豆科作物，甜瓜、药用植物等矮秆作物。

2. 施肥

（1）基肥 分 2 次使用，时间分别在冬季土壤结冻前和次年早春 2 月底前。用量依树大小而定，主施有机肥，幼树每株 10kg 左右，中大树 20～25kg，有条件时，幼树成长期内每月追施 0.5kg 尿素和人粪尿水 20～25kg。

（2）萌芽前追肥 可补充贮藏营养的不足，提高坐果率、促进新梢生长，应以复合肥为主。

（3）果实膨大期追肥 可促进新梢生长及花芽分化，应适量施用氮肥，多施磷、钾肥，以三元复合肥为主。

（4）采前追肥 以速效钾肥为主，可促进果实膨大、提高果实品质，一般在采前 15d 施入。

（5）采后追肥 施腐熟饼肥、人粪尿、草木灰及过磷酸钙等。

施肥方法用沟施或穴施，但距树不能过近，以免伤根。并且每次施肥的位置应与原施肥位置错开。有机肥必须腐熟后兑水使用。大果石榴还应注意结合施肥，每棵树加施 3g 硼砂粉。

3. 浇水

全年至少浇 4 次透水。

（1）开墩水 4 月上中旬，促进萌芽展叶和新梢生长。

（2）花前水 5 月中旬，使花期有足够的土壤水分，提高授粉率。

（3）催果水 7 月上中旬，促进果实发育，花芽分化。

（4）封冻水 11 月上中旬，提高树体养分积累，安全越冬。

花后及 8 月中旬可各增加一次，果实成熟期，如雨水过多易造成裂果，故雨后要及时排除园地积水，降低土壤湿度。

（三）花果管理技术

石榴花器有严重的败育现象，自花授粉坐果率低。花果管理就是促进多成正常花，提高正常花坐果率，减少落果。

1. 花蕾期环剥

5月上中旬花蕾初显时进行，对结果骨干枝从基部环剥，环剥宽度为枝粗的1/10，剥后即用塑料包扎伤口。在幼旺树、旺枝上环割2～3道，间距4cm以上，可促进花芽分化。

2. 疏花

现蕾后，在可分辨筒状花时，摘除70％的败育花蕾，减少营养消耗，簇生花序中只留一个顶生完全花，其余全部摘除。

3. 授粉

花期直接利用刚开放的钟状花，对筒状花进行人工授粉或招引蜜蜂传粉，可提高坐果率10％左右。

4. 喷硼

初花期至盛期喷0.3％的硼砂液或稀土微肥混合液，提高坐果率5％～15％。

5. 疏果

去除病虫果、晚花果、双果、中小果可使果实成熟期一致，个大品质好。双果、多果的只留一个果，疏除6月20日以后坐的果，以集中养分，提高坐果率和单果重，提高产量和果实品质。

三、石榴周年管理技术要点

见表4-7-2。

表4-7-2　石榴周年管理技术

物　候　期	管　理　要　点
萌芽期	1. 春季施肥。 2. 地面覆盖保墒，防止春旱，进行春灌，蓄积营养，增强树势；继续清园，铲除病源。 3. 除萌和对强梢摘心，对幼旺树及冬季甩放的强枝适时拉枝，调节树冠整体光照，控制局部旺长，促进叶面积尽快形成。 4. 种植绿肥
新梢生长与现蕾期	1. 加强肥水，促生枝叶，促进花芽分化；此时前期以追氮肥为主，现蕾后增施磷、钾肥，花前应增喷硼肥，花前叶面追肥。 2. 及时除萌，减少消耗；采用扭梢、摘心、拿枝、变向等措施控制旺枝徒长。 3. 加强病虫害防治，药剂处理园地，消灭在土中越冬的桃小食心虫，防治干腐病、褐斑病、桃蛀螟、夜蛾
开花期	1. 疏花：对于过多的串花枝及无效花枝及时疏除，疏除退化花。 2. 喷洒赤霉素、硼肥等提高坐果率
果实发育	1. 疏果：重点保留头茬果，选择保留二茬果，补空保留三茬果，应疏去双果中的小果、病虫果和绝大部分三茬果。 2. 果实套袋：幼果转色后套袋。 3. 中耕除草：减少土壤养分消耗。 4. 花后追肥：以磷、钾肥为主，促进果实细胞分裂，加速第一次生长高峰，为提高果实品质奠定基础。 5. 灌水：保持土壤墒情

续表

物 候 期	管 理 要 点
落叶、休眠期	1. 施肥、清园：及时清扫枯枝落叶，剪除枝头病虫果，刮除老翘皮，消灭越冬害虫，进行树干涂白。 2. 园地耕翻。 3. 冬季修剪。 4. 树干基部培土防冻，灌封冻水

复习思考题

1. 石榴树的花有何特点？

2. 石榴树的修剪应注意哪些问题？

3. 如何提高石榴品质和产量？

项目八 猕猴桃的生产技术

知识目标

了解猕猴桃优良品种；掌握猕猴桃生长和结果特性；熟悉猕猴桃生产关键技术。

技能目标

能根据当地实际条件选择优良品种；会制订促进生长和结果的措施；能运用栽培技术对猕猴桃进行周年管理。

任务 4.8.1 ▶▶ 猕猴桃优良品种识别和选择

任务提出

通过调查和观察，了解常见猕猴桃品种，能因地制宜地选择适于当地栽培和发展的优良品种。

任务分析

我国猕猴桃品种资源丰富，生长和生态学习性各异，通过调查和了解其生长结果习性是合理选择品种的关键。

任务实施

【材料与工具准备】

1. 材料：当地主要猕猴桃品种树（雌株和雄株），果实实物或标本。
2. 工具：放大镜、记录工具。

【实施过程】

1. 品种调查和形态观察：通过树体观察和果实品尝，了解不同品种的生长结果习性和品质优劣，便于选择。
2. 形态描述：区分并会用专业术语对各种猕猴桃品种及形态进行准确描述。
3. 记录与选择：记录猕猴桃不同品种的生长特性、果实性状和品质等要素，作出合理选择。

理论认知

猕猴桃是国际上新兴的一种藤本果树，被誉为"水果之王"。猕猴桃原产于我国，20 世纪初，新西兰从我国引入并驯化和品种改良，取得了成功。后逐渐引种到世界各地。我国在 20 世纪 70 年代开始人工栽培，猕猴桃是少有的成熟时含有叶绿素的水果之一。果实富含维生素 C，还含有人体所需要的 17 种氨基酸及钙、磷、钾、铁等多种矿物质元素，果实酸甜适口，别具风味，除鲜食外，还可以加工罐头、果酱、果脯、果汁、果酒和果干等。

猕猴桃属猕猴桃科猕猴桃属植物，为多年生藤本灌木。种类繁多，我国分布的猕猴桃属植物有 62 种以上，经济价值最高为中华猕猴桃和美味猕猴桃；还有味道比较甜美的毛花猕猴桃；耐低温、对病害有免疫性的狗枣猕猴桃等。

我国现在广为栽培的中华猕猴桃的野生种分布很广。北方的陕西、甘肃和河南，南方的两广和福建，西南的贵州、云南、四川，以及长江中下游流域的各省都有，尤以长江流域最多。目前世界上繁殖推广的猕猴桃优良品种，主要是新西兰的布鲁诺、蒙蒂、艾博特、阿利森和海瓦德 5 个雌株品种和马图阿、陶木里两个雄株品种。各品种的主要性状如下。

1. 布鲁诺

树势最旺，丰产。花黄褐色，花瓣 6 个。果实大，长圆筒形，果皮暗褐色，密生短硬、直立的褐色绒毛。果肉翠绿色，后熟易，汁多。每公顷产果 25t 左右。

2. 蒙蒂

开花迟，花黄褐色，花瓣 6 个。果大，长卵圆形，果底渐尖，果顶大而微凹。果肉透明浓绿，果心小，且具芳香。果实后熟，所需时间短。耐瘠薄，结果早，极丰产。

3. 艾博特

开花最早，花黄褐色。果中大、长椭圆形，果面密生长茸毛。果肉透明浓绿，果心小，香味浓。定植 2～3 年结果，丰产。

4. 阿利森

又名长果。花期较迟，花瓣宽，边缘卷缩，重叠。果中大，长椭圆形。

5. 海沃德

花期晚，花黄褐色。果大，椭圆形，果皮茶绿色或淡绿色，茸毛细滑美观，果肉风味佳。耐贮藏，但结果晚，产量稍低，后熟期长。树势弱，可适当密植。其已成为推广的主栽品种。

6. 两个较好的授粉品种

(1) 马图阿　属美味猕猴桃雄性品种。花期较早，为早、中花型美味和中华猕猴桃雌性品种的授粉品种。花粉量大，每花序多为 3 朵花。定植后第二年就可开花，雄花量多，花期长，达 15～20d，宜作各雌株品种授粉树。

(2) 陶木里　属美味猕猴桃雄性品种。花期较晚，为晚花型美味猕猴桃和中华猕猴桃雌性品种的授粉品种。与海沃德同期开放，主要作海沃德的授粉树。

【知识链接】

猕猴桃资源

我国猕猴桃资源极为丰富，经过近年的选优工作，各地相继选育出不少的优良单株，例如，中华猕猴桃雌性品系有魁蜜、早鲜、庐山香、素香、Hort-16A、华光 2 号、金丰、琼露金阳等；雄性品系有磨山 4 号、郑雄 1 号、岳-3、厦亚 18。美味猕猴桃雌性品系有秦美、金魁、米良 1 号、海沃德、徐冠、徐香、周园 1 号、秦翠、93-01、新观 2 号，雄性品系有B1、湘峰 83-06、郑雄 3 号。软枣、毛花猕猴桃雌性有魁绿、沙农 18 号、江山娇、西峡两性花 2 号、5 天源红，软枣、毛花猕猴桃的雄性授粉株系未见报道。在生产中，选同种花期相同、雄性株系花粉量大、活性强的健壮株系作授粉株系。

任务 4.8.2 ▶▶ 观察猕猴桃生长结果习性

任务提出 🔖

以当地常见猕猴桃为例，通过观察猕猴桃的生长结果习性，掌握猕猴桃生长发育的基本特点和规律。

任务分析 📚

猕猴桃是雌雄异株果树，雌雄花分别生长在不同树上，又是藤本植物，需要搭架栽植，生产上应掌握这些特性，为科学管理奠定基础。

任务实施 ✴

【材料与工具准备】

1. 材料：猕猴桃品种（雌株和雄株）。

2. 用具：记载表、钢卷尺、放大镜、游标卡尺、铅笔、橡皮。

【实施过程】

1. 生长期观察

（1）观察猕猴桃树萌芽、开花状况和花期长短。

（2）枝蔓的种类、着生特点和生长情况。

（3）坐果、果实发育状况及落花落果现象。

2. 休眠期观察

（1）树势强弱及树体生长状况。

（2）树形结构及存在的问题。

【注意事项】

1. 观察可根据生长情况分成几个时期，如开花期、果实发育期及休眠期。

2. 记录观察结果，分析存在问题，找出解决办法。

理论认知 👆

一、生长习性

猕猴桃和葡萄一样都是藤本植物。葡萄靠卷须攀缘其他物体，而猕猴桃则靠自身枝蔓缠绕其他物体向上生长。

1. 根

为肉质根，含水量高，皮层厚，有韧性，不易折断。实生苗主根不发达，侧根和细根多而密集。当苗出现2～3片真叶时，主根就停止生长。随着树龄增长，侧根向四周扩展，形成类似簇生状的侧根群，呈须根状根系。须根特别发达而密。猕猴桃由于根系发达，因此适应性强，生长旺盛（图4-8-1）。

2. 枝蔓

猕猴桃的枝条属蔓性，有逆时针旋转的缠绕性，在生长前期，强旺枝、发育枝以及各种短枝均能挺直生长；到了后期，除中、短枝外，其他枝都靠缠绕上升。

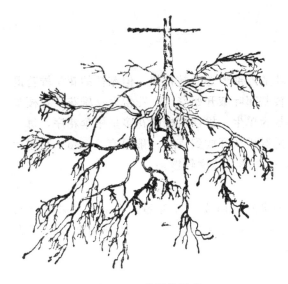

图 4-8-1 猕猴桃根系

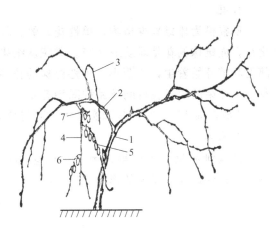

图 4-8-2 猕猴桃枝蔓
1—主蔓；2—侧蔓；3—营养枝；4—结果母枝；
5—长果枝；6—中果枝；7—短果枝

枝蔓按其主要功能可分为结果母蔓、结果蔓、生长蔓三类。如图 4-8-2 所示。

（1）结果母蔓 一年生蔓充实饱满形成混合芽的叫结果母蔓，其基部芽发育不良，一般不萌发，从 3～7 节开始抽生结果蔓，结果蔓约占其所萌发枝条的 2/3 左右。

（2）结果蔓 从基部 2～3 节开始着果，一个结果蔓一般着果 3～5 个。根据枝蔓长短，可分为以下几种。

① 徒长性果蔓：长 130cm 左右，多为结果母蔓上部芽萌发的枝条，当年能结少量果实，并可成为下年的结果母蔓。

② 长果蔓：长 20～30cm，发生在结果母蔓的中部，从顶芽或其下 2～3 芽处发生枝蔓。

③ 中果蔓：长 10～20cm，发生在结果母蔓的下部，节间较短，从顶芽或其下 2～3 芽处发生枝蔓。

④ 短果蔓：长 5～10cm，发生在结果母蔓的下部，节间较短，从顶芽处发生枝蔓。

⑤ 短缩果蔓：长 1～5cm，易枯死。

（3）生长蔓 根据枝条生长势可分为以下两种。

① 徒长蔓：常自主蔓或侧蔓基部隐芽或枝蔓优势部位发生，生长旺，常直立生长，有的长达 7m，节间较长，组织不充实，上部有时分生二次枝。

② 普通生长蔓：生长势中等，长 10～30cm，能形成良好的结果母蔓。

3. 叶

猕猴桃叶互生，叶柄较长，叶片大，半革质或纸质。多数为心脏形，还有圆形、扁圆形、卵圆形或广椭圆形。嫩叶黄绿色，老叶暗绿色，背面密生茸毛，叶互生。同一枝上，叶的大小依着生节位而异，枝条基部和顶部的叶小，中部的叶大。基部叶片的先端多圆或凹，顶部叶片先端多尖或渐尖。

二、结果习性

1. 花

猕猴桃为雌雄异株植物，单性花。雌、雄花的外部形态非常相似，但雌株的花是雄蕊退化花，而雄株的花是雌蕊退化花。雌花从结果枝基部叶腋开始着生，花蕾大；雄花从花枝基部无叶节开始着生，花蕾小。雌性植株的花多数为单生，雄性植株的花多呈聚伞花序，每一花序中花朵的数量在种间及品种间均有差异。猕猴桃从开放到落花一般只有 2~3d，花谢后 60d 和成熟前 15~20d，是果实膨大的高峰期，中间膨大速度较慢。

2. 果实

猕猴桃的果实为浆果，由上位的多心皮子房发育而成，可食部分为果皮和果心（胎座）（图 4-8-3）。浆果的形状、大小、果皮颜色、果肉颜色，因种、品种不同而有很大差异。

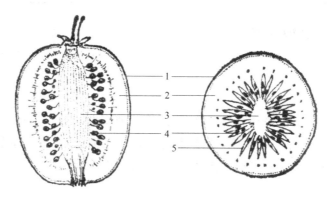

图 4-8-3 中华猕猴桃果实剖面示意图
1—外果皮（心皮外壁）；2—中果皮；3—中轴胎座；4—种子；5—内果皮（心皮内壁）

管理良好的果园，猕猴桃坐果率可达 90% 以上，且没有明显的生理落果，花后适宜浓度的生长素和激动素处理果实 105~115d，还可实现单性结实，产生无籽果。

任务 4.8.3 ▶▶ 猕猴桃的生产管理

任务提出 👤

以猕猴桃"T"形架为例，完成猕猴桃整形修剪的任务。

任务分析 📚🖱

掌握猕猴桃"T"形架整枝方法要点以及熟悉猕猴桃冬季修剪关键技术是本任务的关键。

任务实施 🪄

【材料与工具准备】

1. 材料：猕猴桃幼树、结果树。
2. 用具：修枝剪。

【实施过程】

1. 整形。

2. 冬季修剪

① 徒长枝：可疏除，可留 5~6 芽短截。

② 长中果枝：结果部位以上留 3~4 个芽短截。

③ 短果枝和短缩果枝：不短截，过密时可疏除。

④ 结果母枝：过密的或过弱的可疏除，留下的短截。

⑤ 疏除过多、过密、细弱和枯干的枝条。

【注意事项】

可采用"分组承包责任制"，把任务分配给不同的组，并作跟踪调查、评价、总结，最后评出修剪效果最好的一组给予奖励。

理论认知 👆

一、繁殖技术

1. 实生繁殖

一般实生苗具有很大的变异性，而且雌雄株也难区别，不能保持原有的优良性状，因此，生产上多用实生砧木苗和杂交育种实生苗培育。

2. 营养繁殖

（1）嫁接育苗　选用的接穗必须是采自无病虫害、生长健壮、优良品系的一年生枝条。嫁接可分春季清明前后的枝接和夏末秋初的芽接。中华猕猴桃有伤流现象，因此，春季嫁接时要注意避开萌芽前 20~30d 的伤流期。用于猕猴桃的嫁接方法有劈接、舌接、枝蔓腹接和嵌芽接等，具体方法可参考前面章节。

（2）扦插育苗　有硬枝蔓扦插和绿枝蔓扦插、根插等，常用于繁殖砧木自根苗，具体方法参考葡萄扦插育苗部分。

（3）压条　利用猕猴桃裙枝蔓和旺长而无用的枝蔓，就地埋入土中，或用土或锯末等基质局部包埋，促其生根后分离出植株的方法叫压条。

二、建园

1. 园地选择

猕猴桃喜温湿、畏霜冻，忌旱、怕涝，而且喜肥，因此，应选择在气候温暖、无霜害、雨量充足的地区建园。与其他果园相比，除了要规划果园的道路、排灌系统之外，还要建立防护林带，因为猕猴桃对风特别敏感，其叶大质脆，枝蔓木质化程度差，遇大风损失严重，所以防护林带必不可少。猕猴桃也可以在光照良好、水源充足、土层深厚肥沃的山地河谷和山坡地上建园。

2. 栽植

（1）栽植时期　猕猴桃一般在早春萌芽前或秋季落叶后定植，以秋后定植的成活率高，次年生长快，但定植后要注意幼苗的冬季防冻。

（2）定植距离　一般篱架栽培的株行距为 3m×5m，棚架栽培的株行距以 5m×6m

为宜。

（3）授粉树的配置　猕猴桃属雌雄异株，栽植时要配置一定量花期相同的雄株作为授粉树，一般雌雄比例为8∶1。适当提高雄株比例有利于果实长大，雌雄比例可调整到6∶1或5∶1（图4-8-4）为使雄株能均匀分布，即在雌株间每3行的第2行中每隔2株栽1雄株。棚架栽培也可在9个永久性枝条上嫁接一个雄枝，同样能获得良好的授粉效果。

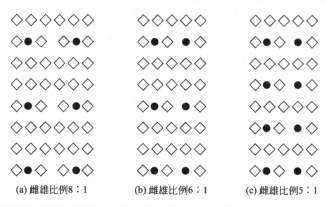

(a) 雌雄比例8∶1　　　　　(b) 雌雄比例6∶1　　　　　(c) 雌雄比例5∶1

图4-8-4　猕猴桃雌雄株搭配栽植示意图（◇为主栽培雌性品种；●主栽培雄性品种）

（4）栽植密度　依品种、栽培架式、立地条件及栽培管理水平而定。生长势和结果能力强的品种密度小，土壤肥沃的地块也应适当稀一些。一般栽植密度与栽培架式密切相关，篱架密度为2m×4m，"T"形架栽植密度为3m×4m，每亩约栽植56株，平顶棚架栽植密度为3m×5m。

三、整形修剪

猕猴桃幼树生长迅速，要及时整枝和引导，否则相互纠缠，不便管理，影响产品质量。整形修剪措施有：拉枝蔓、绑蔓、抹芽、摘心、剪梢、打顶、疏枝蔓、短截、扭梢等。

1. 整形

猕猴桃园常采用的树形有："T"形架、篱架、大棚架、简易三角架等。

（1）"T"形架整枝法　"T"形架是目前平地生产园中首选树形。苗木定植后，用绳牵引茎干单轴上升，到1～1.5m后，进行2次重摘心，促发成4个分叉。4个分叉上架后分别沿中间两道铁丝向两个方向延伸成主枝蔓。主枝蔓每伸长40～50cm重摘心1次，促发侧枝蔓。侧枝蔓则向行间斜向延伸，自然搭缚在外缘铁丝上，至此，"T"形骨架即形成。

（2）篱架整枝法　分为层形篱架和扇形篱架

① 层形篱架：以3层为宜。苗木定植后牵引茎干向上，于最下层铁丝下20～30cm处重摘心1～2次，促发分枝，选留2个强旺枝蔓分别沿铁丝向正反2个方向延伸作为第一层主枝蔓，最弱的一个继续向上。同种方法进行第二、三层整形（图4-8-5）。

② 扇形篱架：苗木定植后，在离地面上20～30cm处多次摘心，促发5～7个丛生枝蔓，按强枝蔓在外，弱枝蔓在内，外边的开张角度大，靠内的开张角度小的原则，使其5～7个丛枝蔓均匀地分布在架面上（图4-8-6）。

（3）大棚架整枝法　定植后牵引茎干单轴上架，至架面下约0.5m处开始多次摘心，促生8条主蔓，主枝蔓上架后按"米"字形向四面八方均匀分布，各枝生长约1m长时，开始按每0.4m左右摘心1次，促发分枝，培养结果母枝蔓组。

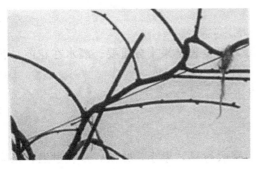

图 4-8-5　层形篱架整形

图 4-8-6　扇形篱架整形

2. 修剪

猕猴桃生长势强，无论采用棚架或篱架整形，都必须在冬季和生长季节进行修剪，以控制枝蔓生长。

据观察，不修剪的植株结果部位外移，有隔年结果现象，而且由于枝蔓过密且紊乱，光照不足，下部枝条生长衰弱，以至枯死，果实发育不良，风味也差。

猕猴桃是由上一年形成的结果母枝的中、上部抽生结果枝，通常在结果枝的第 2～6 节叶腋开花坐果。结果部位的叶腋间没有芽而成为盲节，结果部位以上有芽，次年能萌发成枝。进入结果年龄后，容易形成花芽，除基部老蔓上抽生的徒长枝外，几乎所有新梢都可成为结果母枝。

（1）夏季修剪　主要剪除徒长枝，并对过长的营养枝或徒长性结果枝进行短截。当新蔓长到 5～8cm 时，便要疏去直立向上生长的徒长枝。主枝上产生的结果枝，随着叶子和果实的增大，重量也不断增加，如采用篱架整枝往往会使枝条逐渐弯向地面，所以，应在离地面 50cm 处短截。侧枝上抽生的水平伸展的枝条，应适当疏剪或短截，避免过分茂密荫闭。结果枝应从结果部位以上 7～8 个芽的地方剪断。如剪口下 1～2 芽又萌发副梢时，为了防止徒长，仍需将副梢从基部剪断。

（2）冬季修剪　主要对开始衰老的大枝和结果枝进行更新或短截，促使第二年萌生健壮的新梢。修剪的时期在果实采收后至树液流动前。短截时应在剪口芽以上留 3cm 长的残桩，以防剪口芽枯死。

修剪时，首先应使生长充实的结果母枝分布均匀，形成良好的结果体系，将多余的结果母枝从基部疏去。对留下的结果母枝，通常剪去 1/3。衰弱的枝条疏去以后，老蔓上还会长出新蔓，这种新蔓多为徒长枝，通常在第一年不结果，第二年或有少数结果，第三年几乎都能产生结果枝。当结果枝充作结果母枝时，应在结果部位以上留两个芽，这两个芽能在春天发育成结果枝。一般连续结果两年以上的枝组都要更新。为了保持来年有一定量的结果枝，可酌情保留一部分枝组。

对徒长枝，若留作更新枝时，一般剪留 5～6 个芽，其余的徒长枝应从基部疏去。徒长性结果枝，一般在结果部位以上留 3～4 个芽；长果枝和中果枝保留 2～3 个芽；短果枝及短缩果枝容易衰老干枯，在连续结果后可全部剪除。

四、施肥、灌水

1. 施肥

为了保证植株生长发育的需要，提高产量和质量，每年秋季开沟施一定数量的有机肥料，并追施 10：8：10 的氮、磷、钾肥。

2. 灌溉与排水

猕猴桃既不抗旱又不耐涝，保持土壤一定湿度，对生长结果十分重要。灌水在花前、花后、果实生长期和果实采收后分期进行。

雨季园内应注意排涝、松土散墒，促进根系生长。

五、采收

采收的迟早与果实品质、大小及耐贮性有关。采收过早，果小，味淡；采收过迟，果实变软，不耐运输。适时采收的果实，果形大，风味佳，营养丰富，也耐贮藏。一般 9 月下旬至 10 月中旬采收较适宜。

采收时要注意轻拿轻放，防止碰、压等机械损失，以防腐烂变质。刚采收的果实较坚硬，味酸而涩，没有香气，需经 4～10d 的后熟期才能食用。

任务 4.8.4 ▶▶ 猕猴桃的病虫害防治

任务提出 🧍

以一个猕猴桃园作为群体，通过观察和分析常见病虫害，制订综合防治方案。

任务分析 📚

由于果农认识落后和管理粗放，导致当前猕猴桃病虫种类较多，为害严重，致使产量和品质低下。通过观察当地主要病虫害发生种类和为害程度，因地制宜采取措施综合防治。

任务实施 🖌

【材料与工具准备】

1. 材料：猕猴桃园。

2. 工具：采集袋、放大镜、捕虫网、剪刀、广口瓶、标本夹、记录本等。

【实施过程】

1. 现场调查：通过实地调查，使学生了解当前猕猴桃生产中主要的病虫害种类及其发生规律和为害程度。将调查结果填入表 4-8-1 中。

2. 观察记录：记录病虫种类及其为害症状等，并会用专业术语准确描述。

3. 防治方案制订：通过了解其发生规律，科学分析后制订出切实可行的防治方案，并实施防治。

表 4-8-1　猕猴桃病虫害种类调查记录表

调查地点：　　　　　调查人：　　　　　日期：

项目 病虫害种类	地势	果园名称	土壤性质	水肥条件	品种	苗木来源	生育期	发病率	备注

【注意事项】

1. 选择病虫害发生较重的猕猴桃园或植株，将学员分成小组在猕猴桃生长前、中、后期以普查的方式，利用网捕、手采、诱集等方法，采集病害、虫害及为害状标本，并带回室内，进行保存和鉴定。

2. 根据果园猕猴桃病虫害发生情况，提出综合防治意见。

理论认知 🖑

一、溃疡病

1. 发病症状

由丁香假单胞杆菌（*Pseudomonas syringae* pv. *morsprunorum*）引起。为地上部毁灭性细菌病害，在美国、日本和我国发生过，此病病菌在病枝蔓和病叶上越冬，翌春 3～4 月份，遇数日低温高湿性气候，日均温 10℃左右时发病。病菌经工具、雨水、害虫传播，皮孔、伤口入侵。主要为害叶、花蕾和枝蔓。叶部症状为 2～3mm，深褐色有黄晕圈的不规则形斑；花蕾受侵染后变褐枯死；枝蔓发病初期为水渍状，其后变褐腐烂，深及髓部，有清白色、乳白色后转为红褐色分泌物；当年病部以上枝蔓、叶枯萎死亡，2～3 年后整株死亡。

2. 防治方法

① 冬季清除病枝蔓叶，集中烧毁，喷 3～5°Bé 石硫合剂。

② 发芽前喷 0.3～0.5°Bé 石硫合剂，或 1：1：100 波尔多液，或 50%DT 可湿性粉剂，每 7～10d 交替喷 1 次，连喷 2～3 次。

③ 发芽后至谢花期，用农用链霉素，或 50%DT500 倍液，或 70%DTM 可湿性粉剂 1000 倍液，45%代森铵乳液 1000 倍液，每 7～10d 交替喷一次。

二、根癌病

1. 发病症状

由根癌农杆菌（*Agrobacterium tumefaciens*）引起。病菌经伤口入侵，土壤、病残体传播。最常见侵染部位为根颈部。发病后的根颈症状为根瘤，根瘤初生为乳白色，表面凹凸不平，呈菜花样，组织较松；后转为褐色至深褐色，组织木质化，坚硬。植株矮小，果实小，品质差，树体衰弱。

2. 防治方法

① 不重茬育苗和建园，不栽植有病苗。

② 发现病株带根彻底销毁，土壤用溴甲烷熏蒸消毒。

③ 用 90%晶体敌百虫 30 倍液 150g，加麦麸皮 5kg 诱杀地下害虫。

④ 药剂灌根：0.3～0.5°Bé 石硫合剂，或 1：1：100 波尔多液，或用农用链霉素，或 50%DT500 倍液，或 70%DTM 可湿性粉剂 1000 倍液，45%代森铵乳液 1000 倍液，每 7～10d 交替喷雾一次。

三、根腐病

1. 发病症状

根腐病是根系毁灭性病害，病菌在病根和土壤中越冬，翌年遇高温高湿气候时发病。病菌经过工具、雨、水、害虫传播，皮孔、伤口入侵。主要为害根，是由 2 种病原菌引起。一种病原菌为密环菌和假密环菌，从根茎部发病，初在皮层上出现黄褐块斑，逐渐变黑，软腐，向下扩展到整个根系变黑腐烂，流出棕褐色汁液，有酒糟味，木质部变为淡黄色。地上部叶片变黄脱落，树体萎蔫死亡。后期病组织内充满白色菌丝，腐烂根部长出 6～50 个簇生、淡黄色、伞状子实体。另一种为疫霉菌，从根颈、根尖均可发病，病部有白色霉状物，有酒糟味，无籽实体。引起树体衰弱，萌芽迟，叶片小，枝蔓顶端枯死，严重时整株死亡。根腐病主要在高温高湿季节发病，由病残体传播，接触传染。

2. 防治方法

① 建立排水系统，排除积水，在多雨季节或低洼地起垅高畦栽培。

② 栽植无病毒苗，并用 30％DT 胶悬剂 100 倍液浸根或根颈部 3h。

③ 发现病株带根彻底销毁，土壤用溴甲烷熏蒸消毒。

④ 用 90％晶体敌百虫 30 倍液 150g，加麸皮 5kg 诱杀地下害虫。

⑤ 药剂灌根：30％DT 胶悬剂 100 倍液按 1.3kg/株，或 40％多菌灵 500 倍液 0.5kg/株，或 50％退菌特 800 倍液，可起到抑制病菌的作用。

四、根结线虫病

1. 发病症状

猕猴桃根结线虫病，在我国南方种植区发生较多，地下根系为害症状初期为根系上生有结节，外观颜色正常，大结节表面粗糙，后期结节及附近根系均腐烂，变成黑褐色。植株感染线虫后地上部的表现为植株矮小，枝蔓、叶黄化衰弱，果实小且易落。致病线虫有三种，一种为北方根结线虫（*Meloidogyne hapla*），另外为南方根结线虫（*M. incognita*）和花生根结线虫（*M. arenaria*）。

2. 防治方法

① 加强苗木检疫，不让带虫苗流通，不栽带虫苗。

② 选用抗线虫野生猕猴桃种类作砧木，如软枣猕猴桃，苗圃忌连作。

③ 结果园发现根结线虫，用 10％克线磷或克线丹，每公顷 45～75kg。

④ 间作不感染线虫的禾本科草本低秆作物。

五、猕猴桃周年管理技术要点

见表 4-8-2。

表 4-8-2　猕猴桃周年管理技术

物　候　期	管理要点
落叶、休眠期	1. 整形与修剪。 2. 园地清理：清园内病虫枝叶、果实，深埋或远离园子烧毁。 3. 深翻扩穴。 4. 播冬绿肥。 5. 灌封冻水：在未冻结前灌一次封冻水
展叶、现蕾、开花、坐果	1. 除萌：对无空间生长的多余萌芽疏除。 2. 追肥：花前每株施复合肥 0.25kg，中耕除草、松土保墒。 3. 放蜂、鼓风促花粉传播，阴天，低温人工授粉

续表

物 候 期	管 理 要 点
新梢生长、果实发育	1. 除萌摘心：对 80cm 左右新梢及时摘心，引绑新梢。 2. 疏果：对 3 个果则留中去两边，长果枝去两头，中部留 5～7 个果，中果枝留中部 3～5 个果，短果枝留 2～3 个果，疏去畸形果、病虫果、伤果、小果。 3. 追肥：株施 0.2～0.5kg 复合肥。 4. 开沟排水。 5. 防治病虫害：着重注意红蜘蛛的大发生，做到勤观察，多检查，及时防治
果实成熟采收、落叶	1. 果实采收。 2. 施采果肥

复习思考题

1. 比较猕猴桃和葡萄生长结果习性异同处。

2. 调查当地猕猴桃园，分析它们存在的问题并提出改造方案。

3. 调查猕猴桃市场，如何从品种搭配方面来改善猕猴桃的市场前景？

项目九 核桃的生产技术

▶▶ 知识目标

了解当前核桃发展现状和优良的栽培品种，掌握标准化建园和管理的核心技术和主要环节。

▶▶ 技能目标

能根据当地实际条件选择优良品种，掌握科学建园和栽后管理的生产技术。

任务 4.9.1 ▶▶ 核桃优良品种调查和选择

任务提出

通过田间和市场调查，了解当前各地核桃栽种的优良品种及其生长结果习性和对环境条件栽培技术等的要求，学会因地制宜合理选择品种。

任务分析

当前各地核桃发展迅速，品种繁多，正确了解其形态特征是合理选择优良品种的关键。

任务实施

【材料与工具准备】

1. 材料：不同品种的核桃结果树，枝、芽、果实实物或标本。
2. 工具：放大镜、记录工具等。

【实施过程】

1. 形态观察：认真观察各品种的生长结果习性和枝、芽特点。
2. 形态描述：区分并会用术语对各个品种的形态特征进行准确描述。
3. 记录与收集：优良品种树体结构和果实图片等，并标明各品种的名称。

理论认知

核桃属木本油料果树，是经济林树种。具有耐旱、耐瘠薄，管理粗放，经济价值高的特点，适合退耕还林和山地、丘陵地种植的主要树种之一，可保持水土，美化环境。也是我国传统的出口产品。其种仁富含脂肪、蛋白质、糖类、维生素及钙、铁、磷、锌等多种无机盐类，具有较高的营养价值和保健作用，其中的亚油酸对软化血管，降低血液胆固醇有明显的作用，同时具有广泛的医疗用途，其核桃仁入药，有顺气补血、润肺强肾之功效，还可制成多种加工品，很有市场开发前景。

1. 香玲

主要在山东、河南、山西、陕西、河北等地栽培。树势中等，树姿直立，树冠呈半圆形，分枝力较强。嫁接后 2 年开始形成混合花芽，雄花 3～4 年后出现。雄先型，中熟品种。坚果卵圆形，基部平、果顶微尖。中等大，坚果重 12.2g。壳面较光滑，缝合线平，不易开裂，壳厚 0.9mm 左右。核仁充实饱满，出仁率 65.4%。核仁乳黄色，味香而不涩。坚果光滑美观，品质上等，适宜带壳销售或作生食用。较抗寒、耐旱，抗病性较差。适宜在山地丘陵地土层较深厚和平地果、粮间作栽培。

2. 鲁光

主要在山东、河南、山西、陕西、河北等地栽培。树势中庸，树冠开张呈半圆形，分枝力较强。嫁接后 2 年即开始形成混合芽，雄先型，中熟品种。坚果长圆形，果基圆，果顶微尖，坚果重 16.7g。壳面光滑，缝合线平，不易开裂，壳厚 0.9mm 左右。核仁充实饱满，出仁率 59.1%，仁乳黄色，味香而不涩。坚果光滑美观，核仁饱满，品质上等，抗病性较强。适宜在土层深厚的山地、丘陵地栽植，亦适宜林粮间作，不宜在瘠薄山地、涝洼地栽培。

3. 辽宁 3 号

在辽宁、河南、河北、山西、陕西等地大量栽培。树势中等，树冠开张，半圆形，分枝力强，抽生二次枝的能力强，枝条多密集。抗病、抗风性较强。雄先型，中、晚熟品种。结果枝属短枝型，丰产性强，坚果椭圆形，果基圆，果顶圆并突尖，坚果重 9.8g。壳面较光滑，缝合线平，不易开裂，壳厚 1.1mm。核仁饱满、色浅、风味佳，出仁率 58.2%。该品种树势中等、树冠较开张、分枝力强，果枝率及坐果率高，抗病性很强，品质优良，适宜在我国北方核桃栽培区发展。

4. 辽宁 4 号

在辽宁、河南、山西、陕西、河北、山东等地大量栽培。树势中庸，树姿直立或半开张，树冠圆头形，分枝力强，抗病性较强。雄先型，晚熟品种。丰产性强，大小年不明显。坚果圆形，果基圆，果顶圆并微尖。坚果重 11.4g。壳面光滑美观，缝合线平或微隆起。核仁充实饱满，黄白色，出仁率 59.7%。风味好，品质极佳。抗寒、耐旱，适应性强、抗病性极强，适宜我国北方核桃栽培区发展。

5. 中林 1 号

核桃树势较旺，直立性强，树冠长椭圆形，分枝力强，雌先型，中型品种，侧花芽比例 90%，每枝坐果 1.39 个，坚果方圆形，中等大小，壳面较光滑，出仁率 53%，风味好、丰产性强，肥水不足时有落果现象，属早实类。

6. 薄丰

树势中强，树枝开张，分枝能力强。雄先型，中熟品种。侧生混合芽率达 90% 以上。坚果卵圆形，坚果重 13g 左右，壳面光滑，缝合线窄而平，结合较紧密，外形美观，最大特点是果壳极薄，壳厚仅 1.0mm，薄如一张纸，极易取仁，可取整仁或半仁，出仁率 58% 左右，仁浅黄色，品质佳，味浓香。耐旱，坚果外形美观，商品性好，品质优良，适宜在华北、西北丘陵山区栽培。

7. 辽核 4 号

树势较旺，树姿直立或半开张，分枝力强，每果枝平均坐果 1.5 个，多为双果，平均单果仁重 6.62g，丰产性强，坚果圆形，壳面光滑，美观，品质极优，出仁率 57%～59.7%，核仁充实饱满，黄白色，风味佳。该品种适应性强，抗寒，耐旱，适宜在北方核桃栽培区发展。

8. 中林 3 号

树势较旺，树姿半开张，分枝力较强。侧生混合芽比率 50% 以上，枝条粗壮，雌先型。坚果椭圆形，平均坚果重 11g，壳中色，较光滑，在靠近缝合线处有麻点。缝合线窄而凸起，结合紧密，壳厚 1.2mm，可取整仁。核仁充实、饱满、色浅，出仁率 60% 左右。果粮间作适宜密度 5m×10m，栽培适宜密度为 5m×6m。9 月上旬坚果成熟。适宜华北、西北山地自然环境栽培，可作农田防护林的材果兼用树种。

9. 薄壳香

树势较旺，树姿较开张，分枝力中等。侧生混合芽比率 70% 左右，每雌花序多着生 2 朵雌花，坐果率 50%，雌、雄同熟型。坚果长圆形，果基圆，果顶微凹，平均坚果重 12g。壳面较光滑，有小麻点，颜色较深。缝合线较窄而平，结合紧密，壳厚 1.0mm，易取整仁。核仁充实饱满，味香而不涩，出仁率 60% 左右。脂肪含量为 64.3%，蛋白质含量为 19.2%。果粮间作适宜密度为 6m×10m，栽培适宜密度为 5m×6m。较耐旱，抗霜冻，抗病性也较强，适宜在华北、西北丘陵地区栽培。

核桃优良品种的标准见表 4-9-1 和表 4-9-2。品种选择是关键，各地要因地制宜地选择适销对路、市场前景看好的 2～3 个优良品种进行合理栽植，并做好授粉树的选择和配置（表 4-9-3）。

表 4-9-1　坚果横径、单果重、壳厚分级标准

级别	横径标准/mm	单果质量标准/g	壳厚标准/mm
优	>36.0	>15.0	>0.5,<1.1
1	32.0～35.9	12.0～14.9	1.5～1.11
2	28.0～31.9	9.0～11.9	1.9～1.51
3	<28.0	<9.0	>1.9

表 4-9-2　核桃坚果出仁率、核仁脂肪和蛋白质含量标准

级别	出仁率/%	脂肪含量/%	蛋白质含量/%
优	>57.0	>71.5	>18.0
1	50.0～56.9	66～71.4	15.0～17.0
2	43.0～49.9	60.5～65.9	12.0～14.9
3	<43.0	<60.5	<12.0

表 4-9-3　核桃主要品种的适宜授粉品种

主 栽 品 种	授 粉 品 种
晋龙 1 号、晋龙 2 号、晋薄 2 号、西扶 1 号、香玲、西林 3 号	京 861、扎 343、鲁光、中林 5 号
京 861、鲁光、中林 3 号、中林 5 号、扎 343	晋丰、薄壳香、薄丰、晋薄 2 号

主　栽　品　种	授　粉　品　种
薄壳香、晋丰、辽宁 1 号、薄丰、新早丰、温 185 西洛 1 号	温 185、扎 343、京 861
中林 1 号	辽宁 1 号、中林 3 号、辽宁 4 号

任务 4.9.2 ▶▶ 观察核桃的生长结果习性

任务提出 📖

以当地常见核桃为例，通过观察核桃生长结果习性，掌握核桃树生长发育的基本特点和规律。

任务分析 📚

核桃是雌雄异花的树种，不仅花期往往不一致，而且芽复杂多样，生产上应掌握各自特性，为科学管理奠定基础。

任务实施 🎇

【材料与工具准备】

1. 材料：盛果期的核桃树、幼年的核桃树。

2. 工具：放大镜、卷尺、镊子、记录工具等。

【实施过程】

1. 生长期观察

(1) 观察核桃树萌芽、开花状况和花期长短。

(2) 新梢生长情况。

(3) 坐果及果实发育状况；落花落果现象。

2. 休眠期观察

(1) 树势强弱及树体生长状况。

(2) 树形结构是否合理及存在的问题。

【注意事项】

1. 记录观察结果，分析存在问题，找出解决方法。

2. 观察可根据生长情况分成几个时期，分组定树进行跟踪记录。

理论认知 👆

一、生长结果特性

1. 根系

核桃为深根性果树，成年树主根深达 6m，但大量根群主要集中在 20～60cm 的土层中。水平根可达树冠冠幅的 3～4 倍，集中分布在以树干为中心、半径约 4m 的范围内。核桃具有菌根，集中分布在 5～30cm 的土层中，土壤含水量在 40%～50% 时，菌根发育好，菌根对核桃树体生长和增产有促进作用。

3月底至4月初出现新根，6月中旬至7月上旬、9月中旬至10月中旬出现两次生长高峰，11月下旬停止生长。

2. 芽

核桃的芽根据其形态、结构和发育特点，分为雌花芽、雄花芽、叶芽和潜伏芽四种。见图4-9-1～图4-9-3和表4-9-4。

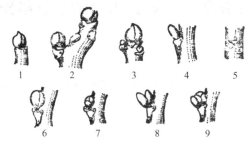

图 4-9-1　核桃芽的类型

1—顶生混合芽；2—混、雄叠生芽；3—叶、叶叠生芽；4—潜伏芽；
5—顶叶芽；6—混叶叠生芽；7—雄、雄叠生芽；8—叶、雄叠生芽；9—雄花芽

图 4-9-2　核桃雄花芽

图 4-9-3　核桃雌花芽

表 4-9-4　核桃芽的类型

类型	形态特点	着生位置	作　用
雌花芽(混合芽)	芽体大而饱满、鳞片(5～7片)紧抱、芽顶圆钝呈球形	早实品种的顶芽和侧芽多为雌花芽，晚实品种多着生在1年生枝的顶端及其下1～3芽	萌发后抽生结果枝,结果枝顶端着生总状花序而开花结果
雄花芽	裸芽,圆锥形或塔形	着生在顶芽以下2～10节,单生或与叶芽叠生	萌发后抽生柔荑花序开花,花后脱落
叶芽	芽体较大,鳞片较松、呈圆锥形	着生于生长枝(发育枝)顶端或上部	萌发后只抽枝、不开花
	芽体小,鳞片紧抱、呈圆球形	着生于结果母枝混合花芽以下节位的叶腋间	
潜伏芽	芽体扁圆瘦小	着生在枝条的基部或近基部	受到刺激或多年后萌发成徒长枝,更新复壮

3. 枝条

根据枝条上着生芽类的不同，可分为结果母枝、结果枝、雄花枝和发育枝等。见表4-9-5。

表 4-9-5 核桃树的枝条类型

类 型	定 义	来 源	特 性
结果母枝	指着生有混合芽的一年生枝,长 20～25cm,以粗 1cm、长 15cm 左右的枝条结果最好	由当年生长健壮的营养枝和结果枝转化而成	枝条顶端及以下 1～3 个侧芽为雌花芽(混合芽),次年抽生结果枝
结果枝	顶端着生雌花序开花结果	由结果母枝上的雌花芽萌发而成	早实品种当年形成的混合芽,当年可萌发并二次开花结果
雄花枝	顶芽是叶芽、侧芽为雄花芽的枝条	多着生于内膛和衰弱树上	生长细弱、节间短,长度在 5cm 左右,雄花枝多是树势衰弱或劣种的表现
发育枝	长度在 50cm 以下,不着生雌花芽,不开花结果的枝条	多着生于树冠外围	生长健壮,是扩大树冠和着生结果母枝的基础
徒长枝	由潜伏芽萌发的长度在 50cm 以上的枝条为徒长枝	多着生树冠内膛	生长健壮,但组织不充实,可短截或摘心培养结果母枝

早春当日均温稳定在 9℃ 左右时核桃开始萌芽,萌芽后半个月枝条生长量可达全年的 57% 左右,6 月初多数春梢停止生长。幼旺树和壮梢有二次生长,于 6 月上中旬开始,7 月份进入生长高峰,有的可延续到 8 月中旬。核桃的背下枝生长偏旺,需及时控制。

图 4-9-4 核桃雄花序

4. 叶

核桃的叶为奇数羽状复叶。着生两个以上核桃的结果枝必须有 5～6 片以上正常的复叶,才能健壮生长、连续结果。

5. 花芽

核桃为雌雄同株异花,雌雄花期不一致。早实品种多为雌先型,晚实品种多数为雄先型、少数为雌雄同熟。雌花顶生为总状花序,小花多达 10～15 朵,单生或 2～3 朵簇生,花期持续约 5d 左右;雄花为柔荑花序,长 6～12cm,每序有小花 100～170 朵,基部花大于顶花,散粉早,散粉期 2d 左右 (图 4-9-4)。核桃属风媒花,由于有雌雄异熟和花粉生活力低等现象存在,所以,建园时要采取合理配置授粉树和保证雌雄花期一致等措施,提高坐果率。

6. 果实

(1) 果实发育 雌花芽 (混合芽) 萌发后,先抽生新梢,当新梢长出 3～5 片复叶后,先端露出雌花序,每序有雌花 1～3 朵,少数品种数朵雌花串生。雌花受精后幼果即膨大,进入果实发育期,见图 4-9-5。整个发育过程分四个阶段,见表 4-9-6。

表 4-9-6 核桃果实的发育期

类 型	定 义	持续时间	特 点
果实速长期	从坐果后幼果开始膨大至硬核前	一般 5 月初至 6 月初,持续生长 35d 左右	果实生长最快的时期,占全年总生长量的 85% 左右

续表

类型	定 义	持 续 时 间	特 点
硬核期	核壳从基部向顶部逐渐硬化，种仁由半透明糊状变成乳白	一般6月初至7月初，持续约35d	营养物质迅速积累，果实增大停止
油化期	果实增长缓慢，种仁内脂肪含量迅速增加，核仁不断充实	7月初至8月下旬，持续约55d	果重增加，含水量下降，果实风味由甜淡变成香脆
成熟期	果实大小已达该品种固有的大小	8月下旬至9月上旬。不宜早采	果皮由绿变黄，种仁含油量仍有增加

（2）落花落果　核桃的多数品种落花轻、落果重。落果时期集中在柱头枯萎后的20d内的幼果期，到硬核期基本结束。生理落果率在30%～50%，生产上要采取措施，保证坐果和果实发育良好，提高产量和品质。

二、环境条件的要求

1. 温度

核桃是喜温果树，适宜在年均温8～15℃的地区栽培。冬季最低温度不低于-30～

图 4-9-5　核桃开花结果
1—结果母枝；2—结果枝；3—雌花；4—雄花；5—结果枝结果情况；6—薄片髓；7—坚果

-27℃。春季展叶后，温度降到-4～-2℃，新梢容易冻死；开花期和幼果期，温度降至-2～-1℃，花果易受冻。夏季气温超过35℃，光合作用停止，近38℃时，果实或枝干遭受"日灼"，种仁不能继续发育或变黑。

2. 光照

核桃属喜光树种，也较耐阴。但进入结果期后需要充足的光照，要求全年日照时数达2000h以上，低于1000h则核壳和种仁发育不全，开花结果不良，影响产量和品质。栽培中要从园地选择、栽植密度、栽培方式及整形修剪等方面来综合考虑解决核桃树的光照问题。

3. 湿度

核桃能耐较干燥的空气，但对土壤水分较敏感，过旱、过湿均不利于核桃的生长结果。年降雨量在500～700mm的地区，如果雨量分布均匀，可满足核桃生长发育的需要，但在我国华北地区，雨量往往分布不均。所以，核桃生长期要根据生长发育的需要合理灌水，雨季应注意排水。

4. 土壤

核桃对土壤的适应性强，无论山地或平地，只要土层深厚、土质疏松、排水良好的地段均可生长。适宜的pH为6.5～7.5，在含钙质的微碱性土壤上生长最佳，土壤含盐量在0.25%以下。

任务 4.9.3 ▶▶ 核桃苗木生产

任务提出

以核桃方块形芽接法为例，通过整个过程的操作训练，学会核桃树的苗木生产方法。

任务分析

核桃由于枝条粗壮弯曲、髓心大、单宁多和伤流现象，采用嫁接繁殖时会导致成活率较低。生产上要采取多种措施来提高嫁接成活率。

任务实施

【材料与工具准备】

1. 材料：不同品种的核桃壮龄树，枝、芽、果等实物或标本。

2. 工具：修枝剪、芽接刀、塑料条等。

【实施过程】

1. 接穗采集：芽萌动前 20d，从品种纯正、品质优良、生长健壮、丰产、无病虫害的壮龄树上选取。修剪后，放在塑料袋或水桶中备用，也可置于湿沙中保湿。

2. 砧木放水：嫁接前 3d 将砧木剪断，使伤流流出。为避免大量伤流，嫁接前 20d 不要灌水。

3. 嫁接：按照方块形芽接的程序：切砧木—切芽片—插入芽片—绑扎。

4. 接后管理：接后应随时去除砧木上的萌芽，解除绑缚物和套袋。

理论认知

核桃苗木繁育在生产上主要采用种子繁殖（实生繁殖）和嫁接繁殖。过去大部分核桃产区都沿用实生繁殖，产量低，品质差。近年来多采用嫁接繁殖，以实现核桃品种优良化、商品化和集约化生产。

一、核桃嫁接苗的繁育

1. 砧木的选择

核桃砧木包括原产和引种共 9 种，目前生产上常用的核桃砧木有 4 种。即普通核桃、核桃楸、铁核桃和野核桃。

普通核桃是北方大部分地区主要采用的核桃砧木。优点是亲和力强、结合牢固、成活率高，接后生长结果好等。喜深厚土壤，不耐盐碱。

2. 砧木的培育

采收后经过处理的砧木种子可在秋季或春季采用点播的方法。苗圃地经过整地和施肥后做成畦宽 90～100cm，每畦播 3～4 行。开沟深 8～10cm，覆土厚度为 3～8cm，秋季宜深 10～15cm，春季宜浅。

播后要注意加强栽培管理和病虫害防治。为提高栽植成活率，常采用断根的方法，具体做法：夏末秋初，对砧木苗进行断根处理，用断根铲在行间距苗木基部的 20cm 处，与地面呈 45°角斜插，用力踩一脚，将主根一铲切断，然后用壤土埋沟，断根后要加强管理，及时浇水和中耕，半个月后叶面喷 1～2 次尿素（0.3%～0.2%）或 K_2HPO_4（0.1%～0.3%）。当砧木粗度 0.8～1cm 以上时即可嫁接。

3. 接穗的选择和处理

应结合上年秋季修剪或当年芽萌动前 20d，从品种纯正、品质优良、生长健壮、丰产、无病虫害的壮龄树上选取。

核桃接穗采集除满足基本要求外，还要注意选顺直、节部无明显弯曲的枝梢，采前一周对备采新梢进行摘心处理。同时，要选取靠近叶柄，且较平坦部位的混合芽或叶芽作接芽，雄花芽不能作接芽。

接穗具体贮藏保湿法：一是浸水法：在阴凉处将接穗下端 10cm 浸在水中，上盖保湿，每天换水 2～3 次。二是埋沙法：在阴凉处挖一浅沟，沟底先铺一层湿沙，插穗竖放在沙上，用湿沙将下端埋住，上端保湿。

4. 嫁接时期

（1）枝接时期　为砧木萌芽期至展叶期，接穗尚未萌发时进行。

（2）芽接时期　在 6～9 月份进行，以 7 月份为宜。当砧木达到 80cm 以上时，可于 5 月下旬至 6 月中旬进行嫁接。6 月份嫁接的核桃，当年能萌发生长，8 月份以后嫁接的多不萌发。

5. 嫁接方法

核桃的嫁接方法：主要有插皮舌接法和方块形芽接。

（1）插皮舌接法

① 剪断砧木树干，削平锯口。

② 选砧木光滑处，由下而上削去老皮长 5～7cm 宽、1cm 左右，露出内层。

③ 削接穗：蜡封接穗削成长 6～8cm 的大削面，用手指捏背面皮层，使之与木质部分离。

④ 插接穗：将接穗的木质部插入砧木削面的木质部及皮层之间，使接穗的皮层盖在砧木皮层的削面上，最后用塑料条绑紧包严接口。

（2）方块芽接

① 切砧木：其砧木为 1～2 年生苗，在距地面 10～15cm 表皮光滑处，切与芽片大小相一致的方块形切口。

② 切取芽片：在接穗上切取长约 4cm、宽 2～3cm 的方形芽片。

③ 嫁接过程：撬开砧木切口皮层，将芽片从侧面插入，要使砧、芽双方紧密结合，形成层密接，后用塑料薄膜自下而上绑严扎紧（图 4-9-6）。

（3）控制和减少伤流的办法

① 嫁接前后 2～3 周禁止灌水。

② 嫁接前 1 周对砧木断根。

③ 在砧木基部造伤引流（用力斜砍 3～4 刀深达木质部）。

④ 嫁接前 1 周提前剪砧放水（接时再剪出新茬）。

⑤ 及时去萌（仅留一个位置和长势好的萌蘖保留培养）。

6. 加强接后管理

（1）适时解绑　枝接苗在 6 月上旬，芽接苗在成活 20～30d，要及时解绑，接后 25d 解

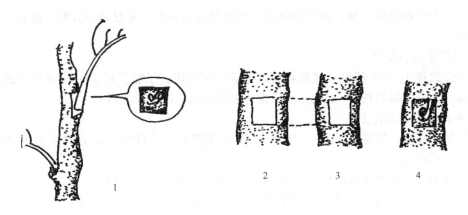

图 4-9-6　方块芽接过程
1—取芽片；2—接穗切口；3—砧木切口；4—插芽片

绑。并及时除去砧芽、剪除砧梢。

（2）立支柱　当新梢长至 20～30cm 时，立支柱引缚新梢防止风大折断，当新梢长至 60～70cm 第二次引缚。

（3）除萌蘖　及时除去砧木上萌发的枝条，以节约养分，集中供应新梢生长。

（4）施肥灌水　嫁接后植株生长旺盛，需肥量大，应及时追肥。新梢生长期要适时灌水，同时要做好病虫害防治工作。

二、苗木越冬与贮备

（1）10 月下旬至 11 月初灌足封冻水。

（2）土壤封冻前根际培土，培土厚度超出接芽 6～10cm。

（3）春季解冻后及时扒土。

（4）成品苗可于秋季落叶后至土壤解冻前起苗后进行假植贮备。沟向为南北向，沟深 1m，宽 1.5m，沟长视苗木按 30°～45°角倾斜插入（头朝南），向沟内填入湿沙土依次排放，培土高度达苗高 3/4，及时洒水后用土埋住苗顶。土壤解冻前，将苗顶以上加厚至 30～40cm，使假植沟土面高出地面 10～15cm 并整平以利浇水。春天气候转暖后，及时检查以防腐烂。

【知识链接】

了解核桃树高接换优技术

在一些品种低劣的核桃区和成年核桃园，可采用高接的方法，更新品种，提高产量和品质。

1. 选择适宜的高接时期

以萌芽至展叶期为宜。

2. 选用优良品种的接穗

（1）接穗应选取优良品种的母树或从外地引进优良品种，要选择母树树冠中上部外围的粗度在 0.8～1.5cm 的一年生发育枝进行采集，要求所采枝条光滑、充实、无病虫害。

（2）采集时间：以落叶后至第二年早春 2 月中旬为宜。采后伤口要及时封蜡，按品种或单株每 50～100 根捆成一捆，置于阴凉通风的山洞或地窖内，用湿沙或湿锯末覆盖，厚度约 15～20cm。

3. 对砧木进行处理

砧木应选择 10～15 年生未挂果或低产劣质的核桃树。于嫁接前 3～5d 进行"放水"处理，即每株切断较粗的根 1～2 条，使伤流从根部流出，以保证成活。

4. 采用适宜的高接方法

（1）切削接穗：接穗长 15cm，带有 2～3 个饱满芽，用锋利芽接刀将接穗下部削成长 4～6cm 的马耳形斜面。

（2）截砧木：每株接头的多少以树冠大小而定，一般 5～15 年生树为 3～4 个，并要留 1～2 个拉水枝。将高接枝在光滑部位用手锯截去上部，后将锯口修整平滑，在砧木削面上端中央纵切 1～2cm 的切缝，深达木质部。

（3）插接穗：将接穗的木质部插入砧木的木质部和韧皮部中间，后用塑料条包扎好接口部位。

5. 加强接后管理

（1）适时放风：接后 15～20d 接穗可萌动，此时，对已成活展叶的接皮要及时放风。

（2）最好立支柱：当新梢长到 20～30cm 时，在风大的地区应设支柱，以防风折。

（3）砧木及时除萌：嫁接成活后，砧木上的萌芽要及时除去，逐步剪去或回缩拉水枝。当新梢长到 50cm 时，及时摘心，以增加分枝，促进枝条木质化。

（4）防寒、防病虫：冬春较寒冷的地区，冬季要用草绳等材料包住新枝，或用枝干涂白，防止冻害。同时要注意及时防治云斑天牛和核桃举枝蛾等病虫。

任务 4.9.4 ▶▶ 核桃建园

任务提出 👤

了解核桃建园的基本知识，掌握常用栽植密度和科学栽植方法，同时要明确北方地区核桃幼树防寒的重要性，学会幼树防寒的常见做法。

任务分析 📚

能因地制宜地选择园址，会科学规划，正确选择优良品种，科学种植并能加强栽后管理，提高栽植成活率。

任务实施 🪄

1. 园地调查：结合当地土壤和地形条件，选择优良品种及健壮苗木待种。
2. 园区规划：按照已确定的栽植密度进行定点放线，挖好栽植穴。
3. 科学种植：将苗木栽种在穴内，并要在根颈部培土，秋栽的苗木最好弯倒埋土。

理论认知 👆

一、栽植密度

核桃是深根性果树，适于丘陵、山地土层深厚的向阳地段栽植。可在缓坡地或山地梯田上发展，也可作为边界树种少量栽植。缓坡地建园南北行向为宜，适宜的栽植密度为早实品种 4m×5m，晚实品种 5m×6m，果粮间作园可按 5m×8m 或 6m×10m 的株行距栽植；丘陵、山地沿等高线按适宜的株距栽植。同时要选择好授粉品种和按一定的方式搭配好授粉树，可选择行列式、中心式或边界式等。

二、选用优种壮苗

目前生产上多采用嫁接的半成品或成品苗。优种壮苗的标准应该是品种纯正，根系发达、完整，植株充实粗壮，芽眼成熟饱满，最好为 2～3 年生嫁接苗，苗高 1m 以上，地径粗度在 1cm，接口部位愈合良好。核桃嫁接苗的质量等级标准见表 4-9-7。最好就近购苗或就地育苗。

表 4-9-7 核桃嫁接苗的质量等级标准

项 目	1 级	2 级
苗高/cm	>60	30～60
基茎/cm	>1.2	1.0～1.2
主根保留长度/cm	>20	15～20
侧根条数	>15	—

三、栽植

1. 栽植时期

北方地区可以春栽，也可秋栽。栽植穴最好提前半年挖好。秋栽后和幼树期要做好埋土防寒工作。

2. 挖大穴

规格为长、宽各 100cm、深 80cm 以上。挖时要将表土和底土分别堆放，表土和一定量的充分腐熟的有机肥、少量过磷酸钙或复合肥等混匀回填。苗木在栽植之前最好浸泡吸水 24～48h，然后按品种和配置方式进行散苗。

3. 散苗

按品种栽植计划将苗木放入穴或沟内，并进行核对无误后，方可栽植。

4. 栽植

最好两人操作，一人扶树，一人回填，边踩边提树干，使根系与土壤密接。填至距离穴口 10cm 左右时，用心土填至穴表，并将栽植穴的四周筑起高 10～15cm 的定植圈，以便灌水。

5. 栽后灌水

栽后立即灌水，且要灌足灌透。水下渗后要求根颈部位要与地面平齐或略高于地面，然后封土保墒。

6. 覆地膜或套塑膜袋

有条件的地方可在树盘内铺 1m 见方的地膜，在树干上套一条与树干等长的塑膜袋（成活后要及时剪开袋口或撤除），有利于保墒和抑制杂草生长，提高成活率。

四、栽后管理

核桃幼树在北方地区栽后怕冻，建园后要加强管理，做好防寒工作，确保其成活，逐步实现早果丰产。

1. 定干

新栽的核桃幼树栽后可不定干，于幼树期结合树体整形进行合理修剪。

2. 适时浇水

秋栽的核桃树在埋土防寒前要灌足封冻水，春季撤除防寒土至萌芽前要适当灌水；春栽的核桃树栽后要及时灌水或地膜覆盖，以保证成活。

3. 覆膜套袋

春栽的核桃树栽后结合灌水最好进行树盘或行内地膜覆盖，可提高地温，保持土壤湿度，减少水分蒸发和抑制杂草生长；秋栽的核桃树最好进行苗干套袋（袋的规格为直径 3～5cm、长度依干高而定，上端封口、下端绑扎后培土）。

4. 埋土防寒

在冬季严寒地区，为避免冬、春发生冻害、日灼、抽条等，降低成活率，秋栽的核桃树在当年土壤上冻前（10 月下旬至 11 月上旬）和春栽的核桃树在栽后 3～5 年内要埋土防寒；冬季不太严寒的地区，可采取根颈培土和冬、春季节树干涂白等防寒措施。

5. 检查成活及补栽

新栽的核桃树在早春萌芽后或秋季要及时检查其成活情况，发现死亡植株要及时进行补栽。

6. 幼树期间作

核桃幼树开始结果较晚，且栽植密度较小，为提高土地利用率和增加农民早期收益，幼龄期可间作矮秆作物，如薯类、豆类、花生、中药材、绿肥等；随着树龄增大，可适当间作一些高秆作物，如谷子、小麦、棉花等；成龄后不宜间作，可采取行间生草或树盘覆盖等立体生态模式。间作时树下要留出直径 1m 以上的树盘，同时要注意轮作。

五、幼树防寒技术

核桃幼树耐寒性较弱，在比较干旱、寒冷的地方易发生冻害或抽条，造成栽植成活率较低，在加强综合管理的基础上做好防寒保护。

1. 防寒时间

华北地区于 10 月下旬至 11 月上旬土壤上冻前进行。

2. 涂白

对 2、3 年生幼树于 10 月中旬和早春 2 月中旬前后进行树干涂白；涂白剂的主要成分是：生石灰 3 份、食盐 0.5 份、石硫合剂原液 0.5 份、水 10 份，用水把生石灰化开，加入食盐和石硫合剂原液，搅拌均匀，涂抹树干或大树主干高 1.2m 处。

3. 弯倒埋土

防寒前先浇好封冻水，待水下渗后可对当年栽植的幼树弯倒全埋或根颈部位培 40～50cm 高的土堆；

4. 树干处理

树干缠裹草绳、秸秆束和塑料薄膜等防寒材料。

5. 防寒的撤除

第二年春季 3 月底至 4 月上旬将防寒材料去除,浇一次透水。

任务 4.9.5 ▶▶ 核桃的生产管理

任务提出

以当地主栽核桃为例,完成整形修剪、花果管理的任务。

任务分析

核桃是雌雄异花,加之枝条弯曲、髓心大和伤流的特点,使得建园、修剪、花果管理和幼树防寒的技术都具有特殊性,尤其修剪和花果管理等生产管理中的关键环节,对能否取得核桃优质丰产具有重要意义。

任务实施

【材料与工具准备】

1. 材料:不同树龄核桃树。

2. 工具:修枝剪、锯、高枝剪。

【实施过程】

1. 整形修剪

(1) 修剪时期 适宜时期是在果实采收后至落叶前(叶片变黄时)进行,宜在冬季休眠期修剪(伤流重)。

(2) 树形 核桃树多采用主干疏层形,也可采用自然开心形和圆头形。

(3) 修剪 幼树主要是整形,结果树主要是结果枝组的培养和修剪。

2. 花果管理

(1) 人工辅助授粉 核桃异花授粉且存在雌雄异熟现象,花期不遇常造成授粉不良,特别是早实核桃最初几年只开雌花,不开雄花,进行人工授粉尤为必要。授粉最佳时期是在雌花柱头开裂呈倒"八"字形,柱头分泌大量黏液且有光泽时。

(2) 去雄 去除过多的雄花可以节约养分和水分,提高坐果率。疏除雄花的时期以早为宜,以雄花芽休眠期到膨大期疏除最好。疏雄应根据雄花芽数量多少和与雌花芽的比例决定,通常为雄花总量的 90%~95%。

理论认知

一、整形修剪技术

1. 修剪时期

核桃修剪最适宜时期是在果实采收后至落叶前(叶片变黄时)进行。对幼树和不结果旺树也可在春季萌芽后展叶时进行。不宜在冬季休眠期修剪(伤流重)。

2. 常用树形

核桃树干性强，顶端优势明显。密度大或早实、干性差的品种多采用开心形整形：全树3～5个主枝，每个主枝选留4～6个侧枝。密度小或晚实、干性强的品种多采用主干疏层形。主干疏层形的整形方法为：干高50～70cm，定植当年不作任何修剪，只将主干扶直，并保护好顶芽。待春季萌芽后，顶芽向上直立生长，作为中心干培养，顶芽下部的侧芽将萌发5～6个侧枝，选分布均匀生长旺盛的3～4个侧枝作为第一层主枝，其余新梢全部抹去。第二年按同样的方法培养第二层主枝，保留2～3个主枝，（与第一层主枝的层间距为60～80cm），第三年选第三层主枝，保留1～2个主枝，与第二层相距50～70cm。1～4年生主枝不用修剪，可自然分生侧枝，扩大树冠。一般5～6年成形，成形时树高4～5m。

3. 结果树修剪

核桃进入结果初期，树冠仍在继续扩大，结果部位不断增加，易出现生长与结果的矛盾，保证高产稳产是这一时期修剪的主要任务。修剪上应注意利用好辅养枝和徒长枝，培养良好的枝组，及时处理背后枝与下垂枝。

进入盛果期后，更应加强结果枝组的培养和复壮。培养枝组可采用"先放后缩"和"去背后枝，留斜生枝与背上枝"的修剪方法。徒长枝在结果初期一般不留，以免扰乱树形，在盛果期可转变为枝组利用，背上枝要及时控制，以免影响骨干枝和结果母枝。下垂枝多不充实，结果能力差，消耗养分，应迟早处理。

4. 衰老树修剪

主要任务是对老弱枝进行重回缩，同时要充分利用新发枝更新复壮树冠，并及早整形，防止树冠郁闭早衰。结合修剪，彻底清除病虫枝。

二、花果管理技术

1. 人工辅助授粉

核桃人工辅助授粉可提高坐果率10%～30%。在雌花柱头开裂呈倒"八"字形，柱头分泌大量黏液且有光泽时，于上午9～10h，进行人工辅助授粉。

2. 去雄

核桃在雄花和雌花发育过程中，需要消耗大量的树体贮藏养分，尤其是在雄花序快速生长和雌花大量开放时，疏除过多的雄花可节约树体的养分和水分，提高坐果率。疏除雄花的时期以早为宜，以雄花芽休眠期到膨大期疏除最好。疏雄应根据雄花芽数量多少和与雌花芽的比例决定。如不进行人工辅助授粉，雄花就不宜疏除过多。对于混合芽较多，雄花芽较少的植株，应少疏或不疏雄花。疏雄花的方法可结合修剪，用带钩木杆，将枝条拉下用手掰除。

三、果实采后处理

1. 适期采收

核桃完熟的特征是外果皮（总苞）由绿变黄，部分总苞自然裂开。北方大部分地区多在9月中下旬进行，不宜早采。

2. 采后脱青皮

（1）自然堆积法　采收后，选择适宜的地方堆积催熟。堆高30～50cm，用草席覆盖，经 5～7d，用木棍轻击青皮，离核后通风晾干。

（2）药液法 可采用 3000～5000mg/kg 浓度的乙烯利处理核桃青果（充分浸蘸后，放置在气温 30℃、相对湿度 80％ 的地方，放置 5d 后，核桃脱皮率可达 95％ 以上）。

3.漂白晾晒

将脱去青皮的湿核桃用清水洗净泥土和黑垢，然后进行漂白。其方法是：先用少量温水化开漂白粉，然后每 1kg 漂白粉兑水 80kg，制成漂白液。也可用次氯酸钠水剂（每 1kg 兑水 30～40kg）。把洗净的核桃放进漂白液或次氯酸钠液中，不断搅拌 10～15min，当坚果外壳由青红色变成白色时捞出，立即用清水冲洗 2 次，然后晾晒。每份漂白液或次氯酸钠液，可漂洗 80kg 核桃。漂白液容器禁用铁器，以瓷器最好。将漂洗好的核桃薄摊于苇箔或平房上晾晒，晾晒中要经常翻动，8～10d，当核仁皮由乳白色变成金黄色，且中间隔膜易断时为晒干。

4.贮藏

晾干后即可贮藏。贮藏场所宜冷凉干燥，贮藏期间应注意通风，定期检查，防鼠防霉。

5.销售

核桃采收及采后处理最好按品种进行，不同品种不同价格。同一品种最好分等级销售，优级优价。

任务 4.9.6 ▶▶ 核桃的病虫害防治

任务提出

以一个核桃园作为群体，通过观察和分析常见病虫害，制订综合防治方案。

任务分析

由于果农认识落后和管理粗放，导致当前核桃病虫种类较多，危害严重，致使产量和品质低下。通过观察当地主要病虫害发生种类和为害程度，因地制宜采取措施综合防治。

任务实施

【材料与工具准备】

1.材料：核桃园。

2.工具：采集袋、放大镜、捕虫网、剪刀、广口瓶、标本夹、记录本等。

【实施过程】

1.现场调查

通过实地调查，了解当前核桃生产中主要的病虫害种类及其发生规律和为害程度。将调查结果填入表 4-9-8 中。

2.观察记录

记录病虫种类及其为害症状等，并会用专业术语准确描述。

3.防治方案制订

通过了解其发生规律，科学分析后制订出切实可行的防治方案，并实施防治。

表 4-9-8　核桃病害种类调查记录表

调查地点：　　　　　调查人：　　　　　日期：

病害种类 ＼ 项目	地势	果园名称	土壤性质	水肥条件	品种	苗木来源	生育期	发病率	备注

【注意事项】

　　1. 选择病虫害发生较重的核桃园或植株，将学员分成小组在核桃生长前、中、后期以普查的方式，利用网捕、手采、诱集等方法，采集病害、虫害及为害状标本，并带回室内，进行保存和鉴定。

　　2. 根据果园核桃病虫害发生情况，提出综合防治意见。

理论认知

　　核桃树病虫害种类较多，但每年发生和对生产造成影响的主要黑斑病、腐烂病、核桃举枝蛾、核桃天牛（云斑天牛）等病虫害，其症状、发生规律及防治要点见表 4-9-9。

一、核桃病虫害防治

表 4-9-9　核桃主要病虫害防治一览表

名　称	症状及规律	防治要点
核桃黑斑病	1. 症状:细菌性病害,主要为害叶片、新梢和果实。病斑圆形、褐色,严重时连成片,后期穿孔,枝条上病斑稍凹陷,果实病斑下陷,黑色,外围有一圈水渍状晕纹,逐渐扩大为黑褐色,果肉腐烂,核仁变黑而不堪食用。 2. 发生规律:病原菌在枝条上的溃疡斑中越冬,借风雨、昆虫传播。病菌从伤口及气孔侵入核桃的果实和枝条,潜伏期为 10~15d。一年多次侵染,5~6 月份初发生,7~8 月份为发病盛期。早春雨水多,发病较重,核桃展叶至开花期最易感染	1. 加强管理,增强树势,提高抗病力。 2. 落叶后至发芽前彻底清除果园落叶,集中烧毁。发病初期及时摘除病叶深埋。 3. 发病初期及时喷洒 50%硫悬浮剂 500 倍液或 50%多菌灵可湿性粉剂 800~1000 倍液,20%粉锈灵乳油1000 倍液
核桃举肢蛾	1. 症状:以幼虫蛀入果内,并纵横取食为害,使果仁枯干,果皮发黑、凹陷,落果严重。 2. 发生规律:一年发生 1~2 代,以老熟幼虫在树冠下 1~3cm 深土中或杂草、石块、枯枝落叶中结茧越冬。成虫发生盛期在5月下旬,幼虫在 5 月下旬开始蛀果,6 月下旬至 7月中旬造成大量落果。成虫趋光性弱,多在树冠下叶背活动,产卵多在 6~8 时,初孵幼虫在果面爬行 1~3h 后蛀入果实为害,造成青皮皱缩变黑,引起落果	可采用树上与树下相结合的防治方法。 1. 冬春细致耕翻树盘,消灭越冬虫蛹。 2. 8 月上旬摘除被害虫果并集中处理。 3. 成虫羽化出土前可用 50%辛硫磷乳剂 200~300倍液树下土壤喷洒,然后浅锄或盖上一层薄土。 4. 成虫产卵期每 10~15d 向树上喷洒一次速灭杀丁2000 倍液

续表

名　称	症状及规律	防　治　要　点
云斑天牛	1. 症状:主要为害树干,严重的使树干千疮百孔,整株死亡,是核桃毁灭性的害虫。 2. 发生规律:二年或三年发生一代。以幼虫在树干内越冬。5月下旬即可见到成虫,6月上旬最多,羽化孔大而圆,直径可达20mm。6月中下旬为产卵盛期,卵多产于主干皮层内。幼虫开始在皮层为害,逐渐深入木质部,蛀成纵向隧道。树干被害后流出黑水,并由虫孔排出木屑和虫粪,受害严重时,常造成整株枯死	1. 利用诱杀灯于6~7月份成虫发生期诱杀成虫。 2. 堵塞虫孔　用氧化乐果或敌敌畏乳油原液棉球塞虫孔,用泥封口
溃疡病	1. 症状:主要为害核桃树的枝干、树皮,病斑初期为梭形,呈暗灰色,水渍状,稍隆起。随后病部干缩,上面生有许多小黑点。枝条发病,会出现枯梢,皮层和木质部剥离,迅速失水而干枯。 2. 发生规律:病菌在枝、干病部越冬,从伤口、剪口侵入。树势衰弱发病率高	1. 加强综合管理,增施有机肥料,增强树势,提高抗病力。 2. 春季发病高峰时,及时刮治病部,剪除病皮、病枝,刮后在伤口处涂抹。腐必清原液或3~5°Bé石硫合剂。 3. 树体喷布甲基硫菌灵可湿性粉剂50~100倍液。 4. 秋季(10月中旬前后)上冻前和早春(2月中旬)树干涂白,预防冻害
褐斑病	1. 症状:主要为害叶片、果实和嫩梢,可造成落叶、幼果腐烂或核仁干缩等。叶片感病后,先出现近圆形和中间呈灰色的小褐斑,病斑上略呈同心轮纹排列的小黑点。病斑增多后呈枯花现,果实表面病斑小而凹陷。 2. 发生规律:一年多次侵染,5~6月份初发生,7~8月份为发病盛期	1. 加强综合管理,多施有机肥和磷、钾肥,冬夏剪结合,改善树体结构,通风透光。 2. 清除病叶和结合修剪除病梢,深埋或烧毁。 3. 药剂防治。萌芽前喷3~5°Bé石硫合剂加80%的五氯酚钠200~300倍液。开花前后和6月中旬各喷一次1:2:200倍波尔多液或50%甲基硫菌灵可湿性粉剂800~1000倍液

二、核桃园周年管理技术要点

见表4-9-10。

表4-9-10　核桃园周年管理技术

物候期	管　理　要　点
休眠期	1. 栽植:落叶后至土壤封冻前或土壤解冻后至萌芽前栽植,定植穴1m见方,株行距5m×(6~7)m,每穴施腐熟农家肥50kg。 2. 施肥:成龄核桃园要于秋季9月份至10月中旬前施充分腐熟的优质农家肥,每株施100~150kg,每亩施用量3000~4000kg,采用环状沟或放射沟施肥,挖宽30cm、深40cm施肥沟,施后覆土、灌水。春季萌芽前每亩追施尿素35~40kg或碳酸氢铵80~100kg,施后立即灌水。地表干后中耕浅锄,以利于保墒和提高地温,满足核桃树萌芽和开花的需要。 3. 涂白、病虫害防治:清除核桃园内病枝、病果、枯枝、落叶等,以减少越冬病源和虫源;萌芽前树冠喷3~5°Bé石硫合剂;主干涂白:可用生石灰5kg、食盐1kg、水20kg和少许黏着剂,配制方法是先将生石灰用水化开,加入食盐和黏着剂,搅拌均匀,于10月中下旬或早春2~3月份涂于幼树主干和成年大树1.2m以下的主干上。 4. 疏雄:人工疏雄,于萌芽前的15~20d进行,早疏为宜,疏去全树雄花芽总量的2/3~3/4

续表

物候期	管 理 要 点
萌芽期开花期	1. 追肥：于花前每株追腐熟人粪尿 40～50kg 或碳酸氢铵 2.5kg 采用环状施法或放射状施肥法。沟深 30～40cm，施后灌水。山地、丘陵地核桃园可采用"地膜覆盖加穴贮肥水"。 2. 整形修剪：核桃树萌芽展叶后进一步进行修剪。 3. 去雄花、人工辅助授粉，适量疏花疏果，以提高坐果率和果实品质。 4. 花期喷 0.2％～0.3％的硼砂溶液或 20mg/L 的赤霉素可提高坐果率。 5. 病虫害防治：4月上中旬深翻树盘，喷洒 25％辛硫磷微胶囊水悬浮剂 100～200 倍液，以杀死越冬虫茧；5月下旬至 6月上旬用 50％辛硫磷乳油 2000 倍液在树冠上均匀喷布，杀死羽化成虫；6月中旬观察产卵情况，当卵果率达到 2％～4％时，及时喷 2.5％溴氰菊酯乳油 3000 倍液进行叶面喷布防治，结合病虫害防治进行多次中耕除草（以核桃举肢蛾为例）
果实发育期	1. 施肥灌水，促进花芽形成和果实发育：于硬核期采用环状沟施磷、钾肥，结果树可株施草木灰 2～3kg 或过磷酸钙 0.5～1kg、硫酸钾 0.3～0.5kg 或果树专用肥 1～1.5kg，施肥后要及时灌水，以满足树体生长需要和肥效的发挥，同时要根据生长情况及时进行根外追肥。 2. 夏季修剪：于 5月上旬，疏除树冠内膛徒长枝和外围下垂枝等，以改善通风透光和节约养分，促进花芽形成和果实生长。 3. 病虫害防治：以核桃举肢蛾、黑斑病、炭疽病等为防治重点，最好进行综合防治。可于 5月下旬至 6月上旬，黑光灯诱杀或人工捕捉木撩尺蠖、云斑天牛成虫。5月上旬用 50％辛硫磷乳油 1500～2000 倍液在树冠下均匀喷洒，杀死核桃举肢蛾羽化成虫；7～8月份是核桃害虫的高发期，发现病果要及时摘除并集中深埋或烧毁。同时要在主干上绑草把、树下堆石块瓦片等，诱杀成虫以便集中捕杀
果实采收期	1. 适时采收：采收时间为 9月中下旬（白露以后），采收时用长木杆打落。捡出脱皮的光核桃，带皮核桃经 3～4d 堆沤处理后青皮即可剥落。 2. 晾晒包装：采收后的核桃可用清水洗净晒干，拣去欠熟、虫蛀、霉坏、破裂果等，用麻袋包装。 3. 整形修剪：修剪时期，在采收后至叶片刚变黄时，以免造成伤流。一般采用主干疏层形和自然开心形等树形。修剪时，要使树冠骨架牢固、长势均衡，各类枝条剪留比例要适当，结果枝组配备合理，达到外围通风透光，内膛不空，使树体既有一定的经济产量，又能保持健壮生长。 4. 施肥灌水：果实采收后每亩施 3000～5000kg 充分腐熟的有机肥、过磷酸钙 70～75kg 和碳酸氢铵 25～30kg，并及时灌水。 5. 病虫害防治：秋季果实采收后结合修剪剪除病虫枝等，以消灭病虫源。喷杀虫杀菌剂等以防病虫
落叶休眠期	1. 清理核桃园：清扫枯枝落叶、落果、病虫果等并集中烧毁；深翻结合施有机肥等。 2. 灌封冻水、树干涂白、幼树根颈培土或埋土防寒等措施。 3. 冬季积雪保墒：山地丘陵地区冬季降雪后要及时将雪水堆在树干周围，以利保墒

复习思考题

1. 调查当地核桃的主要品种及发展概况。
2. 比较核桃的雌雄花芽。
3. 核桃的枝条有哪些类型？
4. 核桃生长发育对环境条件有何要求？
5. 当前核桃生产中为何要高接换优？
6. 核桃树如何进行整形修剪？
7. 核桃生产中容易遭受哪些病虫为害？
8. 简述核桃举肢蛾的为害规律及防治方法。
9. 简述核桃周年栽培管理技术。

项目十 扁桃的生产技术

知识目标

了解扁桃生物学特性的规律，扁桃常用树形和基本修剪方法；熟悉扁桃主要病虫害和周年生产管理技术。

技能目标

掌握当地主栽品种的生长结果习性，能对扁桃进行整形修剪和周年管理。

任务 4.10.1 ▶▶ 扁桃品种调查与生物学特性观察

任务提出

了解扁桃的主要品种及生物学特性。

任务分析

扁桃生长结果习性与其他果树有很大差别，分析扁桃的生长结果习性并了解主要品种特性。

任务实施

【材料与工具准备】

1. 材料：当地栽培的扁桃幼树、结果树，果实实物或标本。

2. 工具：卡尺、放大镜、卷尺、托盘天平、记载表及记载用具。

【实施过程】

扁桃生长结果习性的观察

1. 观察扁桃树形（杯状形、开心形、半圆形），干性强弱，分枝角度，中心干及层性明显程度等。

2. 调查扁桃的萌芽率和成枝力，枝条生长，一年分枝次数。观察其枝条疏密度及不同树龄植株的发枝情况，找出其生长及更新的规律。

3. 观察扁桃花的类型和结构。

4. 扁桃自花不孕异花授粉，并具有亲和的选择性，进行授粉品种选择试验，观察扁桃不同授粉组合坐果率效果。

【注意事项】

1. 调查不同地区的扁桃品种，特别是新疆地区的主要栽培品种。

2. 调查产量较高园区的主要品种并进行比较。

理论认知 👆

扁桃（又称巴旦杏、美国大杏仁），以利用种仁为主的干果类果树，属蔷薇科李属植物，落叶小乔木或乔木。扁桃原产于伊朗和中亚细亚，我国也是原产国之一，栽培历史悠久。种仁营养丰富，味甜，清香可口，既可生食，还可加工成多种食品，而且对人体具有保健、强身、祛病等功效。树姿优美，也可做风景树种。

由于扁桃在长期发展过程中多采用实生繁殖，因此，品种极为丰富，全世界有 2000 多个品种，我国约有 110 个品种。生产上多以经济状况为依据进行分类。常用的分类方法有以下几种。

① 硬度分类法：分为纸壳类（一手可以捏开核壳）、软壳类（两手可以捏开核壳）、标准壳类（用锤子轻击敲开核壳）、硬壳类（用锤重击敲开核壳）。

② 厚度分类法：分为纸壳类（壳厚 0.1cm 以下甚至露仁）、薄壳类（壳厚 0.1～0.15cm）、中壳类（壳厚 0.16～0.25cm）、厚壳类（壳厚 0.25cm 以上）。

③ 仁味分类法：分为甜仁类（核仁香甜）和苦仁类（核仁苦）。

④ 用途分类法：分为药用类（苦仁品种或极厚壳甜仁品种）、工业用类（多为厚壳品种）、餐用类（多为纸壳或软壳品种）、糖果用类（薄壳小果型品种）。

一、主要优良品种

1. 双软

新疆早熟品种。果仁重 1.0～1.2g，双仁率约占 80％；壳厚 0.10cm；出仁率 60％左右，8 月上、中旬成熟。该品种产量高，风味美，抗寒，抗性强，适应性强。

2. 浓帕尔

美国加州主栽品种。早熟品种。果仁中到大型，果仁重 1.0～1.3g，壳薄如纸，出仁率高，郑州地区 8 月中旬成熟。其缺点是外壳封闭不严，易受虫及鸟类为害。

3. 扁嘴褐

主产于新疆喀什，莎车县等地。坚果大，扁嘴长半月形，暗褐色；果仁重 1.05g；核壳极薄，出仁率 50％左右，味香甜。8 月下旬成熟。

4. 蒙特瑞

美国品种。果仁大，果仁重 1.36～1.76g，双仁率高；壳软，壳厚 0.7～0.95mm；出仁率 50％～60％，味香甜。郑州地区 9 月中旬成熟。

5. 意扁 1 号

原产意大利，大果型品种。果仁大，单仁重 1.41g，核壳薄，密封严；出仁率高，味浓甜而香。树势中庸，进入结果期早。河南 8 月中下旬成熟。

二、生物学特性

（一）生长习性

1. 根系

扁桃的根系发达，分布广而深。土层深厚的地区，垂直分布深 5m 以上，水平分布超过冠径的 2 倍，耐瘠薄和干旱。

扁桃根系分布的深度、广度与砧木种类及土壤状况密切相关。根系集中分布于距地表 25～60cm 的表土层中，扁桃根系活动旺盛，能大范围吸入水分和养分。因此，土、肥、水充足，通气良好的土壤，能形成 8～10m 的树冠；但在黏重潮湿土壤中发育不良，并且容易感染根瘤病。桃与扁桃的杂交种砧木的根系最深，桃砧居中，李砧最浅。

2. 芽

扁桃芽按性质分为叶芽、花芽。花芽卵形或椭圆形。叶芽呈圆锥形，瘦小。花芽先于叶芽开放。花芽为纯花芽，单生或与叶芽并生。

芽的萌发力强，成枝力弱。一年生发育枝除顶部抽生 1～3 个中、长枝外，下部多数可抽生短枝并形成花芽。弱枝通常只有顶芽抽生新枝。发育枝基部的芽往往成为隐芽，一般情况下不萌发。隐芽寿命长，有利于更新。

3. 枝

幼树期枝条生长旺盛，新梢年生长量达 2m 以上。扁桃的枝条生长能力保持时间较长，其更新能力比其他果树强。

枝条分为营养枝和结果枝两类：

① 营养枝：生长量大，生长势强，其上叶芽多，花芽少，生长期长。

② 结果枝：分为长果枝（大于 30cm）、中果枝（15～30cm）、短果枝（5～15cm）和花束状果枝（小于 5cm）。结果枝年生长量小，且停止生长早。

（二）结果习性

扁桃进入结果期较早，实生苗 3～4 年结果，嫁接苗 2～3 年结果，寿命为 120～130 年。

1. 开花与授粉

扁桃花根据雌、雄蕊长度可分为四类：雌蕊高于雄蕊，雌、雄蕊同高，雌蕊低于雄蕊，雌蕊完全退化。第一、第二类花可正常结果，第三类花在授粉条件良好时可以坐果，第四类花不能结果。

扁桃大部分品种自花不实，且授粉要求较高温度。因此，要选栽晚开花的品种，配置花期相同的授粉品种，并在花期有足够的蜜蜂保证授粉。

同一器官不同时期耐寒力不一致。萌动后的花蕾受冻温度为 $-4.4℃$，开放的花为 $-2.4℃$，刚谢花的幼果受冻温度为 $-1.1℃$。

2. 果实的生长发育

扁桃果实的生长发育期，一般为 105～135d。果实从子房受精、坐果到果实成熟，可分为三个时期。

（1）果实发育期 花后子房膨大开始到果核木质化以前，一般为 40d 左右。此期为果实发育初期，细胞分裂迅速。此期子房可以达到果实长度的 95%。

（2）硬核期 5月中下旬至 7月上旬，约 40d，果实长度仅增长 5%。此期果实生长缓慢，胚迅速生长，果核逐渐硬化。

（3）成熟期 外果皮色泽变浅，果肉逐渐变干、开裂、离核。约 25d。

果实发育 3 个时期的长短因品种、气候和栽培条件而不同。一般品种间硬核期差别最大，其次是成熟期，最后是果实发育期。

三、对环境条件的要求

扁桃喜短而气温相对稳定的冬季，光照充足而没有霜冻的春季，较长时间干热的夏季。

扁桃抗寒性强，休眠期可耐－27℃，临界低温为－50～－30℃；耐高温，气温为36～40.5℃的地区均能生长良好。扁桃喜光，光照充足，生长状况良好，树冠开张，结果多，品质优；光照不足枝条容易徒长，内部短枝落叶早，易枯死，造成树冠内部光秃，结果少。扁桃抗旱性强，年降水量400～600mm的地区能保持良好的生长状态。扁桃怕湿怕涝，生长季节湿度过大或土壤积水对生长结果不利，积水3d以上引起黄叶、落叶。扁桃对土壤要求不严格，沙砾土、沙土、黏土等均可生长，以土层深厚肥沃，排水良好的沙质壤土最好。扁桃适于弱碱性或近中性的土壤，酸性土壤生长发育受到抑制。扁桃的耐盐力较强，总含盐量为0.1%～0.2%的土壤中生长良好，超过0.24%便会发生伤害。

任务 4.10.2 ▶▶ 扁桃的生产管理

任务提出

掌握扁桃的整形修剪、病虫害防治及周年生产管理等技术。

任务分析

根据当地扁桃生产规模及特点有针对性地选择实训内容，其余部分通过教学录像或其他形式完成。

任务实施

【材料与工具准备】

1. 材料：不同树龄的扁桃树。

2. 工具：修枝剪、绑扎材料、铅笔等。

【实施过程】

1. 整形修剪技术（以自由纺锤形为例）

（1）定干　定植后于60～80cm处定干，抹去主干上距地面40cm以下的萌芽。整形带内，当年能抽生3～5个枝条，夏、秋季节，拉枝与主干成70°～80°。

（2）第一年冬剪　在中心领导干上选择生长直立、生长势旺盛的新梢作为中心领导干的延长枝，在饱满芽处短截，剪留长度60cm左右。中心领导干延长枝以下，再选择3～4个侧生枝留作主枝，剪口下第一芽留外芽，使主枝向外继续延伸。春季可以在需要主枝的地方，对芽进行目伤，促进芽的萌发。生长季节要注意对竞争枝的控制。

（3）第二年冬剪　对中心领导干的延长枝，继续留60cm左右短截，在中心领导干上选留2～3个作为主枝，其他枝视空间的大小而定，有空间可以作为辅养枝，培养成结果枝组。

（4）第三年冬剪　基本方法同第二年冬剪，再选留主枝2～3个，主要任务是继续缓放，促进枝条的转化，增加中、短枝的比例，夏剪促花，以便进入幼树丰产期。3～4年完成整形任务，使主枝达到10～15个，树高达到2.5～3m。

2. 人工授粉

扁桃自花结实力低，建园时，授粉树配置数量不够或配置不当，或花期遇低温及大风，常使扁桃坐果率低，产量不稳。因此，采用人工授粉，可明显提高坐果率。

（1）采集花粉　采集含苞待放花蕾，剥开花瓣，取下花药，拣去花丝、花瓣等杂质后，把花药薄薄地摊开，置于干燥通风的室内。花药开裂，花粉全部散出，晾干后，用细筛筛出花粉收集起来，放到干燥的瓶内保存备用。

（2）授粉时间　人工授粉应在整株树开花40％～50％时晴天上午进行。

（3）授粉方法　人工点授和喷雾授粉。人工点授法：用铅笔橡皮或毛笔点授，可以节约花粉量，且效果好。喷雾授粉法：称取白糖500g，硼砂5g，溶于5kg水中，配成混合液，喷雾前再加入10～13g花粉。此溶液必须在1h内用完，防止花粉在糖液中萌发。

理论认知

一、扁桃的繁殖

（1）繁殖方法　扁桃使用嫁接、实生、根蘖繁殖均可，但生产上多以嫁接繁殖为主。

（2）砧木的选择　扁桃嫁接繁殖的砧木主要采用共砧，也有少数采用桃、西洋李作砧木。以扁桃作砧木，成活率高，愈合良好，产量高，寿命长，但生长缓慢；其中用苦仁实生砧比甜仁好。以桃为砧木，成活率高，生长快，但愈合后砧木和接穗径粗不一致，且寿命短；以李为砧木的介于其间，生长势和寿命中等。

（3）嫁接方法　主要是用芽接，芽接中以"T"字形芽接较为普遍。"T"字形芽接一般在5月中下旬至8月间进行。

二、建园

（1）园地的选择　扁桃具有休眠期短、开花早的特性，应选择在晚霜不易发生的山坡中部或开阔的谷地建园，园地宜选在南坡向阳的地带。

（2）配置授粉树　每隔2～3行主栽品种，配置1～2行授粉品种。

（3）栽植密度　扁桃喜光，不宜过密。山地、丘陵薄地适当密植株行距（2～3）m×（4～5）m，土壤肥沃灌溉区适当稀植株行距（3～4）m×（5～6）m。

三、主要树形与花果管理

扁桃的主要树形有自然开心形、延迟开心形、主干形、变则主干形和自由纺锤形。

（1）变则主干形　适于树姿直立，开心较难的品种。苗木定干高度60～80cm，有中心干，中心干上每隔15～30cm配备主枝4～6个，螺旋式交错配备主枝，基角45°～50°，在主枝上再选配一、二级侧枝，侧枝上配备结果枝组。

（2）自由纺锤形　有一中央领导干，在中心干不同部位、错落有致地留出10～15个主枝，主枝与主干保持80°～90°，主枝上不留侧枝，直接着生结果枝组。

扁桃普遍存在"满树花、半树果"的现象，提高坐果率除采用综合技术措施提高营养水平外，还应直接采取保花保果技术。例如：推迟花期，避免晚霜；花期放蜂，人工辅助授粉；花期喷清水或喷灌改变空气湿度；喷植物生长调节剂和微量元素，如磷酸二氢钾、硼砂等方法均可提高坐果率。

四、病虫害防治技术

扁桃病虫害发生较为普遍，为害严重的病虫害有杏球蚧、茶翅蝽、缩叶病、细菌性穿孔、炭疽病、叶枯病、梨小食心虫、脐橙蛾等。

1. 杏球蚧

（1）发生症状　若虫固定在枝条上吸食汁液，受害处皮层坏死后干瘪凹陷，受害严重枝条干枯死亡。

（2）防治要点

① 早春发芽前，喷 5°Bé 石硫合剂或 5％柴油乳剂，可杀死越冬若虫。

② 5 月中下旬喷 50％马拉硫磷乳油 1000 倍液，或 50％敌敌畏乳油 1000 倍液。

③ 5 月上旬前用玉米芯或硬刷，擦刷越冬若虫。

2. 茶翅蝽

（1）发生症状　该虫以成虫和若虫刺吸果实后，被害部木栓化。石细胞增多，果面凹凸不平，畸形，形成"猴头果"，完全失去经济价值。

（2）防治要点

① 清除果园附近杂草，5 月份以前早晨可振树，地面人工捕捉越冬成虫。

② 高温时期，果园悬挂驱蝽王每亩用 40～60 支，驱赶蝽象。

③ 6～7 月份经常注意检查，发现卵块及时消灭。如果发现多数卵块已孵化，可选用绿色功夫、爱闰乐、来福灵防治一次。

3. 缩叶病

（1）发生症状　主要为害叶片，也可为害嫩梢、幼果和花。病叶呈波浪状卷曲，红色。幼果染病后，最初发生黄色或红色病斑，渐变褐色而脱落。

（2）防治要点

① 春季萌芽前喷 3～5°Bé 石硫合剂，一般喷一次即可控制。

② 病叶在未形成白粉状物之前及时摘除烧毁，普遍发生时可用多菌灵 800 倍喷雾。

4. 细菌性穿孔病

（1）发生症状　病斑发生在叶、果实及枝条上，叶片上初见多角形淡红色的斑点，其后变褐色、不正圆形，最后病斑部脱落而成穿孔。果实上的病斑为不完整形，凹陷，呈黑褐色，在枝上为水浸状圆形，气孔凹陷，呈褐色溃疡。

（2）防治要点

① 剪去病枝，集中烧毁。

② 加强肥水管理，增强树势，提高抗病能力

③ 发芽前喷 3～5°Bé 石硫合剂，展叶后发病前可喷硫酸锌石灰液，或抗生素类药物，如农用链霉素。

五、采收

1. 采收期

扁桃果实的成熟从树冠外部到内部依次成熟，当树冠内果实开裂时即可采收。采收过早，果实不易脱落，品质差，果肉不易剥落；采收过晚，易遭鸟类为害，特别是纸壳类品种因鸟害损失甚大。

2. 采收方法

人工采收可以根据地形和树冠大小决定，平地和小树冠可以人工采摘；山坡地和大树冠，采用人工打落法，即棒击法。

3. 果实处理

采收后立即将果皮剥落，及时晾晒或烘干。烘干时，开始用较低温度（约 43℃或略

低），如果核果已经部分干燥，也可使用较高的温度。干燥时间宜迅速，否则会使果壳颜色变暗，影响美观。扁桃核果带壳出售，果壳应乳白而有光泽，如果壳色不佳，可用次氯酸钠漂白。

4. 分级

分级主要以扁桃仁的大小、完整情况、饱满程度、划破率等为根据，分类贮藏和出售。

六、扁桃园周年管理技术要点

见表 4-10-1。

表 4-10-1 扁桃园周年管理技术

物候期	管 理 要 点
休眠期	1. 整形修剪。 2. 12 月初开始清理园内及园周围的杂草、落叶,病枝集中于园外烧毁。 3. 防治流胶病。 4. 树干涂白
萌芽期	1. 土肥水管理:解冻后及时刨树盘,疏松土壤;补施基肥;灌水。修整树盘及排灌设施后,灌解冻水。 2. 病虫害防治:防治细菌性穿孔病、缩果病、炭疽病和红蜘蛛等病虫害
开花期	1. 肥水管理 ①花前追肥:成龄树发芽前后可适当追肥,以速效氮肥为主,适当增加钾肥,用量依树龄、结果量而定。 ②叶面喷肥:沙地扁桃园,花期喷 0.2%～0.3% 的硼砂或硼酸;即将展叶时喷 2%～3% 的硫酸锌溶液防治小叶病;4 月份起每隔 15d 喷一次叶面肥,以优质尿素、磷酸二氢钾 0.2%～0.3% 溶液为宜。 2. 病虫害防治:防治蚜虫、红蜘蛛、金龟子、吉丁虫、脐橙螨和细菌性穿孔病。 3. 夏剪:4 月中下旬,当成龄树抽梢 3～5cm 时剪除剪口丛生枝及病虫枝,幼树抹徒长芽,留位置好的芽,并将砧木上发的芽全部抹掉。 4. 花期进行放蜂、人工授粉,可在出现霜冻前熏烟、灌水
5 月份新梢速长期	1. 疏果:疏除并生果、畸形果、小果、病虫果,留枝条中部单果。 2. 夏剪:5 月中旬,新梢长至 15cm 左右时,适当摘心促进枝条粗壮。此时还可撑拉枝条,开张角度。对主枝背上过旺徒长枝条密集处要疏除,有空间的及时摘心促发副梢,一般长至 20cm 时进行,培养枝组。5 月下旬对当年定植幼树,新梢选留 3～4 个方向好的,其余摘心。5 月中下旬对生长较旺的树体可根施多效唑,控制树体旺长,提早结果。 3. 病虫害防治:防治桃蛀螟、桃潜叶蛾、梨小食心虫、流胶病等
果实膨大期	1. 病虫害防治:防治红蜘蛛、桃小食心虫等害虫。 2. 覆草或割草:化学除草。6 月中旬后进行果园覆草
花芽分化期	1. 肥水管理:7 月份施肥直接影响到花芽分化的好坏,因此应多加重视,有必要时可进行叶面喷肥,幼树施速效氮肥为主,以迅速扩大树冠。由于水分过大易引起落果、裂果和果实品质下降,所以雨季应注意排水。 2. 夏剪:本月修剪以疏为主,疏除上旺枝,有空间的地方可适当选留部分旺枝进行摘心,对旺枝上次摘心发出的副梢留 1～2 个,其余皆短截。 3. 病虫害防治:防治红蜘蛛、褐腐病、细菌性穿孔病等病虫害
果实成熟采收期	1. 病虫害防治:防治桃小食心虫、细菌性穿孔病、斑点病。 2. 修剪:9 月下旬对未停止生长的枝条全部摘心,剪去幼嫩部分,使枝条变充实。在主侧枝新梢停长时拉枝,用于改善光照,促使芽休变充实。 3. 喷肥保叶:9 月上旬、下旬各喷一次 0.5% 尿素加 50mg/L 赤霉素。 4. 采收
采后期	1. 施基肥:10 月上中旬,在距干 40cm 左右挖穴或开沟,土施有机肥,同时配施磷酸二氢钾 100g/株。施有机肥幼树采用环状沟施,沟深 40cm 左右;成龄树采用放射状沟施,沟深 40～60cm,然后灌水。 2. 防病虫:防治细菌性穿孔病、斑点病等。3 年生以下幼树注意防治浮尘子、大青叶蝉

复习思考题

1. 扁桃在管理栽培上与桃有何异同？
2. 扁桃生长发育对环境条件有何要求？
3. 怎样提高扁桃的坐果率？
4. 扁桃如何进行整形修剪？
5. 扁桃生产中容易遭受哪些病虫为害？

模块五　设施果树生产技术

项目一　设施果园建造技术

▶▶ 知识目标

了解设施果园配套设备材料性能；掌握设施果园的类型和特点。

▶▶ 技能目标

能够独立进行设施果园的建造，掌握设施果园建造的相关技能。

任务 ▶▶ 设施果园的建造

任务提出

通过观察钢骨架温室的建造过程，掌握设施果园设计、建造技术的基本操作方法。了解设施果园温室和大棚的不同结构特点。

任务分析

设施果园类型不同，结构特点也不同，在设计和建造时应根据建造目的和各地的气候特点来选择合适的设施果园。

任务实施

【材料与工具准备】

1. 材料：空心砖、石头、相关钢管材质、珍珠岩、水电材料等。
2. 工具：皮尺、钢卷尺、量角器、绘图纸、锹、耙等工具。

【实施过程】

1. 日光温室的选址：温室应选择向阳、避风、地势平坦、周围无高大遮盖物、交通便利和水电源充足的地方。

2. 日光温室的规划：单个温室可根据实际情况因地制宜。如建温室群，应统一规划，使温室跨度相同，统一设置通电线路和设备，群内东西向每隔3～4排温室修筑一条6～7m宽的干道，南北向每隔200m修一条干道。

3. 确定方位角：温室建造方向，在北纬39°以南，冬季外界温度不是很低的地区，采取南偏东5°的方位角；北纬41°以北，冬季外界温度很低的地区，采取南偏西5°的方位角；北纬40°地区可采用正南方位角。

4. 确定前后排温室间距离：为避免温室间遮光，前后排温室必须保持一定的距离。北纬38°以南地区的冬季生产用日光温室，前后排温室的间隔宽度应为前排温室高度（包含外保温覆盖材料卷起的高度）的2倍，北纬40°～43°的地区应为2～2.3倍。

5. 筑墙：土筑墙体的厚度应超过当地冻土层的30%，特别是后承重墙负担力更大（卷帘、风雪），最好用红砖砌筑空心墙，内、外墙均为24cm。

6. 温室拱架安装：屋面拱架由钢管和圆钢焊接成带上下弦的骨架，上端固定后墙顶部，下端固定在地梁上。每80cm立一个拱架，各拱架之间用拉筋连接固定。

7. 后屋面的构造：钢架温室后屋面在骨架上铺木板箔，在骨架顶部木板箔上固定一根4cm×5cm木棱，作为固定薄膜用。

【注意事项】

1. 秋末冬初土壤封冻前一个月进行指定地块、分组设计温室或大棚，在教师的带领下统一评比论证，确定最终方案，进行统一施工。

2. 根据实际情况选择一个当地最适用的设施进行实施建造，如不能在校内由学生亲自建造，也可与周边企业沟通，在校外建造时参与整个过程，以其达到学习目的。

理论认知 👆

一、设施果树生产类型

北方设施果树生产主要以在冬春季提供鲜食果品为主要目的，所以，通称为反季节生产。生产类型主要有两大类：一类是使果树的生长发育期提前，实现果实在冬末春初提早上市。二类是使果树的生长发育期延后，实现果实在秋末冬初延迟上市。

1. 促成栽培

在果树未进入休眠或未结束自然休眠的情况下，人为控制自然休眠或打破自然休眠，使果树提早进入生长发育期，实现果实提早成熟上市。这种生产方式主要用在草莓、葡萄、甜樱桃上。

2. 半促成栽培

在自然或人为创造低温条件下，满足果树自然休眠对低温量的要求后，提供适宜的生长条件，使果树提早生长发育，实现果实提早成熟上市。目前，落叶果树的设施生产以此种方式为主。

3. 延迟栽培

通过选用晚熟品种或抑制果树生长的手段，使果树延迟生长和果实成熟，实现果实在晚秋或初冬上市。延迟栽培目前在葡萄、桃上应用。

4. 促成兼延迟

在日光温室内,利用葡萄具有一年多次结果习性,实行既促成又延迟的一年两熟制的栽培形式。

二、设施果树生长发育特点

1. 生育期延长

在设施栽培条件下,果树的开花期和果实发育期通常延长。据观察日光温室内凯特杏的花期为11d,而露地杏的花期通常为5～7d,延迟了4～6d。另据观察,红荷包、二花曹、车头杏大棚栽培和露地栽培,其成熟期相差7～10d。设施栽培油桃果实发育期通常延长10～15d。

2. 营养生长加强

由于设施内温度高、湿度大,导致新梢生长变旺,节间加长,叶片变大变薄,而枝条的萌芽率和成枝力也均有提高,加剧了生长和结果间的矛盾。

3. 果实品质变化

设施栽培果树果实普遍增大,主要原因是果实生长Ⅰ期设施内夜温较低,促进了果肉细胞分裂而使果实细胞数目增加。果实可溶性固形物、可溶性糖、维生素C含量略低于露地,风味变淡,品质下降。

温室栽培油桃裂果多发生在采收前20d以内,采收前6～8d是裂果发生的主要时期。树冠外围果、大型果裂果较重,而内膛果、小型果裂果较轻。

三、日光温室

1. 果树日光温室类型及特点

果树日光温室生产实践证明:在北纬34°以北地区日光温室要想获得较好的采光、保温效果,在建造时必须注意以下结构参数。温室跨度7～9m,距前底脚1m处的前屋面高度在1.5m以上,温室脊高(矢高)3.3～4.0m,后墙高1.6～2.6m,厚0.4～0.8m,后坡厚0.5～0.8m(加保温层),墙外培土为当地最大冻土层厚度的防寒土。温室长度80～100m,每栋温室占地1亩左右。

常见温室类型主要有竹木骨架温室和钢骨架温室。竹木骨架温室具有造价低、一次性投资少,保温效果较好等特点。钢骨架温室的墙体为砖石结构,前屋面骨架为镀锌管和圆钢焊接成拱架。具有温室内无立柱、空间大、光照好、便于通风、作业方便等特点。但造价高,适宜在经济条件好的地区发展。

日光温室由于具有墙体和覆盖保温材料,可以在冬季形成满足果树生长发育的环境条件,进行促成或延迟栽培,是北方地区果树设施生产的主要设施类型。

2. 日光温室的选址与规划

温室应建在向阳地段上,周围不能有高大的树木及建筑物。必须避开山口、河谷等风口处,以免造成风害。还应避开水泥厂、砖厂和机动车频繁通过的地段,以免烟尘和有害气体污染薄膜及果实。为节省投资,便于管理,温室宜建在交通方便、水源充足和有电源的地方。温室宜成片开发建造,以便于形成规模效益和集中组织销售。

3. 日光温室的建造

（1）钢骨架温室的建造

① 确定方位角：日光温室东西延长，坐北朝南。在北纬39°以南，冬季外界温度不是很低的地区，采取南偏东5°的方位角，北纬41°以北，冬季外界温度很低的地区，采取南偏西5°的方位角；北纬40°地区可采用正南方位角。

② 确定前后排温室间距离：规划建设温室群时，为避免温室间遮光，前后排温室必须保持一定的距离。生产实践证明：北纬38°以南地区的冬季生产用日光温室前后排温室的间隔宽度应为前排温室的高度（包含外保温覆盖材料卷起的高度）的2倍，北纬40°～43°的地区应为2～2.3倍。

③ 筑墙：温室山墙、后墙的厚度及使用材料对温室的保温效果和牢固性影响很大。土筑墙体的厚度应超过当地冻土层的30%，特别是后承重墙负担力更大（卷帘、风雪），最好用红砖砌筑空心墙，内、外墙均为24cm。目前墙体多采用异质复合结构，即内墙采用吸热系数大的材料（如石头），以增加墙体的载热能力。外墙则采用隔热效果好的材料（如空心砖），也可采用在砖石空心墙中间放置聚乙烯苯板等隔热材料，以减少温室的热量损失。后墙高度与温室脊高和后屋面仰角有关。脊高3.3m，后屋面水平投影1.5m，后屋面仰角31°，则后墙高度为2.15m。

④ 温室拱架安装：屋面拱架由钢管和圆钢焊接成带上下弦的骨架，上端固定后墙顶部，下端固定在地梁上。每80cm立一个拱架，各拱架之间用拉筋连接固定。

⑤ 后屋面的构造：钢架温室后屋面在骨架上铺木板箔，在骨架顶部木板箔上固定一根4cm×5cm木棱，作为固定薄膜用。在木棱和女儿墙间的三角形区填充珍珠岩或炉渣，上面抹水泥砂浆找平，两毡三油防水处理。

（2）辽沈Ⅰ型日光温室　该温室由沈阳农业大学设计，为无柱式第二代节能型日光温室。结构特点：跨度7.5m，脊高3.5m，后屋面仰角30.5°，后墙高度2.5m，后坡水平投影长度1.5m，墙体内外侧为37cm砖墙，中间夹9～12cm厚聚苯板，后屋面也采用聚苯板等复合材料保温，拱架采用镀锌钢管，配套有卷帘机、卷膜器、地下热交换等设备，其结构如图5-1-1。在北纬42°以南地区，冬季基本不加温可进行生产。

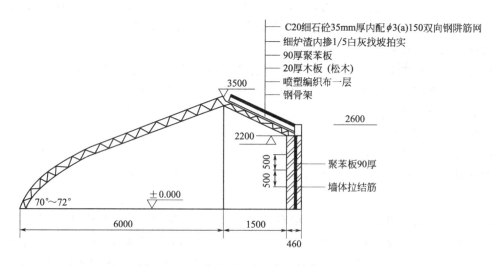

图 5-1-1　辽沈Ⅰ型日光温室（单位：mm）

（3）华北型连栋塑料温室 其骨架由热浸镀锌钢管及型钢构成，透明覆盖材料为双层充气塑料薄膜。温室单间跨度为 8m，开间 3m，拱脊高 4.5m，8 跨连栋的建筑面积为 2112m²。东西墙为充气卷，北墙为砖墙，南侧墙为进口 PC 板。温室的抗雪压为 30kg/m²，抗风能力为 28.3m/s（图 5-1-2）。这种温室设有完善而先进的附属设备，如加温系统、地中热交换系统、湿帘风机降温系统、通风、灌水施肥、保温幕以及数据采集与自动控制装置等。自动控制系统可以实现温室内环境因子的自动和手动控制，可进行室内外的光照、温度和湿度的自动测量。加温和降温系统可根据果树生育需要，设定温度指标实行自动化控制。

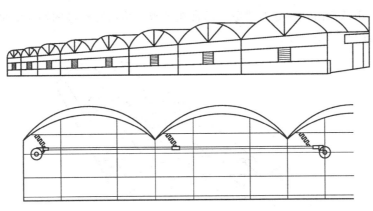

图 5-1-2 华北型连栋塑料温室

四、塑料大棚

1.塑料大棚的特点和类型

塑料大棚通常没有墙体和外保温覆盖材料，生产成本低，但保温效果明显不如温室，具有白天升温快，夜晚降温也快的特点。在密闭的条件下，当地表最低气温稳定通过 −3℃时，大棚内的最低气温一般不会低于 0℃。所以果树大棚生产以春季最低气温稳定通过 −3℃时，开始覆膜升温为宜。适宜果树生产的大棚主要有悬梁吊柱竹木大棚和钢架无柱大棚。具有覆盖材料的大棚称之为改良式大棚或春暖棚，由于这种大棚保温效果明显增强，栽培果树的果实成熟期较冷棚提前，建造成本比日光温室低，因而得到较为广泛的应用。特别适用在冬季不很寒冷的地区进行果树促成栽培。

2.大棚的规划与设计

（1）大棚的规划 大棚多南北延长，可根据地形、道路和灌溉水道的方向适当调整，以便于灌溉和运输。每栋大棚的面积在 1 亩左右，长宽比等于或大于 5 为好，通常以跨度10～12m 为宜。建设大棚群时，为了有利于通风和运输，每排大棚的棚间距应达到 2～2.5m，相邻两排的棚头间距要达到 5～6m。每 4～5 排大棚设一交通干道，宽度应达到 5～6m。

为增强抗风能力，大棚外形以流线型为好，不宜采用带肩的棚型。大棚的高度与跨度的比值以 0.25～0.3 为宜，棚型可根据合理轴线公式进行设计。

$$Y = \frac{4FX}{L^2}(L - X)$$

式中，Y 为弧线点高；F 为矢高；L 为跨度；X 为水平距离。

（2）棚室设计文件

设计文件包括设计图、说明书和结构计算书等，是指导施工和签订施工合同的主要依据。温室和大棚的设计图有总平面图、平面图、立面图、断面图、屋面、基础图以及连接处、梁等详图，还有采暖、换气、排灌、电气等的详图。

说明书中应指定使用建筑材料的种类、规格、加工和施工方法等。此外，订合同前与施工单位到现场商定的有关道路、供电、供水等临时工程及设计书的约定也要写成书面材料，以便施工单位能很好理解设计意图，以免出错。

3. 大棚的建造

（1）竹木结构悬梁吊柱大棚的建造　通常在秋季上冻前将建棚的场地测量好，整平，用测绳拉出四周边线（图 5-1-3）。

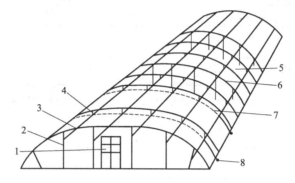

图 5-1-3　竹木结构大棚示意图

1—门；2—立柱（竹、木）；3—拱杆；4—拉杆；5—吊柱（悬柱）；
6—棚膜；7—压杆（或压膜线）；8—地锚

① 埋立柱：用硬杂木作立柱，把细的一端钉入地下 25～30cm，横向每排埋 6 根立柱（中柱、腰柱、边柱各 2 根），根据棚的宽度均匀分布。纵向每隔 3m 设 1 排立柱。

② 安装拱杆：通常根据长度将 3 根直径 4～5cm 的竹竿连接在一起制成。下部两根竹竿从基部向上 1.25m 左右，用火烘烤成弧形，立即浸入冷水中定型。从两侧将拱杆插入边线土中 30cm 固定，向上将拱杆拉向各立柱顶端并固定。

③ 上拉杆和吊柱：用直径 5～6cm 的硬杂木杆，固定在距立柱顶端 20～30cm 处，通过纵向连接立柱将整个大棚连成一体。同时在没有立柱处的拉杆上安装吊柱，用吊柱支撑此处拱杆。

④ 埋地锚：在大棚两侧距边线 50cm 处，两排拱架之间，挖 50cm 深坑，将多块红砖或石块（5kg 以上）拧上铁丝，地表处铁丝呈环状，埋土压实用来固定压膜线。

（2）钢架无柱大棚的建造

① 制作拱架：大棚的高度和跨度确定后，按设计图焊制拱架模具，在模具上焊制大棚骨架。

② 设置地锚：在大棚两侧的边线上灌注 10cm×10cm 地梁，在焊接钢拱架处预埋铁块，以备焊制拱架。

③ 焊接拱架：先将大棚两端的拱架用木杆架起，再架起中间一排拱架。然后在拱架下弦处焊上 3 道 φ14 钢筋作横向拉筋。然后逐一把各拱架焊接在地梁上，并用钢筋在拱架两侧呈三角形将拱架固定在横向拉筋上，加强拱架的稳定性。

五、温室的配套设施设备

1. 自动卷帘机的安装与配置

在温室的后屋面上每隔 3m 安一个卷帘支架，在支架顶部安装轴承，穿入一道钢管作卷管，在棚中央设一方形支架，安装电动机和减速器，配置电闸和开关，通过开关即能在 8～10min 完成卷放。采用双层草帘覆盖时，80m 棚要用 110 个长 9m、宽 1.5m 的草帘。

2. 灌溉系统

传统的沟畦灌，水的利用率只有 40%，不仅浪费了水，而且增加了棚室内的空气湿度，不利于设施生产。设施生产应采用管道输水或膜下灌溉，最好采用滴灌技术。

3. 保温覆盖材料

覆盖材料依其功能主要分为采光材料、内覆盖材料和外覆盖材料三大部分。选择标准主要有保温性、采光性、流滴性、使用寿命、强度和成本等，其中保温性为首要指标。

（1）采光材料　采光材料主要有玻璃、塑料薄膜、EVA 树脂（乙烯-醋酸乙烯共聚物）和 PV 薄膜等。北方设施栽培多选用无滴保温多功能膜，通常厚度在 0.08～0.12mm。

① 聚乙烯（PE）长寿无滴膜：无毒、防老化、寿命长，有良好的流滴性和耐酸、碱、盐性，是温室比较理想的覆盖材料。缺点是不适宜在严寒地区使用。

② 聚氯乙烯（PVC）长寿无滴膜：流滴性、均匀性和持久性都好于聚乙烯长寿无滴膜，保温性能好，适合在寒冷地区使用。缺点是经过高温季节后透光率下降 50%，密度大，成本高。

（2）内覆盖材料　主要包括遮阳网和无纺布等。

① 遮阳网：用聚乙烯树脂加入耐老化助剂拉伸后编织而成，有灰色和黑色等不同颜色。有遮阳降温、防雨、防虫等效果，可作临时性保温防寒材料。

② 无纺布：由聚乙烯、聚丙烯、维尼龙等纤维材料不经纺织，而是通过热压而成的一种轻型覆盖材料。多用于设施内双层保温。

（3）外覆盖材料　包括草帘、草苫、纸被、棉被、保温毯和化纤保温被等。

① 草苫：保温效果可达 5～6℃，取材方便，制造简单，成本低廉。

② 纸被：在寒冷地区和季节，为进一步提高设施内的防寒保温效果，可在草苫上增盖纸被。纸被系由 4 层旧水泥纸袋或 6 层牛皮纸缝制的与草苫相同宽度的保温覆盖材料。

③ 棉被：具有质轻、蓄热保温性能好的特点，在高寒地区保温力可达 10℃以上，但在冬春多雨雪地区不宜大面积使用。

④ 保温毯和化纤保温被：这类保温材料具有质轻、保温、耐寒、防雨雪、使用方便等特点，但一次性投入相对较大。

【知识链接】

日光温室前屋面采光角

日光温室前屋面与地平面的夹角称前屋面采光角，简称"屋面角"。有关专家总结提出了合理采光时段理论，即在冬至前后一段时间内，每天从 10 时至 14 时，保证有 4h 阳光入射≤40°，以此为参数设计的屋面角称合理采光时段屋面角，其简便计算方法为当地纬度减去 6.5°。以北纬 40°地区为例，合理采光时段屋面角为 40°−6.5°＝33.5°。

复习思考题

1. 果树温室与大棚有什么主要区别？
2. 如何根据北方冬季寒冷的特点设计温室？

项目二 设施果树的栽植技术

▶▶ 知识目标

了解用于设施生产的树种品种具备的条件，掌握设施栽培的育苗方法、栽植方法及授粉方法。

▶▶ 技能目标

掌握设施栽培的栽植技术。

任务 ▶▶ 设施果树的栽植

任务提出 ✍

以栽植设施桃完成栽植过程，掌握设施果树的栽植技术。

任务分析 📚

设施果树的栽植有别于露地果树，二者既有相同点也有不同点，关键是能够根据不同设施和果树种类采取不同的定植方法。

任务实施 ✨

【材料与工具准备】

1. 材料：设施果园、桃大苗。
2. 工具：锹、镐、水桶等工具。

【实施过程】

设施果树的栽植，除了按照露地常规栽植的程序（园地规划设计、土壤改良、定点挖穴、施肥回填、浇水沉实）外，栽植时应特别做到以下几点。

1. 栽植方式

日光温室推行高畦带状栽植和砖槽台式栽植方式。

2. 栽植时期

将买回的苗木先进行假植，秋季择时带坨移栽

3. 栽植密度

根据桃树生长势强弱和设施宽带确定株行距。桃树株行距是 $(1.0\sim1.5)m\times(2.0\sim2.5)m$。如温室宽 7m，可 1 行栽 5 株，温室前后各留 1m，株距为 1.25m；如温室宽度为 8m，可 1 行栽 6 株，株距为 1.2m。

【注意事项】

1. 秋末进行指定棚室地块、按组分行定植桃，在教师的指导下按成活率进行分组评比。

2. 根据学校实际情况，也可选择春季栽植或者其他树种。

理论认知 👆

一、树种品种选择

设施栽培果树主要以鲜食为目的，应具备以下条件。

（1）果实品质　选择果实色泽艳丽、风味纯正、鲜食品质好的树种和品种。

（2）栽培性状　选择植株比较矮小或适于矮化栽培的树种和品种；早果性、丰产性好的品种；适应性、抗病性好的品种。尽可能选择自花结实率高、耐低温、耐弱光的品种。

（3）栽培类型　促成和半促成栽培宜选择自然休眠期短、需冷量低的早熟品种，以果实生育期较短为宜。延迟栽培则以晚熟品种为宜，果实生育期越长越好。

二、培育大苗技术

除桃、葡萄等早果性好的树种，可在设施内直接定植一年生苗外，樱桃、杏、李等结果稍晚的树种宜在设施内定植大苗，以尽早结果，降低结果前的管理成本。

1. 培育和利用大苗的方式

（1）露地栽培结果树，就地建设保护设施，实施设施栽培。

（2）先栽树，待果树结果后再建设施。

（3）移栽结果树，将 4～5 年生大树移植到温室内，方法简便、见效快。

2. 培育大苗的方法

选择土层较深厚、背风向阳、距离栽培温室较近的地块做苗圃地。按 1m×1m 株行距挖 40cm×50cm 的栽植坑。将编织袋放入坑内，用园土与适量腐熟的有机肥混合后装入袋内，装至 1/2 高，然后袋内栽植苗木，覆土至根颈处，浇水沉实。北方地区春季比较干旱，苗木定植高度可与地面平。在华北地区或是在较低洼地，可采用高畦栽植，畦高 20～30cm，以避免雨季发生内涝，有利提高地温。如果采用高畦栽植，则一定要覆盖地膜。如果定植苗在苗圃内未进行圃地整形，覆盖后要及时定干。定干高度为 35～45cm，剪口下至少要有3～5 个饱满芽，然后用塑料袋将苗干套上，以防抽条和发生虫害。

苗木成活后要及时将塑料袋去掉，然后加强田间管理，按照选择的树形进行整形修剪，培养适合设施栽培的树形。通常设施栽培树的干比较低，特别是温室前两排树，干高 30cm 左右即可，后几排可依次适当提高树干。树高则应根据设施的高度确定，以树体顶距棚膜 50cm 以内为宜。树形以温室前两排采用开心形，后几排采用纺锤形或圆柱形为宜。

在甜樱桃不适宜栽培地区，如冬季最低气温低于 −20℃ 的地区进行露地培育大苗，在土壤封冻前要将樱桃树带坨移入贮藏窖或室内，在 0～7℃ 的条件下贮藏，来年再移植到室外。这样经过 3～4 年的树形培养，即可定植到温室或大棚内进行设施生产。

三、栽植技术

1. 栽植方式

除草莓要求不很严格外，其他乔木果树宜采用南北行向、长方形或带状栽植。目前，日光温室推行高畦带状栽植和砖槽台式栽植方式效果较好。高畦带状栽植是在温室内做 20～30cm 高畦，将果树双行带状定植在高畦上，有利提高地温。砖槽台式栽植则是沿南北方向砌砖槽，向下挖 50cm 深，宽 100cm，相邻两槽中心线相距 2m，果树定植在槽内。果树定植平面与地平面一致，可有效利用空间，砖槽台式栽植除有高畦的作用外，还具有扩大设施空间，方便作业管理和限根栽培的作用。

2. 栽植时期

设施内栽植果树可分三种情况。一是秋栽，适宜大苗带坨移栽。设施冬季可以升温，这时苗木满足需冷量后即可逐步升温。果苗从 1 月初就开始生长，比露地提前生长 2~3 个月，生长量大，花芽多，翌年产量高。行间间作矮茎蔬菜、花卉、草莓等果菜作物，以增加收入，相对降低管理费用。二是没有建造大棚，先在大棚的位置上定植果苗，定植时期同露地栽植时间相同。三是在设施内腾空后栽植，袋装育苗可以采用这种形式，其定植时期要求不很严格。

3. 栽植密度

设施栽培要根据树种品种的生长势强弱和设施的宽度确定株行距。桃树株行距是(1.0~1.5)m×(2.0~2.5)m。如温室宽 7m，可 1 行栽 5 株，温室前后各留 1m，株距为 1.25m；如温室宽度为 8m，可 1 行栽 6 株，株距为 1.2m。李树适宜株行距以 2m×3m 为好。杏树和甜樱桃树比较高大，株行距以 (2~3)m×(3~4)m 为宜。若采用矮化砧，株行距还可适当缩小。此外，还要考虑品种特性和土肥水条件等因素来合理调整。

4. 授粉技术

（1）配置授粉树　设施栽培多采用自花授粉结实的品种，但杏、李和樱桃树常需要配置授粉树，选择授粉树的条件除与露地果树相同外，还应考虑与主栽品种需冷量相近。主栽品种与授粉品种的比例一般为（3~4）：1。

（2）人工辅助授粉　由于设施内既无昆虫传粉，又缺少自然风扬粉，必须采用人工辅助授粉。

人工授粉时用毛笔在不同花朵间点授即可，也可用小气球、鸡毛掸子在花朵间滚动。授粉以开花当天的效果最好，一般选择在上午 9~10 时到下午 3~4 时进行，如遇阴雪天气，应多进行几次。生产实践中借用昆虫传粉，是提高坐果率的有效方法，但要兼顾昆虫对棚室环境的适应。一般每亩棚室放蜜蜂 1~2 箱，壁蜂 100~200 头，于开花前 5d 左右放入棚室，让蜜蜂有适应过程，可收到良好的授粉效果。

复习思考题

1. 怎样提高设施果树大苗移栽的成活率?
2. 设施果树栽植与露地果树有什么主要区别?

项目三 调控设施环境条件

知识目标

了解设施栽培果树的基本原理，掌握设施栽培的环境调控。

技能目标

能够根据不同设施环境条件的变化进行调控。

任务 ▶▶ 设施环境的调控

任务提出

以葡萄为例完成温室条件下葡萄促成栽培的环境调控。

任务分析

设施栽培与露地栽培相比，由于特殊的封闭空间造成环境条件有较大差异，根据设施葡萄生长发育时期对环境条件的要求，确定设施环境调控目标。

任务实施

【材料与工具准备】

1. 材料：结果期的葡萄温室。

2. 工具：温度计、空气湿度测定仪、二氧化碳（CO_2）浓度测定仪、照度仪、CO_2 发生器、反光膜等。

【实施过程】

确定设施环境调控目标：根据设施葡萄生长发育时期对环境条件的要求，确定合适的温度、湿度、光照、CO_2 浓度。

1. 改善光照技术

在合理采光设计的前提下，选用透光率高的薄膜；在温度允许的前提下，适当早揭晚盖保温覆盖物；人工补光，铺、挂反光膜等。

2. 调节温度技术

晴天塑料大棚在日出后气温开始上升，最高气温出现在 13 时，14 时以后气温开始下降，日落前下降最快，昼夜温差较大。

增温措施有：减少缝隙放热；采用多层覆盖；采取临时加温。

降温措施有：自然放风降温，也可采取安装通风扇等强制通风降温。

3. 降湿技术

通风换气，加温降湿，地面覆盖地膜。设施内灌水采用管道膜下暗灌水，可明显防止空气湿度过大。有条件可采用除湿机来降低空气湿度，在设施内放置生石灰吸湿，也有较好的效果。

4. 提高 CO_2 浓度

主要方法除通风换气、增施有机肥外，应用较多的方法是利用 CO_2 发生器，采用化学方法产生 CO_2 气体。释放 CO_2 宜在晴天的上午进行，阴、雨雪天和温度低时不宜释放，释放 CO_2 还应保持一定的连续性，间隔时间不宜超过一周。

【注意事项】

1. 分别在揭棚前、午后1时和盖棚前测量温湿度，在早、午、晚按组分别进行大棚和温室不同位置光照、温度、湿度和二氧化碳浓度的测定，每组测定结果与当时果树物候期对相应环境条件的要求进行对比。

2. 根据实际观测数据与调控目标的差值，结合设施结构和具备的设备，对设施环境进行调控。

理论认知 👆

一、设施栽培果树的原理

1. 果树休眠需冷量

落叶果树自然休眠需要在一定的低温条件下经过一定时间才能顺利通过。生产上通常用果树经历 $0\sim7.2℃$ 低温的累计时数计算，称之为"果树需冷量"。即果树在自然休眠期内有效低温的累计时数，为该果树的需冷量。不同果树的自然休眠需冷量差别很大，一般葡萄、甜樱桃的需冷量较高，草莓、桃较低，李、杏居中。

2. 人工促进休眠技术

通常采用"人工低温暗光促眠"方法，即在外界稳定出现低于 $7.2℃$ 温度时（辽宁南部在10月下旬至11月上旬）扣棚，同时覆盖保温材料。使棚室内白天不见光，降低棚内温度，并于夜间打开通风口和前底脚覆盖，使冷空气进入棚内降温，尽可能创造 $0\sim7.2℃$ 的低温条件。这种方法简单有效，成本低，宜在生产上应用。

有条件的，可在设施内采用人工制冷的方法，促使果树尽早通过自然休眠。目前在甜樱桃促成栽培上，采用人工制冷技术促进休眠已有成功的案例。采用容器栽培的果树也可以将果树置于冷库中处理，满足果树需冷量后再移回设施内进行促成栽培。采用低温短日照促进草莓通过自然休眠，已被广泛应用，即在草莓苗花芽分化后将秧苗挖出，捆后放入 $0\sim3℃$ 的冷库中，保持80%的湿度，处理 $20\sim30d$ 就可打破休眠。

3. 人工打破休眠技术

目前生产上比较成功的是用石灰氮打破葡萄休眠和用赤霉素打破草莓休眠。葡萄经石灰氮处理后，可比对照的提前 $15\sim20d$ 发芽。方法是：在生理休眠中期已过，进入后期时，即在11月下旬至12月上旬，用5倍石灰氮澄清液涂抹休眠芽，即在 $1kg$ 石灰氮中加 $50℃$ 温水 $4kg$ 成5倍液，多次搅拌，以防凝结，静置沉淀 $2\sim3h$ 后，用纱布过滤上清液，加展着剂或豆浆后用小刷涂抹休眠芽。通常在自然休眠结束前 $15\sim20d$ 使用，涂抹后即可升温催芽。一年一栽制和一年一更新制的结果母枝，距地面 $30cm$ 以内的芽和顶端最上部的 $1\sim2$ 个芽不能涂抹，其间的芽也要隔一个涂抹一个，以免造成过多的芽萌发后消耗营养和顶端两芽萌发后生长过旺。

二、设施环境调控技术

1. 光照

光照是日光温室热量的主要来源，也是果树光合作用的能量来源。设施果树生产是在一年中光照时间最短、光照强度最弱季节进行的，而且设施内的光照强度只有自然光的70%~80%，因此改善设施内的光照条件成为提高设施果树产量和质量的主要措施。

设施内的光照强度垂直分布规律是越靠近薄膜光照强度越大，向下依次递减，且递减的梯度比室外要大。靠近薄膜处相对光照强度为80%，距地面0.5~1.0m为60%，距地面20cm处只有55%。光照的水平分布规律是日光温室南北方向上，光照强度相差较小，距地面1.5m处，每向北延长2m，光照强度平均相差15%左右。东西山墙内侧各有2m左右的空间光照条件较差，温室越长这种影响表现越小。

在合理采光设计的前提下，改善光照的措施有：选用透光率高的薄膜；在温度允许的前提下，适当早揭晚盖保温覆盖物；人工补光，铺、挂反光膜等。

2. 温度

晴天塑料大棚在日出后气温开始上升，最高气温出现在13时，14时以后气温开始下降，日落前下降最快，昼夜温差较大。温室内最低气温出现在揭开保温覆盖材料前的短时间内，揭开覆盖材料后气温很快上升，11时前升温最快，在密闭条件下每小时最多可上升6~10℃，这期间是温度管理的关键时期。13时气温达到最高，以后开始下降，15时以后下降速度加快，直到覆盖保温物为止。此后温室内气温回升1~3℃，然后平缓下降，直到第二天早晨。

保温措施有：减少缝隙放热，如及时修补棚膜破洞、设工作间和缓冲带、密闭门窗或挂棉门帘等；采用多层覆盖，如设置二层幕、在温室和大棚内加设小拱棚等；采取临时加温，如利用热风炉、液化气罐、炭火等。

降温措施有：自然放风降温，如将塑料薄膜扒缝放风，分放底脚风、放腰风和放顶风三种，以放顶风效果最好。即扣棚膜时用两块棚膜，边缘处都粘合一条尼龙绳，重叠压紧，必要时可开闭放风，这样就在温室顶部预留一条可以开闭的通风带，可根据扒缝大小调整通风量。自然放风降温还可采取筒状放风方式，即在前屋面的高处每1.5~2.0m开一个直径为30~40cm的圆形孔，然后粘合一个直径比开口稍大、长50~60cm的塑料筒，筒顶用环状铁丝圈固定，需要通风时用竹竿将筒口支起形成烟囱状通风口，不用时将筒口扭起吊置，这种放风方法在冬季生产中排湿降温效果较好。温室也可采取强制通风降温措施，如安装通风扇等。

3. 湿度

设施处于密闭状态下，空气湿度较大，对果树病害发生影响极大。控制设施内湿度的措施有：通风换气，可明显降低空气湿度；在温度较低无法放风的情况下，可加温降湿；地面覆盖地膜，即可控制土壤水分蒸发，又可提高地温，是冬季设施生产必需的措施。设施内灌水采用管道膜下暗灌水，可明显防止空气湿度过大。有条件可采用除湿机来降低空气湿度，在设施内放置生石灰吸湿，也有较好的效果。

4. 气体

在设施密闭状态下，对果树生长发育影响较大的气体主要是CO_2和有害气体。

温室内的 CO_2 浓度在早晨揭开保温覆盖物时最高，此后浓度迅速下降，如不通风到上午 10 时左右达到最低，很少或无法合成有机物，造成果树"生理饥饿"而使产量下降。改善 CO_2 浓度的方法除通风换气、增施有机肥外，应用较多的方法是利用 CO_2 发生器，采用化学方法产生 CO_2 气体，生产上多采用硫酸和碳酸氢铵反应制造 CO_2 气体。释放 CO_2 宜在晴天的上午进行，阴、雨雪天和温度低时不宜释放，释放 CO_2 还应保持一定的连续性，间隔时间不宜超过一周。

设施生产中如管理不当，可发生多种有害气体，造成果树伤害。这些有害气体主要来自有机肥分解释放气体、化肥和塑料棚膜的挥发气体、燃烧加温产生的气体等。常见有害气体主要有氨气、二氧化氮、二氧化硫、一氧化碳等。

复习思考题

1. 改善果树设施内 CO_2 浓度的方法有哪些？
2. 葡萄设施栽培时如何打破休眠？

项目四 设施葡萄的生产技术

▶▶ **知识目标**

了解适于设施条件下栽培的葡萄品种、栽植制度和架势，掌握设施葡萄生产关键技术，熟悉葡萄设施生产周年管理。

▶▶ **技能目标**

掌握设施葡萄的修剪和人工促眠技术，并掌握葡萄设施生产周年管理。

任务 5.4.1 ▶▶ 设施葡萄的修剪

任务提出

以设施葡萄的主要树形为例，学会葡萄的整形修剪技术。

任务分析

葡萄设施生产中采用的架式和整形修剪方式，与设施类型和栽植方式有关，常配套形成一定的组合。具体生产上应根据实际情况选择。

任务实施

【材料与工具准备】

1. 材料：葡萄温室、定植的葡萄苗。

2. 工具：修枝剪、水泥柱、铁丝等。

【实施过程】

1. 双篱架水平式整形

（1）树形结构　采用南北行向，双行带状栽植。株行距（1～1.5）m×（2～2.5）m，壁间距 0.8m，有 0.5～0.6m 长两条主干；也可密植（0.5～0.75）m×（2.0～2.5）m，留一条主干，翌年结果后隔株去株。两行葡萄新梢向外倾斜搭架生长，下宽即小行距 0.5m，上宽1.5～2.0m，双篱架结果（图 5-4-1）。

（2）整形过程　苗木定植后，当年先培养 2 个直立壮梢，梢长达 1m 时摘心并水平引缚于第一道铁线上，再发副梢垂直引缚于第二、三、四道铁线上，每隔 15～20cm 保留一个，培养成结果母蔓。翌年春萌芽后，在母枝基部拐弯处各选留一个直立强壮新梢，疏去全部花序作预备母枝，水平部分萌发的结果枝向上引缚。秋季结果后从预备母枝以上 1cm 处剪除老蔓，再将预备母枝压倒引缚于第一道铁线上代替原来的母蔓。

2. 小棚架单蔓整形长梢修剪

（1）树形结构　采用南北行向，双行带状栽植，株距 0.5m，小行距 0.5m，大行距

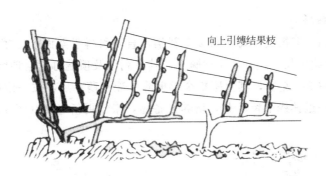

向上引缚结果枝

图 5-4-1　双篱架水平式整形

(李淑珍，吴国兴，徐贵轩主编《图说保护地桃葡萄栽培技术》)

2.5m。每株葡萄培养一个单蔓，当两行葡萄的主蔓生长到 1.5~1.8m 时，分别水平向两侧生长，大行距间的主蔓相接成棚架。

（2）整形过程　萌芽后，在水平架面的主蔓上每隔 20cm 左右留一个结果枝，结果新梢均匀布满架面。同时在主蔓棚篱架部分的转折处，选留 1 个预备枝用于更新棚架部分的老蔓。篱架部分不留结果枝，保持良好的通风透光条件。即篱架部分保持多年生不动，棚架部分每年更新一次。

【注意事项】

1. 根据农时季节，也可结合其他管理内容进行分时段弹性教学安排。

2. 在任务设计时应根据当地生产采用的设施葡萄架势来灵活选择。

理论认知

一、品种选择与栽植制度

1. 品种选择

适于设施栽培的葡萄品种主要有巨峰、无核白鸡心、里查马特、京秀、凤凰 51、矢富罗沙、87-1、牛奶、泽香、早艳、晚红等。

2. 栽植制度

葡萄设施栽植制度分为一年一栽制和多年一栽制。实践经验证明一般巨峰系葡萄品种温室栽培时，采用一年生苗，第二年结果，果实采收后更新，即一年一栽制。这种栽植制度具有果实质量好、丰产、适于密植等优点，但育苗成本大。

多年一栽制，即在苗木定植后，采用修剪方法更新植株，保持当年结果和产量。现生产上多采用这种制度。

二、架式与整形修剪技术

葡萄设施生产中，栽植方式、架式、树形和修剪方式常配套形成一定组合。栽植方式有单行栽植和双行栽植，以采用双行带状栽植为主。在日光温室内既有篱架，也有棚架，在大棚内多为篱架。目前常见的组合除了上述的两种外还有以下两种。

1. 单壁直立式整形

株行距 1m×1m，定植当年每株留 2 个新梢，直立引缚于架面上，梢长 2m 时摘心，留顶端 1～2 个副梢继续生长，达 0.5m 时摘心，其余副梢及顶端再发副梢留 1～2 片叶反复摘心。冬剪时母枝剪留 2m 左右，其上副梢全部剪除。翌年萌芽后，按一定蔓距均匀分布于立架面上。当年在第一道铁线下留壮芽，培养预备蔓，来年更新老蔓（图 5-4-2）。

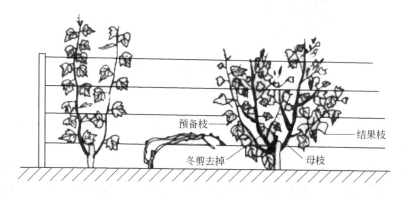

图 5-4-2　单壁直立式整形

（李淑珍，吴国兴，徐贵轩主编《图说保护地桃葡萄栽培技术》）

2. 单壁水平式整形

行距 2m 左右，株距 1～1.5m，当年先培养一直立新梢，当梢高超过 1m 时摘心，同时水平引缚于第一道铁线上，加强肥水，促夏芽萌发。利用夏芽副梢培养结果母蔓，每隔 15～20cm 保留一个，并引缚立架面上使其直立生长，达到高度时摘心，当年成形（图 5-4-3）。但要加强管理，否则蔓粗不够，结果不良。

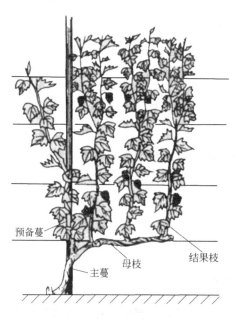

图 5-4-3　单壁水平式整形

（李淑珍，吴国兴，徐贵轩主编《图说保护地桃葡萄栽培技术》）

任务 5.4.2 ▶▶ 设施葡萄的人工促眠

任务提出

以设施葡萄为例，掌握葡萄人工促眠技术。

任务分析

由于葡萄自然休眠的需冷量较高，为了能提早上市，可采取人工促进休眠技术，缩短休眠时间提早扣棚，进而获得较高收益。

任务实施

【材料与工具准备】

1. 材料：设施内葡萄、石灰氮、氰氨态氮。

2. 工具：搅拌棒、塑料容器、塑料薄膜、草苫、毛笔等。

【实施过程】

1. 化学药剂法

将 1kg 的石灰氮放入塑料容器中，加入 5kg 40～50℃的温水，不断搅拌至糊状，配成 20%的石灰氮溶液，使用时加入少量黏着剂，用布蘸药涂抹枝蔓芽体，然后将枝蔓贴地顺放，盖塑料薄膜保湿。

2. 低温处理法

深秋均温低于 10℃时，晚上揭开草苫，打开通风口，白天盖上草苫，关闭通风口，保持棚内低温，集中处理 20～30d。

3. 摘叶加药处理法

8月初，当白天 30℃以上高温时，先进行摘叶，再在芽和叶柄上涂抹氰氨态氮，8月中旬可萌芽，9月中下旬开始扣棚。

【注意事项】

上述的三种方法可根据自己学校情况选择其中一种处理即可。

理论认知

一、休眠期管理

葡萄修剪在霜降落叶后进行，篱架的结果母枝剪留 1.5m 左右，棚架根据行间架面宽度确定结果母枝的剪留长度。修剪后清理温室，灌一次越冬透水，地面略干后即可扣棚。

辽宁南部地区一般在 10 月下旬，扣棚覆盖保温材料。同其他果树一样，采用"人工降温暗光促眠"技术，棚室内保持 0～7℃的温度，尽早满足休眠需冷量要求，顺利通过自然休眠。同时保持棚室内土壤基本不冻结，利于升温后地温较快上升。

塑料大棚可在葡萄落叶后，修剪下架防寒，方法与露地管理相似。

二、催芽期管理

1. 升温日期的确定

葡萄的自然休眠期较长，完全通过自然休眠一般需要 1200～1500h 的低温量。一般可按欧美杂交种 1000h，欧亚种 1500h 估算。例如，无核白鸡心属欧亚种，辽宁南部应在 1 月初升温。如采用石灰氮处理，可提前 20d，即在 12 月 10 日升温。塑料大棚升温时间因各地气候条件而异，在辽宁南部一般可在 3 月中下旬开始升温，改良式大棚可适当提早升温。在北京地区加温温室从 12 月上旬开始升温，不加温的日光温室从 1 月上旬开始揭草苫升温。

2. 温、湿度管理

第一周白天温度控制在 15～20℃，夜间温度保持在 6～10℃，以后白天控制在 20～25℃，夜间保持在 10～15℃为宜。升温催芽后，灌一次透水，增加土壤和空气湿度，使相对湿度保持在 80％～90％。

3. 其他管理

可参照其他设施果树进行管理，如喷石硫合剂、覆地膜等。

三、新梢生长期管理

1. 温、湿度管理

白天温度控制在 25～28℃，夜间温度保持在 10～15℃，空气相对湿度控制在 60％左右。

2. 植株管理

内容与露地管理基本相同，关键是控制新梢密度，防止新梢徒长，提高叶片光合质量。

（1）抹芽定枝　篱架葡萄，距地面 50cm 以内不留新梢，及时抹除。主蔓上每 20cm 左右留一个结果新梢，一个主蔓留 5～6 个新梢，即每株树留 5～6 个新梢。棚架葡萄，水平架面主蔓上每 20～25cm 留一个新梢。弱树早抹早定以节省营养，强树适当晚抹晚定以缓和树势，通过疏梢定枝调整树势，在开花前将新梢长度控制在 40～50cm 为宜。

（2）引缚　采用篱架管理的葡萄应及时将新梢均匀地引缚在架上，双篱架叶幕呈"V"字形，保证通风透光，立体结果。若采用棚架管理，则将一部分直立新梢引向有空间的部位，一部分新梢斜向生长，保证结果新梢均匀布满架面互不遮光。

（3）摘心和副梢处理　结果枝摘心在开花前进行，一般在花序上留 4～6 片叶摘心。结果枝上的副梢均及早抹除，只在顶端保留 1～2 个副梢，留 2～3 片叶，反复摘心 2 次，副梢绝后摘心。

（4）疏穗和掐穗尖、去副穗　单穗重 250～500g 的可按一个结果枝留一穗果的标准，将多余的花序及早去掉。留下的花序同样要去副穗和掐穗尖，以利于提高坐果率、果穗紧密度和果粒整齐度。

3. 肥水管理

开花前 1 周，每株施 50g 左右氮磷钾复合肥，或每畦施腐熟的粪水 15kg 左右，保证开花坐果对肥水要求，但生长旺的品种可于坐果后追肥以防旺长降低坐果率。追肥后灌 1 次水，促进新梢生长，保证花期需水。宜采用管道膜下灌水，避免温室内湿度过大，发生病害。

4. 病虫害防治

开花前喷施 1 次甲基硫菌灵或用百菌清进行 1 次熏蒸，防治灰霉病和穗轴褐枯病等病害。棚室内不宜喷施波尔多液，以免污染棚膜。

四、开花期管理

1. 温、湿度管理

花期白天温度控制在 28℃，不低于 25℃；夜间保持在 16～18℃，不低于 10℃。空气相对湿度控制在 50％左右。

2. 负载量确定

篱架 1 个结果新梢留 1 穗果，弱枝不留果。棚架根据品种果穗大小 1m² 有效架面留 5～8 穗果，最好将每亩负载量控制在 1500～2000kg。

3. 提高坐果率

在开花前或开花初期喷 0.1％的硼砂水溶液，可提高葡萄花粉发芽能力，提高坐果率。

五、果实发育期管理

1. 温、湿度管理

果实发育期，白天温度控制在 25～28℃；夜间温度控制在 16～18℃，不高于 20℃，不低于 13℃。果实着色期，白天温度控制在 28℃，夜间温度控制在 18℃。空气相对湿度控制在 50％～60％，防止发生病害。

2. 新梢管理

及时处理副梢、卷须。在果实着色前剪除不必要的枝叶，可去除结果新梢基部的老叶，促进果实着色和成熟。在浆果开始着色时，对主蔓、结果枝基部环割，可促进浆果着色和成熟。及时剪除采收后的结果枝，改善光照条件，促进其他果实的成熟。

3. 果穗管理

在果实发育期间，修整穗形，理顺果穗，疏除过小的果粒，使果穗整齐。如巨峰葡萄通常每穗留 50～60 粒。无核白鸡心等无核品种，采用赤霉素处理可明显增大果粒，但不宜使用其他葡萄膨大剂等。赤霉素喷雾浓度为 50mg/L，于花后 20d 左右，果粒长到小指甲盖大小（横径 5～6mm）时进行。用雾化效果好的小喷壶，距果粒 30cm 左右，一侧喷一下。一穗一喷，避免重复喷。喷雾宜在早晚温度低时进行。

4. 肥水管理

幼果膨大期，追一次氮、磷、钾比例为 2∶1∶1 的复合肥，每株 50g 左右。也可随灌水施发酵好的鸡粪水，每畦 10kg 左右。果实第二生长高峰（采收前 30d）追一次以磷、钾为主的复合肥，每株 30～50g。有条件也可追施草木灰 500～1000g。对易出现裂果的品种，此期禁施氮肥。进入果实着色期后，要控制肥水，采收前 15d 应停止灌水。

在果实发育期内，每 10～15d 喷 1 次叶面肥，如前期喷 0.2％的尿素，后期喷 0.2％～0.3％的磷酸二氢钾。葡萄设施栽培条件下易发生缺镁症，先表现为老叶的叶脉间明显失绿，可喷施 0.5％～2.0％的硫酸镁进行调整。当出现其他缺素症时，应及时给予补充调整。

5. 病虫害防治

在果实发育期为害果实的主要病害有白腐病、炭疽病、霜霉病等。可于坐果后 2 周左右喷 1 次 50％福美双可湿性粉剂 500～700 倍液，以后每半个月喷一次杀菌剂，可用 50％福美双可湿性粉剂和 75％瑞毒霉锰锌可湿性粉剂 800～1000 倍液交替使用。为了降低温室内湿度，也可用百菌清烟雾剂熏蒸，10d 左右 1 次。

6. 果实采收与包装

葡萄的果穗成熟期不一致，应分期分批采收。采收宜在早晚温度低时进行，以降低果实的田间热量，有利保鲜，采果的同时将结果枝剪掉，以改善未采收果穗的光照条件，促进着色和成熟。采下的果可根据果穗大小、果粒整齐度和着色等进行分级包装。

六、果实采收后的管理

果实采收后，即可撤除棚膜，实行露地管理。

1. 采收后修剪

篱架葡萄在果实采收后及时将主蔓在距地面 30～50cm 处回缩，促使潜伏芽萌发，培养新的主蔓。有预备枝的可回缩到预备枝处。棚架葡萄修剪如采用长梢修剪，同样将结果枝的主蔓部分回缩到棚架部分与篱架部分的转弯处，最好用预备枝培养新的结果母枝。

2. 修剪后的新梢管理

主蔓回缩修剪后 20d 左右萌发，对发出的新梢选留一个按露地要求进行管理，副梢留 1 片叶摘心、及时去除卷须，当长到 1.8m 左右时或在 8 月上中旬进行摘心，促进枝梢成熟。

3. 采收后的肥水管理

修剪后每株施 50g 尿素或施复合肥 100～150g，施肥后灌水。9 月上中旬施 1 次有机肥，每亩施 5000kg 左右，即 1 株树 5kg 左右。在新梢生长过程中应进行叶面喷肥，促进新梢生长健壮，保证花芽分化的需要。

4. 采收后的病虫害防治

更新后的新梢，前期可喷布石灰半量式波尔多液 200 倍液防治葡萄霜霉病，以后可喷等量式波尔多液，共喷 2～3 次，每次间隔 10～15d。在喷布波尔多液期间可间或喷布甲基硫菌灵、福美双、瑞毒霉锰锌、杜邦易保等杀菌剂，防治白腐病、炭疽病等病害。

复习思考题

1. 温室葡萄与露地葡萄的架势与行向有什么主要区别？
2. 温室葡萄有哪几种栽植制度？各有何优缺点？

项目五　设施樱桃的生产技术

▶▶ 知识目标

了解适于设施条件下栽培的樱桃品种、栽植制度和常用树形，掌握设施樱桃生产关键技术，熟悉樱桃设施生产周年管理。

▶▶ 技能目标

掌握设施樱桃的修剪控冠促花技术。

任务 ▶▶ 设施樱桃的修剪控冠和控眠

任务提出

以设施樱桃的主要树形为例，学会樱桃的整形修剪技术，掌握樱桃休眠期的调控技术。

任务分析

樱桃设施生产中采用的整形修剪方式，与设施类型和栽植方式有关，常配套形成一定的组合。具体生产上应根据实际情况选择合适的树形和修剪方法。通过采用樱桃休眠期的调控技术调整樱桃的成熟期。

任务实施

【材料与工具准备】

1. 材料：樱桃大棚或温室及附属设施等。

2. 工具：空调机、覆盖塑料膜、草帘、剪子等工具。

【实施过程】

1. 休眠期修剪

甜樱桃设施栽培常用树形有纺锤形、自然开心形和改良主干形。与露地不同的是在设施内的不同部位树高、主枝数要有所区别。如温室内的纺锤形，前排树高度在1.5m左右，主枝5～6个；中部树高1.8m主枝数7～12个；后排树高2.0～2.5m主枝数13～15个。甜樱桃的休眠期修剪要轻剪缓放多留枝，切忌短截过多，修剪过重。在有空间的情况下，休眠期除主枝延长枝剪留40cm左右外，背上直立枝、竞争枝留撅修剪，其余枝条缓放或去顶芽。控制好主枝上的轮生枝，保证骨干枝单轴延伸，防止树冠郁闭，保证通风透光。结果枝组延伸过长，生长势衰弱时，选抬头枝回缩，疏除细弱下垂枝，集中营养，以保证开花坐果。

2. 采收后修剪

采收后修剪量要小、程度要轻。一是对骨干枝应采取缓放和回缩的方法控制，维持树冠的大小和高矮，防止树冠间的交叉和树冠顶部距棚膜过近。二是对开始衰弱的结果枝组进行回缩更新复壮，回缩到壮枝壮芽处。三是对上部直立过旺新梢可适量疏除。四是对过密枝进行回缩或疏除，改善树冠通风透光条件。

对于修剪后萌发的新梢长到15~25cm时，可连续进行摘心，促发分枝，控制旺长，使枝条尽快成熟而形成花芽，增加结果部位。对于枝条角度不符合要求的枝条，继续拉枝开张角度，改善通风透光条件，使树冠内外长势均衡，花芽形成良好。

3. 休眠期调控

樱桃的日光温室栽培同其他果树一样，采用"人工降温暗光促眠"技术，适时扣膜升温尽早满足休眠的需冷量要求。目前，已有将工业用空调机装到甜樱桃的温室内，秋季采取人工制冷办法降低温室内的温度，满足樱桃休眠需冷量的要求。也有采取在温室内放冰块的方法来降低温室的温度，具有一定的效果，且成本低。人工制冷温室覆盖时间为9月上旬，覆盖后用制冷装置降温，保持棚内温度在5~7℃之间。

甜樱桃的休眠需冷量比较大，日光温室内低温量（0~7.2℃）累计达1200h后开始升温。辽宁大连地区于12月下旬、山东烟台地区于12月末到次年1月初升温。塑料大棚（无保温覆盖）于1月末至2月中旬，一般当外界日平均气温达到0℃时，就可以覆盖扣膜升温。

【注意事项】

1. 根据各地的气候条件，选择适宜的设施升温时段。
2. 在实施时应根据各校当地生产采用的设施樱桃树形来灵活选择。

理论认知

一、品种选择

根据温室的特点樱桃品种要选择成熟期早、树形矮小、树冠紧凑、花粉量大、自花结实率高、外观艳丽、果大、风味好、抗病力强、休眠期短的品种。目前设施栽培效果好的甜樱桃品种有红灯、佐藤锦、意大利早红、佳红、拉宾斯等品种。此外，红冠、抉择、早红宝石等品种也适宜在设施栽培中推广。

二、设施樱桃周年管理技术

1. 催芽期管理

（1）温、湿度管理　温度管理上要坚持平缓升温保持夜温的原则。甜樱桃在升温的第1~2周，白天温度控制在10℃左右，夜间温度控制在0℃以上。第2~3周白天温度控制在15~20℃，夜间温度控制在5℃左右，不宜长时间超过8℃，空气湿度控制在70%左右。这一时期温度管理适宜的标志是当樱桃树萌芽时，地面也长出杂草，说明地下与地上生长基本均衡。这一时期的温度不宜超过20℃，否则，会造成雌雄蕊发育时间不足，引起花粉败育。从升温到初花必须历经35~40d，少于30d落花落果严重。中国樱桃在萌芽前，白天温度控制在12~15℃，夜间温度控制在3℃以上。空气相对湿度控制在70%~80%。

（2）疏花芽　花芽膨大未露花朵之前，将花束状果枝上的瘦小花芽疏掉，每个花束状果枝保留3~4个花芽。

（3）其他管理　开花前，每株结果树结合灌水追施沼液肥或豆饼肥10~20kg，保证开花期对肥水的需要。喷施石硫合剂和覆盖地膜等管理与桃相同。

2. 萌芽开花期管理

（1）温、湿度管理　甜樱桃萌芽到开花期，白天温度 18～20℃，夜间温度 7～10℃。其花粉发芽率和坐果率最高。中国樱桃品种，如莱阳矮樱桃，现蕾萌芽期白天温度控制在 15～17℃，夜间温度控制在 5℃ 以上。开花期白天温度控制在 18～20℃，夜间温度控制在 8℃ 以上。在开花晚间，棚室内空气湿度控制在 50% 左右。

（2）疏花芽与疏花蕾　负载量过大是造成甜樱桃隔年结果的重要原因之一，设施栽培条件下，对盛果期树进行疏花芽和疏花蕾，可显著提高坐果率、增大果个和防止隔年结果现象。疏花芽在花芽膨大期进行，用手轻轻一碰即可将花芽疏掉。在树势较弱，花束状果枝过多、过密的情况下，可将其中 20% 左右的花束状果枝上的花芽疏掉，只保留顶端的叶芽，让其抽生健壮结果枝，次年结果。留下的花束状果枝上的瘦小花芽也要疏掉，让每个花束状果枝保留 3～4 个花芽。

开花时，疏除花芽中瘦小花蕾，每个花芽中保留 2～3 朵花。到硬核后疏除小果、病虫果和畸形果，最后一个花束状结果枝留 6～8 个果。4～6 年生树的负载量以每亩控制在 300～400kg，以后保持 500～600kg 为宜。

（3）人工辅助授粉　甜樱桃在配置授粉树的前提下，也必须进行人工辅助授粉，方法同其他树种相同。

3. 果实发育期管理

（1）温、湿度管理　从落花后到幼果膨大，白天温度从 18～19℃ 逐步升高到 20～22℃，最高不能超过 25℃；夜间温度控制在 7～8℃，最高不能超过 10℃。果实着色至果实成熟期，白天温度控制在 22～25℃，夜间温度控制在 12～15℃，保证昼夜温差在 10℃ 以上，以利于果实着色和成熟。湿度在果实发育前期控制在 50%～70%，后期控制在 50% 左右。

（2）新梢管理　及早抹除剪锯口处、树冠内膛萌发的多余萌芽。对结果枝先端的直立旺枝、没有坐果的空枝及时疏除或留基部 2～3 片叶重截，促发弱枝，以利于果实的生长发育。对强旺新梢留 10cm 左右摘心或扭梢，可显著提高坐果率，抑制旺长，促进幼果发育，又有促进花芽分化的作用。对角度开张不够的主枝可进行拉枝，达到树形结构要求，改善光照条件。

（3）肥水管理　从幼果期开始，每隔 7d 左右喷施 1 次 0.3% 的尿素和 0.2% 磷酸二氢钾的混合剂，共喷 2～3 次。硬核期后再补灌 1 次水，水量以一流而过为宜，果实开始着色时停止追肥灌水。设施栽培樱桃在花后至硬核期前灌水会引起不同程度的落花落果，灌水越早，供水量越大，落花越重，严重的可达 80% 以上。

（4）病害综合防治　由于设施内风较小，落花时花瓣不宜脱落，常附着在果实上，会导致灰霉病、褐腐病的发生。因此，要尽早除去果实上的残留花瓣。花芽膨大期、幼果期各喷 1 次 70% 甲基硫菌灵可湿性粉剂 800～1000 倍液，防治煤污病、叶斑病等。发生细菌性穿孔病用 15% 农用链霉素可湿性粉剂 1500 倍液防治。

（5）果实采收　设施栽培的樱桃要精心分期采收，同时要注意不要折断短果枝。甜樱桃属高档果品，应将果实按大小和着色程度分级后包装，包装盒以内装 0.5～1kg 为宜。采收和包装应在短时间内完成，最好在 2℃ 的条件下降温预冷后再外运。

4. 果实采收后的管理

（1）揭除覆盖物　果实采收后，棚室外还未到樱桃树的适宜生长期，不能揭除覆盖物。当外界气温不低于 10℃ 时，草帘等覆盖物可以揭掉。采收以后，逐渐增大塑料薄膜通风口的打开程度，放风锻炼适应，使温室内的条件逐渐与外界接近。当外界温度稳定在 15℃ 以上时，选择傍晚时将塑料薄膜撤掉。放风锻炼时间至少要持续 15d 以上，以免撤除塑料薄膜太急，放风锻炼的时间不足，造成叶片灼伤焦枯，导致二次开花。

（2）控制新梢生长，促进花芽分化　对于树势较旺的树可在 7～8 月份喷施 2500mg/L 的 15％ 多效唑粉剂，抑制新梢生长，促进花芽形成。

（3）肥水管理　修剪后要对土壤进行一次耕翻，增加土壤的透气性。同时追施一次速效性肥料，如每株施磷酸二铵 1kg，利于树势的恢复。待到 8 月中下旬秋施 1 次有机肥。

（4）病虫害防治　撤覆盖物后及时喷保护叶片的杀菌剂和杀虫剂，进入雨季的 7～8 月份，喷 2 次 1∶2∶240 波尔多液和 1 次 80％ 代森锰锌可湿性粉剂 600～800 倍液，防治各种叶斑病、穿孔病等。二斑叶螨发生初期喷 1～2 次 1.8％ 阿维菌素乳油 4000～6000 倍液防治。以免早期落叶，造成二次开花，影响营养积累和来年产量。

复习思考题

1. 适于设施栽培效果较好的甜樱桃品种主要有哪些？
2. 温室甜樱桃催芽期温湿度调控需要注意什么？

项目六 设施桃的生产技术

▶▶ 知识目标

了解适于设施条件下栽培的桃品种、栽植制度和常用树形，掌握设施桃生产关键技术，熟悉桃设施生产周年管理。

▶▶ 技能目标

掌握设施桃的修剪控冠促花技术。

任务 ▶▶ 设施桃的修剪

任务提出

以设施桃的主要树形为例，学会桃的整形修剪技术。

任务分析

设施桃有别于露地桃的修剪，桃设施生产中采用的整形修剪方式，与设施类型和栽植方式有关，常配套形成一定的组合。具体生产上应根据实际情况选择合适的树形和修剪方法。

任务实施

【材料与工具准备】

1. 材料：桃大棚或温室及附属设施等。

2. 工具：剪子、锯等工具。

【实施过程】

1. 休眠期修剪

多在升温后进行。

（1）树形　树冠矮小紧凑，要求特殊的小冠、少主枝、无侧枝的树形。常用的有三主枝无侧枝自然开心形（图 5-6-1）、二主枝无侧枝开心形（"Y"字形）和自由纺锤形等。

（2）整形过程　整形过程与露地基本相同。但设施栽培栽植密度通常较大，整形上必须注意群体结构。如同一行树要注意前低后高，前稀后密，开心形要中间低两侧高，达到开心效果，保证良好的通风透光条件。

成型树的休眠期修剪主要任务是结果枝组和结果枝的修剪。结果枝组要不断更新复壮，控制部分果枝，促生壮枝，轮流结果即双枝更新法，防止结果枝组延伸过长。树体中、下部要注意培养大、中型枝组，避免出现光秃带。结果枝修剪与露地相同，但结果枝修剪时要剪到复芽处，并要看花芽修剪，保证留下足够花芽量的同时，疏除过密枝和细弱枝，对花束状结果枝，只疏不截。对密生的长果枝应疏去直立枝，留平斜枝。

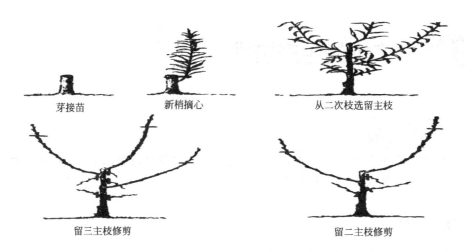

芽接苗　　新梢摘心　　从二次枝选留主枝

留三主枝修剪　　留二主枝修剪

图 5-6-1　桃树开心形整形修剪

2. 采收后修剪

修剪的主要任务是调整树形，在有空间的情况下尽量扩大树冠，没有空间时要及时回缩，一般控制树高在 1.5m 以下。使同一行树保持前低后高。自然开心形保持两侧高中间低，树冠间距控制在 50cm 左右。并注意更新枝组，使枝组紧凑，重截新梢，培养新的结果枝组。

【注意事项】

1. 根据农时季节，可在休眠期和采收后进行分时段弹性教学安排。

2. 在实施时应根据各校当地生产采用的设施桃树主要树形进行修剪。

理论认知 👆

一、品种选择

桃设施栽培主要是供应鲜果，要求果实大，果形整齐，色泽艳丽诱人，含糖量较高，品质好，不裂核，较耐贮运，植株矮小，容易成花，花粉多，自花结实率高，丰产抗病的品种。同时应选择休眠期短、生育期短的早熟和极早熟品种。主要有早红 2 号、曙光、艳光、早红珠、早美光、中油 4 号、春艳、春蕾、早凤王、早醒艳、京春、早露蟠桃、早油蟠桃等。

二、设施桃周年管理技术

（一）休眠期管理

1. 适时扣棚降温促进休眠

如果所栽品种秋季没有自然落叶，可人工去掉叶片，注意不要损伤芽，但脱叶也不可进行太早，以免影响树体营养积累，采用人工降温暗光促眠技术促使桃树尽快进入休眠。

2. 适时升温控制成熟

满足设施栽培桃树品种的休眠需冷量后即可升温。一般低温量达到 800h 以上即可满足大多数桃品种自然休眠要求。升温还应考虑设施的保温效果，如改良式大棚保温效果不如温室，升温时间应适当推迟，让花期避过1月份低温期。大规模生产时，还应考虑分批升温，控制果实成熟上市时间，防止成熟期过于集中而影响销售。

（二）催芽期管理

1. 温度管理

从升温开始，应该进行1周低温预热管理，从10℃逐步升至25℃。原则上是平缓升温，控制高温，保持夜温。方法是前期通过揭开保温材料的多少或程度控制室内温度，后期通过开闭放风口控制温度。第一周棚室温度白天保持在13~15℃，夜间6~8℃；第二周棚室温度白天16~18℃，夜间7~10℃；此后棚室温度白天保持在20~23℃，夜间7~10℃，持续16~20d。这期间夜间温度不宜长时间低于0℃，遇寒流应人工加温。一般升温后40d左右桃树即进入萌芽阶段。

2. 保持湿度

升温后可灌一次透水，增加土壤含水量，提高棚室内的湿度，使空气湿度保持在70%~80%。

3. 其他管理

升温后1周左右喷一次3~5°Bé的石硫合剂，防治病虫害。应注意的是扣棚前10d要灌水，升温前灌水后要及时铺地膜，以提高地温，保证根系和地上部生长协调一致。

（三）开花期管理

1. 温、湿度管理

自桃萌芽至开花期，生长发育平均温度为12~14℃，白天最高温度应控制在22℃以下，夜间保持在6℃以上。但遇寒流时要采取人工加温措施，如在温室内加炭火、燃烧液化气等，将温度控制在0℃以上，防止低温冻害。花期空气湿度要控制在50%~60%。控制湿度的方法是打开天窗或放风口排风排湿。

2. 光照管理

桃树花期对光照反应敏感，所以光照管理至关重要。设施内应选择透光性好的覆盖材料，在保证温度的前提下，尽可能延长揭帘时间，如光照不够，需人工补光。同时在地下铺设反光膜、合理整形、适量留枝均可增加光照。

3. 人工辅助授粉

设施栽培桃树大多数品种自花结实，不必配授粉树，但需人工辅助授粉、利用蜜蜂传粉、喷大棚坐果灵等。

（四）果实发育期管理

1. 温、湿度管理

原则是控制白天温度过高，保持夜间温度。

（1）第一迅速生长期 适宜温度为白天20~25℃，夜间在5℃以上。果实生长与昼夜温度及日平均温度成正相关，生产上要控制好白天的最高温度，保持较高的日平均温度，保证果实生长发育的要求。

（2）硬核期 对温度反应不如第一迅速生长期敏感。这期间温度不宜过高，以免新梢徒长，导致落花及影响果实生长发育。最高温度控制在25℃以下，最低温度控制在10℃以上。

（3）第二迅速增大期 白天温度控制在22~25℃之间，夜间温度控制在10~15℃，昼夜温差保持在 10℃，产量最高而且品质好。温度过高或过低，品质都会下降。

2. 改善光照

在能保证室内温度的前提下，尽可能地延长接帘时间增加光照。选择温度好的晴天，加大扒缝通风口，让植株接受一定的直射光，提高花器的发育质量，对授粉受精有显著的促进作用。经常擦拭棚膜，增加透光量。遇到较长时间的阴雪天，采取人工室内吊灯补光措施，早晚开灯补光 3～4h 延长桃叶片的光合时间，增加营养积累。在果实开始着色期，在温室后墙和树下铺反光膜，或用 12 倍液的石灰水喷在温室内的墙壁上干后反光，都可以有效增加光照促进着色。

3. 果实管理

桃树设施生产多是早、中熟品种，疏果时间应适当提早，一般可疏果两次。第一次在落花后两周左右出现大小果时进行疏果，疏掉发育不良的小果、畸形果、病虫果和过密果。一般优先保留两侧果，去掉背上果（朝天果）。第二次疏果在硬核期之前，即在落花后 4～5 周进行。留果参考标准，以中型果为例，双果去一留一，长果枝留 3～4 个，中果枝留 2～3 个，短果枝留 1 个或不留。

4. 新梢管理

背上直立和未坐果部位萌发的新梢要及时抹除，以节省营养，保证通风透光，促进果实发育。个别背上直立枝，在有空间的前提下可扭梢控制。但应与摘心配合使用，一般不提倡过多的扭梢处理。不提倡果实发育期采用多效唑控制新梢，以生产无公害果品。

5. 肥水管理

设施栽培应该控制化肥的使用量和使用次数。一个生长季每亩的尿素使用量控制在 10～20kg。桃需肥以氮、钾肥为主，磷肥相对较少，一般设施栽培 3 年以上，枝条细弱，叶片大而薄，对果实发育有较大影响，因此应加大有机肥施用量。一般果实发育期追两次肥，即落花后追坐果肥，每株追磷酸二铵 50g 和尿素 50g，第二次在果实硬核末期追催果肥，施桃树专用肥等各种复合肥每株树 200～300g 和硫酸钾 50g。坐果后喷施 0.2%～0.3% 的尿素 1～2 次，果实膨大期喷施 0.3% 的磷酸二氢钾 1～2 次，果树发育期内叶面喷肥共 2～3 次，最后 1 次在采收前 20d 进行。

每次追肥后要及时灌水，坐果后、硬核末期各喷一次水，果实膨大期灌一次水。距果实采收前 15d 左右不宜灌水，以免造成裂果和降低品质。

6. 果实采收

设施栽培桃果成熟期不一致，应分期分批采收上市。通常根据上市或外运时间在早晨或傍晚温度降低时采摘，采摘要带果柄，并要做到轻拿轻放。为衬托果实可从果下部连梢剪下，带叶出园，也为下部果实打开光照，促进下部果实着色成熟。

7. 病虫害防治

保护地内病虫害相对较少，在桃果实发育期主要病害有桃细菌性穿孔病、花腐病、灰霉病、炭疽病。主要害虫有桃潜叶蛾、蚜虫、二斑叶螨等。

（1）主要虫害及防治

① 蚜虫：于桃芽萌动期，发现蚜虫均匀喷施 5% 的蚜虱净 3000 倍液或 20% 一遍净 1000 倍液。

② 螨类：升温后萌芽前喷 5°Bé 石硫合剂或 45% 晶体石硫合剂 10～20 倍；落花后喷

20％螨死净 1500 倍液或在发生期喷 15％扫螨净乳油 3000～5000 倍液，或阿维菌素 1000 倍。

③ 桃潜叶蛾类：加强桃园管理，秋季落叶后，彻底清除落叶，集中烧毁，消灭越冬虫源。成虫发生期和幼虫孵化时，喷洒 20％杀蛉脲悬浮剂 2000 倍液，25％灭幼脲 3 号悬浮剂 1500 倍液或 50％蛾螨灵乳油 1500～2000 倍液。

④ 桑白蚧壳虫：冬剪时，剪除病虫枝，或把蜡壳和虫体刮掉，集中烧毁。发芽前，喷洒 5°Bé 石硫合剂，或 5％柴油乳油。若虫孵化期，树上喷洒 25％扑虱灵可湿性粉剂 1500～2000 倍液，或 20％杀灭菊酯乳油 2500 倍液。

（2）主要病害及防治

① 桃细菌性穿孔病：清洁果园，及时清除病枝、病叶和杂草；发芽前喷 5°Bé 石硫合剂，生长期喷 65％代森锌 500 倍液。

② 桃根癌病：选择无病源地块和采用无病苗木，避免重茬。苗木消毒，用 3％次氯酸钠溶液浸根 3min，或用 1％硫酸铜溶液浸 5min 后再放到 2％石灰液中浸 2min，或用抗根癌菌剂 1 号 5 倍液蘸根系。

③ 桃炭疽病：从桃树萌芽到发病期剪除病枝，并于落叶前将呈现卷叶症状的病枝剪掉，集中烧毁，以减少病源；萌芽前喷 5°Bé 石硫合剂铲除病原。发病重的地区，落花后和幼果期各喷 1 次 50％多菌灵 800～1000 倍液或 70％甲基硫菌灵 800～1000 倍液。

④ 桃褐腐病：结合冬剪彻底清除病枝病叶，集中烧毁；加强桃树管理，搞好夏剪，通风透光。芽膨大期喷施 3～5°Bé 石硫合剂，花后 10d 至采前 20d，喷施 70％代森锰锌600～800 倍液，或 70％甲基硫菌灵可湿性粉剂 800 倍液，或 50％多菌灵可湿性粉剂 600～800 倍液。视病情进展及天气条件间隔 7～10d 1 次。

⑤ 灰霉病：是设施栽培桃树易发生的一种病害，在降低棚室内湿度的前提下，可于坐果后用 70％甲基硫菌灵可湿性粉剂 800～1000 倍液，或 50％异菌脲可湿性粉剂 2000 倍液防治。此后每 15d 左右喷布 1 次杀菌剂，可选用 80％代森锰锌可湿性粉剂 600～800 倍液，或 70％甲基硫菌灵可湿性粉剂 800～1000 倍液，共喷 3～4 次，交替使用农药。在设施内湿度大的情况下，也可以用灰霉 2 号烟雾剂进行防治。

三、果实采收后的管理

修剪后要进行一次追肥和灌水，每株沟施复合肥 150～250g，之后全园灌透水。雨季要及时进行排水。在 9 月上中旬施基肥，每亩施用 3000kg 左右有机肥（以腐熟的鸡粪、猪粪、豆饼为主），掺入 25～40kg 复合肥增加肥效，可沟施也可撒施，然后翻地，将肥料翻到 20cm 土层以下。

另外，果实采收后应根据外界环境条件及时撤除棚膜，以增加自然光照，方便管理。

复习思考题

1. 设施桃常采用哪几种树形？修剪时与露地有什么主要区别？
2. 设施桃树主要有哪几种病虫害？防治桃褐腐病的关键是什么？

项目七 设施李、杏的生产技术

▶▶ **知识目标**

了解适于设施条件下栽培的李、杏品种和常用树形，掌握设施李、杏生产关键技术，熟悉李、杏设施生产周年管理。

▶▶ **技能目标**

掌握设施杏（李与杏相同）的修剪控冠促花技术。

任务 ▶▶ 设施杏的修剪

任务提出

以设施杏的主要树形为例，学会杏的整形修剪技术。

任务分析

设施杏有别于露地杏的修剪，杏设施生产中采用的整形修剪方式，与设施类型和栽植方式有关，常配套形成一定的组合。具体生产上应根据实际情况选择合适的树形和修剪方法。

任务实施

【材料与工具准备】

1. 材料：杏大棚或温室及附属设施等。
2. 工具：修枝剪、锯等。

【实施过程】

1. 休眠期整形

设施栽培条件下，杏温室前两排采用二主枝"Y"字形，后几排可采用多主枝自然开心形、疏散延迟开心形、纺锤形等树形。李树在高密度栽培情况下，采用多主枝自然开心形为宜。这种树形有主枝4~5个，主枝开张角度比多主枝自然开心形略小。不留侧枝，单轴延伸。具有整形容易、光照好、修剪量小、调整枝量容易、早期丰产等优点。

2. 休眠期修剪

杏休眠期修剪的原则是轻剪缓放。为了扩大树冠需要和保持延长枝的生长优势，对骨干枝的延长枝一般采用适度短截的方法修剪。延长枝角度合适时，剪口下应留侧芽，使枝头左右弯曲延伸，以利开张角度，控制前端生长势，促使后部多生小分枝。延长枝角度过小时，应进行换头开张角度或剪口下留外芽。延长枝生长势明显减弱或树高达到棚室2/3时，可在下部分枝处回缩更新。对外围生长势强的枝条，采取回缩或重短截的方法控制，保证内膛中短枝的坐果；回缩或疏除过密及生长势衰弱的枝组，及时进行更新复壮。短枝和花束状果枝基本不动，留足花芽数量，以利结果。同时要注意预备枝的培养，防止结果部位外移。

【注意事项】

1. 根据农时季节，可在杏休眠期进行教学安排。
2. 在实施时应根据各校当地生产采用的设施杏树主要树形进行修剪。

理论认知 ☞

一、品种选择

选择品种是设施李、杏栽培成功的基础，目前设施栽培比较多的李品种有大石早生、盖州市大李子、长李 15、幸运李、澳李 14、黑琥珀等。杏主要品种有凯特杏、9803、金太阳、骆驼黄等。

二、休眠期管理

适时扣膜和升温，当外界出现 7.2℃ 以下温度时，采用"人工降温暗光促眠"技术，尽早满足李树、杏树休眠需冷量的要求。杏树需冷量一般在 700～1000h；中国李的需冷量与杏相似。辽宁南部稳定出现低于 7.2℃ 的时间约为 11 月初，到 12 月中下旬低温累计量可达 1000h 左右，可满足大多数李树和杏树的需冷量时即可升温。

三、催芽期管理

1. 温度管理

管理原则是平缓升温，保持夜温。在升温的第 1～2 周，白天温度控制在 10℃ 左右，夜间温度控制在 0℃ 以上。第 2～3 周白天温度控制在 13～15℃，夜间温度控制在 5℃ 左右，不低于 2℃。这期间的最高温度不宜超过 20℃，否则会造成雄雌蕊发育时间不够，引起花粉败育。从开始升温到开花需 45d 左右。

2. 湿度管理

升温后可灌一次透水，增加土壤的含水量，提高温室内的湿度，使棚室内空气相对湿度保持在 70%～80%，较高的湿度有利于萌芽。根据土壤含水量情况，可在开花前灌一次小水，保证开花期对水分的要求。

3. 其他管理

升温后一周左右喷 1 次 3～5°Bé 的石硫合剂，防治病虫害。在施肥、整地等地上管理完成后，及早在全园覆盖地膜，提高地温，保证根系和地上部生长协调一致。

四、萌芽开花期管理

1. 温度管理

李、杏的花期温度可比李、杏棚低 1～2℃。李树在 7℃ 以上即可授粉受精，最适宜的温度是 12～18℃。从初花到落花期白天温度控制在 12～18℃，夜间温度控制在 7～8℃，最低不低于 5℃。这期间是外界温度较低的季节，夜间容易出现低温危害，应注意天气变化随时采取人工加温措施，保持夜温。

开花期棚室内的空气湿度要控制在 50% 左右，所以，在开花期不宜灌水和喷药。湿度过大时可在阳光充足的中午放风排湿。落花以后，受精结束，枝叶生长与幼果发育争夺营养是导致落果的主要原因之一。因此，落花后 2～3 周内，白天的温度管理要比开花期稍低一点。如果此时温度高，会造成枝叶旺长而加重落花落果。

2. 提高坐果率

杏树和李树都不同程度存在着完全花比率低和自花结实率低的问题，生理落果严重，设施栽培表现更为突出。因此，在放蜂和人工辅助授粉的前提下，花期喷施 0.2%～0.3% 的硼砂或喷施 100～200 倍液 PBO（氧化铝）等，可起到保花保果的作用。

五、果实发育期管理

1. 温、湿度管理

在果实发育前期，从落花后到幼果膨大，白天温度从 18～19℃ 逐步升到 20～22℃。夜间温度控制在 10～12℃，最高不能超过 15℃。果实着色至果实成熟期，白天温度控制在 22～25℃，最高不超过 28℃。夜间温度控制在 12～15℃，保证昼夜温差在 10℃ 以上。果实发育前期，空气湿度控制在 50%～70%，后期控制在 50% 左右。

2. 疏果

设施栽培的李树、杏树如果坐果过多，不仅果个小，而且着色不好，成熟期也会延迟。疏果一般在生理落果后进行。如大石早生、美丽李等生理落果比较重的品种，应在确认坐住果后（果实如玉米粒大小时）进行。一般中型果，如大石早生李、凯特杏等品种的果实间隔距离在 6～8cm，大型果如琥珀李、凯特杏等品种果实间距在 8～12cm。疏果时应考虑结果枝的粗壮程度，枝径 1cm 以上的每 8cm 留 1 个果，枝径在 0.5～1cm 的每 8～10cm 留 1 个果，枝径在 0.5cm 以下的每枝留 2～3 个果。疏果时应先疏小果、畸形果和病虫果，多留侧生果和下垂果。

3. 新梢管理

主要是控制新梢生长，改善光照条件，促进果实生长发育，具体做法如下。

（1）除萌疏枝　将剪锯口处、树冠内膛萌发的多余萌芽及早抹除，以节省营养，并防止枝条密挤郁闭，影响通风透光。对结果枝先端的直立旺枝、没有坐果的空枝及时疏除。

（2）扭梢　对当年萌发的生长过旺的部分新梢，采取扭梢方法控制，即可控制新梢旺长，又有促进花芽分化的作用。

（3）摘心和剪梢　当新梢长到 30cm 左右时，可摘心或剪梢。对摘心后萌发的副梢及时抹除。

4. 肥水管理

在基肥充足的情况下，从幼果开始，每隔 7d 左右喷施一次 0.3% 尿素和 0.2% 磷酸二氢钾，共喷 2～3 次。如底肥不足，可在落花后每株土施磷酸二铵等复合肥 0.5～1kg。

土壤湿度一般保持田间最大持水量 60% 为宜，测试土壤含水量的经验方法是用手握土能成团，稍压即散为宜。沙质壤土灌水要坚持少量多次原则，每次灌水量不宜过大，尤其是接近成熟前 15d 左右，以防引起裂果。

5. 病虫害防治

灰霉病是李、杏设施栽培容易发生的一种病害，在降低棚室内湿度的前提下，可用 70% 甲基硫菌灵可湿性粉剂 800～1000 倍液，或 50% 异菌脲可湿性粉剂 1000～2000 倍液防治。细菌性穿孔病有时发生较重，特别是抗病性弱的品种，如美丽李等要注意及时防治。在光照好的情况下，展叶后用75％百菌清可湿性粉剂650倍液，或80％代森锰锌可湿性粉剂600～800倍液喷雾。但在连续阴天、棚室内湿度较大的情况下，可使用烟雾剂防治各种病害，如用百菌清烟雾剂，每亩用量200g，在设施内均匀布点，于傍晚点燃熏杀病菌，效果良好。如发现蚜虫等虫害，防治使用农药与露地相同，但浓度要比露地低10％。另外喷药要避开中午高温期。

6. 果实采收

在设施栽培条件下，适时早采可以获得较好的销售价格，尤其是杏早采可以食用间有疏果的作用，运往外地销售的，可以在果实8～9分熟时，提早3～5d采收以便于贮运。当然采收过早会影响产量和风味品质。

采收一定要轻采轻放，注意不要折断短果枝。采下的果轻轻放入有铺垫物的果筐或箱中。由于不同部位的果实成熟期不一致，应分期分批采收。采收宜在早上或傍晚室内温度较低时进行，以免果实装箱后温度过高，造成果实变色，影响贮运和销售。

六、果实采收后的管理

1. 肥水管理

在实行露地管理后，应尽早施入基肥。可每亩施入有机肥3000～6000kg、磷肥5kg、硫酸钾复合肥50kg作基肥。并叶面喷施0.3％尿素和0.3％磷酸二氢钾，提高叶片的生理活性，增强其同化功能。

2. 整形修剪

主要是进一步调整树体结构和均衡树势，疏除骨干枝延长枝的竞争者、背上直立强旺枝，保持树体结构和生长势的平衡。回缩长结果枝和下垂枝，使结果枝健壮而紧凑。疏除过密枝和内膛细弱枝，改善光照条件，有利于下部短果枝的花芽发育。对新萌发的新梢在有空间的前提下，可在20～30cm时摘心，促发分枝，增加枝量。

3. 其他管理

果实采收后立即撤除覆盖物，为防止突然撤除覆盖物引起嫩枝日灼，应选择阴天或傍晚进行；综合防治病虫害，保护好叶片，避免二次开花，保证花芽的形成。

复习思考题

1. 设施栽培李、杏常采用哪几种树形？与露地有什么主要区别？
2. 如何确定设施栽培的李树、杏树的留果量？

项目八 设施草莓的生产技术

▶▶ ◁ 知识目标 ▷

了解适于设施条件下栽培的草莓品种、栽植制度，掌握设施草莓生产关键技术，熟悉草莓设施生产周年管理。

▶▶ ◁ 技能目标 ▷

掌握设施草莓的栽植技术，并掌握草莓设施生产周年管理主要技术。

任务 ▶▶ 设施草莓的栽植

任务提出

以栽植设施草莓完成栽植过程，掌握设施草莓的栽植技术。

任务分析

设施草莓的栽植有别于露地草莓，二者既有相同点也有不同点，关键是能够根据不同设施类型采取不同的定植方式方法。

任务实施

【材料与工具准备】

1. 材料：设施草莓园、草莓苗。

2. 工具：锹、镐、水桶等工具。

【实施过程】

设施草莓的栽植，除了按照露地常规栽植的程序（园地规划设计、土壤改良、定点挖穴、施肥回填、浇水沉实）外，栽植时应特别做到以下几方面。

1. 土壤消毒

在定植前要对土壤进行消毒处理，特别是重茬草莓棚室土壤消毒更重要，安全、无公害的方法是利用太阳热进行土壤消毒。具体方法是：在 7～8 月份，将土壤深翻后灌透水，土壤表面覆盖地膜或旧棚膜。同时密封温室，利用夏季太阳热产生的高温，杀死土壤中的病虫害。太阳热土壤消毒时间至少要经过 40d。

2. 施肥做垄

9 月初平整土地，每亩施入腐熟农家肥 5000kg 和氮磷钾复合肥 50kg。然后做成南北垄，垄面宽 50～60cm、垄基宽 70～80cm、高 30～40cm。

3. 优选壮苗

设施栽培草莓宜选用经过假植的壮苗，标志是草莓植株具有 5～6 片展开的叶，叶片大而厚，叶色浓绿，无病虫害，新茎粗度要求至少在 1.2cm 以上，根系发达，单株鲜重 35g 以上。

4. 适时定植

当假植苗有 80% 以上的植株通过花芽分化时就可以定植，通常在 9 月 20 日前后定植。对于非假植苗，要求草莓植株具有 3～4 片展开叶，北方棚室栽培可在 8 月下旬至 9 月初定植。

5. 栽植与栽后管理

定植方式为大垄双行，即小行距 25～30cm，株距 15～18cm，每亩定植 7000～9000 株。把握好定植深度是草莓定植成活的关键，应做到"浅不露根、深不埋心"，同时为便于管理，草莓定植时要注意调整秧苗方向，使秧苗的弓背朝一个方向，如高畦双行栽植，应使秧苗弓背方向朝垄外侧，使将来花序伸出方向一致，果实受光充足，利于通风，便于采收和管理。定植后 1 周内，注意及时浇水保持土壤与空气湿度，有条件要适当遮阴，以利缓苗，每次浇水后要调整苗木深度，以防露根浮苗。缓苗后要适当控水。

【注意事项】

1. 指定棚室地块、按组分行定植草莓，在教师的指导下按成活率进行分组评比。

2. 根据成活情况，进行及时补栽。

理论认知 👆

一、品种选择

1. 小拱棚栽培及品种选择

小拱棚栽培具有投资少，成本低，经济效益好的特点。草莓果实成熟期一般比露地提早 15～20d。辽宁丹东地区可在 5 月中下旬成熟。栽培品种与露地基本相同，常用品种有宝交早生、丰香、春香、哈尼、全明星等。

2. 塑料大棚栽培与品种选择

比小拱棚管理方便，温度控制条件好。早春大棚以丰香、幸香、卡尔特一号为主栽品种。

3. 日光温室栽培与品种选择

日光温室促成栽培能大幅度提高产量，延长鲜果供应期，经济效益可成倍增长。日光温室栽培所选的草莓品种必须是矮化期较短的品种，解除矮化所需低温时间必须在 500h 以内。在城市近郊可选择品质好的品种，如枥乙女、幸香、宝交早生和丰香为主栽品种。在偏远地区，可选择硬度大、耐贮运的品种，如弗杰利亚（杜克拉）、图得拉、鬼怒甘等品种。日光温室半促成栽培以选择全明星、新明星、弗杰利亚、卡尔特一号效果比较好。

二、栽后综合管理技术

1. 扣棚保温与地膜覆盖

日光温室促成栽培的覆盖保温时间是在外界最低气温降到 8～10℃时进行，辽宁省可在 10 月中旬扣膜保温。日光温室的半促成栽培通常 11 月中旬扣棚膜，同时覆盖保温覆盖物，保持一个月以上，使植株进入自然休眠，满足草莓品种的自然休眠需冷量后即可升温。一般可在 12 月末至次年 1 月上旬开始升温，升温过程要缓慢进行。

覆盖地膜一般在扣膜后 10d 左右进行。目前生产上普遍采用黑色地膜在早晚温度低时进行，覆膜后立即破膜提苗。扣膜时间对草莓设施栽培非常重要，扣膜过早，生长旺盛会影响侧花芽的花芽分化，导致产量降低。扣膜过晚，植株会提前接受低温而进入休眠状态，影响植株发育，导致晚熟低产。

2. 温、湿度管理

这是草莓设施栽培成功的关键，必须根据草莓不同生育阶段的要求给予满足，特别是开花坐果期更应严格掌控，以达丰产优质的目的，根据草莓的生育特点，无论是促成栽培，还是半促成栽培，升温后的温、湿度管理指标是相同的。

设施栽培草莓的空气相对湿度控制在 40％～50％为宜，利于开花授粉和降低病害的发生，否则影响开花授粉。由于草莓是浅根系植物，叶片蒸腾量大，土壤湿度要求高，尤其在匍匐茎大量形成时，如果土壤湿度太低，影响匍匐茎扎根；但土壤湿度也不能过高，会影响土壤通气性，影响根系生长。一般要求土壤含水量 70％左右，花芽分化期 60％，果实成熟期 80％。

设施栽培草莓覆膜升温后的整个生育期间，温度管理要掌握前高后低的原则，不同生育期温度调控指标见表 5-8-1。

表 5-8-1　草莓不同生育期温度调控指标

物候期	白天温度/℃	夜间温度/℃
顶花序现蕾前	24～30	12～18
现蕾期	25～28	8～12
开花期	22～25	8～10
果实膨大期	20～25	5～10
果实成熟期	20～25	5～10

在冬季不很寒冷的地区也可以采用塑料大棚进行促成栽培，但需要在大棚内加扣小拱棚。一般在每年的 12 月中旬前后扣小拱棚，保证草莓植株生长温度不低于 5℃，避免长期低温导致草莓植株进入休眠。

3. 光照管理

日照长短和光质对草莓休眠有重要作用，日光温室促成栽培的光照不足问题比较严重，可采用电灯照明方法解决。

4. 赤霉素处理

可弥补低温量的不足，抑制矮化，促使植株顺利通过自然休眠，进入正常生长发育状态，促使花梗和叶柄伸长，增大叶面积，促进花芽分化，特别是一些容易进入矮化状态的品种，必须进行赤霉素处理（如宝交早生等品种）。赤霉素在花序显露期使用效果好，通常在日光温室保温后 1 周用 5～10mg/L 赤霉素喷布植株，以设施内的温度为 25～30℃时作用最明显。

5. 肥水管理

底肥要充足，以充分腐熟的鸡粪最好，每亩施量 3000kg 左右。第一次追肥在植株顶花序现蕾时进行，每亩施尿素 10kg、磷肥 20kg。第二次在顶花序果实转白膨大时进行，每亩施磷酸二氢钾 15～30kg。第三次在顶花序果实采收前进行，追施钙、钾肥，促进果实发育。第四次在顶花序果实采收后，追施氮、磷、钾复合肥，保证植株的随后生长。以后每 15d 追肥一次或叶面喷肥一次。

草莓温室栽培必须采用膜下灌溉方式，以膜下滴灌为好，既解决了温、湿度的矛盾，又降低了空气湿度，节约用水，还可以保持土壤湿度稳定。也可在大垄中间留灌水沟，灌水时拱起北侧地膜进行。

6. 辅助授粉

温室内放蜂蜜，可以减少无效果、畸形果，提高果实的商品率。蜜蜂宜放在温室的西南角，距地面 50cm，箱口向着东北角。开花期用毛笔点授或用扇子扇植株上的花朵也能达到授粉的目的。

7. 植株管理

工作内容和方法基本与露地栽培相同，但要求更及时、更细致。促成栽培草莓植株生长旺盛，易出现较多腋芽，宜在顶花序抽出后，选留 1～2 个方位好而壮的腋芽保留，其余瓣掉以节省养分。

在植株生长过程中，随时将老化、黄化、呈水平生长的叶去掉，以节省营养，改善通风透光条件，一般每个新茎保留 6～8 个叶片即可。

每个花序通常留 1～3 级花，即每花序留果 7～12 个。结果后的花序要及时去掉。同时要及时摘除匍匐茎并进行垫果。

8. 病虫害防治

草莓设施内湿度较高，很容易发生多种病害，主要是灰霉病和白粉病。草莓防病以农业防治方法为主，提高草莓植株的抗病能力，一旦发现染病植株立即清除并深埋。收获结束后，及时清理秧苗和杂草，深翻施肥，利用太阳能消毒。

白粉病在设施栽培中一旦发生，难以根治，要以预防为主。对易染病品种，如丰香等，应在定植前对秧苗彻底喷洒 1 次硫黄悬浮剂。定植后定期喷药预防，可用 20% 三唑酮可湿性粉剂 1000 倍液、12.5% 腈菌唑乳油 2000 倍液等喷雾防治，7～10d 1 次，连喷 2～3 次。

灰霉病主要发生在 2～5 月份，正是草莓果实大量成熟期，只能用烟雾剂熏蒸。每亩用 20% 腐霉利（速克灵）烟剂 80～100g，傍晚时封闭熏蒸，但采收前 15d 应停止用药。

螨类为害要早期防治，可用 20% 双甲脒乳油 1000～1500 倍液防治。芽线虫可使草莓苗心腐烂，发现有虫株立即拔掉深埋，苗期用敌百虫 80% 可湿性粉剂 500～1500 倍液喷施即可。发生蚜虫和白粉虱可采用黄板诱杀，每亩挂 30～40 块。严重时可选用 22% 敌敌畏烟剂熏杀，每亩用药 500g，分放 6～8 处，傍晚点燃，密闭棚室。也可喷雾防治，但在采果前 2 周要停止用药。

复习思考题

1. 如何选择日光温室草莓品种？
2. 草莓不同生育期对昼夜温度要求是多少？

参 考 文 献

[1] 马骏等. 果树生产技术（北方本）. 北京：中国农业出版社，2006.

[2] 李道德等. 果树栽培（北方本）. 北京：中国农业出版社，2001.

[3] 李淑珍等. 图说保护地桃葡萄栽培技术. 北京：中国农业出版社，2000.

[4] 钟晓红. 果树栽培新技术图本. 北京：中国农业科技出版社，2001.

[5] 黄国辉. 草莓高产栽培. 沈阳：辽宁科学技术出版社，2010.

[6] 冯义彬等. 扁桃高效栽培与加工利用. 北京：中国农业出版社，2003.

[7] 曲泽州等. 果树栽培学. 第 2 版. 北京：中国农业出版社，1987.

[8] 楚燕杰. 扁桃优质丰产实用技术问答. 北京：金盾出版社，2007.

[9] 梅立新，张文越等. 扁桃栽培与贮藏加工新技术. 北京：中国农业出版社，2005.

[10] 李疆，胡芳名等. 扁桃的栽培及研究概况. 果树学报，2002，19（5）：346-350.

[11] 宋丽润. 林果生产技术（北方本）. 北京：中国农业出版社，2001.

[12] 杜纪壮，李良瀚. 苹果优良品种及无公害栽培技术. 北京：中国农业出版社，2006.

[13] 李中涛等. 果树栽培学各论. 北京：农业出版社，1990.

[14] 杨凌职业技术学院. 果树栽培学各论. 北京：中国农业出版社，2001.

[15] 曲泽洲. 果树栽培学实验实习指导书. 北京：中国农业出版社，2002.

[16] 张玉星等. 果树栽培学. 北京：中国农业出版社，2011.

[17] 王爱兴. 日本甜柿上柿蒂虫的发生与防治. 中国果树，2006，6：66.

[18] 高峰，周嘉，孙乐侠. 鲁南石榴良种及高效栽培技术. 现代农业科技，2006，9：27-28.

[19] 贾凤荣. 大红甜石榴无公害栽培技术. 河南农业科技，2005，10：111-112.

[20] 郗荣庭. 果树栽培学总论. 第 2 版. 北京：中国农业出版社，2009.

[21] 曹若彬. 果树病理学. 第 3 版. 北京：中国农业出版社，2002.

[22] 李良瀚. 鲜食葡萄优良品种及无公害栽培技术. 北京：中国农业出版社，2003.

[23] 于泽源. 果树栽培. 北京：高等教育出版社，2005.

[24] 修德仁. 鲜食葡萄栽培与保鲜技术大全. 北京：中国农业出版社，2003.

[25] 汪祖华等. 中国果树志·桃卷. 北京：中国林业出版社，2001.

[26] 李靖. 优质高档桃生产技术. 郑州：中原农民出版社，2003.

[27] 王力荣. 桃新优品种与优质高效栽培技术. 北京：中国劳动社会保障出版社，2000.

[28] 朱更瑞. 怎样提高桃栽培效益. 北京：金盾出版社，2006.

[29] 王志强，刘淑娥等. 油桃新品种'中油桃 4 号'. 园艺学报，2003，30（5）：631.

[30] 徐振南，吴钰良，庄恩及. 密植桃园的主干形修剪栽培试验. 果树科学，1998，15（4）：317-321.

[31] 郭晓成，韩明玉，严潇等. 桃树树形及整形修剪技术. 北方园艺，2005，（5）：29-31.

[32] 三轮正幸. 图说果树整形修剪与栽培管理. 北京：机械工业出版社，2017.

[33] 李宪利，高东升. 果树优质高产高效栽培. 北京：中国农业出版社，2000.

[34] 曾骧主编. 果树生理学. 北京：北京农业大学出版社，1992.

[35] 邢卫兵等. 果树育苗. 北京：农业出版社，1991.

[36] 张克俊等. 果树整形修剪技术问答. 北京：中国农业出版社，1995.

[37] 马宝煜等. 果树嫁接 16 法. 北京：中国农业出版社，1995.

[38] 张克俊等. 果树良种与育苗技术问答. 北京：中国农业出版社，1996.

[39] 王中英. 果树学概论（北方本）. 北京：中国农业出版社，1994.

[40] 李光晨. 园艺植物栽培学. 北京：中国农业大学出版社，2001.

[41] 沈隽. 中国农业百科全书·果树卷：第 2 卷. 北京：农业出版社，1993.

[42] 中国农业科学院. 中国果树栽培学. 北京：中国农业出版社，1996.

[43] 马鸿翔. 名优草莓高效栽培技术. 北京：中国农业出版社，2005.

[44] 冯社章，赵善陶. 果树生产技术（北方本）. 北京：化学工业出版社，2007.

[45] 陈在新，刘会宁. 我国板栗化学调节研究进展. 林业科学，2000，36（6）：104-108.

[46] 丁之恩. 板栗空苞形成机理. 林业科学, 1999, 35 (5)：118-123.

[47] 封志强, 焦志耕, 张东升. 板栗疏雄增产原因的研究. 中国果树, 1995, (1)：14-15, 23.

[48] 周志翔. 中国板栗空苞形成机理研究进展. 中南林学院学报, 1999, 19 (3)：73-77.

[49] 李昌珠, 蒋丽娟. 板栗品种雌雄异熟的生物学特性. 果树学报, 2004, 21 (2)：179-181.

[50] 周志翔, 夏仁学, 章文才等. 板栗果实生长与子房主要营养物质积累的研究. 华中农业大学学报, 2000, 19 (1)：74-78.

[51] 黄宏文. 猕猴桃高效栽培. 北京：金盾出版社, 2001.